노화생리학

# 노화생리학

오상진 · 임욱빈

우리나라도 지난 8월 말 현재 65세 이상의 인구가 전체의 14%를 넘어 '고령 사회'로 진입했다는 소식을 들었다. 그 전에는 65세 이상의 인구가 7%~14% 미만인 '고령화 사회'였다. 이러한 추세라면 2025년이 되면 65세 이상의 인구가 전체의 20%를 넘는 '초고령 사회'로 들어설 것으로 예상된다. 통계청이 발표한 '2016년 생명표'에 따르면 작년 출생아를 기준으로 한국인의 기대 수명은 여자 85.4년, 남자 79.3년 이었다. 65세 기준 한국 노인의 기대 여명도 여자 22.6년, 남자 18.4년으로 OECD 평균보다 각각 1.5년, 0.5년 길었다. 평균 수명이 47세 정도였던 조선시대에는 환갑을 넘기는 것이 큰 축복으로 환갑잔치를 성대하게 했지만 요즘은 환갑잔치를 하는 사람이 없을 정도로 오래 사는 것이 보편화되었다.

그렇다면 노화란 무엇인가? 어린아이가 태어나서 키가 자라서 성인이 되듯이 노화가 일어나는 것도 인간의 발달과정의 하나라고 생각할 수 있다. 노화 자체가 질병은 아니지만 노화가 일어나면서 질병을 가질 확률은 점점 더 증가해 간다. 노화를 일으키는 원인에 대해서도 우리의 유전자 안에 수명을 결정하는 프로그램이 짜여져 있다는 프로그램설과 우리가 살아가면서 손상을 받는 것이 축적되어 일어난다는 에러설 등 수많은 학설이 존재한다. 조지 윌리암스라는 학자는 어떤 유전자가 생명의 초기에는 유익한 영향을 주다가 생명의 후기에는 해로운 영향을 줄 수 있다는 대립적 다면발현(antagonistic pleiotropy) 이론을 주장하였다. 종양억제 유전자나 염증반응 등은 생명의 초기에는 생명체를 보호하는데 강력한 힘을 발휘하지만 생명의 후반부에서는 오히려 노화를 촉진하거나 병적인 상태를 촉진하는 요인으로 작용한다. 따라서 이러한 노화 촉진인자의 존재는 노화를 일으키는 필수불가결의 요소로 작용하게 되는 것이다. 그런데 진화에 의하여 이와 같은 해로운 인자가 제거되지 않는 이유는 그들이 인생의 전반기에 발휘하는 강력한 생명체 보호작용이 노화를 일으키는 해로운 역할을 능가하기 때문에 선택받을 수 있었던 것이다.

본 노화생리학에서는 생명체에서 노화하면서 일어나는 생리적 기능의 변화에 대하여 알아보고자 하였다. 30여년 동물생리학을 강의하신 임욱빈 교수와 노화에 관심이 있는 오상진교수가 힘을 합하여 저서를 완성하였다. 앞으로 더 많은 보완할 부분이 있을 것으로 생각되며 독자들이 관심을 가져주길 바란다. 끝으로 책이 나오기까지 애써주신 탐구당 담당자들께 감사를 드린다.

## **3** 심혈관계와 노화 | 67

### 1절 순환계의 구조와 기능 / 67

### 2절. 심혈관계의 노화 / 92

## **4** 내분비계와 노화 | 109

### 1절 내분비계의 개요 / 109

# 항상성과 노화

노화가 진행이 되면서 우리 몸의 상태를 일정하게 유지하려고 하는 경향인 항상성 유지에 이상이 발생한다. 이러한 불균형이 발생하면 우리 몸의 각 체계 내의 불균형은 물론 각 체계들 간에 불균형을 이루면서 노화현상은 더욱 뚜렷이 나타나게 된다.

## 1절. 노화와 항상성 협착(homeostenosis)

### 1) 항상성

인체는 외환경의 변화에 관계없이 우리 몸을 구성하는 세포를 둘러싸고 있는 세포외액

(이를 '내환경'이라 한다)의 조성과 상태를 생명활동을 유지하기에 적당한 상태로 유지할 수 있는 능력을 갖고 있다. 외환경의 변화와 관계없이 내환경이 일정하게 유지하는 특성을 항상성이라 한다. 항상성은 인체 생리의 바탕이며 최종 목표이다. 인체를 구성하는 각 기관계의 기능은 궁극적으로 항상성을 유지하는 것이다. 항상성은 3가지 구성 요소에 의하여 달성된다. 수용기는 환경의 변화를 감지한다. 수용기를 활성화시키는 요인을 자극 이라 한다. 자극은 온도, 혈압, 혈당 등의 변화와 같이 체외 또는 내부 환경의 변화이다. 수용기는 자극에 반응하여 화학신호 또는 전기신호를 생성하고, 이 신호는 감각신경과 구심성 경로를 통하여 통합중추로 전달된다. 뇌의 통합중추는 여러 수용기로부터 전해오는 신호를 종합 분석하여 내환경의 변화를 원래의 상태로 되돌리도록 적절한 대응 반응을 효과기에 지시한다. 통합중추의 명령은 원심성 경로를 통하여 효과기로 전달된다. 자극과는 반대의 효과를 나타내는 효과기의 음성되먹임 활동으로 내환경을 원래의 상태로 회복한다. (그림 1-1)

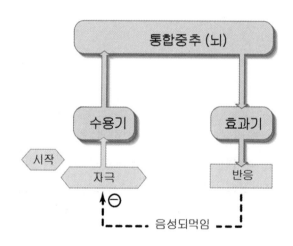

그림 1-1. 항상성 조절 기작

항상성의 대표적인 예로는 체온, 혈당, 체수분량, 혈압 유지 등이다. 덥거나 춥거나 또는 운동을 하거나 건강한 성인은 항상 대략 36.5~37.5도의 체온을 유지한다. 덥거나 운동으로 열이 발생하여 체온이 상승하면 피부로의 혈류량이 증가하여 열의 발산을 증가시켜 체온이 상승하는 것을 방지한다. 피부를 통한 열의 발산만으로는 부족할 경우 땀을 흘림으로써 보다 효율적으로 열을 발산한다. 겨울에 추울 경우에는 피부로의 혈류량을 감소시켜 체열의 발산을 억제하여 체온이 내려가는 것을 방지한다.

식후에 탄수화물이 소화 흡수되어 혈당이 높아지면 이자에서 인슐린이 분비되어 혈당이 과도하게 증가하는 것을 방지하고, 세포활동, 운동 등으로 혈당이 감소하면 이자에서 글루카곤이 분비되어 혈당을 높여 평상상태로 유지한다.

체수분량도 마찬가지이다. 탈수가 일어나면 뇌하수체에서는 항이뇨호르몬이 분비되어 신장에서 뇨의 생산이 감소하고 배뇨량이 감소하여 체수분의 보존을 돕는다. 탈수는 갈증을 유발하여 음수량을 늘리게 하여 감소한 체수분량을 보충한다. 체수분량이 과다하면 반대로 항이뇨호르몬의 분비가 감소하여 배뇨량이 증가하여 체수분량을 감소시켜 원상태로 회복시킨다.

운동을 하여 근육의 산소 소비가 증가하면 호흡은 평시보다 빠르고 깊어져 폐에서의 가스교환을 증가시켜 동맥의 산소량을 유지시키고, 심장은 더 빨리 더 세게 박동하여 더 많은 혈액을 근육에 흘려서 필요한 산소를 공급한다.

## 2) 변상성(變狀性, allostasis)

항상성 유지에 있어 때로는 하나의 기관뿐 아니라 여러 기관, 기관계의 구조와 기능 변화가 수반되기도 한다. 이러한 여러 기관의 기능 변화를 통한 항상성 유지를 항상성과 구별하여 '변상성'이라고 한다. 어떤 학자는 변상성을 항상성의 넓은 범주에 넣는다. 변상성도 결국은 항상성을 유지하기 위한 보다 광범위한 생리적 과정이다. 좁은 의미의 항상성은 혈당, 혈압, 혈액의 산도(pH) 등 하나의 변수를 조절하는 것을 의미한다. 반면에 무더운 여름 운동을 하면 우리 몸에서는 인체 기능을 유지하기 위한 여러 역동적인 변화가 나타난다. 우선 체온을 유지하기 위하여 땀이 난다. 땀은 우리 몸을 탈수시킨다. 수분을 유지하기 위한 또 이로 인하여 유발되는 여러 증상을 예방하고 극복하기 위한 즉, 탈수에 적응하기 위한 다양한 변화가 나타난다. 신장에서 배뇨량이 감소하고, 입, 코 등이 건조해지고, 땀 분비량도 감소한다. 혈액량이 감소하고 혈압이 떨어질 것이므로 동맥과 정맥이 수축하여 혈압을 유지시킨다. 이와 같이 체수분 감소에 의하여 나타나는 혈압 저하를 수분 보충이 아니라 다른 기관의 적응 변화에 의하여 유지하는 것이 한 예가 된다. 변상성은 생리 상태가 변화하는 속에서 내적 생명력을 유지하는데 대단히 중요하다.

변상성은 심장, 신장 등의 부전을 보완하나 이런 변상 보상상태는 원천적으로 취약할 수밖에 없어 별안간 보상상태가 무너져 상태가 급격히 악화될 수도 있다. 변상성 보상 도움으로 지금까지 유지되던 기능이 저하 또는 악화되는 것을 탈보상(decompensation)이라 한다. 피로, 또 다른 스트레스, 질병 등은 보상 능력을 저하시켜 탈보상을 일으킨다. 노화도 탈보상 원인의 하나이다.

심부전의 보상과 탈보상을 예로 살펴본다. 심부전이 되면 신체에 충분한 양의 혈액을 펌프질 할 수 없다. 그러나 심부전의 상태에서도 교감신경 활성화, 체수분 유지와 정맥 환류량 증가, 이완말기 용적 증가, 심실비대 등의 보상작용으로 순환 기능이 유지되고 우리는 어떤 신체 이상을 의식하지 못할 수도 있다. 이런 비정상 심부전 상태를 '보상성 심부전'이라 한다. 이와 같이 심장에 스트레스나 손상이 있더라도 변상성 보상에 의하여 순환 기능이 정상으로 유지될 수 있다. 탈보상 심부전은 순환 기능뿐만 아니라 폐울혈로 호흡곤란과 기침을 일으키고, 쉽게 피로를 가져와 운동을 힘들게 한다. 그러므로 노인의 경우 건강을 유지하다가도 환경이나 신체의 작은 변화에 의해서 탈보상에 의하여 급격하게 항상성이 무너지고 병이 발생할 수도 있다.


## 3) 생리적 예비 역량

위와 같이 인체는 외환경의 변화나 신체 한 부분의 기능 저하에도 불구하고 항상성을 유지하고 신체 기능을 유지할 수 있는 능력을 내재적으로 갖고 있다. 또한 인체는 특정

상황에서는 평소의 기능보다 훨씬 더 많은 일을 할 수 있는 능력을 보유하고 있다. 우리가 특정 상황에서 아무 때나 평소에 작동하는 기능 이상의 추가로 발휘할 수 있는 예비 능력을 '생리적 예비 역량(physiological reserve)'이라 한다. 우리가 발휘할 수 있는 최대 능력은 평상시의 기능과 예비 역량을 합친 것으로 이를 '내재 총역량'이라 한다. 내재 총역량이 우리가 감내할 수 있는 생리적 한계치가 된다. 내재 총역량은 우리가 평소 사용하는 신체 기능보다 범위가 대단히 크고 넓다.

한 예로 강도 높은 운동을 하면 산소 소모량이 평소의 10배 이상까지 급격하게 증가한다. 청년의 평상시의 산소 소모량은 대략 250ml/분이지만 격한 운동을 하면 최대 산소 소모량이 3L/분 이상으로 증가할 수 있다. 지구력 훈련을 받은 운동선수라면 이 양이 5L/분 이상으로 올라간다. 그럼에도 동맥의 혈중 산소량이 감소하지는 않는다. 이는 심장과 폐의 예비 역량이 크기 때문에 운동에 의하여 산소 수요가 증가하면 그에 맞게 폐의 환기용량이 증가하고 심장의 심박출량이 크게 증가할 수 있기 때문이다. 심박출량은 성인 남성의 경우 약 5L이지만 격한 운동을 하면 1회 박동량과 심박수가 증가하여 그 양이 3배 이상으로 증가한다. 또한 조직의 혈액 산소 추출량이 3배 이상으로 증가할 수 있다. 폐의 환기량도 증가한다. 평상시 성인의 1회 폐포환기량은 대략 350ml인데 예비흡기량이 3000ml나 된다. 1회에 10배나 많은 공기를 환기시킬 수 있는 역량이 있다. 1회 호흡량의 증가와 함께 호흡수도 증가하여 인체가 필요로 하는 산소요구량을 충족시킬 수 있다.

위와 같이 근육, 호흡계와 심혈관계 등의 잠재 역량은 평상시에 사용하는 능력에 비하여 대단히 크다. 그러므로 한동안 과도한 능력이 요구되더라도 충분히 감내할 수 있다. 이런 내재 역량은 위의 기관계의 기능에만 국한된 것은 아니다. 소화기관, 내분비기관, 신장, 면역기관의 기능에도 잠재된 내재 역량은 대단히 크다.


## 4) 노화와 내재 역량의 저하

그림 1-2처럼 이런 내재 역량은 젊었을 때는 높고 안정되게 유지되다가 점차 감소하기 시작한다. 노령이 되면서 급격하게 감소한다. 내재 역량은 개인의 영양, 운동, 스트레스

등의 환경 요인에 의하여 향상되거나 저하될 수 있다. 환경과 사회 구성원 간의 관계 등도 이 능력에 영향을 미친다. 노화는 자연스럽게 내재 역량을 감소시키는 요인의 하나이다. 그럼에도 내재 역량은 특히 노화에 따른 내재 역량의 감소는 운동, 영양 섭취 등 내재능을 향상시킬 수 있는 활동에 의하여 향상 또는 유지될 수 있다. 일생을 살아오면서 겪은 모든 유익한 또는 해로운 물리적, 사회적 영향의 누적 결과로 노인의 생리적 잠재력은 다양하게 나타난다. 여기서는 내재 역량 중에서도 노화에 다른 신체적 역량의 감소에 대하여 살펴본다.

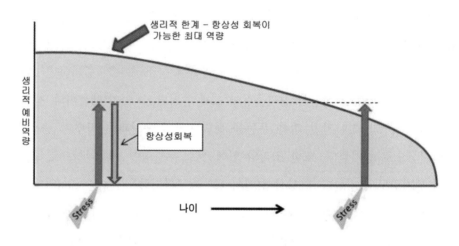

그림 1-2. 노화와 항상성 협착. 생리적 예비 역량과 생리적 한계의 저하.

질병이 아닌 노화가 진행함에 따라 내재 역량이 감소하는 것을 '항상성 협착'이라 한다. 항상성 협착으로 인체의 잠재 최대 역량이 낮아지면 특정 환경에서 항상성을 유지하지 못할 수도 있다. 항상성 협착으로 노인은 스트레스 적응 또는 극복 능력이 감퇴되어 청장년에게는 문제가 되지 않을 환경 변화나 스트레스도 노인에게는 질병에 이르게도 하고 심하면 사망에 이르게도 할 수 있다.

항상성 협착의 대표적인 예로는 혈당 조절과 체온 조절 능력의 감소이다. 이러한 신체의 예비 조절 능력의 감소는 노인의 경우 젊은이와 동일한 조건에서도 고혈당 또는 저혈당을 유발할 수 있으며, 여름에 기온이 높아지면 고체온증, 겨울에는 저체온증에 시달릴 수도 있다.

노인(평균 69세)과 젊은이(평균 37세)를 비교한 실험에 의하면 당내성 실험에서 노인에서 당과 인슐린의 농도 모두가 의미 있게 증가하였다. 즉, 실험 조건에서 혈당의 항상성을 유지하지 못하여 혈당이 상승한다. 이 경우 인슐린의 지방세포 결합은 나이에 다른 차이가 없었다. 그러므로 혈당이 높아진 이유는 인슐린 결합 이후 경로에 이상이 발생하여 노인에서 인슐린 내성이 증가한 것으로 판단된다. 또한 이러한 당 내성이 노화과정의 일부로 결론지었다. 노인에서 세포 내 신호전달과정의 이상에 의한 인슐린 내성 증후군은 근세포, 지방세포, 간세포 등의 당대사 기능에 이상을 초래한다. 위와 같이 동일한 자극에도 노인은 젊은이와 다르게 신체의 대응 능력의 감소로 혈당을 정상 수치로 회복시키는 항상성 기능이 저하된다. 인슐린 저항성은 노인에서 흔히 나타나는 증상으로 혈당의 항상성 상실과 고혈당은 이후 노인의 뇌, 심장, 신장, 눈 등 여러 기관에 이상을 초래하게 될 것이다.

노화에 따라 최대 심장박동수가 감소한다. 이는 유산소 운동 능력을 저하시킨다. 젊은 사람(평균 25세)은 최대 심박동수가 190회/분 정도인데 노인(평균 연령 65세)은 160회/분 정도로 감소하였다. 자율신경계의 자극을 제거한 상태의 심장 고유 박동수도 청년은 평균 83회/분인데 노인은 58회/분으로 감소하였다(이러한 노화에 따른 최대 심장박동수의 감소는 고유 심장박동수의 감소와 β-아드레날린성 심장박동수 증가 효과의 뚜렷한 감소와 밀접하게 연관되어 있다). 위의 집단에서 분당 최대 산소소비량도 청년의 49ml/kg(몸무게)에서 노인의 경우는 35ml/kg으로 감소하였다. 노인의 이러한 심폐 기능의 생리적 역량 저하는 근육으로의 산소 공급량이 제한되기 때문에 젊었을 때처럼 힘든 운동을, 오래 또는 빨리할 수는 없다.

생물학적 관점에서 보면 노화는 많은 분자와 세포 손상의 축적과 연관되어 있다. 장기간에 걸친 이러한 손상이 인체 각 기관의 구조와 기능에 변화를 초래하여 내재된 생리적 예비 역량을 점진적으로 감소시켜 신체활동을 제한하고 스트레스에 민감하게 할 뿐만 아니라 여러 질병 발병 위험성을 증가시킨다.

비록 생리적 예비 역량이 저하되더라도 항상성 기능과 변상성 보상작용 등에 의하여 노령에서도 일상생활과 등산, 여행 등 취미생활을 젊은 사람처럼 활기차게 영위할 수 있다. 또한 노화에 다른 생리적 변화는 모두에게 동일한 것도 아니고 세월에 비례하여 저하되는 것도 아니다. 생리적 예비 역량은 신체활동, 운동, 영양섭취, 사회적 관계 등에 의하여 유지, 향상될 수 있다.

## 2절. 체온조절과 노화

우리는 기온이 높거나 낮거나 쉬고 있거나 활동 중이거나 열의 생산과 열의 손실 또는 발산의 균형을 유지하여 체온을 항상 36.5~37.5도로 정교하게 유지한다. 체온은 하루의 시간에 따라 변화되어 새벽녘에 가장 낮고 한낮에 가장 높다(그림 1-3). 체온은 또한 나이, 성별, 특히 여성의 경우는 생식주기 등에 따라 다르다. 여기서 체온은 피부체온을 의미하는 것이 아니고 중요 장기가 있는 심부의 체온을 뜻한다. 어린아이의 체온은 성인보다 다소 높다. 여성의 경우 생리주기에 따라 체온이 변한다. 배란기에는 약 1도 가까이 높게 유지한다.

### 1) 체온조절의 개요

체온 유지는 인체 항상성의 중요 인자의 하나이다. 외환경인 기온의 변화나 신체활동과 관계없이 체온을 항상 일정하게 유지하는 특성과 능력을 갖고 있다. 그렇지만 신체 모든 부위가 항상 동일한 온도를 나타내지는 않는다. 어떤 경우에도 항온을 유지하는 부위는 생명 유지와 직결되어 있는 뇌와 심장, 폐, 간 등 중요 내장기관이다. 몸의 심부 온도는 어떤 상황에서나 일정하게 유지한다. 그러나 대기와 접하고 있는 피부는 열이 계속하여 흘러나가고 있기에 온도가 낮다. 그러므로 특히 중심부에서 멀리 떨어져 있는 손과 발의 온도는 낮다. 피부의 온도는 외기의 온도에 크게 영향을 받으므로 여름에는 심부 온도에 가깝고 겨울에는 더욱 낮다. 추울 때는 손의 온도는 28도, 다리의 온도는 31도까지 떨어진다. 더울 때에는 피부를 제외한 팔과 다리의 온도도 37도에 이른다. 사람은 심부는 항온을 유지하지만 신체 부위에 따라 체온이 다른 성향을 보인다.

〈표 1-1〉 체온조절의 요점

1. 사람은 외부의 기온에 관계없이 열의 획득과 열의 손실 또는 발산이 균형을 유지하여 체온을 일정하게 유지한다.
2. 체온의 주 조절은 신경계와 감각계 및 순환계와 피부의 합동 작용에 의하여 이루어진다.
3. 체열은 모든 세포에서 생산된다. 평상시에 열을 가장 많이 생산하는 기관은 뇌, 심장, 신장, 소화기관 등이다. 운동 시에는 근육에서 다량의 열이 발생한다.
4. 내장기관에서 생산된 열은 순환계에 의하여 몸의 모든 세포에 전달되어 체온을 유지하게 한다.
5. 체열의 발생이 과다하거나 외부의 요인으로 체온이 상승하면 피부를 통하여 체외로 열을 발산한다. 피부를 통한 자연 발산만으로 부족할 경우에는 땀을 분비하여 체열을 효율적으로 떨어뜨린다. 피부에서의 땀 분비는 체온을 유지하는 매우 중요한 기구이다.
6. 피부에서의 열의 발산은 4가지 경로, 즉, 1. 복사 2. 전도 3. 대류 4. 증발에 의하여 이루어진다.
7. 열의 획득은 주로 대사활동에 의한 열의 생산에 의하여 이루어지는데, 외부에서의 열의 획득은 열의 발산과 유사한 경로로 이루어진다.

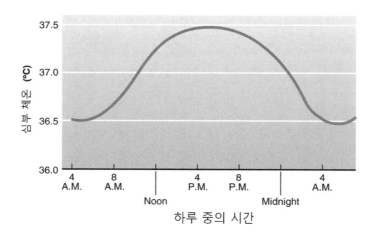

그림 1-3. 사람 체온의 일주기 리듬

우리는 하루에 대략 2000~3000 kcal의 에너지를 소모하고 있다. 이 에너지의 약 70%는 혈액순환, 호흡, 뇌, 간과 신장 등의 대사활동 즉, 기초적인 생명활동에 쓰인다. 생명 유지에 필요한 이러한 에너지를 '기초대사량'이라 한다. 일부 에너지는 음식을 소화시키고, 글리코겐이나 지방 등 에너지 저장에 사용한다. 외적인 신체 활동에 사용하는 에너지는 약 20% 정도이다. 신체 활동에 소요되는 에너지는 운동의 정도에 따라 다양하다. 소화과정에서 하루에 생산되는 열의 약 10%가 발생한다. 식사 중에 또는 식후에 몸에 열이 나는 이유이다.

기초대사량과 운동에 소모되는 에너지의 대부분은 열로 전환된다. 이 열은 단순한 폐열이 아니고 기본적으로 우리 몸의 체온을 유지하는 중요한 열원이다. 안정 상태에서 우리 몸에서 열을 가장 많이 생산하는 기관은 뇌, 심장, 폐, 신장으로 총 에너지의 1/3 이상을 생산하고 나머지 내장기관이 1/3 정도의 열을 생산한다. 즉, 약 5kg 정도인 내장기관이 총에너지의 70% 이상을 생산한다. 근육과 기타 기관이 나머지 열을 생산한다. 비운동성 가벼운 떨림에 의해서도 열이 발생한다. 식후에는 음식물을 소화하는 과정에서 열이 발생한다. 이를 식후 열생산(diet-induced thermogenesis)이라 한다.

혈액순환이 각 기관에서 발생한 열을 전신으로 전달하여 체온을 유지하도록 한다. 건강한 성인 남자의 기초대사량은 1500~1700kcal/일 정도이다. 이는 매 시간에 대략 70kcal의 열을 생산하는 것으로 70kg 몸무게의 남자의 체온을 1.25도 정도 높이는 열이다(몸의 주요 구성성분은 물로 비열은 1이나 우리 몸은 단백질, 지방, 뼈 등으로 구성되어 있어 생리학에서는 동물체의 비열을 평균치인 0.8을 사용한다). 이 열이 우리 몸의 체온을 37도로 덥히고 유지하는 원천이다.

체열의 발생이 과다하거나 외부의 요인으로 체온이 상승하면 주로 피부를 통하여 체외로 열을 발산시켜 체온을 낮춘다. 피부를 통한 자연 발산만으로는 부족할 경우 땀을 분비하여 체열을 효율적으로 떨어뜨린다. 피부에서의 땀 분비는 체온을 유지하는 매우 중요한 기구이다. 운동에 의해서 대단히 많은 열이 발생하므로 체온을 유지하기 위해서는 효율적으로 열을 발산시켜야 한다.

사람은 열의 발생과 발산의 균형을 조절하여 일정한 체온을 유지하며 여타 생명활동을 영위한다. 인체는 한여름 매우 무덥거나, 사막처럼 덥고 건조하거나, 또는 한겨울처럼 아주 추운 환경에서도 체온을 일정 상태로 유지할 수 있도록 진화하였다. 또한 운동을 할 때 다량의 열이 발생하여 체온을 상승시킬 수 있는 상황에서도 피부에서의 열의 효율적인 발산을 통하여 체온을 유지할 수 있는 뛰어난 예비 잠재 능력을 갖고 있다. 그럼에도 불구하고 한여름 고온에 장시간 노출되고 신체가 정상 체온을 유지하지 못할 경우 체온이 상승하여 고체온증이 발생할 수 있으며 적절한 조치가 이루어지지 않으면 사망에 이를 수도 있다. 대략 38도 내외를 미열 또는 고체온이라 한다. 이런 체온 상승은 발열 질병에 의해서도 발생하나 운동 중에도 일어난다. 체온조절 중추의 체온 설정 온도에 변화 없이 체온이 상승하면 고체온, 세균 감염 등에 의하여 체내 발열원이 증가하여 중추의 체온 설정 온도가 높아져 체온이 상승하는 것을 열이라 구별하기도 한다. 이런 경우는 열이 있으면서도 춥게 느껴진다. 위의 경우들은 비록 체온이 조금 높아지지만 정상으로 체온조절기구가 작동하고 있는 상황이다.

체온이 상승하여 39도 정도가 되면 열탈진이 발생하고 41도 이상이 되면 고열(또는 초고열)이라 하고 뇌의 손상과 심장마비도 일어날 수 있다. 이를 열사병이라 한다. 미열, 고체온, 고열의 명확한 기준이 있지는 않다. 기온이 아주 높지 않더라도 습도가 높으면 열의 발산이 더디어져 고체온증이 유발될 수 있다. 반대로 체온이 정상 체온 이하로 하강하면 저체온증이 발생한다. 심부체온이 35도 이하로 내려가면 저체온증이라 한다. 체온이 26도 이하가 되면 불규칙 심장박동과 호흡 정지로 사망할 수도 있다.

고체온증은 열생산이 너무 많거나 열의 발산 기능이 저하될 때 발생하고, 저체온증은 열의 보존 기능은 저하되고 열생산 능력이 열의 손실을 감당하지 못할 때 발생한다. 보통 장시간 추위에 노출될 때 발생한다. 특히 수중에 있거나 비나 눈으로 옷이 젖으면 열손실이 빨라져 저체온증에 걸리기 쉽다.


## 2) 체온의 항상성 기구

체온의 항상성은 3가지 구성 요소에 의하여 유지된다. 체온의 상태와 변화를 감지하는 온도수용기, 체온 조절기의 역할을 하면서 체온과 환경의 온도 변화를 종합 분석하고, 대응 조치를 취하는 뇌의 체온중추, 중추의 명령을 받아 열을 발산시키거나 열을 생산하는 효과기로 구성된다.

열의 생산과 운반 및 발산은 순환계와 피부 및 근육, 지방조직 등에 의하여 이루어진다. 이들 기관의 활동은 체온을 높이거나 낮추는 효과를 일으키기 때문에 생리학에서는 이들을 효과기라 부른다.

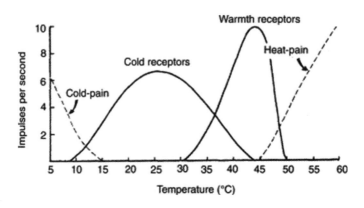

그림 1-4. 피부에 분포한 온도수용기의 충격(활동전위) 발사 빈도

온도수용기는 온열을 감지하는 온각수용기와 저온을 감지하는 냉각수용기로 구성되어 있으며, 피부와 체내 및 중추신경계에 널리 산재되어 있다. 추위와 더위를 감지하는 것은 주로 피부의 온도수용기에 의한 것이다. 생리적 체온조절 반응은 주로 심부체온에 의존한다. 피부온도 변화는 장래의 심부체온 변화를 예측할 수 있는 잣대가 됨으로 체온 변화를 미리 예방할 수 있는 중요한 정보를 제공한다. 온도에 대한 정서는 심부수용기와 피부수용기로부터 오는 모든 정보에 의한 체온조절 상태에 의한 감정이다.

사람은 약 37도의 체온을 유지하고 있고 사람이 살고 있는 대부분 지역의 기온은 체온보다 낮기 때문에 추위에 더 민감하도록 생리적으로 진화 적응되어 피부에는 온열을 감지하는 온각수용기보다 저온에 민감한 냉각수용기가 3~10배 더 많이 분포한다. 또한 냉각수용기는 피부 바로 아래에 위치하고 온각수용기는 피부 깊숙이 분포한다. 이들 온도수용기는 피부의 온도 변화뿐 아니라 피부온도 자체에 의한 정보도 제공한다. 피부온도가 30~40도 사이에서 변화할 때 가장 민감한 효과를 나타낸다. 피부온도가 30도 이상으로 올라가면서 냉각수용기는 활동전위 발생 빈도가 감소하기 시작하고 반면에 온각수용기는 신호 발생이 증가한다. 체온이 하강하면 반대의 반응이 나타난다. 즉 체온이 약간이라도 상승하거나 하강할 때 두 종류 수용기가 함께 민감하게 반응하여 정보를 뇌로 보낸다. 중추신경계는 자극의 위치와 정도를 판단하게 된다. 온도 자극에 대한 반응에 영향을 주는 요인의 하나는 피부의 자극 당시의 환경에 적응된 온도이다. 따뜻한 피부는 온도가 조금만 올라가도 감지하나 냉각은 많이 내려가야 감지된다. 반대로 차게 적응된 피부는 반대의 반응을 나타낸다.

체온의 생리적 조절은 시상하부에 의한다. 시상하부는 그 자체 온도수용기로 작용하기도 한다. 시상하부는 온도수용기가 전달하는 모든 정보를 수용하고 분석하여 체온을 유지할 수 있는 적절한 반응을 효과기에 지시한다. 체온이 내려가면 열생산을 촉진하고 체온이 상승하면 열의 발산을 증가시키는 반응, 즉 음성되먹임 항상성 기작을 작동시켜 심부 체온을 항상 일정하게 유지한다.


## 3) 열의 보존과 열생산(thermogenesis)

사람의 체온은 살고 있는 환경의 기온보다는 대체로 높다. 그러므로 피부를 통하여 항상 열의 손실이 일어난다. 이런 환경에서 체온을 유지하기 위해서 체열을 보존하고 열을 생산하여 몸을 덥히는 기작이 진화하였다.

피하에는 지방이 있어 이를 피하지방이라 한다. 피하지방은 피부를 받쳐주는 기초가 될 뿐만 아니라 열의 발산을 더디게 하여 체열을 보존하는 중요한 단열재이다. 지방조직의 열전도율은 인체의 수분이나 근육의 절반 정도이다. 추운 곳에 서식하는 동물의 지방층이 보다 두터운 이유이다.

추위에 노출되었을 때 열손실을 방지하는 주된 자율신경반사는 피부 모세혈관으로 흐르는 소동맥을 수축시키는 것이다. 피부로 흐르는 혈류량은 감소하고 내부 기관으로 많이 흐른다. 그리하여 피부에서의 열의 손실은 감소하고 심부 온도가 내려가는 것을 방지한다. 이러한 혈관수축은 열의 손실을 완전하게 차단하지는 못한다. 열의 손실을 줄일 뿐이다. 말초 혈관수축은 피부의 온도보다 심부온도 하강에 따라 이루어진다. 추위 스트레스는 교감신경계를 활성화하여 신경말단에서 노르에피네프린이 분비되고, 이것이 신체 말단의 피부 혈관을 강력하게 수축시킨다. 얼굴 피부의 혈관수축 효과는 약하여 열손실 감소 효과가 적다. 교감신경 활성화는 부신수질에서 에피네프린과 노르에피네프린의 분비를 증가시키고 이들은 피부 혈관을 강력하게 수축시킨다.

매우 추운 환경에서는 열을 보존하기 위한 과도한 혈관수축으로 피부가 창백해지고 감각이 둔해질 수 있다. 심할 경우에는 동상이 걸리고 조직이 괴사할 수도 있다. 이는 체온 유지가 생명 유지에 그만큼 중요하기 때문이다. 이런 조치에도 열이 지속하여 손실되어 심부 체온이 내려가면 저체온증으로 사망할 수 있다.

열의 손실을 줄이는 것만으로는 추운 환경에서 체온을 유지할 수는 없다. 필연으로 열을 평상시보다 많이 생산하여 공급하여야 한다. 열생산은 인체가 열을 발생시키는 과정이다. 열생산은 사람 외에도 항온동물과 일부 식물에서도 관찰할 수 있다. 인체에서 열의 생산은 주로 근육이 빠르게 수축 이완하는 떨림에 의하여 발생한다. 떨림은 반사적으로 불수의적으로 추위에 반응하여 일어난다. 떨림은 피부 온도보다는 심부체온에 의하여 활성화된다. 떨림 동안 ATP에 함유된 화학에너지를 운동에너지로 바꾸는 과정에서 많은 열이 발생한다. 떨림 근수축에 소요되는 모든 에너지는 결국 열로 전환되어 체온을 높이는 데 일조한다. 떨림은 정지 상태에서 이루어지므로 운동보다 효율적인 열발생 방법이다. 사람은 의도적으로 운동을 하여 근수축 시에 발생하는 열로 체온을 높일 수도 있다.

인체는 추위에 반응하여 골격근 수축 외의 에너지 전환과정을 통하여 열을 생산한다. 이런 것을 비떨림 열생산이라 한다. 대표적인 것이 갈색지방세포의 열생산으로 미토콘드리아의 지방 산화과정에서 ATP를 생산하는 대신에 열을 생산하여 체온을 상승시킨다. 그러나 갈색지방은 신생아에는 풍부하나 성인에서는 적은 것으로 알려져 있어 갈색지방 열생산은 영유아기에만 중요한 것으로 생각한다.

비떨림 열생산은 주로 갑상선호르몬과 부신 호르몬 및 교감신경계에 의하여 조절된다. 기초대사율은 세포 내 미토콘드리아의 ATP 생산과 관련되어 있으며 주로 갑상선호르몬에 의하여 조절된다. 갑상선호르몬은 산화성 인산화에 관련된 다양한 효소와 인자들의 유전자 발현을 조절하여 기초대사율을 높인다. 인체의 대사율은 갑상선호르몬의 수준에 민감하게 좌우된다. 여성호르몬인 프로게스테론도 발열효과가 있어 배란후기의 체온 상승의 이유로 생각한다. 프로게스테론이 노르에피네프린의 생산과 분비를 촉진하여 배란 후의 체온상승을 이끌었을 것으로 추론하였다. 음식 섭취는 교감신경을 활성화하여 갈색 지방에서 식후—열생산을 촉진한다. 기타 에피네프린, 글루카곤, 성장호르몬, 부신피질자극호르몬 등도 열생산에 영향을 준다.

　사람은 체모가 발달되어 있지 않지만 동물의 피부 털은 체열을 보호하는 중요 장치이다. 동물은 추우면 털을 세워 공기 함유량을 늘린다. 공기는 열전도율이 낮아 단열효과가 뛰어나 열의 손실을 방지하기 때문에 두꺼운 털은 체열을 보존하는데 일조한다. 동물의 털가죽의 열전도율은 지방조직의 약 5분의 1로 열을 보존하는 데 더욱 효과적이다. 추운 곳에 서식하는 동물이나 겨울철의 털가죽이 보다 두툼한 이유이다. 체온이 상승하면 털을 눕혀 공기량을 줄여 열의 발산을 쉽게 한다. 털을 세우고 눕히는 역할을 하는 작은 근육이 털 기부에 붙어있는 입모근이다. 입모근이 수축하면 털이 서고, 이완하면 털이 눕는다. 입모근이 수축하면 피부가 오돌토돌해진다. 즉, 소름이 돋는다. 사람에서 소름은 팔에서 가장 뚜렷하게 나타나나 털이 있는 다리 등에도 나타난다. 노인은 열 발생 기구인 소름의 역치가 상승하고 효과가 감소한다. 사람은 털이 많지 않아 입모근 반사가 저온에서 체온 유지에 기여하는 정도는 크지 않다.


## 4) 열의 발산

　더울 때 또는 운동 등으로 체온이 상승할 때 열은 전도, 대류, 복사 및 증발에 의하여 피부로부터 발산된다. 내장 기관이나 근육에 의하여 발생된 열은 혈액에 의하여 피부로 전달된다. 그러므로 체온이 상승하면 열을 발산시키기 위하여 피부로 흐르는 소동맥 혈관이 이완하여 피부의 모세혈관으로의 혈류량이 증가한다. 피부보다 주위 환경의 온도가 낮으면 전도와 방사에 의하여 열이 환경으로 발산된다. 기온이 체온보다 높으면 반대의 현상이 나타난다. 대류는 전도를 높이는 효과가 있다. 부채나 선풍기를 쓰면 시원한 느낌이 드는 이유이다.

가장 효율적인 열의 발산은 땀을 통한 수분의 증발열에 의한 것이다. 땀분비 반사는 피부온도 변화보다는 심부체온의 변화에 의한다. 땀샘에는 신경전달물질로 아세틸콜린을 분비하는 교감신경이 분포한다. 체온이 상승하면 이 교감신경이 활성화되어 땀의 분비를 촉진한다. 운동이나 야외활동으로 반복하여 체온 상승이 일어나면 땀분비 역치가 낮아진다. 즉 체온이 조금만 올라도 땀이 나기 시작하여 체온 상승을 억제한다. 운동은 열 스트레스 저항성을 키운다.

습도가 높으면 수분 증발이 더디어져 체온 하강이 느려진다. 무더울 때 더욱 덥게 느끼는 이유이다. 즉, 무더운 환경에서는 증발을 통한 체온조절 효율이 저하된다. 특히 격렬한 운동으로 체열이 많이 발생할 경우에는 땀이 열을 발산시키는 가장 효율적인 주된 방법이다. 100g의 땀이 증발하면 약 58kcal의 열량을 제거한다. 이는 70kg 사람의 체온을 약 1도 낮추는 효과가 있다. 열에 적응한 사람은 2리터/시간 의 땀을 배출할 수 있다. 이는 약 1200kcal의 열량을 제거하는 것이다. 1시간 자전거를 타면 약 300kcal의 열이 소모되는데 체온조절기작이 없다면 체온이 5도 이상 상승할 것이다. 약 500g의 땀만 흘리면 체온을 상승시키지 않고 유지할 수 있다. 땀은 체온의 상승을 방지하는 대단히 효과적인 방법이다. 특히 기온이 체온보다 높을 경우에는 땀만이 유일한 생리적인 열 발산 방법이다. 뜨거운 사막의 태양 아래서는 시간당 1~1.5L의 땀을 흘려 열을 발산하는데 이는 환경으로부터 체내로 들어오는 열량과 비슷하다.

## 5) 온도감각과 체온조절 기능의 노화

노인은 체온이 젊었을 때보다 조금 낮다. 노화와 함께 일어나는 다양한 생리적 변화는 체온조절의 예비 역량을 감소시킨다. 그러므로 젊었을 때에는 능히 극복할 수 있는 더위와 추위 또는 운동이나 질병에 의한 발열에도 취약해진다. 노화가 되면 체온의 항상성 기작이 변화되어 체온 조절이 무디어질 수 있다. 기본적인 체온조절은 피부 혈관의 수축과 이완에 의하여 이루어지는데 노화는 이와 같은 체온 변화에 따른 혈관운동 반사를 둔하게 한다. 이는 혈관의 열 보존 또는 열 발산 기능을 저하시킨다. 추위와 더위는 체온 유지에 악영향을 줄 수 있다. 노인은 젊은이에 비하여 추위에 노출되었을 때 대사열 생산 증가가 적고, 피부의 혈관수축 반응도 느리다. 또한 체온 상승에 대한 혈관이완 반응도 저하되고 땀분비 능력도 감소된다. 체온이나 기온의 감지 능력도 감소한다. 이 모든 변화는 노인에게 춥거나 더운 스트레스 환경에서 체온조절 기능을 저하시켜 저체온증 또는 고체온증을 유발할 위험성을 증대시킨다.

### (1) 기초대사율 감소

체온을 유지하는 바탕이 되는 열원은 기초대사율이다. 우리가 하루에 소모하는 에너지의 약 60~75%가 기초대사에서 발생하는 열이다. 나이 들수록 30대 이후 매 10년마다 약 1~2%씩 기초대사율이 감소하는데 50대 이후 뚜렷하다. 총에너지 사용량도 감소하는데 약 40% 정도가 기초대사율 감소가 차지한다. 기초대사율의 감소는 근육 등의 열발생 조직의 감소에 기인할 것이다.

### (2) 호르몬의 변화

인체의 에너지 대사율은 주로 교감신경, 부신수질 호르몬, 갑상선호르몬에 의하여 조절되는데 테스토스테론, 성장호르몬, 인슐린, 글루카곤 등도 영향을 미친다. 추운 환경에 처하면 교감신경이 활성화되어 말단에서 노르에피네프린이 분비되고, 부신수질에서는 에피네프린이 분비된다. 이들은 근육과 간에서 글리코겐의 분해를 촉진하고, 지방조직의 지방분해를 촉진하여 근육 등의 에너지 대사를 높인다. 갑상선호르몬은 전신적으로 세포의 대사율을 높인다. 노화와 이들 호르몬의 분비의 변화와 체온과의 관계는 분명히 밝혀지지는 않았다.

노화가 되면서 뇌하수체에서 분비하는 갑상선 자극호르몬이 감소하고, 그에 따라 갑상선이 위축되어 갑상선호르몬의 분비가 감소하기 시작한다. T3가 감소하여 대사율이 감소한다. 이것이 노인의 추위를 더 타는 이유의 하나일 것이다.

프로게스테론은 갑상선호르몬 T3의 생산을 촉진시키는 효과가 있음으로 이것이 감소하면 갑상선호르몬이 감소하고 대사율이 감소할 것이다. 대부분의 프로게스테론은 남성에서는 정소의 테스토스테론 생산 과정에서 중간 대사산물로 만들어지고 여성에서는 난소에서 중간 대사물질로 또는 최종 산물로 생산된다. 노화가 되면서 남녀 모두에서 프로게스테론의 양이 감소한다.

### (3) 식후 열발생

식후에는 섭취한 음식물의 조성에 따라 차이가 있지만 대체로 음식물이 함유한 에너지의 10% 이상에 해당하는 에너지가 그것을 소화 흡수하는데 사용된다. 이 에너지는 심부와 피부의 체온을 약간 올리게 된다. 나이가 들면 식사량이 약간 감소하나 식후 열발생 효과는 체지방량, 신체활동량 등에 좌우되기 때문에 노화에 따른 직접적인 감소 여부는 불분명하다.

### (4) 활동량 감소

신체활동은 근육 운동으로 인하여 열을 발생시킨다. 가벼운 활동만으로도 심부와 피부의 체온이 상승한다. 그런데 노화가 진행하면서 많은 노인들은 활동량이 적어지고 이로 인하여 열 발생량도 급격하게 감소한다. 이것이 활동이 적은 노인에서 낮에 체온이 약간 낮은 주요 이유로 여겨진다.

## (5) 지방의 감소

피하지방의 단열 효과는 체열을 보존하는 중요 기능이다. 노인에서는 피하지방조직이 감소하므로 체온 보존 능력이 떨어질 것이다. 물은 열용량이 크므로 노인에서 나타나는 체수분량의 감소도 기온의 변화에 체온이 민감하게 영향을 받는 요인이 된다.


## (6) 온도 감각의 노화

온도를 감지하는 신경말단은 피부의 다른 수용기와는 달리 노화가 되어도 그대로 유지된다. 노화가 진행되어도 온도 정보를 전달하는 가는 신경섬유의 수와 전도속도는 유지된다. 그럼에도 온도 감각은 둔화된다. 피부 부위에 따라 정도가 다르긴 하나 나이가 들수록 온도 감지 능력이 분명하게 감소한다. 남녀 모두에서 노화가 될수록 수용기의 온도 변화를 인지할 수 있는 온도 변별역(역치)이 커진다. 이 뜻은 체온 변화의 감지와 인지가 둔화됨을 뜻한다. 그러므로 피부 온도가 더 높아지거나 더 낮아져야만 체온의 상승 또는 하강을 비로소 인지한다. 따라서 신체 체온조절 대응반응이 늦게 시작된다. 예로 발등의 온도 감각을 보면 청년기에는 작은 약 2도의 온도 변화에도 반응하나 노년에는 5~6도의 큰 차이가 있어야만 인지하게 된다. 얼굴의 감각도 노화가 될수록 젊은이보다 온도가 더 낮아야만 낮은 것을 반면에 더 높아야만 높은 것을 인지한다. 그러나 이러한 노화에 따른 온도 감지 저하는 개인 간에 차이가 대단히 커서 어떤 사람은 초로에도 감지능력이 크게 저하되는 반면 어떤 사람은 고령에도 변함없이 유지된다.

사람의 온도 안락감은 신체 여러 부위에 가해지는 모든 자극의 종합적 결과로부터 결정된다. 실내 기온을 낮추면 젊은 사람은 일찍 난방기를 켜는데 비하여 노인은 늦게야 난방기를 작동시킨다. 이는 노인은 온도 지각력이 저하되었기 때문으로 생각한다. 더불어 노인은 추위에 노출되었을 때 심부체온이 1도 정도 내려가고 회복하는 데에도 오랜 시간이 걸리어 저체온증에 걸릴 위험이 크다. 반대의 경우도 유사한 반응을 보일 것으로 생각한다.

### (7) 떨림 열발생의 감소

근육의 빠른 수축인 떨림에 의한 열발생은 피부 혈관 수축과 함께 체온 하강에 대비하는 주요 반응이다. 노인은 떨림이 시작되는 심부체온 역치가 낮기 때문에 떨림이 적다. 또한 근육량이 줄어 떨림에 의한 발열량이 적은 것도 한 요인이다. 이런 열발생 감소는 근육량의 변화가 많은 남성에서 두드러지나 여성에서는 나타나지 않는다.

### (8) 피부 혈류량과 혈관수축 반사의 노화

노인은 추위에 대한 혈관수축 반사가 더디고 느려 체온의 변화가 크다. 노인은 체온조절에 에너지 소모가 없는 열중립역 기온에서도 사지의 피부온도가 낮다. 약간 혈관이 수축하여 더운 혈액의 흐름이 감소되었기 때문일 것이다. 노인은 추위에 의한 추가의 말초 혈관 수축 효과가 낮아 피부는 비교적 덜 차지나 열손실은 클 것이다. 저온에 의한 혈관수축 반사는 노인은 심부체온이 더 낮아져야만 시작된다. 이러한 변화가 노인의 추위 저항성을 감퇴시키는 중요한 요인일 것이다. 이런 혈관수축 반사의 감소는 남성에서는 분명하나 여성에서는 나타나지 않는다.

더위에 있게 되거나 운동을 하여 심부체온이 상승하면 피부로의 혈류량을 증가시켜 체외로 열발산을 증가시켜 체온을 유지한다. 피부에서 방사, 전도, 대류, 증발에 의한 열발산만으로는 부족할 경우에는 땀을 배출하여 열을 내린다.

노인은 피부 일부가 열을 받거나 전신이 열을 받거나 운동으로 열이 나거나 피부혈류량이 젊은 사람에 비하여 적다. 피부 혈관이완 반응은 나이가 들면서 지속적으로 감소한다. 따라서 피부로의 혈류량의 증가가 적어 열발산 능력이 낮아진다. 운동을 하면 혈관이완 반응 역치가 낮아지는데 즉, 더 낮은 체온에서도 반응이 나타나는데 노인은 활동량이 적어 반응 역치 온도가 높아진다. 이러한 이유들로 노인은 체온 상승에 늦게 반응할 뿐만 아니라 대응 정도도 낮아 열 스트레스에 취약하다.

노인은 열에 대한 땀분비 반응도 크게 감소되어 있다. 혈관이완 반사와 마찬가지로 땀분비 반사의 역치는 상향되어 있다. 그러나 이는 노인은 운동과 활동량의 부족에 기인한 것으로 운동량이 많은 노인은 땀분비 역량이 유지되고 있다. 운동은 체온조절 능력을 향상 유지시키는 중요한 방법이다.

# 참고문헌

1. Brown AC. (1989) Somatic sensation: peripheral aspects. in: Textbook of Physiology, 21st ed. WB Sunders com.

2. Christou DD, Seals DR. (2008) Decreased maximal heart rate with aging is related to reduced β-adrenergic responsiveness but is largely explained by a reduction in intrinsic heart rate. J Appl Physiol; 105(1): 24–29.

3. Hampl R, Starka L. et al. (2006) Steroids and thermogenesis. Physiol Res. 55:123-131,

4. Johansen KE, Cuenoud K, et al. (n. d.) Homeostenosis, https://pogoe.org/image/9504 2017. 9.

5. Navaratnarajah A, Jackson SHD. (2013) The physiology of ageing. Medicine 41(1):5-8.
   http://www.medicinejournal.co.uk/article/S1357-3039(16)30229-8/pdf

6. Peeters RP. (2008) Thyroid hormones and aging. Hormones, 7(1):28-35.

7. Raymond I, Kolterman OG et al. (1983) Mechanisms of insulin resistance in aging. J Clin Invest. 71(6): 1523-1535.

8. Schneiderman, N. Ironson et al. (2005) "Stress and health: psychological, behavioral, and biological determinants". Ann Rev Clin Psychol. 1:607-628.

9. Sepe A, Tchkonia T et al. (2011) Aging and regional differences in fat cell progenitors—a mini-review. Gerontology 57(1):66-75.

10. Van Someren EJ, Raymann RJ, et al. (2002) Circadian and age-related modulation of thermoreception and temperature regulation: mechanisms and functional implications. Ageing Res Rev. 1(4):721-78.

11. Wikipedia, Allostasis, 2017. 10. 검색

12. Wikipedia, Stress(Biology), 2017. 10. 검색

13. Young AJ. (1991) Effects of aging on human cold tolerance. Exp. Aging Res. 17:205-213.

14. Zuspan FP, Rao P. (1974) Thermogenic alterations in the woman. I. Interaction of amines, ovulation, and basal body temperature. Am J Obstet Gynecol. 118(5):671-8.

15. 강신성 등. (2017) 인체생리학 제14판. 라이프사이언스.

# 2

## 근골격계와 노화

노화와 함께 나타나는 가장 두드러진 변화는 근골격계의 변화로 키와 자세로 쉽게 확인된다. 나이가 들어감에 따라 추간판은 얇아지고 간격이 좁아지며 척추는 압박을 받아 길이가 줄어든다. 이로 인해 허리가 앞으로 굽어지는 측만증이 초래되고 머리가 앞으로 숙여진다. 노인의 키는 젊었을 때의 키보다 줄어들어 70대가 되면 젊을 때보다 5cm 정도 가 감소한다.

## 1절. 골격계

### 1) 골격계의 구조와 기능

성인은 206개의 뼈로 구성되어 있다. 어떤 사람은 생각보다 많다고 느낄 것이고 어떤 사람은 적다고 느낄 것이다. 물론 이 수치도 어떻게 뼈의 숫자를 세느냐에 따라 다소 달라질 수 있다. 일부의 뼈들은 서로 합쳐져 있어 이것들을 각개로 세느냐 하나로 인정하느냐에 따라 달라진다. 또 근육이나 힘줄 속에 있는 작은 뼈들은(학자들은 이 뼈가 씨앗모양으로 생겨 종자뼈라 한다) 사람에 따라 숫자가 다르다. 대표적인 종자뼈는 무릎에 있는 슬개골이다. 또 하나 뼈의 개수는 개인과 나이에 따라 달라진다. 신생아는 270여 개에 이르나 자라면서 일부의 뼈는 서로 합쳐져 하나가 된다.

남자와 여자의 골격에는 근본적인 차이가 있는 것은 아니지만 약간의 차이가 있다. 숫자에 차이가 있는 것은 아니나, 형태에 미소한 다름이 있다. 남자의 골격이 여자의 뼈에 비하여 길고 무겁다. 여자의 손목이나 발목뼈는 가는 편이고 흉골은 짧고 넓적한 편이다. 두개골과 치아뼈에도 남녀 간에 차이가 있다. 남성의 치아가 여성에 비하여 크다. 가장 두드러진 차이는 골반뼈에서 나타난다. 여성의 골반뼈는 남성보다 넓으나 깊이는 낮다. 또한 골반공이 넓고 둥그스름하다. 이 모든 구조가 임신과 출산을 위하여 진화된 형태인 것이다.

이 뼈들이 모여 우리 몸을 지탱하는 기둥인 중추골격을 이루고 여기에 사지를 이루는 부속골격이 연결되어 있다. 우리 몸을 지탱하고 있는 골격이 단지 몸을 지탱하고 있는 것만은 아니다. 두개골은 뇌를 보호하고 있고 늑골은 가슴 속의 중요 장기인 심장과 폐를 보호한다. 골반뼈는 위장, 신장, 자궁 등을 받치고 있으면서 보호하는 기능을 한다. 위와 같이 골격은 서로 모여 중요 장기를 보호하는 역할을 한다. 뼈는 근육과 연질 조직을 지지한다.

뼈는 그 외에도 대단히 중요한 여러 가지 일을 하고 있다. 칼슘, 인 등 여러 무기질을 저장하고 혈장의 수준을 조절하는 데 기여하고 pH의 조절에도 일조한다. 칼슘은 뼈에 저장되고 필요시 방출되는 중요한 무기질이다. 칼슘은 골격근과 심근, 평활근 등 모든 근수축에 필요하고 신경전달과 호르몬 분비 등 대부분의 세포 활동에 중요한 조절 물질로 작용한다.

해면골에 있는 적골수에서 적혈구와 백혈구가 생산된다. 골수는 간과 함께 헤모글로빈 성분인 헴을 생산한다. 그러므로 뼈는 가스운반과 면역작용에 중요하게 일조하고 있다.

뼈에 골격근이라 부르는 수의근이 붙어 있어 마음먹은 대로 운동을 할 수 있도록 한다. 사지를 움직이는 것, 목을 돌리는 것 모두가 뼈와 근육의 협동작용이다.

〈표 2-1〉 뼈의 기능

---

1. 운동 - 골격근과 더불어 자세를 유지하고 신체 일부를 움직인다.
2. 지지 - 근육을 제 위치에 있도록 연결하고 지지한다.
3. 보호 - 여러 뼈들이 모여 넓은 강을 형성하거나 통로를 형성하여 심장, 폐, 뇌 등 연질의 기관을
         감싸고 보호한다.
4. 무기물질 저장 - 뼈는 칼슘과 인의 저장고이다. 이의 방출로 체액의 이들 농도를 조절한다.
5. 혈구 생성 - 해면조직의 적골수에서 혈구를 생산한다.

---

## 2) 뼈의 구조와 형성

뼈는 단단하지만 내강이 있는 구조이다. 그림 2-1의 대퇴골을 예로 보자. 긴 몸통 부분을 뼈몸통(골간)이라 한다. 뼈몸통은 관상 구조로 골간의 벽은 단단하고 조밀한 치밀골이다. 내강을 골수내강이라 하는데 여기에 주로 지방으로 되어있는 황골수가 차있다. 뼈의 양끝의 넓은 부분을 골단 또는 뼈끝이라 한다. 이곳의 안쪽은 벌집 모양으로 되어있어 해면골이라 한다. 해면골의 틈 사이를 적골수가 채우고 있다. 적골수에서 혈구가 생성된다. 뼈몸통의 끝부위(골간단)와 골단이 만나는 부위에 성장판이 있다. 성장 중인 관절뼈 속에 있는 투명한 연골조직층이다. 여기의 세포가 분열 분화하여 뼈의 길이 생장을 가져온다. 성장이 멈추면(대략 18~21세) 성장판이 성장선으로 변한다. 혈구를 생산하는 적골수는

주로 골반골, 흉골, 늑골, 척추골과 대퇴골, 경골 등 긴뼈의 골단에 있다. 황골수는 긴뼈의 중심부 골수강에 있다. 적골수에도 지방은 들어있다. 골수에 있는 지방을 골수지방이라 하는데 체중의 약 4%가 된다. 65kg의 몸무게를 가졌다면 골수지방의 양이 약 2.6kg이나 된다.

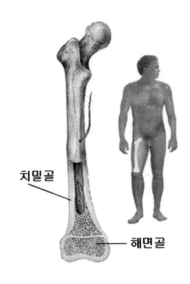

그림 2-1. 사람의 대퇴골의 구조

뼈를 감싸는 섬유성 막이 뼈막인데 여기에는 혈관, 신경이 발달되어 있으며 뼈가 굵게 성장하는 데 기여한다. 뼈막은 관절 부위 외는 뼈 전부를 감싸고 있다. 관절은 관절 연골이 싸고 있다. 관절 연골은 충격을 흡수하고 마찰을 줄이는 역할을 한다. 뼈의 내강을 이루는 층이 뼈내막인데 뼈의 성장, 재생, 재구성에 기여한다.

뼈에는 두 종류의 뼈 조직이 있다. 미세구조가 치밀하여 대단히 단단한 바깥쪽의 치밀뼈(피질뼈라고도 함)와 골단 안쪽의 수세미처럼 되어있는 해면뼈이다. 치밀뼈는 단단하고 강하여 뼈의 기본 기능인 신체를 지지하고, 장기를 보호하고, 운동을 하고, 칼슘 등을 저장하고 분비한다. 인체 골격의 약 80% 정도가 치밀골이다. 해면골은 골질 사이에 틈이 많아 치밀골에 비하여 골밀도가 낮다. 따라서 약하나 대신 부드럽고 유연성이 크다. 이 뼈는 긴뼈의 말단 분위, 관절 부위, 척추골, 골반골, 두개골 등에도 있다. 해면뼈에는 혈관이 발달되어 있고 적색골수가 차있다. 여기에서 혈구생성이 일어난다.

  뼈는 끊임없이 재구성(bone remodeling, 개조)되고 있다. 어떤 세포는 새로운 뼈조직을 만들고 어떤 세포는 뼈를 녹여 뼈 속의 무기물질을 용출시킨다. 새롭게 뼈를 만드는 세포를 조골세포(osteoblast)라 하고, 뼈를 녹이는 세포를 용골세포(osteoclast) 또는 파골세포라 한다. 조골세포는 콜라겐, 칼슘, 마그네슘, 인 등 기질 구성 성분을 분비하여 새롭게 뼈를 형성한다. 조골세포는 뼈의 내강과 외곽에 주로 분포한다. 조골세포는 용골세포보다 작고 핵이 하나 있는 세포이다. 이들은 보통 함께 모여 새로운 뼈를 만든다. 조골세포는 뼈의 생성과 재구성, 재생에 기여하는 중요한 세포이다. 조골세포는 자신의 주위에 골 물질을 분비하여 뼈를 만들고 재생시킨다. 이렇게 만들어진 뼈조직 사이에 갇혀 있으면서 조직을 유지하는 세포를 골세포(osteocyte)라 한다. 골세포는 뼈에 가장 흔한 세포이다. 그러나 골세포는 새롭게 뼈를 형성하지는 않는다. 그러나 골세포는 압력 자극에 반응하여 조골세포를 자극하는 성장인자를 분비하여 뼈 재구성에 참여할 것으로 생각한다.

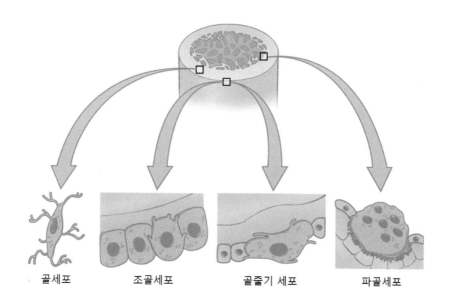

골세포          조골세포          골줄기 세포          파골세포

그림 2-2. 뼈를 구성하는 세포들(자료 : Wikipedia, Bone tissue)

용골세포(파골세포)는 커다란 다핵세포로 뼈 기질에 산과 산성인산가수분해효소를 분비하여 무기질 성분을 분해하고 콜라겐과 기타 단백질을 분해하여 뼈를 녹여낸다. 이를 뼈 재흡수라 한다. 뼈의 재흡수로 혈액에 칼슘과 인이 증가한다. 뼈의 용해 후에 더 튼튼하게 뼈 재구성이 가능하기 때문에 용골세포의 기능은 뼈의 건강에 매우 중요하다. 이들은 보통 뼈 표면에 집단으로 있다. 용골세포는 기계적 압력 자극이 낮은 부분을 용해하고, 조골세포는 부하가 큰, 많이 사용하는 부분을 재구성한다. 뼈가 굵어질 때는 뼈막의 조골세포가 새로운 뼈조직을 첨가하고, 불필요한 과성장은 용골세포가 내막쪽부터 재흡수하여 방지한다.

뼈의 재구성은 용골세포가 기존의 뼈를 용해시킨다. 뼈의 재흡수는 여러 부위에서 동시에 진행되어 비교적 빠르게 일어난다. 이후 조골세포가 서서히 다시 뼈를 형성한다. 여성에서 사춘기 이후 폐경기 까지는 균형이 유지되어 뼈의 질량은 일정하다. 그러나 나이가 들면서 뼈의 재흡수가 증가하여 질량이 감소한다.

뼈의 재구성은 2가지 경로에 의하여 조절된다. 골세포에서 분비하는 인자에 의하여 국소적으로 조절되고, 갑상선호르몬과 부갑상선호르몬에 의하여 조절된다. 뼈에도 줄기세포(골원세포)가 있다. 이 세포는 조골세포로 분화할 수 있는 줄기세포로 성장기에 활성화되어 있고, 성인에서는 체중이 실리는 운동에 의한 압력 자극에 의하여 활성화된다.


## 3) 뼈의 노화 – 골감소증과 골다공증

이미 출생 시의 270개의 뼈가 성장하면서 일부가 융합되어 207개로 된다는 점은 언급하였다. 뼈의 성장은 20세 정도까지 급속하게 일어난다. 이때까지는 새로운 뼈 형성이 뼈의 용해보다 훨씬 빠르다. 20세가 되면 여성의 골질량은 98%가 형성된다. 30세가 되면 남녀 모두 골질량이 최대에 달한다. 이후 노화되면서 가늘어지고 약해진다. 이 연령 이후에는 뼈를 만드는 조골세포의 수가 감소하기 시작한다. 반면에 뼈를 녹여내는 용골세포는 그대로 유지된다. 조골세포가 칼슘을 침착시키고 새로운 골질을 만드는 속도보다 용골세포가 용해시키는 속도가 빠르다. 뼈는 무기물질이 감소하고 질량이 감소하고 점차 약화된다. 뼈 내부의 작은 공간들이 커지고 단단한 바깥쪽 치밀골은 얇아진다. 다시 말하면 골의 밀도가 감소한다. 치밀골도 점차 해면처럼 되고 해면골은 더욱 숭숭해진다. 뼈의 밀도가 감소하는 것을 골감소증이라 하고 이것이 심화되면 골다공증으로 이어질 수 있다. 뼈의 밀도는 뼈가 얼마나 무거운지 얼마나 강한지를 나타낸다. 골감소증은 정상적인 노화의 결과이다. 골밀도가 감소하였다고 모두가 골다공증으로 악화되지는 않는다. 골절의 위험성이 증가한다. 뼈가 충분히 단단하다면 넘어지거나 또는 다른 외부의 충격을 견딜 수 있지만, 골감소나 골다공증으로 뼈가 약화되면 쉽게 부러질 수 있다. 뼈가 성장하는 30대까지 골밀도를 최대로 키우는 것이 장래의 골감소와 골다공증의 발생을 늦추는 길이다. 뼈의 손실이 일어나지 않으면서 뼈의 밀도가 낮은 사람도 있다.

이러한 변화는 남성보다는 여성에서 뚜렷하다. 조골세포의 수가 감소하기 시작하면 매 10년마다 골질량이 대략 8%씩 감소한다. 반면에 남성은 같은 기간에 3%씩 감소한다. 모든 뼈가 동일하게 영향을 받는 것은 아니다. 상완골, 대퇴골 같은 기다란 뼈의 말단 부위, 척추뼈, 턱뼈 등이 다른 부위의 뼈보다 영향을 많이 받는다. 그 결과 팔의 골절이 일어나기 쉽고, 키가 작아지며, 치아가 약해지고 심하면 빠지기도 한다.

골감소증은 폐경으로 에스트로겐이 부족해진 여성에서 흔히 발생한다. 장기적으로 에너지 불균형으로 에스트로겐의 농도가 낮아져도 골감소증이 유발한다. 나이가 들면서 활동이 부족해지는 것도 골감소의 원인이다. 비타민 D의 부족과 부갑상선호르몬의 과다도 중요한 요인이다. 이외에도 과도한 음주, 흡연 등도 골감소를 일으키는 요인이다.

골감소가 일어나더라도 외적인 자각 증상은 없다. 통증도 없고 외적인 변화는 없지만 골밀도가 감소하면서 골절의 가능성은 증가한다. 뼈에 무게 자극을 많이 주는 아령, 달리기 같은 것이 골감소증을 예방하고 골밀도를 증가시키는 데 도움이 된다.

노화가 진행되면서 상당수의 여성과 일부 남성은 골다공증으로 고생한다. 정상 기능을 수행하기 어려울 정도로 뼈의 양이 감소한다. 뼈의 노화 자체와 함께 노화에 따른 성호르몬의 감소가 골밀도가 감소하는 원인이다. 남성에서는 테스토스테론의 분비가 점진적으로 감소하고 그에 비례하여 서서히 감소한다. 여성에서는 폐경이 되면 에스트로겐이 급속하게 감소하기 때문에 이후 5~10년 사이에 뼈의 양도 급속하게 감소한다. 뼈질량의 20%까지 감소하기도 한다. 노인 여성에서 골다공증이 보다 흔한 이유이다. 폐경 이후의 골다공증은 치밀골보다는 해면골에서 심각하게 나타난다. 남성에서도 골다공증이 발생한다. 그러나 남성은 골질량 감소가 늦게 50대에 시작되고 진행도 더디다. 65~70세 정도가 되면 남녀 모두 비슷한 정도로 뼈가 손실된다.

폐경 후에 뼈의 양이 급속하게 감소할 뿐만 아니라 애초에 여성은 성장기에 특히 사춘기에 남성보다는 뼈의 성장과 발달이 적다. 이런 이유로 여성의 뼈는 보다 짧고 가늘고 피질골이 얇다. 따라서 노화된 여성의 뼈는 보다 쉽게 부러질 수 있다. 노인의 경우 여성의 골절율이 남성에 비하여 2~3배 높다.

뼈의 골절은 노인에서 특히 심각한 문제를 야기한다. 골다공증은 엉치뼈에서 흔히 나타난다. 엉치뼈 골절은 급격하게 장애를 초래하여 혼자서는 활동할 수도 없게 된다. 골다공증은 팔목과 척추에도 발생한다.

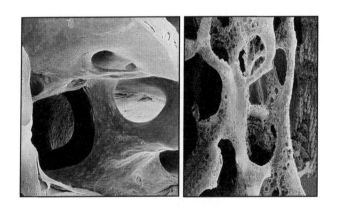

그림 2-3. 정상 해면뼈(왼쪽)와 골다공증 해면뼈(오른쪽)

### 4) 뼈를 튼튼하게 하는 방법

다행히도 우리의 뼈는 항상 재구성이 되고 있다. 심지어 골다공증이 있다할지라도 튼튼하게 변화시킬 수 있다. 운동으로 뼈를 자극하고 칼슘, 비타민 D 등을 섭취하면 뼈의 재생과 재구성을 이끌 수 있다.

첫 번째는 운동이다. 뼈에 부하를 많이 가하는 운동이 좋다. 수영은 부력 때문에 뼈를 많이 자극하지 않는다. 근력을 키우는 아령이나 역도와 달리기 같은 운동이 뼈를 건강하게 하고 튼튼하게 만드는데 좋다. 하루에 30분 정도의 걷기 운동만으로도 골다공증을 예방하는 데 도움이 된다.

두 번째는 뼈를 건강하게 만드는 음식을 섭취하는 것이다. 즉, 칼슘이 풍부한 음식을 섭취한다. 칼슘이 많은 야채에는 배추, 순무, 쥐눈콩, 케일, 브로콜리 등이 있다. 연어와 정어리통조림에도 많이 들어 있다. 통조림 속의 뼈는 먹을 수 있다. 이 속에는 칼슘의 장내 흡수를 도와주는 비타민 D도 들어있다. 우유를 마시거나 칼슘이 보강된 식품을 먹는 것도 한 방법이다. 칼슘이 들어있는 영양보충제를 복용할 수도 있다. 식사를 통하여 충분한 양의 칼슘을 섭취한다면 구태여 칼슘 영양제를 섭취할 필요가 없다. 과량의 칼슘은 오히려 신장결석과 같은 부작용을 유발할 수 있다.

세 번째는 충분한 양의 비타민 D를 섭취하도록 한다. 비타민 D는 장에서 칼슘의 흡수를 촉진할 뿐만 아니라 신장에서 칼슘의 재흡수를 촉진하고 뼈의 재구성을 돕는다. 특히 70세 이상의 노인의 경우 충분한 양의 비타민 D가 필요하다. 불행하게도 대부분의 식품에는 비타민 D가 들어있지 않다. 지방이 많은 어류에는 비타민 D가 있다. 이들 어류는 황새치, 연어, 참치, 고등어 등이다. 이들 어류에는 오메가-3 지방산도 들어있다. 소간, 치즈, 계란 노른자 등에도 소량의 비타민 D가 들어있다.

비타민 D를 얻는 가장 좋은 방법은 일광욕을 충분히 하는 것이다. 햇볕의 자외선은 피부 세포가 비타민 D를 합성하게 한다. 다만, 너무 장시간 햇볕에 노출되는 것은 바람직하지 않다. 특히 피부가 약한 노인의 경우 장시간 햇볕을 쪼이는 것은 좋지 않다. 특히 자외선이 강한 봄에는 15분 정도의 햇볕을 받아도 피부가 손상될 수 있다. 하루에 5~10분간의 일광욕으로도 상당량의 비타민 D가 합성된다.

네 번째는 충분한 양의 미네랄을 섭취하도록 한다. 마그네슘은 뼈에 중요할 뿐만 아니라 다른 부위에서도 필요한 무기질이다. 마그네슘의 50~60%는 뼈에 들어있다. 마그네슘이 풍부한 식품은 다음과 같은 것들이다. 아몬드, 땅콩, 시금치 같은 녹색 채소류, 콩, 검은콩 등 알곡, 토마토, 바나나 등등. 토마토의 껍질에 많이 들어있으므로 껍질째 먹는 것이 좋다.

## 2절. 운동능력과 근육의 노화

노화되면서 눈에 띄게 나타나는 것이 체형의 변화이다. 이는 주로 근육의 감소와 체지방의 증가에 기인한다. 나이가 들면서 근육의 감소와 함께 운동 기능에도 뚜렷한 변화가 초래되는데 이때 나타나는 대표적인 증상이 근력의 감소와 지구력의 감소이다. 그 외에도 근육의 유연성과 파워, 운동의 정확성, 민첩성, 반응성 등 여러 가지가 감소하거나 느려진다. 이런 일련의 변화는 신체활동과 운동 및 생활의 질을 크게 손상시킨다.

이러한 노화에 의한 일련의 변화는 근육을 이루는 근섬유(근세포를 근섬유라고도 한다)의 구조와 기능의 미시적인 변화와 함께 또 이로 인한 근육의 거시적인 구조 변화에 기인한다. 또한 근육의 수축을 조절하는 운동신경세포와 근세포 간의 연결 부위인 신경근종판의 구조 변화에 의한 기능의 부전 때문이기도 하다. 즉, 운동 기능의 변화는 근육 자체만의 변화에 의해서만 초래되는 것은 아니고 운동기능과 연관된 신경계, 호흡계, 순환계 등 여러 기관의 노화에 의해서도 영향을 받는다. 노화가 진행되면 이러한 모든 기관에도 일련의 변화가 나타나 운동 기능을 떨어뜨리게 된다. 근육의 노화에 의한 운동 기능의 약화는 반대로 이들 기관의 기능에도 악영향을 준다. 여기서는 노화에 따라 골격근 자체에 일어나는 변화만을 알아본다.

우선 노화에 따른 골격근 기능의 변화를 이해하기 위해서는 근육의 구조와 수축 기작 및 특성을 간략하게나마 이해하여야 한다. 여기서는 골격근을 설명하나 평활근과 심근도 간략하게 비교 설명한다.

## 1) 근육의 종류 – 골격근, 평활근, 심근

근육은 구조와 수축의 특성, 조절 기작에 따라 골격근, 평활근, 심장근 등 세 유형으로 분류한다. 골격근은 나의 마음대로 움직일 수 있는 근육이라 수의근이라 하는데 형태적으로는 가로무늬가 나타나므로 횡문근이라 한다. 대부분의 골격근은 힘줄에 의하여 뼈에 붙어있고 어떤 근육은 다른 근육에 접착되어 있으며 또 어떤 근육은 피부에 붙어있다.

얼굴에 있는 근육은 피부에 붙어있어 미소를 짓는다든가 눈짓을 하는 등 다양한 표정을 지을 수 있다. 골격근의 수축은 뼈를 지탱하고 움직이게 한다.

위, 소화관, 혈관, 자궁, 방광 등 내장기관의 벽은 전부 또는 일부가 근육으로 되어있다. 이러한 근육은 우리의 의지와는 관계없이 자율적으로 수축이 이루어지므로 불수의근이라 하고 형태적으로는 규칙적인 무늬가 나타나지 않아 평활근 또는 민무늬근이라 한다.

심장도 근육으로 되어있는데 심장근은 형태적으로는 골격근과 같이 횡문이 나타나나 기능적으로는 평활근과 같이 불수의근에 속하는 독특한 근육이다. 심근의 수축은 기본적으로 자율적으로 일어난다. 심장근의 규칙적으로 일정한 율동으로 수축과 이완을 반복하면서 혈액을 순환시키는 동력을 제공한다.

평활근과 심장근은 의식적인 체성신경계의 지배를 받지 않기 때문에 의지로 조절할 수는 없다. 이들은 자율신경계의 자극에 반응하여 수축한다. 위, 소화관의 운동, 눈동자의 크기를 조절하는 홍채의 수축 이완 등 모든 평활근의 수축은 자율신경계에 의하여 조절된다. 또한 평활근과 심근의 수축은 호르몬, 측분비 신호물질 등에 의하여 조절된다. 이들 내장근은 천천히 수축-이완하기에 피로하지 않고 장시간 운동할 수 있다.

골격근은 뇌의 의식 관장 부위에서 조절하기 때문에 우리의 마음대로 움직일 수 있다. 골격근을 지배하는 이 신경계를 체성신경계라 한다. 모든 각각의 근육에는 개개의 신경이 분포하여 정교하고도 다양한 수의운동이 가능하다.

근육은 자세를 유지하고 변형시키며 몸을 움직일 뿐만 아니라 심장박동, 혈액 순환, 호흡, 소화 등 생명에 필수적인 기능을 수행하는데 중요한 역할을 한다. 골격근은 또한 복부의 장기를 보호하는 역할을 하고 골격과 함께 신체를 지지하는 기능을 한다.

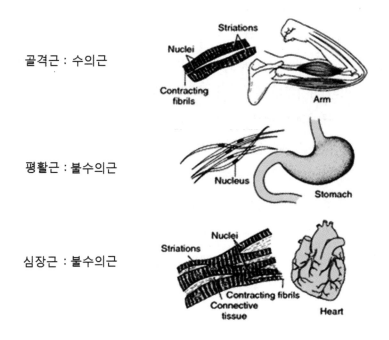

골격근 : 수의근

평활근 : 불수의근

심장근 : 불수의근

그림 2-4. 근육의 종류

## 2) 골격근의 수축

골격근은 활동전위라 부르는 전기신호에 의하여 수축이 된다. 골격근에 활동전위를 일으키는 수단은 운동뉴런이 주는 자극이다. 운동뉴런의 세포체는 뇌와 척수에 있으면서 축색말단은 골격근섬유에 분포하고 있다. 운동뉴런은 뇌에서 전달되는 신호를 빠르게 근섬유로 전달한다. 운동뉴런은 여러 가지로 나누어져 각 가지가 근섬유와 시냅스를 이룬다. 하나의 운동뉴런은 여러 개의 근섬유에 분포하고 있지만 각각의 근섬유는 하나의 운동뉴런에 의해서만 조절된다. 운동신경이 신호를 보내면 이 모든 근섬유가 함께 수축한다. 이와 같이 운동신경세포와 이 신경이 분포한 근섬유를 합쳐 운동단위라 한다.

운동뉴런의 축색(축삭)말단이 근세포와 접하는 부위를 신경근연접이라 한다. 신경세포의 축색말단과 근세포 사이에는 아주 좁은 틈이 있다. 축색말단과 접하는 근세포막 부위를 운동종판이라 한다. 축색 말단에 활동전위가 도달하면 막전위가 탈분극되어 아세틸콜린이라는 신경전달물질을 분비한다. 근종판에는 이 화학신호를 감지하는 아세틸콜린 수용체가 있다. 아세틸콜린이 수용체에 결합하면 이온통로가 열려 국부적으로 탈분극이 일어난다. 이 전위를 종판전위라 한다. 운동뉴런말단과 운동종판이 만나는 면적이 넓어 종판전위는 신경의 시냅스전위에 비하여 대단히 크다. 이 전위에 의하여 근세포막에서 활동전위가 발생하고 근세포막과 가로세관을 따라 전파된다.

하나의 운동뉴런에서 발생한 활동전위는 그 운동 단위에 속한 모든 근세포에 활동전위를 유발한다. 이 전기신호에 의하여 근세포의 근소포체에서 칼슘이 분비되고 그에 따라 근육이 수축하게 된다. 신경근접합부에는 아세틸콜린을 분해하는 아세틸콜린에스테라아제가 있어 아세틸콜린의 농도가 감소하고 이온통로는 닫혀 막전위는 휴지상태로 돌아간다. 근육도 이완한다.


## 3) 근육의 수축과 장력의 크기

골격근은 운동신경의 자극에 의하여 일어난다. 하나의 운동신경은 여러 개의 근섬유에 분포하고 있다. 근육이 발생시키는 장력의 크기는 어떤 운동단위가 활성화되는지와 얼마나 많은 운동단위가 동시에 활성화되는지에 따라 결정된다. 안구나 손가락에 분포한 운동신경은 1~10개의 근섬유에 뻗어있고, 다리 근육에 분포한 운동신경은 1500~2000개의 근섬유에 분포한다. 운동단위가 작은 근육은 작은 힘을 발휘하나 정교하게 힘을 조절할 수 있다. 다리처럼 큰 운동단위로 구성된 근육은 커다란 힘을 발휘하나 미세한 조절은 힘들다.

특정 시간에 활성화시키는 운동단위의 수를 증가시키는 것을 동원이라 한다. 동원되는 운동단위가 많아질수록 동시에 큰 힘을 내게 된다.

수축력을 결정하는 다른 요소는 수축에 참여하는 개개의 근섬유가 발생시키는 장력의 크기이다. 각 근섬유는 근원섬유 단위로 구성되어 있다. 근원섬유가 증가하면 근섬유가 굵어지고 더 큰 힘을 낼 수 있다. 운동과 같은 자극은 근원섬유의 수를 증가시켜 근섬유는 비대해지고 더 큰 힘을 발휘할 수 있다. 근수축의 강도를 결정하는 다른 요인은 운동뉴런의 활동전위의 빈도이다. 활동전위 빈도가 높을수록 근육의 수축력은 커진다. 근수축이 계속되면 여러 이유로 근육은 피로해져 더 이상의 수축력을 유지하지 못한다.

이상을 요약하면 어느 순간의 운동뉴런에 의한 근수축력의 조절은 개별 운동단위의 활동전위의 빈도와 동원되는 운동단위의 수에 의하여 결정된다. 아래에 근육의 장력을 결정하는 요인들을 표 2-2에 요약하였다.

〈표 2-2〉 근육의 장력을 결정하는 요인들

1. 개개의 근섬유가 발생하는 장력
   - 활동전위 빈도
   - 근섬유의 직경(굵기)
   - 피로도
2. 근수축에 참여하는 근섬유의 수
   - 운동단위당 근섬유의 수
   - 수축에 동원되는 운동단위의 수

## 4) 골격근의 기능과 운동에서 기타 기관의 역할

골격근은 뼈에 붙어있다. 근수축은 뼈를 지탱하고 움직여서 신체 자세를 유지하고, 신체를 전부 또는 일부를 이동시킨다. 운동은 골격근과 뼈가 함께 이루는 것이다. 운동은 골격근 자체만으로 수행되는 것은 아니다. 근육의 수축은 뇌에서 의식적으로 하고자하는 행동이 정교하게 계획되면 이 계획이 활동전위라고 부르는 전기신호로 바뀌어 체성신경계로 하달된다. 이 명령은 척수를 지나 말초신경계로 전달되고, 말초운동신경은 이 전기신호를 근육에 전달한다. 운동신경의 활동전위 자극에 의하여 근육에도 유사한 활동전위가 발생하고 이 자극에 의하여 근육은 비로소 수축하게 된다.

그러므로 어떤 운동이 의도한 대로 수행되려면 뇌의 여러 부위가 정상으로 상호 정보를 주고받으며 정교하게 조정되어야 한다. 여기에는 운동을 담당하는 대뇌의 운동피질 외에도 기저핵, 시상, 소뇌 등 뇌의 여러 부위가 참여하고 있다. 뇌와 신경계 모두 노화가 일어나 노인의 운동 기능을 저하시키기도 하지만 여기서는 근육 자체만을 살펴본다.

근육의 수축이 우리가 의도한 대로 이루어지려면 수축 결과를 끊임없이 파악하고 필요하면 수정을 하여야 한다. 우리가 길을 걷고 있다고 상상해보자. 가고자하는 방향으로 정확히 가고 있는지 너무 느리지는 않은지 앞에 장애물이 있는지 등을 계속하여 파악하여야 수정을 할 수 있다. 이러한 일에 인체는 근육의 수축 정도를 감지하는 근방추, 골지건 기관 등 고유수용기 외에도 시각, 촉각, 청각, 평형감각 등 여러 감각기관을 동원한다. 여기서 수집한 정보는 감각신경을 통하여 뇌로 전달하고, 뇌는 처음의 의도와 수행 결과를 파악하여 필요하면 수정 명령을 하달하여 처음의 의도대로 또는 뜻을 바꾸어 새로운 운동이 이루어지도록 한다.

근육이 수축하기 위해서는 에너지가 필요하다. 근육은 주로 탄수화물과 지방을 산화시켜 고에너지 화합물인 ATP를 생산하고, 이것을 사용하여 근육을 수축 이완시킨다. ATP를 생산하기 위해서는 땔감인 탄수화물과 지방이 수요만큼 적당히 적시에 공급되어야하고 이것을 산화시키기 위하여 산소가 필요한 만큼 충분한 양이 때맞추어 공급되어야 한다. 근세포에서 생산되는 이산화탄소나 젖산이 조직에 축적되면 근수축의 효능이 떨어지므로 이를 빠르게 제거하여야 한다.

근육 내에도 약간의 에너지원이 들어있지만 근수축이 지속되려면 세포 밖에서 끊임없이 근육이 필요로 하는 만큼 공급되어야 한다. 포도당은 간에 의하여 지속 공급되고, 지방산은 주로 지방조직이 저장하고 있던 지방을 분해한 후 방출하여 근육에 공급한다. 간과 지방조직의 도움이 없이는 근수축을 지속할 수는 없다.

운동 중에는 에너지를 소모함으로써 막대한 열이 발생한다. 근수축의 에너지 효율은 그다지 높지 않다. 근수축에 소모하는 에너지의 70% 이상이 열로 소실된다. 이 열은 근육의 온도를 높이게 되고 이것도 근수축 기능을 저하시키는 요인이다. 자동차나 컴퓨터가 과열되면 기능이 저하되는 것과 유사한 이유이다. 그러므로 이 열도 빠르게 제거하여 정상 체온을 유지하여야 제 기능을 지속할 수 있다. 이 열은 근육을 지나는 혈액을 덥히고, 더워진 혈액을 피부로 보내어 체외로 열을 발산시킨다. 심혈관계와 피부는 공랭식 에어컨인 셈이다.

영양물질, 산소와 이산화탄소, 열은 모두 폐와 심혈관계에 의하여 공급되고 제거됨으로 운동 중에는 이들 기관의 기능도 근육의 요구에 부응하여 함께 증진되어야 한다. 이들 기관이 역부족이면 근육도 기능이 제한된다. 이들 기관도 나이가 들어가면서 노화하지만 이들은 해당 분야에서 설명한다.

근육의 운동에는 이와 같이 근육 자체뿐 아니라 중추신경계, 말초신경계, 감각계, 호흡계, 심혈관계, 소화계, 피부, 지방조직 등 인체의 모든 기관이 함께 참여한다. 운동은 이들 기관의 활성을 자극함으로서 이들을 튼튼하고 건강하게 만든다. 즉 노화를 늦춘다. 반면에 이들 중 어느 기관이 빨리 노화되거나 질병으로 기능이 손상되면 그 여파로 운동 역량이 제한되고 이는 다시 다른 기관의 노화도 빠르게 한다. 근육과 이들 기관은 서로 긴밀한 의존 관계에 있다. 활발한 신체활동과 운동은 건강에 유익하고 노화를 늦추는 선순환을 일으키고 반면에 비활동적인 생활은 근육과 여타 기관의 노화를 촉진하는 악순환을 불러온다.

## 골격근세포와 근육 줄기세포

근육은 수없이 많은 근섬유가 결합조직에 의하여 함께 묶여있는 것이다. 근세포는 발생 과정에서 여러 개의 세포가 하나로 융합되어 기다란 하나의 세포가 되었기 때문에 하나의 세포에 핵이 여러 개 있는 다핵세포이며, 길이가 길어 근섬유라고 부른다. 10~100개 또는 그 이상의 근섬유가 모여 다발을 이루고 결합조직인 근주막이 이를 싸고 있다. 여러 개의 다발(근속)을 다시 근외막이 싸고 있다. 근육은 튼튼하고 질긴 힘줄(건)에 의하여 뼈에 단단히 붙어있다. 하나의 근세포는 다시 여러 개의 근원섬유로 구성되어 있다. 근원섬유는 배의 노잡이의 역할을 하는 미오신과 액틴 단백질 사슬이 규칙적으로 배열되어 있다.

골격근의 분화는 이른 나이에 완성되지만 계속하여 근육은 커진다. 운동으로 근육이 비대해지는 것은 근섬유의 숫자가 늘어나는 것은 아니고 근원섬유의 수가 증가하기 때문이다.

성인의 골격근섬유는 분화가 끝난 다핵세포임에도 재생능력이 다른 기관에 비하여 뛰어나다. 이는 근육에 줄기세포가 많이 존재하고 그 기능을 오래 유지하고 있기 때문이다. 근육 줄기세포를 위성세포(satellite cell)라고도 부르는데 근섬유를 따라서 기저막과 근세포막 사이에 위치하고 있다. 위성세포와 근섬유 간의 연합과 주위의 미세환경은 위성세포가 휴지상태를 유지하는 데 매우 중요하다. 위성세포는 Notch3 수용체와 섬유아세포 성장인자(FGF) 신호 억제자(Spry1)를 발현시키고, 근섬유는 Notch 리간드인 Delta1을 발현시킨다. 이들의 합동작용으로 위성세포는 휴지상태를 유지한다.

## 근육의 재생 - 위성세포

위성세포는 근육의 성장 및 손상된 후에 재생과정에서 중요한 역할을 한다. 이 세포는 정상 근육에서는 휴지상태로 존재한다. 근육이 손상되면 위성세포가 활성화되어 재빠르게 분열한다. 일부는 근원세포로 분화하고 서로 융합하여 손상된 근섬유를 대체한다. 일부는 자가-갱신으로 휴지상태의 위성세포의 비축 숫자를 유지한다. 휴지상태는 일생을 통하여 재생 요구가 있을 때까지 줄기세포의 집단과 기능을 유지시키는 간단한 방법이다.

일이나 운동으로 근육에 부하가 가해져도 위성세포가 활성화되고 분화되어 정상 근섬유에 융합하여 근육비대를 이룬다. 위성세포의 증식을 억제하면 근섬유가 굵어지지 않는다. 위성세포는 정상 근육 성장에서도 관여하고, 상해나 질병 후의 재생에도 참여한다. 그러나 근육의 손상이 크면 재생은 완전하지 못할 수도 있다. 상처 부위에 섬유아세포가 콜라겐 재생조직을 만들어 근육의 기능이 저하될 수 있다.

근육의 분화와 성장, 재생, 비대에는 성장호르몬, 인슐린-유사 성장인자, 테스토스테론 같은 성 호르몬 등과 성장인자가 관여한다. 사춘기의 남성은 근육의 성장을 자극하는 호르몬에 의하여 급소하게 근육의 비대가 일어난다. 남성 호르몬인 테스토스테론이 주요 성장 촉진 호르몬이라 여성보다는 남성에서 근육 발달을 쉽게 이룰 수 있다.

그림 2-5. 위성세포에서 근세포로의 분화과정

## 5) 근육감소증

우선 근육에 일어나는 거시적인 형태 변화를 살펴본다. 나이가 들어갈수록 겉보기에도 확연하게 변화는 것이 근육의 크기와 강도의 감소이다. 이를 근육감소증(sarcopenia)이라 한다. 암, 심부전증, 폐질환, 신부전, 심한 화상 등에 의해서도 근육이 감소하는데 이는 근위축(muscle atrophy)이라 부른다. 일반적인 근육감소증은 아래에 설명하는 근력 감소도 함께 발생한다. 남성은 체중의 약 42%가 골격근이고 여성은 36% 정도이다. 25세 이후 매 10년마다 남성은 2~3%, 여성은 1~2%씩 근육량이 감소한다. 근육 조직의 이러한 감소는 50세부터 뚜렷하고 60세 이후에는 극적으로 일어난다. 나이 든 사람들은 근육량 감소로 인해 근력이 저하된다. 근력은 30~80세 사이에서 30~40%가 감소한다.

근육의 장력은 2가지 요소에 의하여 결정된다. 근육의 양과 장력이 감소하는 이유는 근섬유의 수가 감소하고, 개개 근섬유의 굵기가 감소하기 때문이다. 근육량과 힘의 감소는 심하면 활동 장애를 초래하고 노인들 사이에서 자주 일어나는 우발적인 사고의 원인이 되고 삶의 질을 떨어뜨릴 수 있다.

노화가 진행하면서 일어나는 근세포의 감소는 선택적으로 나타나 주로 II형 근섬유(신속 근육섬유)에서만 분명하다. II형 근섬유는 빠르고 강한 근력 발휘에 적응된 근육이라 근력이 크게 감소한다. 노화되면서 근력의 감소와 함께 민첩성이 떨어지고 빠른 활동이나 운동이 어려운 것도 바로 이 신속근섬유의 감소가 주원인일 것이다.

근육감소증의 근육은 근섬유의 굵기가 다양해지고, 미토콘드리아의 에너지대사가 크게 손상되어 산화 능력이 감소하고, 단백질의 분해는 증가하고 염증도 발생한다. 근육 내에 결합조직이 증가하고 지방이 증가한다. 운동신경의 분포가 사라져 신경근연접이 재구성된다. 결합조직의 증가는 근육의 신축성을 저해할 것이고, 지방의 증가도 물리적으로 이웃의 세포 소기관의 활성에 장애를 초래할 것이다. 다행히도 근육 감소가 일어나도 I형(완속 산화형) 근섬유의 감소는 적어 자세 유지나 보행 등 가벼운 일상생활에는 큰 지장이 없다.

근육 감소를 일으키는 직접적인 근본 원인은 다양하다. 이러한 변화의 일부는 신체활동이 적어진 결과이기 때문에 운동으로 어느 정도 늦출 수 있다. 그러나 운동을 하여도 젊은이처럼 근육의 변화가 나타나지는 않는다. 젊은 시절의 근육량이 유지되지 못하는 이유는 근육의 재생과 비대에 기여하는 근육의 줄기세포의 수와 역량이 감소하기 때문이다. 위성세포는 그림처럼 청년기부터 수가 꾸준히 감소한다. 노화된 근육에서는 위성세포의 수가 반 정도로 감소한다. 그러나 줄기세포로서의 기능은 조금 늦게 중년기 이후 감소하기 시작하여 노령이 되면 급속하게 저하된다. 이 나이에는 위성세포의 수와 기능이 감소하면서 근육 복원력이 약화되어 한번 근육이 손실되면 완전하게 재생되지 못하면서 근육의 감소가 이어진다.

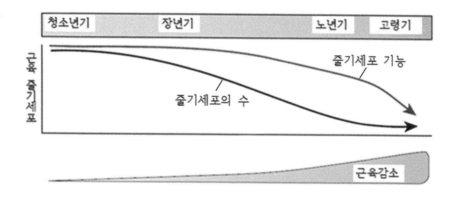

그림 2-6. 연령에 따른 근육의 줄기세포의 수와 기능의 저하 및 근육감소증의 증가
(자료: Sousa-Victor et al., 2015)

위성세포의 노화는 근육의 내적인 요인과 외적인 요인의 복합 결과이다. 위성세포 자체의 노화와 염증 등의 인체 환경의 변화와 함께 미세환경의 변화가 원인이다.

위성세포의 휴지상태 유지와 활성 보유에는 근육 줄기세포 미세환경(stem-cell niche)이 중요한 역할을 한다. 위성세포의 미세환경 즉, Notch3 수용체와 Spry1 및 Notch 리간드인 Delta1이 성인 줄기세포의 수와 기능 유지에 중요하다.

젊은 근섬유가 손상되면 휴지기의 위성세포가 활성화되어 근세포와의 상호작용에 의하여 위성세포가 분열 증식한다. 일부의 세포는 근원세포로 분화하고 서로 융합하여 손상된 근섬유를 대체한다. 일부는 위성세포로 남아 집단을 유지한다.

노화된 근육은 줄기세포의 휴지상태를 유지하지 못하고 있다. 위성세포의 노화가 진행되면서 활성화되는 신호전달 과정과 세포주기 조절물질이 바뀐다. 근육감소증에서는 위성세포가 휴지상태에서 전-노쇠상태로 전환하면서 위성세포의 숫자와 기능이 저하되어 있다. 전-노쇠 세포는 자가소화가 감소되고 활성산소는 증가된다. 근육이 상해되면 위성세포를 활성화한다. 그에 반응하여 위성세포는 분열하고 p38α/β MAPK, STAT3 경로를 활성화한다. 반면 Notch는 감소한다. 젊은 위성세포와는 다른 이러한 반응으로 위성세포는 극성을 상실하고 자가-갱신 능력이 저하된다. 위성세포는 분열하나 근세포에서 생성되는 FGF2와 TGF-β의 영향으로 세포자살이 유도되어 줄기세포 수도 줄어들고 재생도 불량하다.

노령의 위성세포는 항상성 상태에서도 정상 휴지상태를 유지하지 못한다. 휴지상태의 위성세포에서 Cdkn2a (p16ink4a) 억제가 해제되어 증가하면서 비가역적 전-노쇠상태로 바뀌면서 가역적 휴지 능력을 상실한다. 그들의 재생 능력과 자가-갱신 능력은 손상된다. 이런 상태에서 근섬유가 손상되면 이 위성세포는 활성화되지 못하고 완전히 노쇠상태로 들어간다.

노화의 내적 요인으로는 노화 근세포가 과량 분비하는 FGF2, TGF-β 등이 있다. 노화 근육의 줄기세포 미세환경에서 FGF2의 증가는 일단의 위성세포를 휴지상태에서 깨워 휴지 줄기세포의 수를 감소시킨다. 비교적 휴지상태를 유지하는 위성세포는 젊은 세포와 마찬가지로 Spry1(섬유아세포 성장인자 신호 억제자)을 발현하고 있다. Spry1을 발현시키는 세포는 젊은 세포와 같이 휴지상태를 유지한다. 실험적으로 노화 위성세포에서 Spry1을

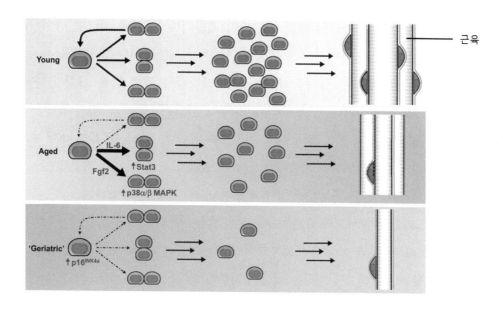

그림 2-7. 위성세포의 노화. (자료: Dumont et al., 2015)

제거하여 FGF 신호를 증가시키면 휴지 능력을 잃고 위성세포가 줄어들고 재생력이 감소한다. 반대로 Fgfr1 신호를 억제하여 미세환경의 FGF 활성을 감소시키면 위성세포의 감소를 방지할 수 있다. 이와 같이 근세포와 위성세포 사이의 환경이 노화에 따라 변하면 줄기세포의 휴지와 기능에도 영향을 준다.

노화와 함께 변하는 혈중 옥시토신과 GDF11 등은 위성세포의 재생능력을 저하시켜 근육 재생을 억제한다. 영양부족, 호르몬, 대사, 면역 기능의 변화 등 여러 요인이 근육감소증을 유발한다. 이들은 신경과 근육에 악영향을 주어 운동신경이 감소하고 근섬유의 위축이 발생한다. 또한 근육감소증은 골다공증, 인슐린 저항성 및 관절염을 포함하여 노인들에게 공통적인 몇 가지 만성적인 고통과도 관련이 있다.

**위성세포의 노화와 자가소화 기능의 저하**

근육감소의 원인의 하나는 줄기세포인 위성세포의 수와 분화 능력의 감소이다. 노화됨에 따라 줄기세포의 재생 기능이 감소하는데 노령에서 급속하게 급감한다. 이때 정상 휴지상태에서 복귀 불능의 노쇠상태로 전환되기 때문이다. 실험에 의하면 휴지상태의 근육 줄기세포는 소기관과 단백질의 항상성을 유지하여 세포로서의 완전성을 유지하고 있다. 위성세포가 건강한 휴지상태를 유지하려면 리소좀에 의한 낡은 단백질, 손상된 기관 등의 자가소화가 필수이다. 근육에서 자가소화는 위성세포의 조직 재생 능력을 유지시킨다. 이런 활성은 세월과 함께 감소한다. 자가소화 효율이 감소하면 세포 내에 노폐물이 쌓이기 시작하고 미토콘드리아 기능이상, 산화 스트레스 등에 의하여 위성세포는 노쇠상태가 들어가 재생능력을 상실한다. 위성세포의 수와 기능이 감소한다.

위성세포가 노화되면 활성도와 효과가 저하된다. 늙은 위성세포 집단의 자가소화 능력을 젊은 상태로 회복시키면 노쇠에서 회복되고 재생능력도 돌아온다. 근세포의 청소 장치는 세포의 노폐물을 제거하고 퇴화하는 것을 방지한다. 이 청소 장치가 적당하게 작동하지 못하면 근육은 노쇠하게 된다. 그러면 위성세포도 조직 재생능력을 상실하여 근육이 약화된다. 50대 이후부터 이러한 변화가 시작되어 노인을 허약하게 만든다.


## 6) 근력감소증

65세 이상 노인 중에는 특히 여성에서 5kg 정도의 무게도 들어 올리지 못하는 경우가 빈번하다. 미국의 경우 여성은 18%, 남성은 10% 정도가 이런 증상을 보인다. 악력과 무릎 신장력 등이 뚜렷하게 감소한다. 근력감소는 노인의 운동 기능을 저하시켜서 신체활동을 자유롭지 못하게 하여 일상생활을 어렵게 할 뿐 아니라 사망률을 증가시키는 위험 요인이다. 이것은 근위축(muscle atrophy)보다 근육의 수축력 감소가 주요 요인이다. 질병이 아닌 노화에 따른 근육 수축력의 감소를 근력감소증(dynapenia)이라 한다. 'dynas'는 근력을 의미하고 'penias'는 부족을 의미한다. 근력감소는 근육의 양은 줄어들지 않으면서도 근력이 저하되는 특징이 있다. 이 증상은 골격근의 수축을 자극하는 운동신경계의 구조와 기능의 결손 또는 골격근 자체의 근력 발휘 특성의 손상 또는 운동신경과 근섬유가 신호를 주고받는 신경근연접의 구조와 기능 장애 등 이 모든 요소 모두가 근력감소의 요인이다.

신경근연접은 뇌의 신호를 근세포에 전달하는 운동신경세포 말단과 근세포막이 만나는 부위이다. 이 부위는 신호를 주고받기에 적합하게끔 특별한 구조를 갖고 있다. 두 세포는 붙어 있지 않다. 그렇다고 멀리 떨어져 있지도 않다. 아주 가까이 이웃하고 있으나 약간의 틈이 있다. 운동신경 말단에서 근세포로 활동전위가 직접 전달되지 않는다. 운동신경은 전기신호를 대신하는 화학물질을 매개로 뇌의 명령을 근세포에 전달한다. 이 매개 물질을 신경전달물질이라 하는데 운동신경은 아세틸콜린을 전달물질로 분비한다. 근세포에는 아세틸콜린을 감지하는 안테나와 같은 역할을 하는 수용체가 막에 넓게 퍼져있다. 운동신경말단은 뇌에서 전해오는 전기신호를 화학신호로 바꾸어 근세포에 보낸다. 근세포는 화학신호를 다시 전기 신호인 활동전위로 바꾸어 근섬유 전체로 전파한다. 이 신호를 받아 근육이 수축하게 된다. 이 신경근 연접 이상이 근력감소의 주요 원인으로 생각된다. 사람에서는 분명한 연관성이 확인되지 않았으나 쥐에서는 노화가 되면서 신경근 연접의 수가 감소한다. 신경근연접이 없어지면 신호를 받지 않는 근섬유는 자연사의 길로 들어선다. 우주에서 지구로 귀환한 우주인이나 침상에서 활동 없이 지낸 사람에서 운동종판의 활성 감소에 연관된 세포자연사가 나타난다.


## 7) 근육의 조성 변화

노인의 신체활동이나 운동 기능의 뚜렷한 변화의 하나는 신속하게 오랫동안 운동하지는 못하는 것이다. 신체운동은 느려지고 지구력은 저하된다. 이런 변화에는 신경계, 심혈관계, 호흡계 등의 노화도 크게 영향을 미치지만 여기서는 근육의 변화에 국한하여 고찰한다. 이런 변화를 이해하려면 근육 세포의 종류와 특성을 이해할 필요가 있다.

근육에는 그 기능과 특성이 다른 서너 종류의 근세포로 이루어져 있다. 수축의 신속성에 따라 완속형(I형) 근섬유와 신속형(II형) 근섬유로 구별한다. 에너지 공급 방식에 의하여 유기호흡형과 무기호흡형으로 구별한다. 신속형 섬유는 에너지원으로 사용하는 ATP의 가수분해 속도가 빠른 ATPase를 갖고 있고, 완속형에는 활성이 느린 아형 ATPase가 들어 있다.

Ⅰ형 근섬유 – 완속 산화성(Ⅰ형) 근세포는 천천히 수축하는 근육인데 미토콘드리아가 많아 세포호흡을 통하여 효율적으로 ATP를 공급하여 쉽게 피로해지지 않는다. 유기호흡성 근섬유이다. 피로에서도 빨리 회복되는 특성이 있다. 지속적인 수축이 필요한 자세를 유지하는 근육에 이런 종류의 근육이 많다. 이런 근육은 미토콘드리아가 많고 혈관이 발달되어 있어 붉게 보이기 때문에 적색근이라 한다. 이런 근육은 걷기, 달리기, 수영, 서있기 등 강도는 크지 않으나 오랫동안 지속하는 지구력 운동에 적합하다.

Ⅱ형 근섬유 – 이 근육은 빠른 수축이 가능한 근육이다. 이 근육은 다시 에너지 공급 방식에 따라 Ⅰ형 근육처럼 세포호흡에 의하여 안정적으로 ATP를 공급하는 신속 산화성 근육(ⅡA)과 해당과정을 통하여 ATP를 공급하는 신속 해당성 근육(ⅡB)으로 세분한다. Ⅱ형 근육은 Ⅰ형 근섬유에 비하여 내경이 굵어 큰 힘을 발휘할 수 있다.

ⅡA형은 미토콘드리아가 많아 유기호흡을 하는 근섬유이다. 피로에 견디는 힘이 크다. 이 근육은 빠르게 힘을 발휘하면서도 강한 힘을 필요로 하는 운동에 사용된다.

ⅡB형 근섬유는 해당과정을 통하여 빠르게 에너지를 공급할 수 있으나 에너지 저장량이 적고 공급율이 제한되어 단시간의 폭발적인 고강도의 근력 활동에 적합하다. 이 근육은 미토콘드리아가 적고 혈관이 많지 않아 희게 보이기 때문에 백색근이라 한다. ⅡB형은 에너지 공급이 비효율적이라 쉽게 피로해지고 회복하는 데도 시간이 오래 걸린다.

근력 훈련을 하면 근육비대가 되는데 이 때 Ⅱ형 근섬유가 굵어진다. 지치지 않고 더 강한 힘을 낼 수 있다. 근력 운동에도 Ⅰ형 근섬유의 비대는 별로 없다. 지구력 운동을 하면 ⅡB형의 근육에도 미토콘드리아가 발달하여 세포호흡능이 향상되어 피로 저항성이 커진다. 이런 운동에 적응한 근육을 ⅡAB형으로 세분하기도 한다.

근육은 운동단위들로 구성되어 있는데 하나의 운동단위에 속한 근섬유는 같은 유형으로 되어 있다. 대부분의 골격근에는 세 종류의 운동단위가 섞여있다. 근육에 들어있는 운동단위의 유형의 비례에 의하여 근육의 최대 장력, 단축 속도, 파워, 지구력 등에 상당한 차이가 있다. 따라서 근육의 위치와 기능, 개인의 운동 훈련에 의하여 운동 능력과 근육의 유형에는 상당한 차이가 있다. 예를 들면, 장거리 육상선수는 약 75% 정도가 느린 근섬유인 반면 단거리 육상선수는 빠른 근섬유가 75% 정도로 많다. 오랫동안 자세를 유지하는 등의 근육은 완속-산화성 근섬유가 많고, 큰 힘을 순간적으로 내야하는 팔의 근육은 신속-해당성 근섬유가 많다.

## 신속 근섬유의 감소

노화가 진행하면서 근세포가 감소하는데 이는 신속 근육섬유에서만 분명하게 나타난다. 노화되면서 민첩성이 떨어지고 빠른 활동이나 운동이 어려운 것은 바로 이 신속근섬유의 감소가 주원인일 것이다.

노화가 되면서 모든 기능이 약화되는 것만은 아니다. 인체에서는 하나의 기능이 약화되면 그 세포나 조직 자체에서 또는 다른 부위에서 우회적으로 보상작용이 일어나 어느 정도는 저하된 기능을 보상한다.

노화된 완속근에서는 단백질의 합성과 액틴과 미오신의 조립에 관련된 기능이 상향된다. 반면에 신속근에서는 이러한 기능이 더 많이 감소한다. 이러한 특성이 신속근은 빨리 노화하고, 완속근은 노령이 되어도 유지되는 이유라 생각된다.

노화가 진행되면서 완속섬유와 신속섬유 모두에서 미토콘드리아의 양이 감소한다. 완속섬유에서는 해당과정 기능이 상향조절되어 미토콘드리아 기능 감소에 대한 보상이 이루어지지만 신속섬유에서는 자체 기능인 해당과정 기능마저 하향조절된다.

노화가 되면서 신속근섬유는 수가 감소할 뿐만 아니라 세포 내 에너지 대사 기능마저 저하되어 노인은 빠르게 오래 지속하여 운동하지 못한다. 그러나 완속근섬유는 수도 유지되고 보상기작에 의하여 에너지 대사가 유지되어 노인도 자세유지나 일상생활은 물론 등산 등도 젊었을 때처럼 지속할 수 있다.

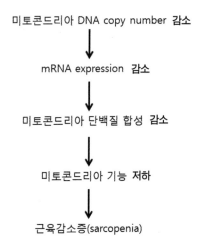

미토콘드리아 DNA copy number 감소

↓

mRNA expression 감소

↓

미토콘드리아 단백질 합성 감소

↓

미토콘드리아 기능 저하

↓

근육감소증(sarcopenia)

그림 2-8. 근육 미토콘드리아의 노화

### 근세포 미토콘드리아의 노화

미토콘드리아 안의 기능이 저하되고 손상된 골격근 단백질은 일반적으로 분해되어 새로 합성된 단백질로 대체된다. 노화가 진행되면서 손상은 증가하고 단백질의 분해는 감소되어 손상된 단백질이 미토콘드리아 안에 축적된다.

비활동, 활성산소, 당화, 염증(지방조직이 분비하는 TNFα 포함) 등이 미토콘드리아 DNA(mtDNA)의 복제수를 감소시킨다. 이에 의하여 mRNA 발현이 감소하고 미토콘드리아 단백질의 합성이 감소한다. 이에 따라 미토콘드리아의 구성성분이 감소하고 산화 역량이 저하된다. 미토콘드리아의 ATP 합성 부족과 활성산소에 의한 손상은 증가되어 근육감소증이 유발된다. 다만, 전사 발현의 감소가 단백질 합성을 감소시키는지는 불명확하다.

미토콘드리아의 산화능력이 감소하면 간과 지방조직에서 전달되는 지방산의 산화능력이 감소하고 그 결과 인슐린 저항성이 증가하여 당의 흡수가 저하되고 혈당을 높이는 악영향을 주게 된다. 이와 같이 미토콘드리아의 노화는 근육만이 아니라 당뇨 등 전신에 악성 파급효과가 크다. 지방산의 산화 능력이 감소하면 세포 내에 지방이 증가하게 된다. 근세포 내 지방의 영향은 아래에 설명한다.

미토콘드리아의 노화에 미치는 운동의 효과  신체활동과 운동은 mtDNA의 복제수를 증가시킨다. 또 운동은 직접 전사 발현, 단백질 합성 등 모든 단계를 증진시킨다. 이 모든 효과로 말미암아 운동은 근육감소증을 예방 또는 더디게 진행되게 한다.


### 근세포 내 지방

노화가 되면 근육 사이에 또 근세포 내에 지방이 증가한다. 근세포 안에 쌓인 지방을 근세포 내 지방(intramyocelluar fat)이라 한다. 골격근의 지방은 근세포에 지방 미립 상태로 저장된다. 미토콘드리아 가까이 위치하기 때문에 운동 시에 에너지를 공급하는 에너지 저장고의 역할을 할 것으로 생각한다. 운동 중에는 다량의 지방산이 근세포로 흡수되어 에너지원이 된다. 휴식 중에는 흡수되는 지방을 트리글리세리드로 저장하였다가 후에 에너지원으로 사용한다. 인체가 산화시키는 지방산의 절반 이상이 여기에서 유래한다.

근육은 혈당 조절에 대단히 큰일을 한다. 인슐린에 의한 혈당 강하의 많은 부분은 근육

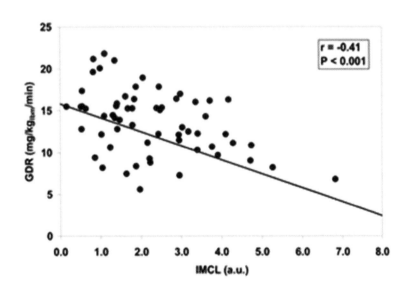

그림 2-9. 근세포 내 지방량(IMCL)과 인슐린-의존성 포도당 제거율(GDR)의
상관관계 (자료: Lara-Castro & Garvey, 2008)

의 혈당 흡수에 의한 것이다. 근육의 인슐린 반응성이 손상되면 2형 당뇨가 유발한다.

　골격근의 근세포 내 지방의 축적은 인슐린 민감성과 역비례 관계에 있어 이것이 2형 비만과 당뇨를 부르는 인슐린 저항성의 원인일 것으로 생각한다. 역으로 비만, 2형 당뇨, 대사증후군 등의 인슐린 저항성이 높은 사람은 세포 내에 과량의 지방이 축적되어 있다. 인슐린－저항 상태에서는 혈중의 유리 지방산의 농도가 높아진다. 지방산은 그 자체 근세포의 인슐린 저항성을 키운다. 한편 지방산은 골격근의 지방의 산화를 저해한다. 혈액으로 공급되는 지방산과 지방 산화의 손상에 의하여 근세포 내에 지방이 증가한다. 이렇게 쌓인 세포 내 지방도 후에 근세포에 지방산을 더욱 높이는 결과를 초래한다. 인슐린 저항성은 더욱 증가한다. 닭과 달걀의 관계로 인과관계는 아직 불확실하나 일단 어느 쪽이 먼저이든 시작되면 악순환이 일어날 것이다. 분명한 것은 비만과 근세포 내 지방량과는 양의 상관관계가 있으며, 근세포 내 지방이 많아질수록 혈중 포도당 제거율이 낮아진다는 점이다. 이는 세포내 지방량이 증가할수록 인슐린 저항성이 커졌다는 것을 의미한다. 이런 상관성은 비만정도에 관계없이도 나타난다. 즉, 비만보다도 근세포 내 지방량이 인슐린 저항성의 중요 결정인자로 판단되고, 혈당조절에 근육이 대단히 중요한 역할을 함을 의미한다. 근세포에 지방이 쌓이면 자체도 인슐린 저항성이 증가하나 그 결과 간, 심장 등 여타 기관의 인슐린 저항성을 높여 그런 기관의 기능도 저하시키고 2형 당뇨를 유발하고 악화시킨다. 그러나 지구력 운동선수에서는 연관 관계가 나타나지 않는다. 오히려 지구력 선수에서는 근세포 내에 탄수화물과 지방이 증가한다. 이는 유기운동에 대한 적응의 결과로 근세포 내 지방이 에너지 공급원으로 생각된다.

### 근육 내 지방(intramuscular fat)

　근육에는 근육과 근육 사이에도 지방(근육 트리글리세리드)이 있다. 운동에 의해서 근육 내 지방이 증가하나 비만의 경우에는 지방량과 연관되어 있다. 노인의 근육에는 젊은 사람보다 많은 근육 내 지방이 있다. 근육 내 지방은 골격근 전체에 있다. 근육 내 지방을 많이 갖고 있는 노인은 근육이 보다 약하고 운동 기능이 감소하고 당뇨와 인슐린 저항성

위험성이 증가한다. 노화가 어떻게 근육 내 지방을 증가시키는지는 불명확하다.

## 8) 운동이 근육과 기타 기관의 기능에 미치는 효과

운동은 그 자체로 근육을 강화시킨다. 근력 운동을 계속하면 근섬유의 수가 유지되고 근원섬유의 수가 유지되어 근육량이 유지된다. 지구력 운동은 근세포의 에너지 대사 능력을 유지 향상시킨다. 두 가지 운동을 지속하면 노인이 되어도 근육의 노화는 지체되고 지구력과 근력이 유지될 수 있다. 반대로 활동이 제한되거나 입원해서 몸을 움직이지 못할 때는 근육량이 감소되고 근육이 약화된다.

운동은 폐의 기능을 강화시켜 산소 공급 능력을 유지 강화시킨다. 심혈관계의 생리적 예비 역량의 유지로 인체의 최대 산소소비량을 증가시킬 수 있다. 운동은 심장의 수축력을 강화시켜 더 오래 더 강하게 박동할 수 있게 되며 휴식상태의 심장박동수를 감소시켜 심혈관계에의 생리적 역량을 증대시킨다. 그 결과 운동 시 에너지 수요의 증가에 맞추어 심장의 심박출량이 증가할 수 있다. 운동은 혈관을 건강하게 하고 강화시켜 혈압의 상승이 억제된다. 이런 모든 호흡계와 심혈관계의 생리적 역량 향상이나 유지는 다시 노인의 근육의 운동 역량을 향상시켜 활발한 신체활동과 운동을 가능하게 한다. 근육과 심혈관계가 서로를 향상시키는 선순환이 이루어지는 것이다.

운동은 인체의 체온조절 기능을 향상시키기 때문에 추위와 더위 등의 환경 변화에 대한 저항성을 키우고 장시간의 강도 높은 운동도 가능하게 한다.

운동과 심혈관계의 기능 강화는 뇌의 혈류량을 증가시켜 집중력, 인지력 등이 향상되고, 뇌세포 성장을 촉진하여 학습과 기억력도 증진된다. 운동은 뇌에서 엔돌핀, 세로토닌, 글루타민산, GABA 등 호르몬과 신경전달물질의 분비를 촉진하여 우울증 예방과 정서 안정, 수면 향상에도 도움이 된다. 운동은 뇌의 운동 조절 기능 자체를 유지, 향상시킨다.

운동은 뼈와 관절에도 영향을 주어 뼈의 질량이 유지되고 관절을 튼튼하게 하여 운동 능력을 향상시킨다. 건강한 근육과 운동은 자체가 혈당을 소모하여 감소시키고 여러 기관의 인슐린과 렙틴 수용체의 민감성을 증가시켜 혈당 조절과 당뇨 등 만성질환 예방에 크게 기여한다. 근육은 인체 단백질의 주요 공급처로 작용하기 때문에 항체 생산과 백혈구 생산, 상처 재생 등에도 중요하다.

운동 특히 지구력 운동은 지방의 소모를 통하여 체지방량을 줄임으로서 체형을 유지할 뿐만 아니라 체지방 과다에 의하여 발생하는 각종 부작용을 예방할 수 있다. 운동은 피부의 대사활동을 촉진하여 피부를 맑고 건강하게 유지시킨다.

# 참고문헌

1. 강신성 등. (2017) 인체생리학 제14판. 라이프사이언스.

2. Calcium sources in food (n.d.), in The nutrition source. Harvard School of Public Health, http://www.hsph.harvard.edu/nutritionsource/calcium-sources/ 2017. 10. 검색

3. Chakkalakal JV. et al. (2012) The aged niche disrupts muscle stem cell quiescence. Nature 490:355-360.

4. Cespedes A. The Definition of Lean Body Mass, livestrong.com

   https://www.livestrong.com/article/41003-definition-lean-body-mass/ 2017. 10. 검색

5. Clark BC. and Maniniodd TM. (2012) What is dynapenia? Nutrition. 28(5):495-503.

6. Dumont NA. Wang YX, et. al. (2015) Intrinsic and extrinsic mechanisms regulating satellite cell function. Development 142:1572-1581; doi: 10.1242/dev.114223.

7. Garcia-Prat et al. (2016) Autophagy maintains stemness by preventing senescence. Nature, 529:37-42.

8. Johnson ML, Robinson MM et al. (2013) Skeletal muscle aging and the mitochondrion. Trends Endocrinol Metab. 24(5):247-256. doi: 10.1016/j.tem.2012.12.003.

9. Lara-Castro C, Garvey WT. (2008) Intracellular lipid accumulation in liver and muscle and the insulin resistance syndrome. Endocrinol Metab Clin North Am. 37(4):841-56. doi: 10.1016/j.ecl.2008.09.002.

10. Marcus RL, Addison O. et al. (2010) Skeletal muscle fat infiltration: impact of age, inactivity, and exercise. J Nutr Health Aging. 14(5):362-366.

11. Preventing osteoporosis, PubMed Health, Informed Helth Online. 2017.10. 검색

    http://www.ncbi.nlm.nih.gov/pubmedhealth/PMH0072714/

12. Reason (n.d.) Autophagy key to restroing function in old muscle stem cells. https://www.fightaging.org/archives/2016/01/autophagy-key-to-restoring-function-in-old-muscle-stem-cells / 2017.10. 검색

13. Sousa-Victor P. Garcı́a-Prat L. et al. (2015) Muscle stem cell aging: regulation and rejuvenation. Cell Metabol. 26(6):287-296.

14. Starr C, Taggart R. et al. (2013) Biolgy, 13th ed. Brook/Cole.

15. Wikihow. How to increase bone density.

    http://m.wikihow.com/Increase-Bone-Density 2017. 10. 검색

16. Wikipedia, Bone tissue, 2017. 10. 검색

17. Wikipedia, Intramyocelluar lipids, https://en.wikipedia.org/wiki/Intramyocellular_lipids. 2017. 10. 검색

# 3

## 심혈관계와 노화

심장과 혈관계를 묶어 심혈관계라 부른다. 심장은 우리 몸 가운데 가장 튼튼한 근육으로 되어 있다. 태아 발생 1개월 만에 뛰기 시작하여 평생 동안 지속한다. 심장벽에 있는 박동원에 의해 발생한 전기신호가 심장의 박동을 조절한다. 인간은 2개의 순환계로 혈액을 순환시키는 2심방 2심실의 심장을 가지고 있다. 각 순환계는 혈액을 심장에서 모세혈관, 그리고 다시 심장으로 돌아오는 혈관계를 포함한다.

## 1절. 순환계의 구조와 기능

순환계는 우리 사회로 말하면 모든 물자와 사람이 오가는 교통·운송망에 해당한다.

이 운송망을 통하여 우리 몸을 이루고 있는 세포가 필요로 하는 포도당, 아미노산 등 각종 영양물질을 공급하고, 에너지를 얻기 위하여 영양물질을 태우는데 필요한 산소를 공급한다. 세포에서 나오는 각종 노폐물이나 잉여 산물을 간이나 신장으로 보내어 처리한다. 순환계는 세포 간의 대화 수단인 호르몬과 같은 신호 물질을 운반한다. 순환계는 또한 열을 운반하여 우리 몸이 항상 일정한 체온을 유지하도록 도와준다. 순환계에는 우리 몸을 지켜주는 각종 백혈구들이 들어있어 이들이 온 몸을 돌면서 외부에서 균이 침입하는가를 감시하고 방어하는 작용을 한다.

그러므로 순환계의 이러한 기능에 장애가 초래되면 위장관이나 폐, 신장 등이 아무리 건강하더라도 세포가 필요로 하는 물질이 제 때에 공급되지 못하여 영양결핍에 시달리게 되고, 한편 생산되는 노폐물이 제거되지 않고 쌓이게 되어 여러 문제가 발생하게 된다. 순환계의 주요 기능을 표 3-1에 요약하였다.

〈표 3-1〉 순환계의 기능

---

A. 물질 운반

  1. 적혈구 : 모든 세포로 산소 운반. 이산화탄소 운반.

  2. 백혈구 : 면역기능 담당

  3. 혈장 :

    영양물질 운반 - 에너지원과 세포 구성성분 합성의 원료가 되는 포도당, 지질, 아미노산 등등.

    노폐물 운반 - 이산화탄소와 질소 노폐물(요소) 등.

    호르몬 운반


B. 체온 조절

  체온의 항상성에 기여. 체내에서 발생한 열을 몸의 각 부위로 전달하여 체온 유지. 과도한 열을 피부로 전달하여 체외로 배출.

---

## 1) 순환계와 기타 기관과의 협동 관계

순환계의 여러 기능은 심장, 혈관계만의 역할로 다 이루어질 수는 없다. 순환계의 여러 기능이 유지되기 위해서는 근골격계, 림프계, 자율신경계, 내분비계 등 거의 모든 기관의 협조가 필요하다. 그러므로 이런 기관의 기능이 저하되거나 장애가 발생하면 순환계의 기능에도 장애가 발생한다. 표 3-2에 순환계의 여러 기능에 참여하고 기여하는 다른 기관들의 역할을 요약하였다.

〈표 3-2〉 순환계의 기능에 협조하는 기관과 그들의 역할

1. **근골격계** : 뼈의 골수에서 적혈구와 백혈구 생산, 골수는 간과 함께 헤모글로빈 성분인 헴(heme) 생산. 골격근 수축(운동)이 정맥혈의 심장으로의 환류를 도움.

2. **림프계** : 혈장 성분 혈관계로 되돌려 보냄, 혈액을 청정하게 하여 정혈이 되게 함.

3. **자율신경계** : 심장의 박동률과 수축력 조절 및 이를 통한 혈압 조절.

4. **중추신경계** : 혈액의 삼투압 조절 및 음수량 조절을 통하여 혈장량 조절.

5. **내분비계** : 부신수질은 자율신경계와 함께 심장박동수와 수축력 조절 및 이를 통한 혈압 조절, 뇌하수체 후엽은 항이뇨호르몬 분비 – 혈액량과 혈압 조절.

6. **비뇨기계(신장)** : 혈액량과 혈압 조절에 기여, 적혈구 생산을 촉진하는 호르몬(적혈구 생성소) 생산.

7. **호흡계** : 흡기 활동은 정맥혈의 심장으로의 환류를 도움.

8. **소화기계** : 간은 혈장 구성 성분–운반 단백질, 혈액응고 인자 등 생산, 헤모글로빈 성분인 헴 생산 및 재활용에 기여.

9. **피부** : 주된 체온 조절 기관.

## 2) 순환계의 구성

순환계는 영양물질 등을 운반하는 각종 운송 수단인 세포와 혈장 그리고 이들이 다니는 길인 혈관과 혈류의 추진력을 제공하는 심장으로 구성되어 있다. 모세혈관은 조직 세포와

물질교환이 일어나는 장소이다. 혈구세포와 혈장은 스스로 움직이는 동력 기관을 갖고 있지 않다. 이들을 혈관 안에서 순환시키는 원동력은 심장의 수축에 의하여 주어진다.

산골에 외따로 떨어져 있는 집에도 길이 나 있듯이 우리 몸을 이루는 모든 세포의 앞에는 아주 작은 모세혈관이 뻗어있다. 모세혈관으로 갈라지기 전의 작은 동맥을 소동맥이라 한다. 작은 동맥은 보다 더 큰 동맥으로부터 갈라져 나온다. 우리의 혈관을 흐르는 혈액은 온 길을 되돌아가지 않는다. 항상 다른 길을 거쳐 심장으로 되돌아간다. 고속국도나 국도와 같다고 보면 된다. 작은 동네 길에는 같은 길을 차가 가거나 오기도 하지만, 혈액은 아주 미세한 모세혈관에서조차 항상 한 방향으로만 흐르게 되어 있다. 결코 되돌아오는 일은 없기에 서로 부딪치는 경우는 없다. 세포를 지나면서 필요한 물질을 배달하고 세포에서 나온 물질을 수거한 혈액은 이제 모세혈관보다는 크나 그래도 아주 작은 혈관으로 합쳐진다. 이 혈관을 소정맥이라 한다. 소정맥은 다시 모여 보다 큰 정맥으로 합치고 다시 대정맥으로 합쳐져 심장으로 되돌아간다.

우리 몸의 동맥, 정맥, 모세혈관을 모두 일렬로 이으면 10만km나 된다. 이는 지구를 두 바퀴 반이나 돌 정도의 거리이다. 우리나라의 모든 도로 즉 고속국도, 국도, 시도, 군도 등을 모두 다 합하면 대략 16만km 정도이니 우리 한 몸속에 있는 혈관이 얼마나 긴지 상상할 수 있을 것이다.

이와 같이 대단히 정교하게 발달된 교통망을 통하여 각 세포에 끊임없이 필요한 만큼의 충분한 물자가 공급된다. 길이 없으면 마을이 생길 수 없고 공단이 발달할 수 없는 것처럼 혈관이 생기지 않고는 새로운 세포가 성장하고 조직이 성장할 수는 없다. 심지어 암까지도 새로운 혈관이 만들어 지지 않고는 커질 수 없다.

이 도로망을 통하여 각종 물질들을 원활하게 운반하기 위해서는 적정량의 운송 수단이 있어야 한다. 즉 적당수의 버스와 화물차 등이 필요함과 같다. 다시 말하면 우리 몸에는 적정량의 혈액과 혈구가 들어있어야 한다. 혈액과 혈구가 부족하다는 것은 길은 넓은데 거기를 다니는 버스나 화물차가 적은 것과 마찬가지이다. 반대로 혈액량과 혈구는 충분한데 혈관이 좁다면 차량은 많은데 길이 좁은 거나 같아 혈액의 흐름이 정체되고 혈압이 높아진다.

## (1) 혈액

순환계의 기본 기능은 혈액에 의하여 수행된다. 혈액은 물질을 운반하는 매체인 혈장과 산소 운반을 담당하는 적혈구, 면역 기능을 담당하는 백혈구, 혈액응고에 참여하는 혈소판 등으로 구성되어 있다.

혈액량 : 우리에게는 대략 자기 몸무게의 6~8%의 혈액이 들어 있다. 70kg의 성인 남자를 기준으로 하면 대략 5리터의 혈액이 들어있게 된다. 혈액의 양은 남자와 여자 노인과 어린이 즉 성과 나이에 따라서도 달라진다. 음식을 어떻게 섭취하느냐에 따라서도 달라진다. 질병에 의해서도 변하게 된다. 혈액량은 항상성 기작에 의하여 어느 정도 일정하게 유지되고 있기는 하지만 여러 상황에 따라 변할 수밖에 없다. 우리 몸의 수분량과 혈액량은 대단히 밀접하게 연관되어 있다. 일반적으로 수분량이 증가하면 혈액량도 증가하고 수분량이 감소하면 혈액량도 감소한다. 일례로 짜게 먹으면 물을 많이 마시게 되고 체수분량이 증가한다. 그러면 혈액량이 증가하게 되고 따라서 혈압이 증가하게 된다. 이것이 고혈압 환자에게 짜게 먹지 말라고 하는 이유이다. 고혈압 환자에게 이뇨제를 투여하는 이유는 소변량이 증가하면 체수분량이 감소하고 이로 인하여 혈액량이 감소하기 때문에 혈압이 낮아지는 것이다. 여름철에 일사병으로 쓰러지는 이유의 하나는 체온조절을 위하여 땀을 너무 많이 흘려 체수분량이 너무 감소하여 혈액량이 감소하고 혈압이 적정 혈압보다 낮아지기 때문이기도 하다. 그러므로 적정 혈액량과 체수분량을 유지하는 것이 혈압 유지를 위하여 중요하다. 혈액량과 혈압은 대단히 밀접하게 연계되어 있으므로 혈압 조절 설명 시에 함께 설명한다.

적혈구와 산소 운반 : 순환계의 가장 주요한 역할은 모든 세포에 산소를 배달하는 것이다. 산소가 충분히 공급되지 않으면 에너지를 충분히 얻지 못하여 어떤 세포도 살아남을 수 없다. 특히 산소를 끊임없이 소모하거나 많이 소모하는 뇌와 심장 등은 특히 산소에 민감할 수밖에 없다. 이와 같이 중요한 역할을 하는 산소 운반은 적혈구가 맡아 세포에 공급한다. 그러므로 적혈구의 수가 적으면 산소 공급이 부족하여 빈혈증이 발병한다.

반면에 에너지원인 포도당과 지방산의 운반은 혈장이 담당하고 있다. 에너지를 얻기 위해서는 다 같이 필요한 것이지만 산소와 영양물질의 운반은 별개의 특화된 수단으로 세포에 배달된다. 적혈구의 이러한 중요성 때문에 혈액 전체 부피의 약 반을 적혈구가 차지하고 있다. 적혈구의 양에 따라 산소 운반 능력이 결정되므로 이 혈구의 양은 산소 운반 능력을 가늠하는 척도가 된다. 생리학에서는 이 양을 헤마토크릿(hematocrit) 값이라 한다. 이 수치는 빈혈 여부를 가름하는 수치가 된다. 적혈구의 양은 남녀 간에 약간의 차이가 있다. 건강한 성인 남자의 경우 헤마토크리트 값은 45%이고, 여성의 경우 남자보다 약간 낮아 40%가 된다. 적혈구는 혈액의 반을 차지하고 있으나 직경이 8~10$\mu$m의 아주 작은 세포이기 때문에 혈액 1mm³에 무려 400~450만 개가 들어있다. 적혈구는 핵이 없는 특별한 세포로 수명은 약 120일 정도이다. 그러므로 골수에서는 일생동안 끊임없이 새로운 적혈구를 생산하여 수명이 다한 적혈구를 대체하여야 한다. 우리 몸 전체로는 매초 약 250만 개의 새로운 적혈구가 생산되어 혈액으로 보충된다. 적혈구의 생산 능력에 이상이 생기면 빈혈증이 나타나거나 적혈구과다증이 나타날 수 있다. 우리 몸의 생리는 많다고 좋은 것이 아니다. 항상 적당한 양이 유지되는 것이 중요하다. 적혈구는 산소운반 단백질인 헤모글로빈으로 꽉 차 있다. 한 분자의 헤모글로빈은 4분자의 산소와 결합할 수 있다. 그리하여 1리터의 혈액은 약 200ml의 산소를 운반한다. 공기 1리터 속에 들어있는 산소량이 대략 207ml이니 공기 1리터에 들어있는 산소량과 맞먹는다. 우리의 심박출량을 대략 5리터로 간주하면 1분에 총 1리터의 산소를 운반하는 것이다. 운반하는 총량은 1L나 되지만 평상시에 우리가 사용하는 산소량은 그중의 1/4인 250ml이다. 격렬한 운동 시에는 이 양이 10배 이상으로 증가한다. 그러므로 순환계는 비상시에 대비하여 10배 이상 운반할 수 있는 능력을 보유하고 있어야 한다.

백혈구와 면역반응 : 우리의 피부를 통하여, 우리가 들여 마시는 공기와 함께, 우리가 먹는 음식이나 음료와 함께 외부로부터 끊임 없이 유해한 이물질이나 유해세균이 침입할 수 있다. 이들의 침입을 감시하고 이들로부터 우리를 보호해주는 역할을 하는 것 중 하나가 혈액 속에 들어있는 백혈구이다. 그러므로 혈액 속에는 적정수의 여러 기능을 담당하는 백혈구가 모두 들어 있어야 한다. 백혈구와 면역 기능에 대한 이야기는 '5장 면역계와

노화'에서 자세히 설명할 것이다.

혈소판과 혈액응고 : 불행하게도 우리는 살아가면서 뜻하지 않게 다치는 경우가 많다. 피부가 긁히거나 찢어지거나 또 심하면 뼈가 부러지고 근육이 찢어지는 상처를 입기도 한다. 그러면 상해 정도에 따라 피부 근처에 있는 모세혈관이나 정맥이, 부상이 심할 경우에는 동맥이 손상되기도 하여 귀중한 혈액이 유출된다. 다행히도 혈액 중에는 혈관계 손상에 대비하여 혈액의 유실을 방지하고 치료하는 장치가 마련되어 있다. 상처가 생기면 혈관이 수축하고 혈액이 응고하여 혈액이 손실되는 것을 방지한다. 여기에 관여하는 가장 기본적인 것이 혈소판이다. 혈소판들이 엉겨 혈소판 마개를 형성하거나 혈액응고를 유발하여 손상된 혈관 부위를 봉쇄하여 실혈을 막는다. 혈액응고가 빨리 이루어지지 않으면 작은 상처에도 다량의 혈액을 잃게 되어 사망에 이르게 된다. 여러분은 혈우병이라는 유전병을 들어 알고 있을 것이다. 혈액이 응고되지 않고 출혈이 멈추지 않는다면 수술은 상상도 할 수 없을 것이다. 또한 출산도 불가능할 것이다. 아무리 많이 수혈을 한들 다 흘러나가게 될 것이다.


(2) 심장

심장의 위치와 형태 : 심장은 우리의 가슴 가운데에 위치하는데 심첨 부분이 약간 왼쪽으로 기울어져 있다. 심장의 크기는 자기의 주먹 정도이다. 이 작은 것이 매분 70회 정도로 어머니 뱃속에 있을 때부터 죽는 순간까지 쉬지 않고 박동하고 있다.

심장의 구조 : 심장은 규칙적으로 반복하여 끊임없이 박동하여야 한다. 그래야만 일정한 혈압이 유지될 수 있으며, 혈액순환이 이루어져 정상적으로 조직세포로 혈액 공급이 원활하게 유지될 수 있다. 심장이 제멋대로 뛴다면 혈압도 불규칙해 질 것이다. 사람의 심장은 각각 2개의 심방과 심실로 구성되어 있다(그림 3-1). 우심방과 우심실로 이루어진 우심장과 좌심실과 좌심방으로 이루어진 좌심장으로 구성되어 있다. 사람에서 두 개의 심장은 분리되

어 있지 않고 벽을 사이에 두고 붙어있다. 오른쪽 심장은 온몸을 지나 돌아오는 혈액을 모아 산소를 충전하기 위하여 폐로 보내는 역할을 한다. 왼쪽 심장은 폐에서 산소가 충전되어 들어온 혈액을 모아 전신으로 내보내고 순환시키는 역할을 한다. 심장은 심장으로 들어오는 혈액을 모으는 기능을 하고 심실은 심방을 통해 들어온 혈액을 폐나 전신으로 밀어내보내는 역할을 한다. 우심실은 혈액을 가까이 있는 폐까지만 보내면 되기 때문에 근육발달이 덜하다. 반면에 좌심실은 혈액을 머리에서 발끝까지 전신에 보내야하므로 근육이 대단히 발달되어 있다. 통상 심장의 박동으로 우심실에서 혈액이 분출되어 전신을 돌아 우심방으로 되돌아오는 경로를 체순환이라 하고, 혈액이 우심실에서 폐를 지나 좌심방으로 되돌아오는 경로를 폐순환이라 한다. 폐순환은 혈액의 이산화탄소를 제거하고 산소를 충전하기 위한 수단이고, 체순환은 폐에서 획득한 산소를 온몸의 세포로 운반하는 수단이다.

심장판막 : 심방과 심실 사이와 심실과 동맥 사이에는 심장주기에 따라 여닫히는 판막이 있다. 좌우의 심실과 심방 사이에 방실판막이 있고, 좌심실과 대동맥 사이에 대동맥 판막, 우심실과 폐동맥 사이에 폐동맥 판막이 있다. 이 판막은 그 형태 때문에 반월판이라고도

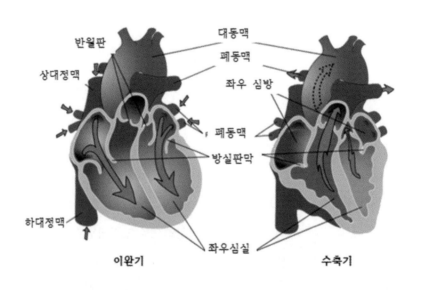

**그림 3-1. 심장의 이완기(확장기)와 수축기. 화살표는 혈류의 방향을 나타낸다**

(자료 : 인체생리학 14판)

한다. 판막의 역할은 혈액이 역류하지 않고 항상 정해진 방향으로만 흐르도록 한다. 방실판막은 심실 수축기에 심실의 혈액이 심방으로 역류하지 않고 동맥으로 분출되도록 한다. 동맥판막(대동맥 판막과 폐동맥 판막)은 심실 이완기에 동맥의 혈액이 심장으로 다시 역류하는 것을 방지하고 동맥의 혈압이 유지되도록 한다. 폐동맥압의 유지는 폐에서의 가스교환을 원활하게 하고, 대동맥압의 유지는 혈액이 지속하여 조직으로 흘러 영양물질과 산소가 공급되도록 한다. 판막이 여닫힐 때 소리가 난다. 이 소리를 심음이라 하고 청진기로 들을 수 있다. 심음 청취는 판막의 정상 활동 여부를 판단하는 근거가 된다.

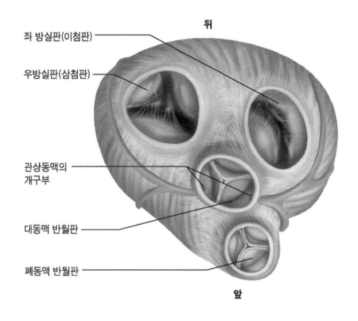

그림 3-2. 판막. 판막을 보여주기 위하여 심방을 제거하였다

관상순환계 : 심방과 심실 안에 혈액이 들어있지만 심장도 영양과 산소 공급은 심장 자체에 분포한 혈관계를 통하여 받는다. 심장 자체에 있는 이 혈관계를 심장혈관(또는 관상혈관)이라 한다. 심장순환계도 다른 기관에 분포하는 혈관계와 마찬가지로 동맥, 모세혈관, 정맥으로 구성되어 있다. 단지, 심장이 수축하면 혈관이 압박되어 혈류가 방해되므로 심장에서 혈액의 흐름은 심장 이완 시에 이루어진다.

심장 박동원과 전도계 : 심장 박동은 기본적으로 우리 몸의 통제중추인 뇌의 지시 없이 자율적으로 이루어진다. 동방결절이 활동전위를 생성하여 심장의 박동원이 되고, 이 전기신호는 흥분전도계를 따라 심방과 심실세포에 전달된다. 그러나 정상상태에서는 뇌의 자율신경계의 통제를 받으면서 박동한다. 자율신경계의 자극을 전부 제거하면 심장은 1분에 대략 100번 박동한다. 자율신경계가 통제하는 정상 상태에서 심장은 70번 정도 박동한다. 즉, 평상시에는 심장박동은 억제되어 있다. 그러면 무엇이 심장박동을 일으키는 가? 여러분은 불규칙한 심장 박동을 규칙적으로 뛰게 하기 위하여 전기자극기를 부착한다는 것을 알고 있을 것이다. 또한 심장이 불규칙하거나 정지되었을 때 제세동기라 부르는 기계를 이용하여 전기 자극을 가하는 것을 보았을 것이다. 이는 우리 몸에서 자연스럽게 일어나는 사건을 모방한 것이다. 심장도 골격근과 마찬가지로 전기 신호에 의하여 수축한다. 심장근과 골격근의 차이점은 골격근은 대뇌로부터 전달되는 전기신호(이 신호를 활동전위 또는 신경충격이라고 함)에 의하여 수축하고 심장은 스스로 활동전위를 만들어 수축하는 점이다. 심장의 활동전위는 심장의 부위 중에서 동방결절이라고 부르는 부위가 규칙적으로 생성한다. 심실의 수축과 심방의 수축이 잘 조화를 이루어야 효율적인 혈액 박출이 이루어진다. 심방과 심실은 수없이 많은 세포로 이루어져 있다. 이들 세포들도 조화를 이루어 수축하여야 한다. 특히 심실을 이루는 세포는 공조하여 동시에 수축하여야만 혈액을 방출할 수 있다. 조화롭지 못하면 풍선효과와 같은 현상이 발생하여 충분한 양의 혈액이 심실로부터 방출되지 않아 충분한 혈압이 유지되지 못한다. 또한 심실에 혈액이 쌓이게 되어 소위 울혈증이라 하는 증상이 발생한다. 심방과 심실 수축의 조화는 흥분전도계와 심장세포의 구조 특성에 의하여 성취된다. 동방결절이 생성한 전기신호는 전도계라고 부르는 선로를 따라 심방 세포와 심실 세포에 빠르게 전달되어 심방과 심실을 수축하게 한다(그림 3-3). 이 선로에 문제가 생기면 신호 전달이 제대로 되지 않아 수축이 조화를 잃게 된다. 동방결절에서 생성된 활동전위는 심방세포를 따라 또 심방조직에 있는 신호전도 경로를 따라 모든 심방세포에 빠르게 전달되고 이 신호에 의하여 모든 심방세포가 거의 동시에 수축한다. 심방과 심실 사이의 벽은 전기적으로 차단되어 있어 심방세포의 활동전위는 심실세포로 전달되지 않는다. 심방과 심실 사이에 있는 방실결절이 심방세포의 활동전위를 심실세포로 중계한다. 방실결절의 활동전위는 히스다발 → 좌우 히스다발

가지 → 프르키네 섬유를 지나 모든 심실세포에 빠르게 전달된다. 이 전기신호에 의하여 모든 심실세포가 동시에 수축한다. 방실결절 세포에서 신호 중계에 다소 시간이 걸리기 때문에 심방과 심실은 동시에 수축하지 않고 교대로 수축한다. 방실결절에서의 잠시의 지체는 심실의 수축 전에 심실을 혈액으로 가득 채우는데 중요하다.

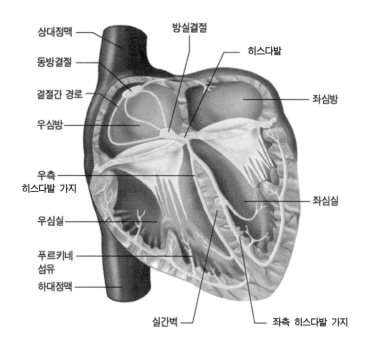

**그림 3-3. 심장의 활동전위 전도계** (자료 : 인체생리학 14판)

심장박동수와 수축력의 조절 : 교감신경계(노르에피네프린)와 부신수질호르몬(에피네프린)은 심장박동수와 수축력을 증가시키고, 부교감신경계(아세틸콜린)는 심장박동수를 낮춘다. 위에서 심장의 고유 박동수는 100회/분인데 평상시에는 70회라고 설명하였다. 운동 시에는 심장박동수는 200회 이상으로 증가할 수도 있으며, 더 강력하게 수축한다. 무엇이 심장박동수와 수축력에 영향을 미치고 조절하는가? 심장 박동수와 수축력은 기본적으로 자율신경계에 의하여 조절된다. 교감신경 말단은 신경전달물질로 노르에피네프린을 분비하고, 부교감신경 말단은 아세틸틸콜린을 분비한다. 심장세포는 이들 물질에 반응하여 박동수와 수축력이 변화한다. 교감신경계는 심장을 빠르게 뛰게 하고, 강하게 수축시킨다. 그 결과 혈압이 증가하고 혈액 순환 속도가 빨라지고 혈류량이 증가한다. 부교감신경은 반대로 심장을 천천히 뛰게 한다. 또 간접적이긴 하나 심실의 수축력을 약화시킨다. 그 결과 혈압이 하강하고 혈류량이 감소한다. 부신수질이 분비하는 에피네프린은 교감신경과 마찬가지로 심장박동을 빠르게 한다.

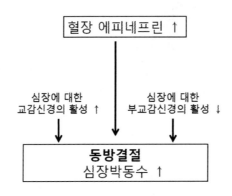

**그림 3-4. 심장박동수를 증가시키는 요인들**

심박출량 : 온 몸으로 배달되는 영양물질과 산소 등의 총량은 혈류량에 의하여 결정된다. 혈액의 흐름은 심장의 박동에 의하여 결정되므로 총 혈류량은 심장이 뛰면서 대동맥으로 밀어내는 양과 일치한다. 심장이 박동하면서 1분 동안에 대동맥으로 밀어 내보내는 혈액량을 심박출량(cardiac output: CO)이라 한다. 그러므로 심박출량은 1분 동안에 심장이 뛰는 횟수, 즉 심장박동수(heart rate: HR)와 1회 박동할 때 밀어내는 양인 박동량(stroke volume: SV)에 의하여 결정된다. 즉,

심박출량 (CO) = 박동량 (SV) x 심장박동수 (HR)

심장박동수가 증가하거나 박동량이 증가하면 심박출량이 증가하고 조직으로의 순환 혈액량이 증가한다.

## (3) 혈관계

동맥 : 동맥은 혈압을 유지시키고, 각 기관으로의 혈류량을 조절한다. 혈압은 혈액이 혈관벽을 미는 힘이다. 적절한 혈압 유지에는 혈관의 성질도 중요하다. 심장은 추진력을 제공하기 위하여 수축과 이완을 반복한다. 심장이 이완된 시간에 혈액이 심장에 찬다. 심장에 혈액이 차면 심장이 수축하여 혈액을 밀어낸다. 이것을 반복한다. 즉, 심장이 이완되는 동안은 혈액을 밀어내지 않는다. 즉 심장으로부터 힘이 제공되지 않는다. 이러한 순간에도 혈액은 조직 세포로 흘러야 하고 그러기 위해서는 혈압이 어느 정도는 유지되어야 한다. 이때 혈압을 유지시키는 역할을 혈관 자체가 수행한다. 특히 대동맥과 큰 동맥의 중요한 기능이다. 대동맥과 동맥의 벽을 아주 탄성이 좋은 고무줄로 상상하면 된다. 대동맥은 다량의 탄력조직을 포함한 두꺼운 평활근층으로 되어있다. 동맥의 탄성은 주된 기능인 '압력저장고(축압기)'로서 작용하여 이완기 동안에도 조직으로의 혈액의 흐름을 유지시킨다.

동맥 혈압 : 심장이 수축하여 혈액이 흘러 들어오면 대동맥과 동맥의 벽은 늘어나면서 과도하게 혈압이 높아지는 것을 방지하면서 압력을 저장한다. 이 때 혈압은 120mmHg까지 오르게 된다. 이 혈압을 수축기압이라 한다. 심장이 이완하는 동안 심장 수축 시 압력으로 늘어났던 혈관벽이 원래의 상태로 복귀하면서 계속하여 혈액을 압박하고 밀어내게 된다. 비록 힘이 좀 떨어지긴 해도 이 힘으로 혈액은 쉬지 않고 조직 세포로 흐르게 되는 것이다. 혈액이 동맥에서 흘러나가면서 혈압이 떨어진다. 혈액이 동맥 안에 남아있으므로 어느 정도의 압력이 유지된다. 이때의 낮은 혈압을 이완기압 또는 확장기압이라 한다. 이완기압 또한 혈액 공급에 대단히 중요한 지표이다. 그러기 때문에 혈압을 표시할 때는 120/80mmHg처럼 수축압과 이완기압을 병행 표시한다. 혈압이 너무 높아지는 것을 방지하고 이완기압을 유지하는 것은 동맥 혈관벽의 탄력성이다. 이 탄력성이 감소하면 혈압을 흡수하여 완충하는 작용이 감소하여 고혈압이 된다. 수축기압과 이완기압의 차이를 맥압이라 한다. 맥압은 손목이나 목동맥에서 느껴지는 맥박으로 감지할 수 있다. 수축기에 압력이 급격히 높아지면 동맥벽을 팽창시킨다. 이 혈관의 규칙적인 팽창이 우리가

감촉하는 맥동을 만든다. 맥압의 크기를 결정하는 중요한 요인은 박동량, 박동량의 분출속도, 동맥의 순응도이다. 박동량이나 분출속도가 커지거나 동맥의 순응도가 감소하면 즉, 경화가 되면 맥압이 커진다. 동맥의 경화는 순응도를 낮추는데 나이가 들어감에 따라 진행되고 노인에서 수축압이 증가하고 맥압이 증가하는 이유이다.

소동맥 : 소동맥의 중요한 기능은 각 기관과 조직으로의 혈류량을 조절하는 것이며, 총체적으로 동맥압을 결정하는 요인이다. 소동맥은 혈관계에서 혈류저항을 나타내는 주된 부위이다. 혈류저항에 의하여 혈압이 결정된다. 소동맥은 저항과 혈류량은 신경과 호르몬 및 국소 요인들에 의하여 결정된다. 교감신경이 대부분의 소동맥에 분포하는데, α-아드레날린성 수용체를 통해 혈관수축을 일으킨다. 어떤 경우에는 일산화질소나 혈관확장제들을 방출하는 비－콜린성, 비－아드레날린성 신경이 분포하기도 한다. 에피네프린은 기관에 분포하는 α-아드레날린성 수용체와 β2-아드레날린성 수용체의 비율에 따라 혈관수축 또는 혈관확장을 일으킨다. 앤지오텐신 II와 바소프레신은 혈관수축을 일으킨다. 대사 활성도에 따라 증가하는 국소 요인들은 소동맥 혈관의 이완과 혈류 증가로 활동성 충혈을 일으킨다. 동맥혈압이 변화될 때 소동맥 저항을 변화시켜 혈류를 일정하게 유지하는 기능이 있는데 이를 혈류 자동조절이라 하는데 국소적인 대사 요인들 및 소동맥의 팽창에 대한 근원성 반응에 의한다. 몇몇 화학물질은 내피세포들을 자극하여 혈관확장 또는 혈관수축 측분비 작용인자들을 방출하고, 이들은 인접한 평활근에 작용한다. 이런 측분비 작용인자들에는 혈관확장제인 일산화질소(내피세포층에서 유도된 이완 인자)와 프로스타시클린 및 혈관수축제인 엔도테린-1 등이 있다.

모세혈관 : 모세혈관은 혈액과 조직 사이에서 영양소와 노폐물들을 교환하는 장소이다. 어떤 순간에도 총 혈액의 5% 정도가 모세혈관을 흐른다. 이 5%가 심혈관계 전체의 궁극적 기능인 영양물질, 최종 대사산물 및 세포 분비물의 교환을 수행한다. 모세혈관은 단면적이 대단히 넓기 때문에 혈관계의 다른 어느 부분보다도 혈액이 매우 느리게 흐른다. 대부분의 세포들이 모세혈관으로부터 0.1mm 이내에 있기 때문에 확산거리는 매우 짧고, 느린 흐름 때문에 물질교환은 매우 효율적이다. 모세혈관의 혈류는 그 모세혈관으로 갈라

지는 소동맥의 저항과 모세혈관전 괄약근이 열려 있는 수에 의해 결정된다. 확산은 모세혈관 혈장과 간질액 사이에서 영양소와 대사산물이 교환되는 기작이다. 지용성 물질들은 내피세포를 통과하는 반면, 이온과 극성 분자들은 함수 세포 간 틈 또는 융합-소포 통로를 통과한다. 혈장 단백질은 모세혈관 벽을 쉽게 통과하지 못한다. 호르몬과 같은 특정 단백질은 소포 수송에 의해 이동한다. 모세혈관을 통과하는 물질들의 확산 기울기는 세포에 의한 그 물질의 소모나 생성 결과로 증가한다. 물질대사의 증가는 확산 기울기를 증가시키고 따라서 확산률을 증가시킨다. 모세혈관을 통한 혈장 또는 간질액의 집단흐름은 세포외액의 혈장과 간질액 분포를 결정한다. 모세혈관과 간질액 사이의 정수압 차이는 혈장에서 간질액으로의 여과를 일으킨다. 간질액에서 혈장으로의 흡수는 혈장과 간질액 사이의 단백질 농도차에 의해서 일어난다. 여과와 흡수는 혈장과 간질액의 결정질의 농도를 변화시키지 않는데, 그 이유는 이 물질들이 물과 함께 이동하기 때문이다. 보통은 여과가 흡수를 약간 초과하는데, 림프관을 통해서 액체가 혈류로 되돌아간다. 스탈링 힘을 변화시키는 병적 상태(심부전, 조직 상해, 간 질환, 신장 질환, 단백질 영양실조 등)는 부종을 야기할 수 있다.

정맥 : 정맥은 정맥 환류가 일어나는 저항이 적은 도관이다. 정맥은 혈압이 단지 10~15mmHg 정도로 대단히 낮다. 그러나 우심방의 압력은 0mmHg에 근접할 정도로 낮고, 저항이 적어 심장으로 환류가 일어나고 혈류속도도 빠르다. 교감신경이 매개하는 반사적인 혈관수축이 정맥 지름을 좁혀 정맥압과 정맥 환류를 유지한다. 골격근 펌프와 호흡 펌프가 정맥압을 증가시키며 정맥 환류를 증가시킨다. 팔과 다리의 정맥에는 판막이 있다. 정맥판막들은 혈액의 역류를 방지하여 심장 쪽으로만 혈액이 흐르도록 한다. 골격근의 수축 동안 근육 사이를 지나는 정맥은 어느 정도 압박되어 정맥압이 증가하여 더 많은 혈액을 심장으로 보낸다. 이제 말초 정맥판막의 중요한 기능을 설명한다. 골격근 펌프가 국소적으로 정맥압을 높일 때 판막은 혈액이 심장 쪽으로만 흐르게 하고, 모세혈관 쪽으로 역류하는 것을 막아준다. 정맥은 도관으로서의 기능 외에도 말초 정맥압과 정맥 환류를 조절하여 심장의 박동량을 조절하는 기능이 있다. 혈액량이 변화에 반응하여 반사적으로 정맥의 내경이 변하여 정맥압을 유지한다. 정맥 벽의 평활근에는 교감신경이 분포

한다. 이 신경의 자극은 노르에피네프린을 방출하여 정맥의 평활근을 수축시켜 혈관의 압력은 증가시킨다. 정맥압의 증가로 보다 많은 혈액이 정맥에서 심장으로 흘러간다. 소동맥의 수축은 체순환의 전방 흐름을 감소시키는 반면, 정맥의 수축은 전방 흐름을 증가시킨다. 비록 교감신경이 가장 중요한 자극이긴 하지만 정맥의 평활근도 소동맥의 평활근과 마찬가지로 호르몬과 측분비 혈관확장인자들과 혈관수축인자들에 반응한다.

정맥은 혈압은 낮지만 순응도가 매우 커서 인체의 총 혈액량의 약 60%가 정맥에 들어 있다. 그래서 정맥을 '혈액저장고'라 한다.

림프계 : 림프계는 림프절과 간질액에서 유래한 림프가 흐르는 관이다. 림프계는 심혈관계의 일부는 아니지만 림프관은 간질액이 심혈관계로 되돌아가는 일방 통로를 제공한다. 림프모세관은 모세혈관에서 여과된 다음 재흡수되지 않고 남은 혈장과 함께 모세혈관에서 누출된 단백질을 되돌려 보낸다. 소량의 간질액이 집단흐름으로 림프모세관으로 흘러 들어간다. 림프 흐름은 주로 림프관 스스로의 평활근의 수축에 의하나 골격근 펌프에 의해서도 이루어진다. 모세혈관 밖으로 체액의 여과가 증가되면 림프관으로 유입되는 간질액이 증가하여 림프관 벽을 신장시킴으로써 평활근의 율동적 수축을 촉발한다. 모든 림프망은 대정맥으로 연결되어 모세혈관에서 여과된 혈장은 순환계로 되돌아간다. 대략 매일 4L의 혈장이 림프계를 통하여 회수된다. 이 과정에서 모세혈관에서 삼출된 소량의 단백질도 혈관계로 되돌아간다. 림프계의 장애는 누출된 혈장이 조직에 쌓이게 되어 부종을 유발한다.


## 3) 혈압 조절

혈장과 혈구세포들은 스스로 원하는 곳으로 갈 수 있는 동력기관을 갖고 있지 않다. 혈액은 심장의 수축에 의하여 힘을 얻어 흐르게 되어있다. 혈압이 낮으면 혈액이 충분한 속도로 충분한 양이 흘러갈 수 없다. 수압이 낮은 경우나 전압이 낮은 경우를 상상하거나 자동차의 엔진의 힘이 아주 낮은 경우를 상상하면 될 것이다. 그렇다고 혈압이 높다고 좋은 것도 아니다. 고혈압 환자의 고통을 생각하면 된다. 뇌졸중이 발생할 수도 있다. 고혈압 때문에 혈압을 낮추기 위하여 약을 복용하는 분이 많이 있다. 우리에게는 저혈압도 문제이고 고혈압도 문제이다. 적정한 혈압이 유지되어야 한다. 성인의 평균 적정 혈압은 대략 120/80mmHg이다. 120mmHg의 혈압은 분수에서 물을 대략 1.5m 정도 뿜어 올릴 수 있는 강력한 힘이다. 이처럼 강한 힘으로 5리터의 혈액이 10만km에 달하는 혈관을 1분 만에 돌아 흐르게 한다. 그러므로 평균 30초면 폐에서 얻은 산소를 각 세포에 배달할 수 있다.

혈압은 몇 가지 요소에 의하여 결정된다. 혈액에 추진력을 부여하는 심장과 혈관 속에 들어있는 혈액의 양과 혈관 자체의 성질이다. 수압이 유지되기 위해서는 적정량의 물이 있어야 하듯이 혈압이 유지되기 위해서는 충분한 양의 혈액이 있어야 한다. 그렇다고 너무 많아서는 안 된다. 풍선에 공기를 너무 많이 넣으면 고무풍선이 터지는 것과 같다. 이미 말한 것처럼 체수분량과 혈액량은 밀접하게 연관되어 있으므로 혈액량을 유지하기 위해서는 적정량의 체수분량을 유지하여야 한다.

심장이 충분히 강하게 박동하여야 한다. 심장의 수축으로 강한 압박에 의하여 혈액이 동맥으로 압출되고 이 힘에 의하여 혈압이 생기고 혈액이 흘러가므로 충분히 강력하게 수축하여야 한다.

혈압은 혈류저항과 혈류량에 의하여 결정된다. 동맥을 흐르는 혈류량은 심장 박동에 의하여 심장이 분출시키는 혈액량인 심박출량이다. 그러므로 인체는 심박출량과 혈류저항의 조절기작을 통하여 혈압을 조절한다.

$$혈압 = 심박출량 / 혈류 저항$$

**심박출량의 조절** : 심박출량의 조절은 심장박동수와 1회 수축 시에 분출시키는 혈액량인 박동량 모두의 조절에 의하여 성취된다.

**심장박동수의 조절** : 심장박동수(심박률)는 자율신경과 호르몬에 의하여 반사적으로 조절

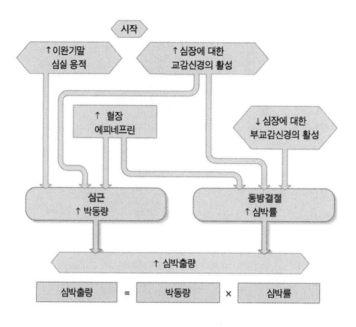

그림 3-5. 심박출량을 증가시키는 요소들

된다. 교감신경과 부신수질 호르몬인 에피네프린은 심장박동수를 증가시키고, 부교감신경은 심장박동수를 떨어뜨린다.

박동량의 조절 : 심실의 혈액 분출은 심실의 강한 수축에 의한 심실내압의 증가에 의하므로 박동량도 일차적으로는 심실의 수축력의 증감에 의하여 결정된다. 그러나 박동량은 결정 요인이 보다 복잡하다. 심실의 충전량도 가변적이고 심실의 수축으로 심실의 모든 혈액이 대동맥으로 분출되지는 않는다. 심실에 상당량의 혈액이 남아있다. 이 용량을 수축기말 용적이라 한다. 박동량은 이완기말 용적(심실이 최대로 충전되었을 때의 혈액량)과 수축기말 용적(수축으로 심실의 혈액이 분출되어 심실에 남아있는 양이 최저일 때의 용적)에 의하여 결정된다. 즉.

박동량 = 이완기말 용적 − 수축기말 용적

건강한 남성의 이완기말 용적은 120ml, 수축기말 용적은 대략 50ml이므로 박동량은 약 70ml이 된다. 이완기말 용적은 전부하에 의하여 결정되고, 수축기말 용적은 심실의 수축력과 후부하에 의하여 정해진다. 심장의 수축력은 자율신경계와 여러 호르몬에 의하여 조절된다. 이는 위에 설명하였다.

이완말기 용적 : 심장의 수축력을 결정하는 또 하나의 요인은 심실의 이완기말 용적이다. 심실이 확장되어 근섬유가 신장되면 심실근은 자동적으로 더 강하게 수축하여 박동량이 증가한다. 심실이 충전되면서 심실근이 신장되므로 이 압력을 전부하라 한다. 이완기말 용적과 박동량과의 이러한 관계를 프랑크- 스탈링 기작이라 한다(그림 3-6). 이는 심장에 내재되어 있는 고유한 특성이다. 그러므로 정맥 환류량과 환류 속도가 증가하거나 심방 수축력이 증가하여 심실 이완기의 혈액 충전량이 증가하면 심실은 스탈링법칙에 의하여 더 강력하게 수축하고 박동량은 증가하게 된다. 환류량의 감소는 반대의 효과를 초래한다. 심장으로의 정맥 환류량은 다시 여러 요인에 영향을 받는다. 정맥압의 증가가 정맥환류를 증가시키는 요인이다. 정맥에 분포한 교감신경은 정맥을 수축시켜 정맥압을 높인다. 골격 근의 수축과 이완은 근 사이의 정맥을 압박하여 정맥압을 높여 정맥 환류를 돕는다. 흡기 활동도 흉강의 내압을 낮추어 정맥의 환류에 일조한다.

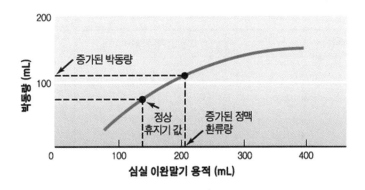

그림 3-6. 심실 이완말기 용적과 박동량의 관계

혈액량의 증가는 정맥압을 증가시킨다. 우리 몸의 혈액량은 일정하게 유지된다. 음식물 통해 흡수되는 수분량이 가변이고 땀으로 수분이 증발하여도 비뇨기계에서의 배뇨량의 조절로 체수분량과 혈액량을 일정하게 유지한다. 배뇨량을 줄여도 수분량이 부족할 때는 뇌의 작용으로 갈증을 유발하여 수분을 섭취하여 수분을 보충하게 된다. 과도하게 수분을 섭취하게 되면 항이뇨호르몬의 분비는 억제하고 심방 나트륨이뇨성 펩티드를 분비하여 배뇨량을 증가시켜 수분을 체외로 배출한다. 그러나 혈액량의 증감이 생기면 혈압이 장기적으로 증가 또는 저하된다.

후부하 : 동맥압의 증가는 박동량을 감소시킨다. 심실근은 동맥 압력을 이기고 더 강한 힘으로 혈액을 밀어내야하기 때문에 동맥압을 후부하라 한다. 후부하가 클수록 근육의 단축 정도가 감소하여 박동량이 감소한다. 혈압은 젊고 건강할 때에는 항상성이 잘 유지되고 후부하가 박동량에 큰 영향을 주지 않는다. 하지만 노화가 되면서 동맥압이 증가하는 경향이 있다. 대동맥 협착이나 고혈압일 때 후부하의 증가가 나타난다. 표 3-3에 박동량을 증가시키는 여러 가지 요인들을 요약하였다.

반대로 표 3-4의 여러 요인들, 부교감신경, 환류량의 감소, 혈관저항의 증가 등은 박동량을 감소시킨다.

〈표 3-3〉 박동량을 증가시키는 요인들

| 수축력 | 이완말기용적(전부하) | 후부하(혈압) |
|---|---|---|
| − 교감신경<br>− 에피네프린과 노르에피네프린<br>　칼슘 농도 증가<br>　갑상선호르몬<br>　글루카곤 | − 환류량 증가<br>　충전 시간 | 혈관 저항 감소 |

〈표 3-4〉 박동량을 감소시키는 요인들

| 수축력 | 이완말기용적(전부하) | 후부하(혈압) |
|---|---|---|
| – 부교감신경<br>– 아세틸콜린<br>– 저산소 (빈혈)<br>– 고칼륨 | – 환류량 감소<br>– 저체온<br>– 저산소 | – 혈관 저항 감소 |

혈류 저항의 조절 : 동맥에 나타나는 모든 혈류 저항을 합쳐 총말초저항이라 한다. 총말초저항은 소동맥의 내경에 의하여 결정된다. 혈액의 점성은 혈류 저항을 증가시키는 요인이다. 소동맥의 내경은 교감신경과 여러 호르몬에 의하여 수축 또는 확장된다. 교감신경은 혈관수축을 일으킨다. 산화질소(NO) 방출을 유발하는 신경은 혈관확장을 일으킨다. 에피네프린, 앤지오텐신 II, 바소프레신 등은 혈관수축을 유도하고, 심방 나트륨이뇨성 펩티드는 혈관이완을 일으킨다.

국소적인 미세환경 변화도 혈관에 영향을 크게 미친다. 산소의 감소, 이산화탄소와 수소 이온의 증가 등은 혈관을 확장시킨다. 혈관확장으로 혈류저항은 감소하고 따라서 많은 양의 혈액이 흘러 산소 공급을 증가시키고 이산화탄소와 수소 이온을 제거한다. 내피세포나 이웃 세포에서 분비하는 브라디키닌, 에이코사노이드, 산화질소 등도 혈관을 이완시킨다.

## 4) 각 기관으로의 혈류량의 조절

각 기관에 분포하는 동맥의 내경을 조절함으로써 동맥 혈압이나 타 조직이나 기관에는 영향을 주지 않으면서 그 기관으로의 혈류량을 조절한다. 혈류량은 혈압에 비례하고 저항에 반비례한다.

$$혈류량 \ = \ 혈압 \ / \ 기관의 \ 혈류 \ 저항$$

기관으로의 혈류량이 증가하기 위해서는 혈압이 증가하거나 혈류 저항이 감소하여야 한다. 실제 개개 기관으로의 혈류량의 조절은 이 두 요인의 연계 조절에 의하여 수행된다. 기본적으로 각 기관으로의 혈류량의 분배 조절은 혈압의 조절보다는 혈류 저항 조절에 의하여 이루어진다. 혈압은 여러 조절 기작에 의하여 안정하게 유지하고 있다.

혈류 저항에 가장 큰 영향을 미치는 것이 혈관의 내경이다. 소동맥 혈관이 수축하면 내경이 좁아져 저항은 커지고 혈류량은 감소한다. 반대로 혈관이 이완하면 내경이 넓어져 많은 양의 혈액이 흐르게 된다. 프와세이유 법칙에 의하면 동맥이 2배로 확장하면 혈류량은 16배로 크게 증가하고 수축하여 1/2로 줄면 혈류량이 1/16로 크게 감소한다. 동맥은 혈관수축과 혈관이완을 통하여 기관으로의 혈류량을 조절한다. 동맥의 이러한 기능은 신체의 제한된 혈액량을 각 기관에 필요한 만큼 적절하게 효율적으로 분배하는데 매우 중요하게 작용한다.

소동맥 평활근은 광범위한 자발적 활성을 갖고 있다. 이 자발적인 수축 활동을 내인성 긴장이라 한다. 이것으로 기저 수준의 수축이 유지되는데, 신경 자극, 호르몬, 측분비 자극과 같은 외부 신호에 의해 강화되거나 약화될 수 있다. 혈관의 내인성 긴장 이상의 수축력의 증가는 혈관수축을 야기한다. 반면 수축력의 감소는 혈관확장을 일으킨다. 소동맥의 수축과 이완을 조절하는 기작에는 (1) 국소적 조절과 (2) 외인성(반사적) 조절 두 영역이 있다.

국소적 조절 : 국소적 조절은 기관과 조직이 자신의 소동맥의 저항을 변화시켜 혈류량을 자가-조절하는 기작을 말한다. 여기에는 자가분비나 측분비성 물질에 의해 야기되는 변화도 포함한다. 이 자가-조절은 활동성 충혈, 혈류 자동조절, 반응성 충혈, 상처에 의한 국소적 반응 등에 분명하다.

조직이 더욱 활동적일 때 나타나는 가장 명백한 변화는 산소 농도의 국소적 감소이다. 대사가 증가할 때, 다음과 같은 수많은 화학적 요인들이 증가한다.

1. 이산화탄소와 수소 이온(pH의 감소)
2. 아데노신, ATP의 분해 산물
3. $K^+$ 이온 - 활동전위 재분극이 반복될 때 축적
4. 브라디키닌
5. 일산화질소 - 내피세포에서 방출되어 바로 이웃의 혈관 평활근에 작용

이 모든 화학적 요인이 동맥을 이완시킨다. 세포외액의 이러한 모든 화학적 변화는 소동맥 평활근에 국소적으로 작용하여 이완하도록 한다.

혈압의 변화로 인해 기관으로의 혈액의 공급이 변화될 때도 소동맥 저항의 국소적으로 매개되는 변화가 일어난다. 혈압의 변화에도 불구하고 혈류가 거의 일정하게 유지되는 방향으로 저항이 변화되기에 이 변화를 혈류 자동조절이라고 한다. 예를 들면, 한 기관에 혈액을 공급하는 동맥이 부분적으로 막혀 기관의 동맥압이 감소되면 혈류량이 감소한다. 그에 반응하여 국소적인 조절이 소동맥 확장을 일으켜 혈류 저항을 감소시켜 혈류량을 다시 정상 수준으로 회복시킨다.


(2) 외인성 조절


교감신경 : 대부분의 소동맥에는 많은 교감신경 절후뉴런이 분포한다. 이 뉴런들은 주로 노르에피네프린을 방출하는데, 이는 혈관 평활근의 α-아드레날린성 수용체에 결합하여

혈관수축을 일으킨다. 교감신경이 혈관에 미치는 기본 기능은 국소적인 대사의 요구와 혈류의 조화가 아니라 '전신적인 요구'에 반사적으로 부응하여 혈압을 높이는 것이다.

호르몬 : 부신수질에서 분비되는 에피네프린도 소동맥 평활근의 α-아드레날린성 수용체에 결합하여 혈관수축을 일으킨다. 그러나 이 효과는 다소 복잡하다. 그 이유는 많은 소동맥 평활근 세포는 α-아드레날린성 수용체와 함께 β2-아드레날린성 수용체 아형을 가지고 있기 때문이다. 에피네프린이 β2-수용체에 결합하면 근세포를 수축하기보다 이완시킨다. 대부분의 혈관망에는 α-아드레날린성 수용체의 수가 많다. 그러나 골격근의 소동맥은 중요한 예외가 된다. 거기에는 수많은 β2-아드레날린성 수용체가 있어서 순환 중인 에피네프린이 근육의 혈관망에서 혈관확장에 기여한다. 소동맥 조절에 중요한 것은 앤지오텐신 II로서, 이는 대부분의 소동맥을 수축시킨다. 이것은 레닌 – 앤지오텐신 시스템의 한 부분이다. 혈관수축을 유발하는 또 다른 중요한 호르몬은 혈압의 저하에 반응하여 뇌하수체 후엽에서 혈액으로 분비되는 바소프레신이다. 심장의 심방에서 분비되는 호르몬인 심방 나트륨이뇨성 펩티드는 혈관확장제이다. 이 호르몬의 효과가 소동맥의 전체적인 생리적 조절에서 얼마나 중요한지는 아직 확실히 정립되지 않았다. 어쨌든 심방 나트륨이뇨성 펩티드는 $Na^+$의 균형과 혈액량을 조절하여 혈압에 영향을 준다.


(3) 근육의 혈류량 조절


운동 시에는 다량의 에너지를 필요로 하는 근육에 필요한 만큼의 산소와 에너지원을 공급하기 위하여 대단히 많은 양의 혈액을 근육으로 흐르게 한다. 평상시에 근육으로 흐르는 혈류량은 심박출량의 20%(1 L) 정도이지만 격렬한 운동 중에는 12 L 이상으로 증가한다. 이와 같은 근육으로의 혈류량의 대폭적인 증가는 다음 2가지 방법에 의하여 달성된다.

첫째, 심박출량의 증가에 의한 총혈류량의 증가이다. 평상시 심박출량이 5 L에서 격렬한 운동 시 20 L 정도까지 증가한다. 뇌의 운동중추에 의한 자율신경 자극, 동맥 압력수용기 설정점 상향 재조정과 운동 중인 근육에서 전달되는 기계적 자극과 국소적인 화학자극에 의하여 연수의 심혈관중추가 자율신경을 통하여 심박출량을 증가시킨다.

둘째, 순환 혈류량의 재분배가 수행된다. 운동 시에는 소화기관이나 신장으로의 혈류량을 줄이고 이 절약한 혈액을 근육으로 순환시킨다. 심장으로의 혈류량도 어느 정도 증가하나 뇌의 혈류량은 커다란 변화는 없다. 이러한 방식으로 증가한 심박출량의 70% 이상을 근육으로 보낸다.

근육으로의 혈류량의 증가는 동맥의 확장에 의한 혈류저항의 감소에 기인한다. 운동에 의한 대사 증가에 의한 체열의 증가, 산소의 감소, 이산화탄소의 증가, 산도의 증가 등이 국소적으로 혈관을 이완시키어 그 부위로 다량의 혈액이 흐르게 한다.

### (4) 체온 조절과 피부로의 혈류량 조절

체온이 상승하면 체열을 발산시키기 위하여 가열된 혈액을 피부로 다량 보내어 열의 발산이 쉽게 이루어지도록 한다. 그러므로 피부 혈관이 확장되어 다량의 혈액이 피부로 흐르게 된다. 체온이 떨어지면 체열을 보존하기 위하여 열이 발산되는 피부로의 혈액 순환을 감소시킨다. 피부 혈액 순환이 극도로 감소하면 피부세포로의 산소와 영양물질의 공급 부족으로 피부세포가 손상될 수도 있다. 심할 경우 통상 동상이라고 하는 증상이 발생하고 더욱 심하면 피부조직이 괴사할 수도 있다.

### (5) 출혈 시의 혈류량 조절

소량 출혈 시에는 보상작용과 조절작용에 의하여 총혈류량과 기관 분배량에 변화가 없다. 혈액이 다량 손실 시에는 다양한 보상작용에도 불구하고 총혈류량이 감소할 수밖에 없다. 총혈류량의 감소로 혈압의 저하가 초래될 수도 있다. 그에 따라 혈압을 유지하고 중요 기관으로의 혈류량을 유지시키기 위하여 평상시와는 다르게 혈류량의 재분배가 이루어진다. 어떤 경우에도 생명 유지에 가장 중요 기관인 뇌와 심장으로의 혈류량은 유지되어야 한다. 혈액이 부족할 경우에는 당장 시급하지 않은 우선 피부와 소화기관, 신장으로의 혈류량을 감소시켜 혈압을 유지한다. 혈액이 절대량 부족할 경우에는 위와 같은 재분배 조절 작용에도 불구하고 혈압이 정상 이하로 떨어질 수밖에 없다. 그러므로 혈압을 유지시키기 위해서는 외부에서 혈액을 보충(수혈)하거나 최소한 수분(생리식염수)만이라도 보충해 주어야 한다.

## 2절. 심혈관계의 노화

노령이 되었다고 해서 일상생활에 커다란 지장이 있는 것은 아니다. 휴식 중에는 편안하게 느끼고 대부분의 일상생활도 별 문제없이 할 수 있다. 그러나 계단으로 물건을 운반한다거나 오래 걸으면 숨이 차고 잠시 쉬어야만 다시 물건을 옮기거나 걸어갈 수 있다. 이러한 노인의 신체 활동 능력의 감소는 어디에서 오는가? 근육의 노화와 함께 심혈관계의 노화가 주요 요인이다.

심장의 노화는 심장의 구조와 기능의 뚜렷한 변화에 기인한다. 노화 효과는 심장의 기능 예비 여력을 감소시키고, 심장근세포의 감소는 심장 부하의 갑작스러운 변화에 대한 반응성을 떨어뜨린다. 노화가 진행되면서 생리적 역량이 감소하는 것은 정상 변화이다. 심혈관계에는 어떤 변화가 일어나는가? 심혈관계의 기능에도 생리적 협착이 진행된다. 젊은 사람의 심장과 비교하면 노인의 심장은 기능 역량이 많이 감소되어 있다. 이것이 질병은 아니다. 정상적인 변화이다.

심장과 혈관계의 구조와 기능을 다시 상기하자. 노화가 되면 심혈관계에 어떤 변화가 초래되었는가? 표 3-5에 일부 변화를 요약하였다.

**구조와 기능의 변화**

　심장의 기능 변화 - 이완기 장애, 이완기 순응도 감소, 좌심실 비대, 좌심실 분출 장애, 심장박동수 감
　　　소, 부정맥 증가, 교감신경 반응성 감소, 심장활동전위 연장
　혈관의 기능 변화 - 동맥의 경화 증가, 수축기압과 맥압 증가

**세포 및 조직학적 변화**

　심장세포수의 감소, 세포 비대, 결합조직에 콜라겐 증가, 섬유화 증가, 동방방결절 세포 감소, 심장
　　　활동전위 연장
　대동맥 벽 비후

**분자 수준의 변화**

　심장의 β-아드레날린성 반응 감소 - 심장의 β-수용체 감소, G-단백질 신호전달과정 저하
　칼슘 조절 저해 - 칼슘 펌프 장애, 칼슘 펌프 발현 감소
　미토콘드리아 기능 장애 - 산화성 손상 증가, 미토콘드리아 감소
　심장 대사의 변화 - 심장 지방의 소모와 산화 감소, 해당과정 증가, 인슐린 / IGF 신호전달 감소,
　　　안지오텐신 II 증가 → 혈관수축, 심근세포 비대 및 자살, 콜라겐 증가 등

## 1) 심장 구조의 변화

　심실 비대 : 노화 심장에서 나타나는 뚜렷한 변화는 그림과 같이 좌심실의 벽이 두꺼워
지고, 좌심실 내강이 좁아지는 것이다. 심실은 커지지만 이완기말 용적은 감소한다. 이
효과는 아래에서 자세히 설명한다.

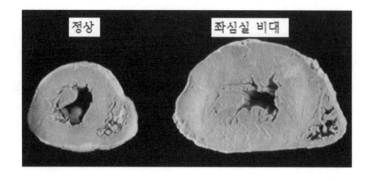

그림 3-7. 좌심실의 비대

## 2) 심장 세포의 변화

노화가 되면서 심장의 활동전위를 발생하여 심박동을 일으키는 동방결절과 심방과 심실의 수축성의 근세포의 수가 감소한다. 심근세포의 감소와는 반대로 크기는 증가하고 이에 따라 심근층이 비대해진다. 그럼에도 심장의 무게는 매년 좌심실은 0.7g, 우심실은 0.2g씩 감소한다. 건강하여도 70세 정도에는 심장근세포의 대략 30% 정도가 감소한다. 노화가 진행되면서 만나게 되는 여러 원인에 의하여 세포자연사와 괴사에 의하여 소실된다. 비대해진 근세포의 핵은 정상보다 크다. 노화 심근에서는 근세포 사이에 약간의 틈도 나타난다. 세포 간의 괴리는 근수축력을 감소하는 이유가 될 수 있다. 이러한 변화가 노인의 심근의 기능장애와 부전의 원인이 될 수 있다.

근세포 내에 지방이 쌓인다. 지방의 축적은 심근세포의 미세구조를 기계적으로 압박하여 수축 기능을 저하시킬 것이다. 세포 내 지방의 영향으로 인슐린 저항성이 커질 가능성이 있다. 근세포의 에너지 공급에 이상을 초래하여 이 역시 수축 능력을 감소시킬 것이다.

노화 색소라고 부르는 리포후신이 증가한다. 리포후신은 리소좀 소화 잔재물과 불포화 지방산의 산화 산물로 구성된 과립이다. 아마도 자유 라디칼에 의한 세포막이나 미토콘드리아와 리소좀의 손상 징후일 수 있다. 자유 라디칼이 단백질, 지질 등을 손상시키고 당화반응으로 단백질이 손상된다. 손상된 단백질과 지질이 리소좀에 쌓인다. 이것은 심장 외에도 간, 신장, 신경세포 등에서도 나타나는 노화의 증표이다. 심근층에 콜라겐이 침착되고 섬유화가 증가한다. 동맥 내막이 뚜렷하게 두꺼워진다. 혈관의 콜라겐이 손상되면 혈관벽이 경화되어 고혈압이 유발될 수 있으며 혈관벽이 두꺼워지면서 동맥경화증이 유발된다.


## 3) 심장박동수의 감소

노인은 젊은 사람보다 심장이 느리게 뛴다. 사람은 나이가 들수록 심장이 천천히 박동한다. 그와 함께 심장이 가장 빠르게 혈액을 펌프질할 수 있는 최대 박동수도 감소한다. 심장의 생리적 예비역량이 점차 감소하는 것이다. 인체의 심장은 10세 이후 최대 박동수가 매년 1회 정도 감소한다. 최대 삼장박동수는 대략 220에서 본인의 나이를 뺀 회수이다.

$$최대\ 심장박동수 = 220 - 나이$$

심장의 휴식 시 박동수와 특히 최대 박동수의 감소는 내재의 자동박동능의 저하와 함께 β-아드레날린성 반응성의 감소가 주요 원인일 것이다.

박동원과 전도계의 이상 : 노화되면서 심장의 동방결절의 세포의 수가 급격히 감소한다. 전도계의 섬유에도 섬유조직과 지방이 쌓일 수 있다. 이런 요인들이 박동원과 전도 섬유의 활성을 감소시켜 심장박동을 느리게 하고, 심하면 부정맥을 유발하기도 한다.

심장의 변시효과 저하 : 심장의 박동은 교감신경계와 부교감신경계의 균형에 의하여 정교하게 조절된다. 젊은 사람은 부교감신경인 미주신경을 제거하면 심장 박동수가 70회에서 100회 정도로 증가하는데 노인의 심장은 단지 80회 정도로 증가한다. 심장의 고유 박동수가 100회에서 80회로 감소하였다. 그러나 휴식기의 심장박동수는 노인도 60~70회 정도가 유지된다. 젊은 사람은 미주신경의 억제효과가 큰데 비하여 노인은 억제효과가 감소한 결과이다. 노화에 따른 미주신경의 감소가 한 요인일 수 있다. 그러므로 심장박동

수의 조절 폭이 좁아진다. 이러한 특성 때문에 노인은 운동 시에 미주신경의 효과가 없어
져도 심박출량의 증가가 젊은 사람에 비하여 적다.

교감신경 자극에 반응하는 아드레날린성 수용체의 민감성도 노인에서 감소한다. 그러
므로 운동이나 스트레스 발생 때에 교감신경이 활성화되어도 노인의 최대 심장박동수는
젊었을 때처럼 빠르게 증가하지 않는다 (그림 3-8). 동방방결절의 고유 충격 발사 빈도의
감소, 부교감신경과 교감신경 자극에 대한 반응성 감소 모두가 노인의 심장의 최대 심장박
동수의 감소의 요인이다.

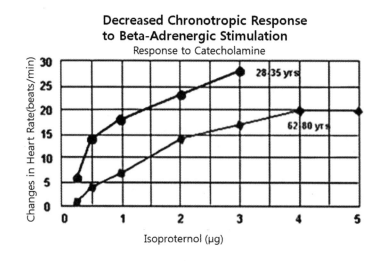

그림 3-8. 노화 심장의 β–아드레날린성 반응성의 감소

이소프로테레놀은 생체의 교감신경에서 분비되는 노르에피네프린과 동일한 작용을 나타
내는 아드레날린성 작용제이다.

## 4) 심장의 수축력의 약화

심장의 수축력은 세포 내의 칼슘 농도에 의하여 결정된다. 심근세포의 칼슘이 증가할수
록 강하게 수축하고 칼슘이 부족하면 약하게 수축한다. 노화가 되면서 심근세포의 칼슘

항상성에 이상이 온다. 칼슘은 심근세포의 근소포체에 저장되어 있다. 동방결절로부터 전해오는 전기신호가 도달하면 그에 반응하여 칼슘을 방출하고 그에 따라 심장근이 수축하게 된다. 휴식상태에서는 칼슘이 근소포체에 저장되어 있는 것은 젊고 건강한 심장이나 노인의 심장이나 동일하다. 그러나 전기신호에 대한 반응이 달라진다. 노인의 심장의 근소포체는 칼슘 통로의 활성이 변하여 오랫동안 칼슘이 분비되고 그에 의하여 활동전위 시간도 길어진다. 이러한 변화는 결국 근소포체의 칼슘 저장량을 감소시킨다. 따라서 전기자극에 의하여 분비되는 칼슘의 양이 감소하고 따라서 세포질의 칼슘 양이 적어져 근수축력이 감소한다. 골격근과 마찬가지로 심장의 수축력은 세포질의 칼슘 농도에 비례한다. 이러한 칼슘 조절 기작의 변화가 노화되어 심장의 근수축력을 감소시킨다.

심근세포의 칼슘 조절에 변화가 오는 또 다른 요인은 교감신경과 호르몬에 대한 반응성이 감소하는 점이다. 교감신경에서 분비되는 노르에피네프린은 심장의 β-수용체에 작용하여 심장박동을 빠르게 하는데 노화 심장에서는 그림 3-8과 같이 β-작용제인 이소프로테레놀에 대한 반응성이 감소하여 젊은이에 비하여 심장박동수 증가가 낮다. 최대 심장박동수가 감소되어 있다. 노화 심장의 β-아드레날린성 반응성의 감소는 또한 교감신경에 의한 세포 내 칼슘 농도의 증가가 저하되고 따라서 수축력의 증가가 감소될 수밖에 없다.

### 5) 심장의 적응 보상과 생리적 역량의 감소

노인도 일상생활에는 큰 무리가 없다. 다만 노령이 되면 힘든 일이나 운동을 할 수는 없다. 심장의 기능에 노화가 발생하여 생리적 역량은 감소하지만 인체의 변상성이라 하는 보상 적응 기작에 의하여 일상생활은 유지할 수 있도록 심장의 혈액순환의 생리적 기능이 유지되고 있기 때문이다.

(1) 심박출량의 적응

순환계의 기본 기능은 인체 각 기관이 필요로 하는 적정량의 혈액을 공급하는 것이다. 심박출량은 심장박동수와 1회 박동하면서 뿜어내는 박동량에 의하여 결정된다.

$$심박출량 \;=\; 심장박동수 \;\times\; 박동량$$

박동량은 2가지 요소에 의하여 결정된다. 박동량은 심장이 이완되었을 때의 심실에 채워진 이완말기 용적에서 심실의 수축에 혈액이 밀려나가고 남아있는 수축말기 용적의 차이이다.

$$박동량 \;=\; 이완말기 \; 용적 \;-\; 수축말기 \; 용적$$

노화 심장은 휴식상태에서도 심장박동수가 감소되어있다. 그럼에도 휴식상태의 심박출량은 유지되고 있다. 이는 박동량은 오히려 증가하였기 때문이다. 심장박동수의 저하효과가 박동량을 증가시키는 보상 기작에 의하여 상쇄되어 그 결과로 심박출량이 유지됨으로써 일상의 신체활동에는 무리가 없다 (그림 3-9).

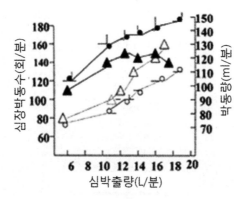

그림 3-9. 업라이트(거상) 운동에 의한 심박출량 증가 시의
박동량 증가와 심장박동수 증가의 연령에 따른 차이 (자료 : Cheitlin, 2003)

연령 65~80 (●, ○ ), 연령 25~44 (▲, △). 심장박동수 (----, ○, △) 박동량 (——, ●, ▲,)

운동에 의한 심박출량의 증가 기작은 젊은 사람과 노인에서 다른 방식으로 나타난다. 운동을 하면 젊은 사람의 박동수는 초기에는 증가하나 이내 증가는 멈추나 심장박동수가 계속 증가하여 심박출량이 증가한다. 노인은 심박출량이 증가할 때 심장박동수의 증가는 젊은이에 비하여 적으나 박동량은 젊은 사람보다 계속 증가하여 심박출량 증가에 기여한다. 즉, 노인은 심장박동수의 증가 부족을 박동량 증가로 보상한다.

심박출량이 증가할 때 젊은 사람은 이완말기용적은 큰 변화가 없으나 수축말기용적을 감소시킴으로써 즉, 더 강력하게 심실이 수축함으로서 박동량을 증가시킨다. 반면에 노인은 이완말기용적을 증가시킴으로서 박동량을 증가시켜 심박출량을 증가시킨다 (그림 3-10).

노인의 심혈관계 기능의 보상 적응의 예는 순환하는 혈액의 노르에피네프린과 에피네프린의 양이 증가되어 있다는 점이다. 이것은 아드레날린 반응성의 감소를 어느 정도 상쇄시키는 효과가 있다.

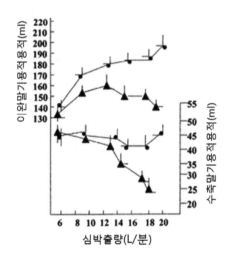

**그림 3-10. 업라이트(거상) 운동 때의 심박출량과 이완말기용적 및 수축말기용적의 관계.**

(자료 : Cheitlin, 2003)          연령 65~80 (●);   연령 25~44 (▲).

## (2) 심장 기능의 저하 – 최대 산소소모량의 감소

최대 산소소모량(VO₂ max)은 건강의 지표로 쓰이고, 심폐기능 적합도를 나타내는 지표이며, 장시간의 운동 동안의 지구력을 결정짓는 중요 인자이다. 최대 산소소모량은 최대 유기호흡 능력을 나타내고 최대 운동 능력을 나타낸다. 이는 운동 중에 최대로 소모하는 산소의 양이다.

$$VO_2 \ max \ = \ CO \ x \ (Ca - Cv)$$

CO는 심박출량, Ca와 Cv는 각각 동맥과 정맥의 산소 농도를 의미한다. Ca－Cv는 조직에서 산소를 추출한 정도이다. 식에 나타는 것처럼 최대 산소소모량은 심박출량에 의하여 결정되므로 심장의 기능을 반영한다. 남녀 모두에서 최대 산소소모량은 20대에는 약간 5% 정도 증가하나 이후 지속하여 감소한다. 남녀 모두에서 감소율은 비슷하고 나이가 들수록 크게 감소한다. 30대에는 10년간의 감소율이 5% 미만이나 60대 이후는 20% 이상으로 크게 증가한다(그림 3-11). 이런 심장 기능의 저하로 노인은 세포호흡 능력이 약화되어 장시간 운동을 하지 못한다.

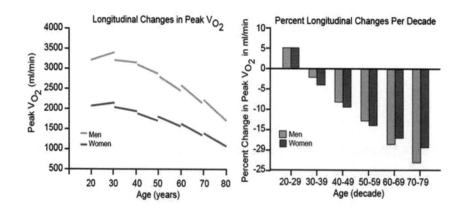

**그림 3-11. 나이에 따른 최대 산소소모량의 추이**

(자료 : Strait and Lakatta, 2012)

(3) 심박출량의 생리적 역량의 감소

노인의 최대 심박출량은 저하되어 있고 이는 노인의 신체활동과 운동 능력을 감퇴시킨다. 노인은 최대 심박출량이 25%까지 감소한다. 주 요인은 노화에 따라 최대 심장박동수가 감소하기 때문이다. 심박출량의 결정 요소인 박동량도 감소한다. 신체노화에 따른 박동량의 감소는 이완말기 용적과 수축말기 용적에 영향을 주는 심장의 수축력과 심실의 이완 기능은 감소하고 후부하(동맥의 혈압)는 증가하기 때문이다.

노인은 심실의 이완 기능에 이상이 초래된다. 심실의 비대로 심실 내강이 좁아져 있다. 따라서 이완말기 용적이 감소되어 있다. 심실의 수축력도 감소되어 있다. 수축력의 감소는 근세포의 여러 구조적 변화와 함께 β-아드레날린성 반응성의 감소와 세포 내 칼슘의 감소가 원인이다. 심장 수축력의 감소로 심장이 분출시키는 박동량이 감소한다.

β-아드레날린성 반응성의 감소는 심장의 최대 박동수를 감소시킴으로써 운동 시에 충분히 증가하지 않아 혈액 공급 능력이 수요를 따라가지 못한다. 노인의 운동 역량을 제한하는 하나의 요인이다.

박동량에 영향을 주는 다른 요인은 동맥의 혈압이다. 노인의 대동맥과 큰 동맥들은 탄력성이 감소하여 순응도가 감소되어 있으며 체동맥의 단면적도 감소되어 있어 이 두 요소에 의하여 동맥의 혈류저항이 증가되어 있다. 생리학에서는 심장의 수축과 박동량에 미치는 이 효과를 후부하라 한다. 심실은 후부하를 능가하는 힘을 발휘하여 심실의 혈액을 밀어내야하기 때문에 후부하가 증가할수록 심실은 순응도가 감소한 동맥에 혈액을 분출시키기 위해서 더 강력하게 수축하여만 한다. 심실의 부담이 증가하게 된 것이다. 이를 극복하기 위하여 노인의 좌심실근은 발달하여 비대되어 있다. 좌심실 비대는 적응 변화의 결과이다. 그러나 좌심실 비대가 되면서 좌심실이 탄력성은 떨어지고 좌심실 내강의 부피는 감소한다. 노화가 진행되면서 남녀 모두에서 좌심실 벽은 점차 두꺼워지고, 좌심실의 내경이 이완기에도 점차 감소한다. 노화에 따른 일단의 변화는 20대 중반부터 서서히 시작된다.

심실의 비대는 심실의 순응도를 감소시킨다. 이는 다시 이완말기 용적을 감소하게 된다. 심실 순응도는 청장년기의 심장에 비하여 50대 이상에서 분명하게 감소하지만 65세 이상

에서 심각하게 감소한다. 다행히도 심실벽의 장력 증가와 갈슘 대사의 변화로 심실 수축기
가 길어져 심실 단축률은 오히려 증가하기 시작한다. 이완말기에 비하여 수축말기에 심실
의 내경이 축소하는 정도를 단축률이라 한다. 이는 심실의 분출률과 박동량을 예측할
수 있는 지표이다. 이에 따라 건강한 남녀 모두에서 나이가 들어도 심실 분출률은
55~85%로 정상을 유지하거나 오히려 증가한다. 이는 비록 이완말기 용적은 감소하더라
도 분출률을 증가시킴으로서 박동량을 유지하도록 하는 보상 적응의 결과이다. 휴식상태
에는 어느 정도 이런 방식으로 보상이 가능하다.

그러나 운동 시에는 최대 심실 이완말기용적은 증가하나 최대 분출률도 감소하고 최대
심장박동수도 감소하여 최대 심박출량이 감소한다. 위와 같은 일련의 변화로 심장의 노화
가 진행됨에 따라 심장의 생리적 역량은 감소한다. 후부하의 증가, 심실의 이완 기능의
장애, 수축력의 감소 등에 의하여 최대 심박출량이 감소하고 이는 운동을 제한하는 요인이
된다.


### (4) 심장 판막의 기능 노화

심방과 심실 사이의 한 방향으로의 혈액의 흐름을 유지하는 판막에 석회화가 일어난다.
삼첨판의 첨판에도 석회화가 진행되고, 수축기에 판막이 완전히 닫히도록 하는 섬유상의
이첨판륜에도 석회화가 일어난다. 이첨판의 석회화는 이첨판 협착을 유발한다. 류마티스
나 선천적 요인으로 이첨판 협착이 발생하지만 노화에 의해서도 발생한다. 판막의 닫힘이
불완전하여 수축 시에 심실에서 심방으로 혈액의 역류가 발생하고 심장 기능에 이상이
초래된다. 심계항진, 흉통, 호흡곤란 등이 발생한다. 운동 시에 쉽게 피로해지고 점점
약해진다. 이첨판의 석회화는 대동맥판막 석회화의 원인이 되기도 한다. 노화와 연관된
대동맥 판막의 석회화가 65세 이상의 노인의 대동맥 협착의 주요 원인이다. 대동맥 협착
은 좌심실과 대동맥 사이의 통로가 좁아지는 것이다. 대동맥 판막이 열리면 통로 면적이
대략 3~4cm² 되는데 협착이 되면 이 통로가 1cm² 이하로까지 좁아진다. 또한 열리더라도
쉽게 열리지 않는다. 노화가 되면서 장기간의 스트레스에 의하여 발생된다. 대동맥 협착은

발생하면 점점 악화되는 경향이 있다. 대동맥 협착은 좌심실의 분출분획을 감소시킨다. 좁아진 입구를 통하여 분출되므로 대동맥에 난류를 일으킨다. 경화된 판막이 심실압이 더욱 증가한 다음 뒤늦게 순간 열리므로 순간적으로 대동맥압이 높아진다. 대동맥 협착이 일어나면 심실은 정상치와 동량을 분출시키려면 더 큰 힘을 발휘해야 한다. 따라서 좌심실이 비대해진다. 심실 이완기에는 판막이 완전히 닫히지 않아 대동맥판 역류가 발생한다. 이러한 일련의 결과로 수축기압은 더욱 높아지고 이완기압은 더욱 저하된다.

### (5) 심장혈관의 변화

심장혈관에 지방이 쌓이고 반이 형성되는 아테롬성동맥경화가 증가한다. 동맥경화가 심화되면 심장순환이 저해되고 혈류량이 감소하여 그에 따라 손상된 심근 부위는 흉터조직으로 바뀐다. 그 결과 심장의 탄력성과 수축성이 저하된다. 심하면 심부전과 협심증이 발생할 수도 있고 심정지로 이어질 수도 있다.

## 6) 동맥의 구조와 혈압의 변화

대동맥과 동맥이 굵어지고 굳어져 유연성이 감소한다. 이것은 혈관벽의 결합조직의 변화와 연관되어 있을 것이다. 동맥벽의 콜라겐이 증가하고 콜라겐과 엘라스틴의 당화가 증가하여 혈관의 경도가 증가한다. 대동맥 순응도가 80세에는 40세의 절반 정도로 감소한다. 혈관의 이런 변화로 대부분의 노인은 어느 정도는 수축기압이 상승하고 맥압도 상승한다. 노화가 되면서 대동맥의 지름이 커지고 길이도 늘어난다. 따라서 대동맥의 혈액 수용량이 증가한다. 이것은 맥압의 증가를 어느 정도 상쇄시키는 효과가 있다. 보상에 의한 혈관 기능의 적응이다. 노인도 이완기압에는 큰 변화가 없다. 그러나 노령이 되면 대동맥의 순응도가 더욱 부족하여 심실 분출 시에 압력이 빠르게 증가한다. 그 결과 수축기압과 맥압이 함께 증가한다. 나이가 들면서 대동맥의 임피던스가 커지고 후부하의 증가로 심장에 부담을 증가시켜 심장비대를 촉진한다.

20대의 건강한 사람은 혈압이 120/80mmHg인데 70대에는 수축기 혈압이 140mmHg 이상으로 증가하고 나이가 더 들어감에 따라 더욱 증가한다. 그러나 이완기 혈압은 65세 이후 80mmHg 이하로 혈압을 유지 또는 오히려 약간 감소하는 경향을 보인다.

동맥의 비후화는 압력 변화에 대한 순응도를 감소시킨다. 폐경 이후 동맥의 순응도가 감소하는데 이는 지방 조성의 변화 때문으로 생각된다. 어유와 콩 이소플라본 등은 혈관의 상태를 좋게 하여 폐경 전후의 체동맥 순응도를 증진시키고 심장 보호에 기여한다.

기립성 저혈압 : 노인은 누워있거나 앉아 있다가 일어서면 어지럼증을 느끼는 기립성 저혈압이 많아진다. 나이가 많아지면서 압력수용기 반사가 저하되었기 때문으로 생각된다. 압력수용기는 자세 변화나 운동 시의 혈압의 변화를 감지하여 혈압을 유지시키는 역할을 하는데, 자세 변화 시 민감성과 효과기의 반응성이 늦어져 일시적으로 혈압이 저하되어 뇌로의 혈류량이 감소하였기 때문이다. 젊은 사람이 노인에 비하여 심장 미주신경 압력 반응의 민감도가 4배 이상 크다. 혈압의 급격한 감소 후에 젊은 사람은 심장박동 수가 빨리 많이 증가하나 노인은 느리게 증가하고 증가 정도도 적다. 노인에서 기립성 저혈압이 발생 빈도가 높은 이유이다.


## 7) 모세혈관의 변화

노화에 따라 모세혈관의 밀도가 여러 기관에서 감소한다. 모세혈관도 약간 두꺼워지므로 영양물질과 노폐물의 교환을 약간 지체시킬 것이다. 기저막이 두꺼워지고 섬유질이 증가하는 모세혈관이 많아진다. 허혈 또는 발열 자극에 대한 반응성이 청년들에 비하여 감소하여 충혈반응이 감소한다.

## 8) 정맥의 변화

정맥의 지름과 혈류 속도의 감소가 다리의 정맥에서 나타난다. 따라서 다리의 혈류량이 크게 감소한다. 하지 정맥의 순응도가 감소하고 수용 용량도 감소한다.

**정맥류** : 심장의 수축에 의하여 혈액은 동맥을 통해 머리부터 발끝까지 온몸으로 흐른다. 각 기관의 모세혈관에서 세포에 영양물질과 산소를 공급하고 세포에서 생성된 대사산물과 노폐물 등을 회수한 혈액은 정맥으로 모아져 다시 심장으로 되돌아온다. 머리로 흐른 혈액은 정맥을 통해 심장으로 흘러내려오는데 아무런 문제가 없지만 몸통과 사지로 흘러간 혈액이 심장으로 다시 되돌아오기 위해서는 중력을 거슬러 올라와야 한다. 그러나 정맥의 혈압은 동맥과는 달리 매우 낮아 정맥혈을 심장으로 밀어 올리기에는 역부족이다. 정맥혈을 심장으로 밀어 올리는 데에는 근육의 수축(이를 골격근 펌프라 한다)과 호흡(호흡 펌프) 등이 일조하고 있음에도 한 번에 지속적으로 밀어 올리지는 못한다. 그래서 정맥의 중간 중간에 문을 달아 방을 만들어 한 번에 한 단계 위로 밀어오리고 다음에 다시 한 단계 밀어 올리는 방식으로 혈액을 심장 쪽으로 위로 흐르게 한다. 여러분이 산을 오를 때 중간 중간에 쉬었다 올라간다고 상상하면 맞다. 또는 무거운 물건을 높은 곳으로 운반할 때 높은 곳으로 옮기고 쉬었다 더 높은 곳으로 들어올리기를 반복하는 것과 같다. 이때 밀어 올린 혈액이 다시 밀려 내려가지 못하게 막는 역할을 하는 것이 판막이다. 판막은 혈액을 밀어 올릴 때 열렸다가 닫히는 문이다. 문이 닫혀 혈액은 거꾸로 흘러내려가지 못하고 머무르게 된다. 이 혈액은 근육 수축 등에 의하여 더 위로 밀려 올라간다. 아래에서 다시 밀어 올리면 판막이 열리고 혈액이 흘러 들어온다. 이런 일이 반복되면서 혈액은 심장으로 흘러간다. 즉, 판막은 혈압이 약간 정맥에서 중력에 의하여 역류하지 않고 한 방향으로 즉, 심장 쪽으로만 흐르도록 하는 기능을 한다.

정맥류는 이런 역할을 하는 판막에 이상이 생겨 정맥에서 혈류가 심장 쪽으로 한 방향으로 정상으로 흐르지 못하고 고이는 현상이다. 그 결과 혈관은 뚜렷하게 팽창하고 심하면 통증과 염증을 일으킬 수 있다. 한 번 발생하면 스스로 사라지지는 않는다. 정맥류는 정맥이 약화되었음을 보여주는 가시적인 신호이다. 다행히도 생명을 위협하는 합병증은 흔하지 않다.

정맥류는 주로 하지의 표피 부위의 정맥에 흔히 발생한다. 하지의 정맥 혈액은 운동 중이라 할지라도 항상 심장보다 낮기 때문에 중력을 거슬러 흘러야하기 때문이다. 또한 표피 부위에 자주 발생하는 이유는 정맥의 혈액의 흐름에는 골격근의 수축이 지대한 공헌을 하는데 피부 가까이 있는 정맥은 주위 조직으로부터 압력을 적게 받기 때문이다. 즉, 밀어 올리는 힘이 부족하기 때문이다.

정맥류의 발생 원인은 여러 가지가 있다. 정맥류는 남성보다 여성에서 흔히 나타나는데 유전과 관련이 있다. 노화와 함께 임신, 비만, 폐경 등도 발병 유발 요소이고 오랫동안 서 있거나 다리의 부상, 복부 압박 등도 원인이다.

혀 밑의 정맥에도 발생하여 보라색의 정맥류를 볼 수 있는데 50대 이상에서 나타난다. 이 부위는 점막이 얇아 투명하기에 혈관이 보라색으로 보이는데 이는 정상이다. 그러나 혈관이 구불구불하면서 팽대되어 있고 거무스레하게 보이면 혀정맥류이다. 노화가 되면 혈관 조직이 느슨해지고 탄성조직이 퇴화되기 때문에 이 질병에 쉽게 걸리게 된다. 혀정맥류는 설하정맥의 노인성 탄성섬유 퇴행에 의한 생리적 변화로 자주 보인다. 염증성 변화는 수반하지 않는다.


## 9) 노화와 관련된 혈액의 변화

나이가 들면서 혈액의 양과 조성에도 약간의 변화가 일어난다. 노화가 되면서 체수분량이 감소하고 이에 따라 혈액량도 감소한다. 스트레스에 반응한 적혈구의 생성 속도가 느려진다. 따라서 실혈이나 빈혈에 대한 반응이 느리다. 대부분의 백혈구는 변함없으나 중립구의 수와 세균 대응력이 감소한다. 따라서 감염 저항 능력이 감소한다.

## 참고문헌

1. 강신성 등. (2017) 인체생리학 제14판. 라이프사이언스

2. 조주연. (2010) 심혈관 계통의 노화. 임상노인학회지 11(2):125-142.

3. Am. Acad. Health Fit. Cardiovascular System, http://aahf.info/sec_exercise/section/cardiovascular.htm 2017. 10. 검색

4. Cheitlin MD. (2003) Cardiovascular physiology — changes with aging. Am J Geriatr cardiol. 12(1):9-13.

5. Geokas MC, Lakatta EG, et al. (1990) The aging process. Ann Intern Med. 113:455-466.

6. Jiang F. Yan J et al. (2014) Angiotensin-converting enzyme 2 and angiotensin 1-7: novel therapeutic targets. Nature Rev. Cardiol. 11:413-426.

7. Kaditz E. (n.d.) The aging heart.

   https://www.umassmed.edu/globalassets/advancing-geriatrics-education/files/anatomy-atlas-materials/atlas-heart_presentation.pdf 2017. 10. 검색

8. Lin, J., Lopez, E., et al. (2008) Age-related cardiac muscle sarcopenia: Combining experimental and mathematical modeling to identify mechanisms. Exp. Gerontol. 43(4):296-306.

9. Moslehi, J., DePinho, et al. (2012) Telomeres and mitochondria in the aging heart. Circ Res. 110:1226-1237.

10. Olivetti G, Melissari M, et al. (1991) Cardiomyopathy of the aging human heart: myocyte loss and reactive cellular hypertrophy. Circ Res. 68:1560-1568.

11. Strait JB. and Lakatta EG. (2012) Aging-associated cardiovascular changes and their relationship to heart failure. Heart Fail Clin. 8(1):143-164.

12. Wikipedia, Aortic stenosis, https://en.wikipedia.org/wiki/Aortic_stenosis 2017. 10. 검색

# 4

## 내분비계와 노화

## 1절. 내분비계의 개요

'내분비계(endocrine system)'는 호르몬을 분비하는 내분비선(endocrine gland)들과 다른 조직체들을 한데 묶어서 부르는 호칭이며, 이들은 호르몬을 혈액으로 분비한다. 호르몬은 특정한 표적세포(target cell)를 가지며 표적세포는 호르몬에 반응하여 특정한 기능을 수행한다. 내분비계는 신경계와 더불어 신체의 중요한 두 가지 조절기작 가운데 하나이다. 신경계와 내분비계는 구조적, 화학적 그리고 기능적으로 연관되어 있지만 서로 다른 활성들을 조절한다. 신경계는 고속의 전기신호를 통해 개체가 외부 환경에 대해 신속히 반응할 수 있도록 하는 반면 내분비계는 주로 느리고 장기적인 반응들을 조절한다. 내분비계는 대사, 성장 및 발생, 여러 조직의 기능, 혈액의 당 수준 유지 등의 조절에 관여하는데,

호르몬에 대한 전형적인 반응들은 경우에 따라서는 몇 시간, 몇 주, 몇 개월 심지어는 수년에 걸쳐서 나타날 수 있다.

척추동물의 경우에는 수십조에 이르는 세포들 간의 반응이 전체 생체의 기능을 유지하도록 통합되어야 한다. 세포 내와 세포 간, 조직 간에 통합되는 반응들은 신호전달물질에 의하여 이루어진다. 신호전달물질에는 호르몬, 신경전달물질, 페로몬 등을 포함하고 있으며, 각각의 신호전달물질은 표적세포(target cell)에 작용한다. 표적세포는 신호를 보내는 세포에 인접할 수도 있고 인접하지 않을 수도 있다. 내분비계는 심장(heart), 신장(kidney), 간(liver) 그리고 위(stomach)와 같은 다양한 기관에 위치한 호르몬 분비세포 뿐만 아니라 호르몬을 분비하는 내분비선(endocrine gland) 등을 포함한다. 동물 그리고 사람을 대상으로 한 연구에서 거의 대부분에 해당하는 내분비선 또는 기관의 기능이 감소하는 것을 보여주는데 노화에 중요하게 작용하는 몇 가지 인자로는 인슐린 저항성, 성장호르몬, IGF-1, 성호르몬 등이 있다.


## 1) 내분비계의 특징

내분비계는 우리 몸의 내부로 호르몬(hormone)을 분비하는 신체기관들을 총칭한다. 특별한 호르몬을 분비하는 내분비선들과 또는 심장이나 소장 같은 기관은 조직들 가운데 호르몬을 분비하는 세포들을 포함하기도 하는데, 이들 모두는 내분비계에 포함되는 것이다. 내분비계에서 호르몬을 혈액 내로 분비하면 호르몬이 혈액을 타고 목표 장기(target organ)로 이동하여 효과를 나타낸다. 내분비조직에는 분비물을 외부로 분비하는 도관(duct)이 없는 것이 특징이며 내분비선의 내부 조직에는 많은 모세혈관이 분포한다. 이에 비해 외분비선(exocrine gland)은 도관을 통해 체표나 소화관 내강으로 그 산물을 분비하는 선(腺) 조직으로, 분비기능이 있는 상피세포로 구성된다. 예를 들어 외분비선은 침, 소화효소, 땀, 그리고 젖을 분비한다. 하지만 이들은 호르몬에 포함되지 않으며, 그래서 외분비선은 내분비계의 일부가 아니다. 그렇다면 호르몬이란 무엇인가? 호르몬은 조직과 내분비선에서 분비되는 화학 매개체를 말하며 혈관을 따라 순환하며 많은 조직에 작용하여 반응을 조절한다. 호르몬은 그리스어로 '자극하다'라는 뜻을 가진 'hormao'로부터 유래한 것처럼 생명활동의 '조절자' 역할을 한다. 호르몬은 신체의 성장과 발달, 대사 및 항상성 유지 등에서 중요한 역할을 담당한다.

## (1) 내분비계는 호르몬과 분비샘으로 구성된다

호르몬은 혈류를 따라 이동하고 호르몬에 반응하는 표적세포의 물질대사를 바꾸는 생화학적 물질이다. 분비샘은 분비물을 운반하는 혈관에 연결된 호르몬 생성세포 집단으로 구성된다. 척추동물의 주요 내분비선은 시상하부, 뇌하수체, 송과선, 갑상선, 부갑상선, 부신, 이자(췌장), 난소와 정소 등이다. 일부 기관은 내분비선과 외분비선을 모두 가지고 있다. 예를 들어 이자는 작은창자로 이어지는 분비관으로 소화효소를 분비하는(외분비) 동시에 인슐린 호르몬을 혈류로 분비한다(내분비).

## (2) 내분비계는 네 가지 주요 세포신호전달 메커니즘이 작동한다

인간에게는 대략 25종류의 호르몬이 있는데 방출되는 방식에 따라 내분비(endocrine) 호르몬, 신경내분비(neuroendocrine) 호르몬, 측분비(paracrine) 호르몬, 자가분비(autocrine) 호르몬 등으로 나눈다. 내분비 호르몬은 특정한 선(gland), 즉 췌장, 부신, 갑상선 등에서 생성되어 혈액순환계로 방출되어 표적기관의 세포에 있는 특정 수용체(receptor)와 결합하여 작용한다.

고전적 내분비 신호전달 : 고전적 내분비신호전달에서 호르몬은 내분비선이라고 불리는 분비관이 없는 분비기관으로부터 혈액이나 세포외액으로 방출된다. 여러 종류의 호르몬이 혈액을 통해 몸 전체를 순환하기 때문에 결과적으로 대부분의 체내 세포들은 여러 종류의 호르몬들에 끊임없이 노출되어 있다. 이 중 특정 호르몬을 인식해서 결합할 수 있는 수용체(receptor) 단백질을 가진 표적세포들만이 그 호르몬에 대하여 반응할 수 있다.

신경내분비 신호전달 : 신경내분비 신호전달의 경우 신경분비 뉴런(neurosecretory neuron)이라고 부르는 특수한 뉴런들이 적절한 자극을 받았을 때 신경호르몬(neurohormone)이라는 호르몬을 순환계에 분비한다. 해당 신경호르몬은 순환계를 통해 전달되고 이 호르몬에 대한 수용체를 가진 표적세포에 반응을 일으킨다. 예를 들어 신경계와 내분비계를 연결하는 뇌 구조인 시상하부(hypothalamus)의 일부 뉴런은 호르몬을 분비한다. 시상하부에서 분비되는 신경호르몬인 생식선자극호르몬분비호르몬(GnRH)은 뇌하수체에 작용하여 황체호르몬의 분비를 조절한다.

주변분비(paracrine) 조절 : 주변분비 조절의 경우 세포는 세포외액을 통해 확산되는 신호전달 분자를 분비하고 이들은 호르몬이나 신경호르몬처럼 장거리가 아니라 근처의 세포들에만 국부적으로 영향을 미치게 된다. 이와 같은 분비를 하는 것으로 예를 들어 프로스타글란딘(prostaglandin)이 있는데, 이것은 몸 전체에서 생성되어 많은 조직과 기관에 영향을 주는 지질이다.

자가분비(autocrine) 조절 : 자가분비 조절은 분비세포 스스로에 작용하는 경우를 말한다.

(3) 호르몬과 국소조절자들은 화학구조에 따라 네 종류로 구분한다

아민호르몬 : 아민호르몬(amine hormone)은 아미노산 유도체 호르몬으로 한 가지 경우(티록신)만 제외하고 이 호르몬은 친수성이어서 혈액과 세포외액으로 쉽게 확산이 일어난다. 표적세포에 도달하면 이 호르몬들은 세포표면의 수용체와 결합한다. 여기에는 에피네프린(아드레날린)과 노르에피네프린(노르아드레날린)이 포함된다. 한 가지의 예외는 갑상선에서 분비되는 소수성 아민호르몬인 티록신인데, 이 호르몬은 스테로이드 호르몬처럼 세포막을 자유스럽게 통과해서 표적세포 내부의 수용체에 결합한다.

**펩티드호르몬** : 펩티드호르몬(peptide hormone)은 아미노산 사슬로 이루어지는데 아미노산의 길이는 짧은 경우는 3개에서부터 시작하여 길게는 200개 이상의 아미노산으로 구성된다. 펩티드 호르몬 중에 큰 그룹이 성장인자(growth factor)들인데 체내 많은 세포 종류들의 세포분열과 분화를 조절한다. 펩티드호르몬에 속하는 것으로는 인슐린(insulin)과 성장호르몬(growth hormone)과 같은 종류가 있다.

**스테로이드호르몬** : 스테로이드호르몬(steroid hormone)은 모두 콜레스테롤(cholesterol)에서 유래된 소수성 분자들이며 물에는 불용성이다. 따라서 친수성의 운반단백질(transport protein)과 결합하여 물에 녹을 수 있는 복합체를 형성하고 세포외액으로 확산되어 순환계로 들어간다. 세포와 만나면 운반단백질로부터 유리되어 표적세포의 원형질막을 통과한 뒤 세포질이나 핵 속의 내부 수용체(receptor)와 결합한다. 스테로이드호르몬에 포함되는 종류에는 알도스테론, 코티졸, 성호르몬 등이 있다.

**지방산에서 유래된 분자** : 지방산에서 유래된 분자들은 주변분비나 자가분비 조절에 관여한다. 여기에 포함되는 프로스타글란딘(prostaglandin)은 중요한 국소조절자의 한 예로서, 1930년대 정액에서 처음 발견되었고 전립선에서 분비되는 것으로 생각되었으나 실제로는 거의 모든 세포들이 프로스타글란딘을 분비할 수 있고 또 이 호르몬이 언제나 존재하고 있다는 것을 발견하였다. 출산 때는 태반에서 분비된 프로스타글란딘이 옥시토신이라는 펩티드호르몬과 함께 분만을 위한 자궁수축을 자극한다.

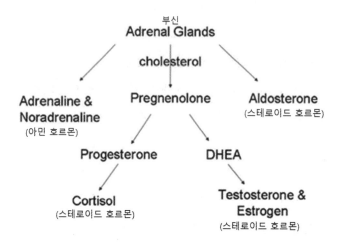

그림 4-1. 부신(adrenal gland)에서 만들어지는 호르몬 종류.

부신의 피질에서는 스테로이드 호르몬인 알도스테론, 성호르몬, 코티졸 등이 합성되고, 부신수질에서는 아민호르몬인 에피네프린과 노르에피네프린을 만들고 분비한다

(4) 피드백조절(feedback regulation)작용은 호르몬의 농도 조절에 중요하다

동물의 몸은 항상성 유지를 위해 혈중 호르몬 농도를 매우 엄격하게 조절해야 한다. 이 조절은 종종 호르몬과 이를 생성하는 분비샘 사이의 음성되먹임(negative feedback)에 의해 일어나며, 이는 혈중 농도가 과도하게 높아지면 호르몬 분비를 멈추게 한다.

## 2) 사람의 내분비선

우리 몸에 일어나는 분비작용은 땀이나 침처럼 체외로 분비되는 외분비작용과 혈액으로 분비가 일어나는 내분비작용이 있다. 그림 4-2는 사람의 주요 내분비선의 위치를 나타낸다. 시상하부(hypothalamus)는 전뇌의 중심부(뇌하수체의 위)에 위치하며 몇몇 종류의 호르몬도 분비한다. 뇌하수체는 시상하부의 밑에 연결되어 있는데 완두콩만한 크기의 조직이며 주요 신경－내분비조절의 중추로서 시상하부와 긴밀하게 상호 협조한다. 뇌하수체에

서 분비되는 호르몬의 하나가 성장호르몬(growth hormone)이다. 뇌의 중심부분에 있는 송과선(pineal gland)은 빛을 인식하는 기능이 있어서 빛이 없을 때만 멜라토닌(melatonin)을 분비한다. 멜라토닌의 기능은 신체의 생체시계를 조절하는 역할을 담당한다. 갑상선(thyroid gland)에서는 갑상선 호르몬(thyroid hormone)을 통하여 에너지 대사를 조절한다. 부갑상선(parathyroid gland)은 갑상선의 뒤쪽에 위치하고 있는데, 부갑상선 호르몬(parathyroid hormone)의 역할은 혈액 내의 칼슘농도 변동을 24시간 감시한다. 흉선(thymus)에서는 면역을 강화하는 물질이 분비된다. 부신(adrenal gland)은 콩팥(kidney) 위쪽에 붙어있는데, 바깥쪽의 피질(cortex)과 안쪽의 수질(medulla)로 나눈다. 부신호르몬은 스트레스에 대항하여 상황에 적응하는 능력을 부여한다. 이자(췌장)에서는 혈당을 조절하는 인슐린(insulin)과 글루카곤(glucagon)이 분비된다. 생식소인 정소(testis)와 난소(ovary)는 남성과 여성의 성징을 유지하며 생식(reproduction)에 관련된 호르몬을 분비한다.

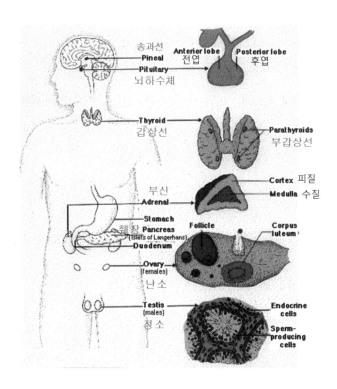

그림 4-2. 사람의 내분비선들

## (1) 시상하부와 뇌하수체는 내분비 조절을 감독한다

시상하부와 뇌하수체는 척추동물 내분비계의 모든 분비샘과 호르몬을 조절한다. 시상하부는 대뇌 기저부위에 위치한 뇌의 일부분이고, 뇌하수체는 시상하부에서 뻗은 줄기에 붙은 완두콩만한 크기의 분비샘이다. 시상하부(hypothalamus)에는 체온, 혈압, 당, 여러 호르몬 레벨에 대한 정보가 끊임없이 전달되며 이러한 정보에 반응하여 시상하부 바로 밑에 있는 뇌하수체(pituitary gland)로 방출호르몬(releasing hormone, RH) 또는 억제호르몬(inhibiting hormone, IH)과 같은 분비물을 내려 보낸다. 뇌하수체는 10가지 정도의 호르몬을 혈관계로 방출하여 다른 많은 분비선을 조절하기 때문에 '대장 분비선(master gland)'이라고도 불린다. 우리 몸을 조절하는 것은 신경과 호르몬에 의해 일어나는데 시상하부와 뇌하수체와의 상호작용은 신경계와 내분비계 간의 밀접한 협력관계의 중심적 예가 된다.

뇌하수체는 두 개의 엽(lobe)으로 구성되는데, 앞쪽에 뇌하수체 전엽이, 뒤쪽에 뇌하수체 후엽이 위치한다. 시상하부는 뇌하수체 분비를 조절함으로써 신경계와 내분비계를 연결하는 역할을 한다. 뇌하수체 후엽은 호르몬을 생성하지는 않지만 시상하부가 만든 항이뇨호르몬(ADH)과 옥시토신을 저장하고 분비한다. 뇌하수체 전엽은 여섯 가지 호르몬을 생성하고 분비한다. 뇌하수체 전엽의 호르몬은 시상하부에서 방출되는 펩티드신경호르몬들인 분비호르몬(releasing hormone, RH)과 억제호르몬(inhibiting hormone, IH)을 통해 조절 받는다. RH와 IH는 다른 내분비선의 호르몬 분비를 조절하는 자극호르몬(tropic hormone)들이다. 시상하부에서 분비하는 자극호르몬들의 조절 하에 뇌하수체 전엽은 6가지 중요한 호르몬을 혈액으로 분비하는데, 프로락틴, 성장호르몬, 갑상선자극호르몬, 여포자극호르몬, 황체형성호르몬이 그것들이며, 여기에 더하여 멜라닌세포자극호르몬과 엔도르핀을 분비한다.

<表 4-1> 뇌하수체의 호르몬

| 분비선 | 호르몬 | 종류 | 표적세포의 위치 | 효과 |
|--------|--------|------|------------------|------|
| 뇌하수체<br>후엽 | 항이뇨호르몬(ADH) | 펩티드 | 콩팥 | 체액의 조성 유지를 도움 |
| | 옥시토신 | 펩티드 | 자궁, 젖샘 | 평활근 수축 촉진 |
| 뇌하수체<br>전엽 | 성장호르몬(GH) | 단백질 | 간 | 인슐린유사성장인자(IGF)<br>생성 촉진 |
| | 프로락틴(PRL) | 단백질 | 젖샘 | 젖분비 자극 |
| | 난포자극호르몬 (FSH) | 단백질 | 난소, 정소 | 여성 : 난자성숙<br>남성 : 정자형성촉진 |
| | 황체형성호르몬(LH) | 단백질 | 난소, 정소 | 여성 : 배란<br>남성 : 테스토스테론<br>　　　　분비 자극 |
| | 갑상선자극호르몬(TSH) | 당단백질 | 갑상선 | 갑상선호르몬의 분비 자극 |
| | 부신피질자극호르몬(ACTH) | 단백질 | 부신피질 | 글루코코르티코이드<br>분비 자극 |

　　뇌하수체 전엽은 소마토트로핀이라고 부르는 성장호르몬(growth hormone, GH)을 분비한다. 이 호르몬은 단백질 합성과 세포분열 속도를 증가시켜 모든 조직의 성장과 발달을 촉진한다. GH의 농도는 10대를 전후하여 가장 높고, 그리고 성호르몬의 농도 증가와 함께 청소년기의 빠른 성장을 유도한다. 성장호르몬은 어린이와 유소년기의 뼈 성장 등을 자극해 몸의 성장을 유도한다. GH는 어른에서도 역시 단백질 합성과 세포분열을 자극한다. 이런 면에서 GH는 표적조직에 결합하여 인슐린－유사 성장인자(IGF) 분비를 촉진시키는 것과 같은 자극호르몬으로서의 활성을 보여준다. GH는 비자극호르몬으로서의 작용도 하는데 모든 나이대의 포유동물에서 일어나는 신진대사 과정을 조절하는 데도 관여한다. 또한 GH는 세포가 지방산이나 아미노산을 흡수하는 것을 촉진하고 근육세포가 포도당을 흡수하는 것을 제한하기도 하는데, 이런 작용은 식사시간 사이에 조직과 장기들에 제공될 포도당과 지방산을 일정수준으로 유지하는 데 기여한다. 이와 같은 작용은 특히

뇌의 정상적 기능 유지를 위해 매우 중요하다. 뇌하수체 전엽에서 분비되는 갑상선자극호르몬(TSH), 부신피질자극호르몬(ACTH), 난포자극호르몬(FSH), 황체형성호르몬(LH) 등은 자극호르몬으로서 체내 다른 내분비선에서 호르몬 생산을 조절하는 역할을 한다.

〈표 4-2〉 사람 호르몬의 원천과 작용

| 근원 | | 분비의 예 | 주요 표적 | 효과 |
|---|---|---|---|---|
| 갑상선 | | 갑상선 호르몬 | 대부분의 세포 | 대사 조절, 생장과 발생에 영향 |
| | | 칼시토닌 | 뼈 | 혈중 칼슘 농도 내림 |
| 부갑상선 | | 부갑상선호르몬 | 뼈, 신장 | 혈중 칼슘농도 올림 |
| 이자 | | 인슐린 | 간, 근육, 지방조직 | 세포의 포도당 흡수를 촉진<br>혈중 포도당 농도 낮춤 |
| | | 글루카곤 | 간 | 글리코겐 분해 촉진<br>혈중 포도당 농도 높임 |
| | | 소마토스타틴 | 인슐린-분비 세포 | 인슐린, 글루카곤, 약간의 소화관 호르몬의 분비를 억제 |
| 부신<br>피질 | | 글루코코르티코이드<br>(코티졸 포함) | 대부분의 세포 | 에너지원으로 글리코겐, 지방, 단백질의 분해 촉진; 혈중 포도당 농도 높임 |
| | | 미네랄로코르티코이드<br>(알도스테론 포함) | 신장 | 나트륨 재흡수; 체내의 염분-수분 균형 조절을 도움 |
| 부신<br>수질 | | 에피네프린(아드레날린) | 간, 근육, 지방조직 | 혈중 당과 지방산 농도 올림; 심장 박동률과 수축강도를 높임 |
| | | 노르에피네프린 | 혈관의 평활근 | 특정 혈관의 수축과 확장을 조절; 그래서 서로 다른 신체부위의 혈액량 분포에 영향을 미침. |
| 생식소 | 정소 | 안드로겐<br>(테스토스테론 포함) | 전체적 | 정자 형성, 생식기 발달, 성징 유지 |
| | 난소 | 에스트로겐 | 전체적 | 난자의 성숙과 방출; 임신을 위한 자궁 내면 준비, 성징 유지 |
| | | 프로게스테론 | 자궁, 유방 | 임신을 위한 자궁 내부 준비 및 유지, 유방조직의 발달 자극 |
| 송과선 | | 멜라토닌 | 뇌 | 매일의 생체리듬에 영향 |
| 흉선 | | 흉선호르몬 | T 세포 | T 세포 성숙 촉진 |

## (2) 갑상선호르몬들은 물질대사, 발생, 성숙을 촉진한다

사람의 경우 갑상선(thyroid gland)은 인후(pharynx) 전면에 위치하며 나비넥타이 같은 모양을 하고 있다. 대표적인 갑상선호르몬인 티록신(thyroxine)은 4개의 요오드(iodine, I)원자를 갖고 있기 때문에 'T4'라고도 부른다. 또 갑상선에서 매우 유사한 호르몬인 요오드원자 3개를 포함한 트리요오드티로닌(T3)도 소량 분비한다. 이 호르몬들의 원활한 생산을 위해서는 음식물을 통한 요오드의 공급이 필요하다. 이 호르몬의 혈중 농도는 음성되먹임(negative feedback) 고리를 통해 일정한 수준으로 유지된다. T4와 T3는 둘 다 세포 내부로 들어가지만 일단 들어가면 대부분의 T4는 T3로 전환되어 세포 내부의 수용체와 결합한다. 수용체와 결합한 T3는 유전자 발현을 변화시키는데 이를 통해 호르몬의 효과가 나타난다. 갑상선 호르몬은 모든 척추동물에서 성장(growth), 발달(development), 성숙(maturation), 그리고 물질대사(metabolism)에 필수적이다. 사람 성인의 경우, 갑상선 분비가 저조한 갑상선기능저하증(hypothyroidism) 환자는 정신적, 육체적으로 반응이 떨어지는데 심장의 박동도 느리고 맥박도 약하고 자주 혼란에 빠지며 우울해진다. 어른들의 경우 갑상선호르몬이 과대 생산되는 갑상선기능항진증(hyperthyroidism)에 걸렸을 때 신경증, 불안감, 성을 잘 내거나 불면증, 체중감소 그리고 빠르고 불안정한 심장박동 등의 증세를 나타낸다. 가장 흔한 갑상선기능항진증이 '그레이브스병'인데 위에 언급한 증상들 외에도 안구가 부풀어서 앞으로 돌출되는 특징을 보인다.

## (3) 부갑상선은 혈중 칼슘농도를 조절한다

부갑상선은 콩알(bean)만한 크기에 둥근 모양인데, 포유동물의 경우 4개의 부갑상선이 갑상선을 구성하는 2개의 엽 뒤쪽에 각각 2개씩 도합 4개가 존재한다. 부갑상선에서는 부갑상선호르몬(parathyroid hormone, PTH)이 혈액 중 $Ca^{2+}$ 수준이 떨어지는 경우에 분비된다. PTH는 파골세포가 뼈조직 중 광물화된 부분을 분해하여 칼슘과 인 이온을 혈액 중으로 방출하게 만든다. PTH의 생산이 부족할 경우 혈중 $Ca^{2+}$ 농도가 낮은 상태로 유지되어 신경과 근육의 기능이 저해된다. PTH가 과잉생산되면 뼈로부터 과도한 칼슘 손실을 일으켜 뼈가 가늘어지고 쉽게 부러지게 만들기도 하며, 동시에 혈중 칼슘 농도의 증가는 부드러운 조직들, 특히 폐, 동맥, 신장 등에 축적될 수 있으며 특히 신장에 쌓이는 경우는 신장결석을 만든다.

### (4) 부신수질은 두 종류의 '싸움-도망(fight or flight)' 호르몬을 분비한다

한 쌍의 부신은 콩팥의 꼭대기에 위치하여 모자처럼 생겼다. 부신수질(adrenal medulla)은 부신의 안쪽 부위이고 부신피질(adrenal cortex)은 바깥쪽 부위이다. 각 부위는 거의 스트레스에 반응하여 서로 다른 호르몬을 분비한다. 부신수질에는 교감신경에 속하는 특수화된 신경세포들이 있다. 다른 교감신경들과 같이 부신수질에 있는 신경세포들은 노르에피네프린과 에피네프린을 분비한다. 그러나 부신수질에서 분비한 노르에피네프린과 에피네프린은 신경전달물질로 작용하기보다 혈액으로 들어가 호르몬으로서 기능한다. 혈액으로 분비된 노르에피네프린과 에피네프린은 표적기관에 대하여 교감신경에 의해서 직접적으로 자극되는 것과 같은 효과를 나타낸다. 교감신경자극은 싸움-도망 반응에 대한 역할을 수행하여 위험한 상황에 닥칠 것에 대비해 몸을 준비하도록 한다. 노르에피네프린과 에피네프린은 동공을 팽창시키고, 호흡률을 증가시키고, 심장박동을 빠르게 한다.

### (5) 부신피질은 생존에 필수적인 두 그룹의 스테로이드호르몬을 분비한다

부신피질은 두 종류의 중요한 스테로이드호르몬을 생산하는데 그 중 하나인 '당질코르티코이드(glucocorticoid)'는 혈중 포도당과 다른 연료분자의 농도를 유지하는 역할을 하며 또 다른 호르몬인 '무기질코르티코이드(mineralocorticoid)'는 혈액과 세포외액의 $Na^+$와 $K^+$ 이온 농도를 조절한다. 부신피질에서는 또한 생식소에서 주로 생산되면서 남성 특징을 유지하는 남성호르몬(안드로겐)을 소량 분비한다.

당질코르티코이드 : 당질코르티코이드는 다음 세 가지 주요 메커니즘을 통하여 혈중 포도당 수준을 유지한다. 첫째, 지방이나 단백질과 같은 탄수화물 이외의 물질로부터 포도당의 합성을 자극한다. 둘째, 중추신경계를 제외하고 다른 조직의 세포들에 의한 포도당 흡수는 억제한다. 셋째, 지방과 단백질의 분해를 촉진하여 포도당 수준이 낮을 때 대체연료로 사용될 수 있는 지방산과 아미노산의 혈중방출을 증가시킨다. 중추신경계 세포에 의한 포도당 흡수는 억제하지 못하는데 그 이유는 식사시간 사이나 장기간 음식을 섭취하지 못하는 경우에도 중추신경계로의 포도당 공급은 원활히 유지하기 위함이다. 부신피질에서 분비되는 당질코르티코이드 중 대표적인 것이 '코티졸(cortisol)'이다.

무기질코르티코이드 : 무기질코르티코이드, 특히 알도스테론(aldosterone)은 신장 여과액에서 재흡수되거나 소장의 음식물로부터 흡수되는 $Na^+$ 이온의 양을 증가시킨다. 또한 타액선이나 침샘을 통해 분비되는 $Na^+$의 양을 감소시키는 반면 신장에서의 $K^+$ 이온의 분비(tubular secretion)는 증가시킨다. 이런 작용들의 궁극적인 결과는 신경계를 포함한 정상적인 세포 기능을 유지하는데 필요한 $Na^+$과 $K^+$의 적정 농도 유지이다. 이와 연관되어 알도스테론의 분비는 혈액의 양과 밀접한 관계가 있으며 혈압에도 간접적으로 영향을 미친다. 알도스테론이 과다하게 생산되는 경우 체내에 수분저장이 지나쳐 조직이 부풀어 오르고 혈압이 상승한다. 반면에, 적게 생산되는 경우, 수분손실이나 탈수현상을 일으킬 수 있다.

(6) 성호르몬은 생식계의 발달, 성적특성 등을 조절한다

정소와 난소와 같은 생식소는 성호르몬이 만들어지는 일차적인 기관이다. 여기서 생산되는 남성호르몬, 여성호르몬, 프로게스틴(progestin) 등과 같은 스테로이드호르몬들은 남성과 여성의 생식계 발달, 성징, 생식행동 등을 조절하는 유사한 효과들을 보인다. 남성과 여성 모두 세 가지 호르몬을 다 생산하지만 그 비율은 서로 다르다. 남성에서는 안드로겐의 생산이 월등한 반면 여성에서는 에스트로겐과 프로게스틴의 생산이 많다. 정소(testis)는

안드로겐을 분비하는데, 안드로겐 가운데 가장 중요한 것이 테스토스테론(testosterone)이다. 남성의 경우 막 성년이 될 때 테스토스테론의 수준이 급격히 증가하고, 이는 사춘기의 수염과 체모, 근육발달, 성대의 형태변화, 성욕의 발달 등을 포함하는 2차 성징이 나타나도록 자극한다. 정소에서 테스토스테론의 합성과 분비는 뇌하수체 전엽에서 방출된 황체형성호르몬(LH)에 의해 조절된다. 난소(ovary)는 여성의 생식계의 발달과 유지를 조절하는 스테로이드호르몬인 에스트로겐을 분비한다. 에스트로겐 중 가장 중요한 에스트라디올(estradiol)은 사춘기에 생식기의 발달과 2차 성징의 발달을 자극한다. 또 난소는 프로게스테론(progesterone)을 분비하는데, 이 호르몬은 자궁이 수정란의 착상과 이어지는 배아 발생을 위해 준비하고 그 상태를 유지하게끔 조절하는 스테로이드호르몬이다.

### (7) 이자는 영양소 사용을 조절한다

이자(pancreas)는 위(stomach) 뒤쪽에 위치하는 손바닥 크기 정도의 길쭉한 분비샘이다. 이자(췌장)의 대부분의 세포들은 외분비샘을 구성하고 소장으로 소화효소를 분비한다. 그러나 이자 세포의 약 2%는 내분비 세포들이고 이 세포들은 랑게르한스 섬(Langerhans islet)을 형성하며, 여기서 분비하는 폴리펩티드 호르몬이 몸의 영양소 활용을 조절한다.

〈표 4-3〉 이자에서 합성되는 호르몬

| 호르몬 | 화학적 특성 | 생산하는 세포 (이자의 랑게르한스 섬) | 췌장 당 생산세포가 차지하는 무게(mg) |
|---|---|---|---|
| 인슐린 | 51개 아미노산으로 이루어진 펩티드, A와 B 두 폴리펩티드가 disulfide bridge로 연결 | 베타세포 | 761-1097 |
| 글루카곤 | 단일 폴리펩티드로 구성 | 알파세포 | 185-355 |
| 소마토스타틴 | 두 개의 관련된 펩티드 | 델타세포 | 83-187 |

인슐린과 글루카곤 : 인슐린과 글루카곤은 체내 연료물질의 물질대사를 조절한다. 인슐린은 운동 중이 아닌 골격근, 간세포, 지방조직에 주로 작용한다. 인슐린은 혈중 포도당, 지방산, 아미노산의 수치를 낮추고 이들의 저장을 촉진한다. 즉, 인슐린의 작용은 세포 내부로 포도당의 수송, 포도당으로부터 글리코겐의 합성, 지방조직 세포들의 지방산 흡수, 지방산으로부터 지방의 합성 그리고 아미노산으로부터 단백질의 합성 등의 작용을 자극한다. 랑게르한스섬의 알파세포에서 분비되는 글루카곤은 인슐린과는 정반대의 효과를 나타내 글리코겐, 지방, 단백질의 분해를 촉진한다. 글루카곤은 또한 아미노산이나 다른 비탄수화물 분자들을 포도당 합성에 투입시킨다. 글루카곤의 이런 효과는 굶고 있을 때 작동한다. 혈중 포도당 농도는 뇌에 포도당의 공급을 지속하기 위하여 90~120mg/dL 범위에서 유지가 되어야 하는데 이를 위하여 길항적으로 작용하는 인슐린과 글루카곤을 통하여 조절이 일어난다.

인슐린의 방출 : 혈액의 당 농도가 높아지면 인슐린의 분비가 촉진된다. 인슐린은 분비 과립으로 세포 내에 저장이 되어 있다가 혈액의 당 농도에 의하여 베타세포의 자극이 일어나면 세포외방출(exocytosis)에 의하여 세포 밖으로 분비가 일어난다. 사람의 췌장은 하루에 약 40~50units의 인슐린을 분비하는데, 이러한 분비를 조절하는 몇 가지 인자들이 존재하지만, 혈당 수준은 가장 중요한 조절 요소이다.

인슐린의 신호전달 : 인슐린은 표적세포(target cell) 표면의 인슐린 수용체(insulin receptor)를 통해 세포 내로 신호를 전달한다. 혈중 포도당을 세포 내로 유입하여 그 이용과 저장을 촉진하는 가장 중요한 호르몬이므로 거의 모든 세포는 인슐린 수용체를 가지고 있다. 인슐린 수용체는 분자량 135kDa의 $\alpha$-소단위와 95kDa의 $\beta$-소단위가 S-S결합(이황화결합)으로 연결된 $\alpha2\beta2$ 구조를 가진 이형사량체(heterotetramer)로서 $\beta$-소단위의 세포질 안쪽에는 tyrosine kinase 도메인이 존재한다. 인슐린이 인슐린 수용체에 결합이 일어나면 자가인산화가 일어나 tyrosine kinase가 활성화되어 인산화 연쇄반응에 의해 계속 신호가 전달된다. 인슐린 신호는 대사를 조절하는 대사조절신호(metabolic signal)와 세포증식을 제어하는 증식조절신호(growth signal)로 크게 구분되며, 전자는 IRS(insulin receptor substrate), 후자는

# 인슐린의 신호전달

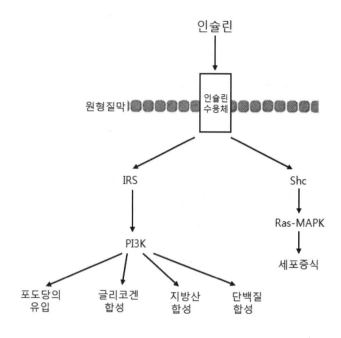

**그림 4-3. 인슐린의 작용.**

인슐린이 인슐린 수용체(insulin receptor, IR)를 자극하면 인슐린 수용체는 자가인산화를 일으켜 티로신인산화효소를 활성화한다. 그 뒤 인슐린 신호는 대사를 조절하는 대사조절신호와 세포증식을 제어하는 증식조절신호로 크게 구분되며, 전자는 IRS, 후자는 Shc라 불리는 어댑터 단백질(adaptor protein)을 통하여 전달된다. 대사조절로는 포도당의 유입증가, 글리코겐 합성, 지방산 합성, 단백질 합성 등을 조절한다.

Shc(src homology 2 domain-containing protein)라 불리는 어댑터 단백질(adaptor protein)을 통하여 전달된다.

포도당 항상성 : 인슐린은 식후에, 글루카곤은 공복 시에 그 분비가 일어난다. 섭취한 영양소를 체성분으로 축적하는 작용을 하는 인슐린은 포도당과 아미노산의 세포 내 유입을 촉진하고 글리코겐과 지방산 합성, 나아가 단백질 합성을 진행함으로써 혈당을 낮출 수 있다. 또한 인슐린은 세포증식 신호로서의 기능을 가지고 있어 핵산 등의 생합성을

〈표 4-4〉 포도당, 지방, 단백질 대사에 미치는 인슐린의 효과

| 영양소 | 조직 | 효과 |
|---|---|---|
| 포도당 | 근육 | 포도당 흡수를 촉진 |
| | | 글리코겐 합성 증가 |
| | | 지방산의 산화는 억제 |
| | 간 | 글리코겐 합성 증가 |
| | 지방조직 | 트리글리세리드 합성에 사용하도록 포도당을 글리세리드로 전환하는 것을 촉진함 |
| 지방산 | 지방조직 | 호르몬-민감성 리파제를 억제함으로써 지방산 방출을 억제함 |
| | 간 | 글리코겐 합성이 최고조에 도달한 후에 지방산 합성과 트리글리세리드 형성을 촉진하고 이를 혈액으로 방출하며 이들을 지방조직에 저장하도록 함 |
| 단백질 | 근육과 간 | 아미노산 수송을 촉진함<br>리보솜 활성을 증가시킴<br>단백질의 이화작용을 억제 |
| | 간 | 포도당신합성을 억제함으로써 아미노산을 아껴둠 |

유도하고 세포분열을 일으킬 수 있으며 이러한 다양한 작용의 결과로 혈당은 감소한다. 한편 글루카곤은 공복 시 저장 에너지를 분해하여 각 조직에 공급하는 역할을 한다. 주로 간과 지방조직에 작용하여 간에서는 글리코겐 분해와 포도당신합성(gluconeogenesis)을 일으키고, 지방조직에서는 중성 지방을 분해하여 에너지원을 포도당에서 지방산으로 전환시킨다. 이와 같이 혈액에 작용하는 인슐린 / 글루카곤 활성비율이 혈당 수준을 결정하는 큰 요인이 된다.

## (8) 송과선은 생물학적 주기를 조절한다

포유동물의 송과선(pineal gland)은 멜라토닌(melatonin)이라는 펩티드호르몬을 분비하는데 이 호르몬은 하루의 생체리듬을 관장한다. 멜라토닌 분비는 하나의 억제경로에 의해 조절되는데 눈에 빛이 들어오면 멜라토닌 분비를 억제하는 신호가 발생한다. 따라서 이 호르몬은 어둠이 지속되는 기간에 가장 활발히 분비된다. 멜라토닌의 표적조직은 하루 주기로 신체의 활동성을 조절하는 생체시계 역할을 담당하는 '시교차상핵'이라는 시상하부의 한 부분이다. 밤에 분비되는 멜라토닌은 아마도 생물학적 시계를 하루 주기의 낮과 밤에 동조화시키는 역할을 하는 것으로 추정된다. 시차 때문에 겪는 육체적, 정신적 불쾌감은 아마도 멜라토닌이 분비되어 여행객의 생물학적 시계를 여행지의 시간대로 새로 맞추기까지 걸리는 시간을 반영할 가능성이 높다.

## 2절. 노화에 따른 내분비계의 변화

노화에 따라 근력의 약화, 뼈 밀도의 감소, 시력 감퇴 등의 여러 복합적 증상이 나타나게 되는데, 호르몬 분비에 있어서의 가장 큰 특징은 성호르몬(테스토스테론, 에스트로겐 등)의 분비가 감소한다는 점이다. 생체리듬을 조절기능을 하는 멜라토닌(송과선에서 분비)도 감소한다. 반면, 스트레스 호르몬이라 일컫는 코티졸(cortisol)의 분비는 증가한다(부신피질). 부신은 콩팥 위에 붙어 있는데, 이곳에서는 성호르몬의 원료인 디하이드로 에피안드로스테론(DHEA)이라는 스테로이드 호르몬도 만들어지며 노화할수록 DHEA 분비는 감소한다. 비타민 D는 음식을 통해서나 햇빛의 자외선에 의하여 피부에서 합성되는데 노화할수록 체내의 비타민 D 수준은 감소한다.

〈표 4-5〉 노화에 따른 호르몬 분비의 변화

| 내분비기관 | | 호르몬 이름 | 기능 | 변화 | 초래하는 증상 |
|---|---|---|---|---|---|
| 뇌하수체 | | 성장호르몬 | 대사기능 향상<br>체지방 감소 | 감소 | 대사기능 감소<br>내장지방 축적 |
| 송과선 | | 멜라토닌 | 생체리듬 조절<br>면역 강화 | 감소 | 불면증<br>면역력 약화 |
| 갑상선 | | 칼시토닌 | 뼈의 파괴 방지 | 감소 | 골다공증 |
| 피부, 신장 | | 활성형비타민 D | 칼슘흡수 촉진<br>면역 강화 | 감소 | 골다공증 |
| 부갑상선 | | 부갑상선호르몬 | 뼈에서 칼슘 방출 | 증가 | 골다공증 |
| 흉선 | | 흉선호르몬 | 면역기능 강화 | 감소 | 면역노화 |
| 부신 | | 코티졸 | 스트레스 호르몬 | 증가 | 과도하면 신경세<br>포사멸 |
| | | DHEA | 성호르몬의 원료 | 감소 | 성호르몬 결핍 |
| 이자 | | 인슐린 | 당대사 | 감소 | 당뇨병 |
| 생식소 | 정소 | 테스토스테론 | 남성기능 강화 | 감소 | 성기능 감소 |
| | 난소 | 에스트로겐 | 생식<br>여성 이차성징 발현 | 감소 | 골다공증 |

호르몬이 정보를 정확하게 전달해 주어야 신체 조직이 제대로 돌아간다. 호르몬이 균형을 잃으면 신체의 균형이 깨지게 된다. 그래서 '노화의 호르몬 이론(hormone theory of aging)'이 나오게 되었다. 특히 인슐린 과다생산은 노화촉진과 깊은 관련이 있다. 인간의 신체에는 나이가 들어가면서 늘어나는 것이 있다. 즉, 인슐린 내성, 심장 수축 시의 혈압, 지방조직의 비중 등이다. 반면에 나이가 들수록 낮아지는 것은 신체의 산소 소비능력, 근육의 양, 근력, 체온조절 능력, 면역기능 등이다.

사람들이 노화함에 따라 호르몬 분비능력의 퇴화가 일어나며 인체의 기능이 떨어지게 된다. 일부 학자들은 노화가 성장호르몬(growth hormone, GH), 인슐린유사성장인자(insulin-like growth factor, IGF-I) 등과 같은 여러 성장인자의 합성 및 분비의 감소에 의한 진행적

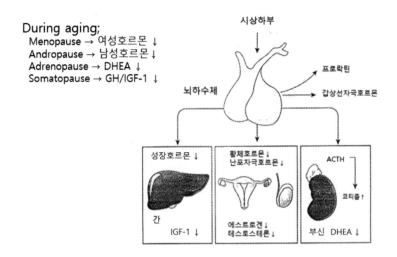

**그림 4-4. 노화와 내분비계**

노화하면서 여성에게는 여성호르몬 부족(menopause)으로 폐경이 오고, 남자에서도 남성호르몬 생성이 줄어들어 andropause(남성호르몬 부족)이 나타나며, DHEA 감소와 같은 부신피질호르몬 부족(adrenopause)이 나타난다. 노화하면서 성장호르몬(GH)과 인슐린유사성장인자-1(IGF-1)도 줄어들어 somatopause(성장인자 부족)이 초래된다. 반면 부신피질에서 만들어지는 스트레스 호르몬인 코티졸의 혈중 농도는 증가한다

과정으로 간주하고, 노화를 성장호르몬 결핍증으로 설명하려는 시도를 해왔다. 이러한 가정은 뇌하수체의 성장호르몬 분비와 혈중 IGF-I의 농도가 연령의 증가와 함께 감소하며, 이러한 감소가 노화가 일어나면서 나타나는 피부의 얇아짐(주름), 지방조직 과다(비만), 인슐린 저항성의 증가(당뇨병 경향), 췌장 베타세포의 기능저하, 근육량의 감소, 골밀도 감소, 정맥 혈류량의 감소, 콜레스테롤 농도의 증가 등 체형 및 기능의 변화와 유사하다는 데 근거를 두고 있다.

## 1) 성장호르몬과 노화

성장호르몬은 뇌하수체 전엽에서 분비되는 191개 아미노산으로 구성된 펩티드 호르몬이다. 성장호르몬의 분비는 밤에 깊이 잠들 때 왕성하게 일어나는데 성장기에 있는 어린이의 경우는 하루에 9회 정도 성장호르몬의 분출이 맥박 치듯이 분비된다. 뇌하수체에서

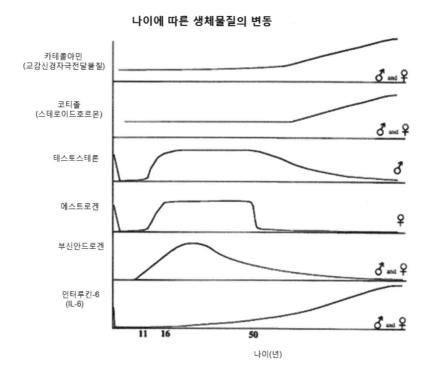

**그림 4-5. 나이에 따른 생체물질의 변동.**

나이가 들면서 감소하는 물질에는 테스토스테론, 에스트로겐, 부신 안드로겐 등이 있으며, 교감신경자극전달물질, 코티졸 등은 나이가 들면서 증가한다. 염증성 사이토카인인 IL-6는 노화하면서 증가한다.

성장호르몬이 혈액으로 방출되면 간에서 인슐린유사성장인자(IGF-I) 또는 소마토메딘 C(somatomedin C) 생성을 자극함으로써 몸 전체의 모든 조직에서 대사와 성장을 활성화시키는 효과가 있다. 성장호르몬은 근육량의 증가, 지질 분해, 골밀도 강화, 단백질 합성 증가 등의 역할을 수행한다. 또한 세포 간의 아미노산을 이동시키고 세포로 하여금 아미노산을 합성하는 데 도움을 주어 세포를 복구시키고 재생시키는 역할을 수행할 수 있다. 성장호르몬은 사춘기 전후하여 가장 높은 수치를 기록하며 20대 이후로 10년 마다 14% 정도씩 감소하여 50~60대가 되면 최대로 분비될 때에 비하여 20% 정도밖에 분비되지 않는다. 나이가 들면서 지방을 제외한 체중 및 근육의 용적이 감소하고, 지방은 증가하는 것, 면역기능의 감소는 성장호르몬과 IGF-1의 자연적인 감소와 상관관계가 있어 GH/IGF-1 axis가 원인되는 결정인자(causative determinant)로서 예상되기도 한다.

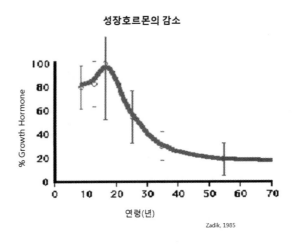

성장호르몬의 감소

그림 4-6. 성장호르몬

성장호르몬은 10대 후반 최대로 분비되고 그 뒤로 서서히 감소하여 60대에는 최대분비량의 20% 정도만 나오게 된다.

성장호르몬이 감소하면서 근육의 소실이 촉진되고 내장지방은 복부에 축적되게 된다. 내장비만은 복부비만의 타입에 따라 분포가 달라지는데 주로 남성에게는 윗배와 아랫배가 모두 나와 둥그스름하게 연결된 남산형 비만과 윗배 볼록형이 많으며, 여성에게는 변비로 잘 생기는 아랫배 볼록형과 나잇살로 인한 옆구리 비짐형이 많이 나타난다.

나이가 들어감에 따라 성장호르몬 농도가 낮아지면서 같은 양의 고단백 식품을 먹더라도 신체가 단백질을 효율적으로 사용하는 방법을 모르기 때문에 근육을 강화하는 데 사용되기 보다는 지방의 침착이 늘어난다. 또한 노화에 따른 생리적 기능 감소와 단백질 합성의 감소, 면역기능의 감소, 지방량의 증가, 근육량과 근육강도의 감소, 골밀도의 감소를 나타내며, 이것은 삶의 질의 저하로 연결된다. 이와 같은 노화현상에 대하여 성장호르몬 대체요법(growth hormone replacement therapy)으로 이러한 부분이 반전될 가능성도 있으나 아직 논쟁의 대상이 되는 부분도 남아 있다. 인간이 아닌 설치류의 경우, 실험결과는 성장호르몬 요법(growth hormone therapy)에 대한 부정적 견해를 제공할 수 있다. 설치류에서는 성장호르몬(GH) 농도가 높으면 수명의 단축과 노화의 촉진을 가져올 수 있다는 보고가 있다.

나이와 연관된 지방 분포의 변화

20 year old
(young)

50 year old
(middle age)

>70 year old
(old age)

Cartwright, 2007

**그림 4-7. 나이와 연관된 지방 분포의 변화**

지방량(fat mass)은 중년 및 초기 노년기에 정점에 이르며 그 이후 감소한다. 노화가 일어나면서 피하지방(subcutaneous fat)은 점점 없어지고, 내장지방(visceral fat)과 정규 장소 이외의(ectopic) 지방 축적은 늘어나게 된다. 'open circle(○)'은 피하지방을, 'filled circle(●)'은 내장지방을, 타원형은 지방조직(adipose tissue)이 아닌 곳에 나타나는 지방을 표시한다. 중년(middle age)과 노년(old age)에는 내장 사이에 지방이 끼는 내장비만이 발생한다. 내장 사이의 지방세포는 분해되어 혈액을 타고 흐르기 때문에 혈중 콜레스테롤 수치를 높이는 주범이 된다. 이런 사람은 고혈압, 당뇨병, 고지혈증 등 각종 성인병에 걸릴 위험이 높고 장년 노년층에 접어들며 심혈관질환으로 돌연사할 우려도 있다.


## 2) 인슐린유사성장인자와 노화

인슐린유사성장인자(insulin-like growth factor, IGF-I)는 세포성장의 가장 중요한 자극제 (stimulant) 중의 하나이며 아미노산 서열이나 구조, 그리고 생물학적 기능에 있어서 인슐린을 많이 닮은 폴리펩티드이다. IGF-I은 'paracrine(측분비)' 조절뿐만 아니라 국소 성장요소로서 여러 기관과 조직들에서 발현되고 있으며, 순환되는 IGF-1의 주요 공급처인 간(liver) 조직에서 50~100배나 더 발현이 일어나므로 성장을 조절하는 내분비(endocrine) 조절자로 서의 역할도 한다. IGF-1은 국소적으로 작용하는 조직의 성장 및 분화의 촉진제로서 포유동물의 발육과 성장에서 중요한 역할을 하며 성장호르몬(GH)의 여러 가지 성장촉진 작용을 매개한다. IGF의 주된 기능은 성장을 조절하고 성체 몸 크기의 결정에 중요한 역할을한다. 또한 상처 치유(wound healing), 적혈구생성 및 연골과 뼈의 재구성(remodeling)과 같은 재생과정에도 관여하는 것으로 알려져 있다. 유전자 knockout 연구를 통하여 IGFs가 중요한 태아의 성장요소들임이 밝혀졌고 특히 IGF-1은 중추신경계와 말초신경계의 조직에서도 다양한 기능을 나타내는 다면발현성(pleiotropic)의 조절자로서 관심의 대상이 되고 있다.

실험쥐의 경우와 유사하게 인슐린/IGF-1 신호전달이 인간의 수명에 관여할 가능성에 대하여 증거들이 알려지기 시작했다. 인간에 있어서 인슐린 민감도(insulin sensitivity)는 나이가 들면서 감소가 나타나며, 인슐린 저항성은 동맥경화, 비만, 고혈압 등에 커다란 위험 요소로서 역할을 한다. 최근의 100세 노인에 대한 연구 가운데 발견된 흥미 있는 사실은 장수하는 100세 노인의 경우 인슐린 민감도는 더 높으며, 혈장에서 IGF-1의 농도는 더 낮다는 사실이 밝혀졌다. 이러한 사실은 장수하기 위한 조건으로 효율적인 인슐린 민감도(insulin sensitivity)가 필요한 조건의 하나로 보인다.

IGF-1은 세포대사를 증가시켜 많은 조직들의 기능을 향상시키고, 특히 포도당 항상성에 참여하는 유력한 신진대사 호르몬이다. 더구나 성장호르몬과 IGF-1 처방이 일부 조직에서의 노화를 거스르는 효과를 나타낸 것은, 앞에서 언급했던 낮은 혈장 IGF-1 농도가 장수와 관련이 있다고 한 것과는 서로 상치되는 의미를 내포한다. 사실상 일생을 두고 높은 수준의 IGF-1 수준을 유지한다는 것은 세포분열과 대사에 있어서 유해한 효과를 유도하고 신체의 불건전한 변화를 초래할 가능성이 있다. 특히 세포의 복제에 관하여 IGF-1의 강력한 효과로 인하여 암 발생의 가능성과도 연관될 수 있다. 오랜 수명을 가진 개체에서 혈중의 낮은 IGF-1의 수준은, 관련 조직에서 세포분열 자극을 최소화하여 나이와 연관된 질병 발생을 억제하는 효과를 갖는 것으로 생각된다. 유전자 가운데는 인생의 전반부에는 매우 유용했으나 인생의 후반부에서는 해로운 역할을 하는, 그와 같은 부류의 유전자도 존재하는 것이다. IGF-1도 인생의 전반부에서는 강력한 힘의 원천으로 생존경쟁에서 우위를 차지할 수 있는 방편을 제공할 수 있으나 인생의 후반부에서는 질병 발생의 증가에 기여할 가능성을 내포한다.


### 3) 인슐린과 노화

포도당은 항상 혈중에 존재하지만 고정되어 있는 상태는 아니다. 포도당 분자는 계속적으로 혈액에서 제거되고 보충이 일어나며, 그 결과 정상적으로 90~120mg/dL 정도의 범위에서 일정하게 유지된다. 실제로 혈액 속에 존재하는 에너지 기질 가운데 포도당의 농도가 가장 일정하다. 그 이유는 세포외 포도당 농도에 의하여 포도당 이용률이 조절되는 조직에 일정한 에너지원 공급이 필요하기 때문이다. 예로써 뇌에서 포도당 이용률은 다양한 혈중 포도당 농도에도 불구하고 비교적 일정하다. 포도당은 다음과 같은 세 가지 경로를 통하여 혈액으로 공급될 수 있다. 첫째는 장에서 흡수되는 포도당이 바로 사용될 수 있고, 둘째로 간에서 글리코겐으로부터 포도당이 만들어져 공급될 수 있으며, 셋째로 간에서 단백질이나 지방으로부터 전환된 포도당을 통하여 공급될 수 있다. 이러한 경로의 상대적 중요성은 영양 상태에 따라 차이가 난다. 포도당은 세포 내부로 흡수가 일어남으로써 혈중 포도당 농도는 낮아진다. 정상의 경우에 포도당은 소변으로 거의 빠져나가지 않는다. 포도당은 신장 사구체에서 여과가 일어나지만 근위세뇨관에서 거의 대부분 재흡수가 일어나기 때문이다. 혈중 포도당 농도의 항상성은 당 대사의 조절에 의하여 일어난다. 이러한 조절에 인슐린의 역할이 가장 크다. 인슐린의 농도가 식후에 다양하게 변하는 것과는 대조적으로 혈액에서 포도당의 농도는 상대적으로 일정하게 유지될 수 있다. 이것은 음성되먹임 조절에 의해서 가능하다. 이러한 예로 온도가 일정하게 유지되는 항온수조(water bath)를 들 수 있다. 온도조절기의 조절에 의하여 가열기(heater)가 주기적으로 작동을 하지만 물의 온도는 크게 변동되지 않는 것과 유사하다. 각 조직에서 당 대사조절과 혈당의 항상성 유지에 중심적인 역할을 담당하는 것은 인슐린(insulin)과 글루카곤(glucagon)이며 두 호르몬이 서로 길항적인 작용을 함으로써 일정한 농도 유지가 일어날 수 있다.

인슐린저항성 : 인슐린 저항성이란 인슐린의 기능이 떨어져 세포가 포도당을 효과적으로 연소하지 못하는 것을 말한다. 비만은 인슐린 저항성을 촉진한다. 인슐린 저항성이 심해 혈당이 올라가면 인체는 혈당을 낮추기 위해 더 많은 인슐린을 만들어내고 이와 같은 악순환을 반복하지만 결국 인슐린 분비가 혈당을 낮추지 못한다. 인슐린 저항성이 왜 초래되는지에 대해서는 아직 명확하지 않다. 일부 유전적 요인도 관여한다고 알려진다. 그런데 인슐린 저항성은 복부 내장비만, 운동부족, 스트레스 등에 뿌리를 두고 자란다는 것에는 논란의 여지가 없다. 비만과 노화 등이 인슐린 조절에 이상이 생기는데 관여하고,

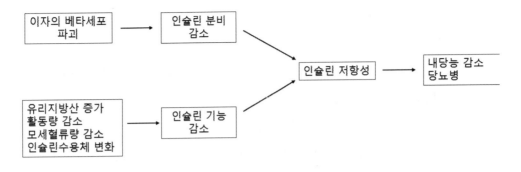

그림 4-8. 노인에서 당뇨병의 발생 과정

고혈당 식사와 운동부족이 이것을 증폭시키는 형국이다. 이 때문에 비만 인구가 늘어나면서 대사증후군도 덩달아 늘어나고 있다. 현재 우리나라는 성인 5명 당 1명 이상이 대사증후군인 상태이다. 미국의 의사협회지(JAMA)에 따르면 이전에 심혈관질환, 암, 당뇨 등이 없던 1209명을 추적 조사한 결과, 대사증후군이 있는 사람이 없는 사람에 비해 심장병을 일으키는 관상동맥질환 위험도가 3.8배, 심혈관 질환으로 인해 사망할 위험도 3.6배 증가하는 것으로 조사되었다. 인슐린 저항성을 줄이려면 인슐린 부담이 적은 '저혈당지수' 음식을 먹으면서 비만을 줄이고 꾸준히 운동을 병행하는 것이 추천된다.

　당뇨병 : 당뇨병은 크게 인슐린의존성 당뇨병(제1형, type 1 diabetes)과 인슐린비의존성 당뇨병(제2형, type 2 diabetes)의 2가지 형태로 나눌 수 있다. 인슐린－의존성 당뇨병(제1형)은 소아나 청소년기에 발병하며 비만하지 않으며, 인슐린 분비가 거의 없어 인슐린을 통한 치료를 하지 않으면 케톤산증(ketoacidosis) 등으로 사망할 수 있다. 인슐린－비의존성 당뇨병(제2형)은 인슐린－의존성 당뇨병보다 훨씬 더 흔하고 40대 이후에 주로 발생하며 대개 과체중 또는 비만인 사람에서 나타난다. 인슐린－의존성 당뇨병(1형)은 자가면역기전 또는 어떤 이유를 모르는 원인에 의하여 이자의 인슐린 분비세포가 파괴되어 인슐린을 만들지 못하는 경우를 포함한다. 인슐린－비의존성 당뇨병(2형)의 경우는 인슐린이 절대적으로 부족하다기 보다는 비교적 정상의 인슐린 농도에서 정상 효과를 나타내지 못하는 상태 즉 '인슐린－저항성(insulin resistance)'에 의해 발생한다. 즉 통상적인 인슐린의 양으로

는 인슐린 작용이 충분히 발휘되지 못하는 상태이다. 인슐린−비의존성 당뇨병 발생에 대한 다음과 같은 가설이 있다. 사람이 비만해지면 조직은 인슐린 작용에 대한 저항성을 가지게 된다. 그 결과 초기에는 매우 적지만 혈액 내 포도당의 농도가 증가하게 되며, 그 결과 이자에서는 상당량의 인슐린을 더 분비하게 된다. 일부 사람의 경우에는 대량으로 인슐린을 분비하는 능력이 점차적으로 감소해 가면서 인슐린−저항성은 지속적으로 진행이 되기 때문에 당뇨병이 발생할 수 있다. 인슐린−비의존성 당뇨병(2형)의 경우 치료에 인슐린을 투여하는 것이 꼭 필요한 것은 아니다. 특히 발병 초기에 체중을 감량하여 유지하면 정상 혈당의 유지가 가능하며, 철저한 식이조절로도 치료될 수 있다.

당뇨합병증 : 당뇨병이 있어도 조절을 통하여 정상적인 사람처럼 오래 살 수 있다. 그러나 일부에서는 당뇨병성 합병증의 발생에 의하여 삶의 질 저하가 일어난다. 당뇨병성 망막병증(망막), 신병증(신사구체), 신경병증(신경덮개) 등의 당뇨병 합병증은 당뇨병의 2차적이고 장기적인 효과로 인하여 발생한다. 미세혈관, 신경과 신장의 병변은 혈관을 감싸는 구조물인 기저막의 변화와 관련될 수 있다. 당뇨병에서 기저막이 두꺼워지면서 막 투과성이 제한될 수 있다. 당뇨병에서 나타나는 이러한 변화를 설명할 수 있는 생화학적 기전 중의 하나는 단백질의 비효소적 당화(non-enzymatic glycation)를 들 수 있다. 단백질의 비효소적 당화작용이 단백질의 기능을 변화시키는 기작은 아직은 확실치 않지만 콜라겐의 구조 변화를 비롯하여 많은 단백질이 영향을 받게 된다. 당화작용(glycation)은 비효소적(nonenzymatic) 과정이며, 진행은 주로 혈중 포도당 농도에 의존적으로 일어난다. 이러한 과정은 수년 또는 수십 년에 걸쳐서 발생하게 되며, 수년간 증가한 혈중 포도당 농도가 조직의 변성에 영향을 줄 것으로 추측된다.

## 4) 칼슘대사와 노화

우리 몸의 뼈는 세 가지 중요한 기능을 한다. 첫째 우리 몸을 지지하고 힘을 준다. 둘째 혈구를 만드는 장소이다. 셋째 칼슘을 저장하고 혈액의 칼슘농도 조절에 관여한다. 칼슘은 우리 몸에서 가장 풍부한 무기질(mineral)인데 인과 작용하여 뼈와 치아를 구성하는 인산칼슘(calcium phosphate)을 형성한다. 체내 칼슘의 99%는 뼈를 구성하고 있다. 그 나머지는 혈액의 칼슘성분이 차지하는데, 혈장의 칼슘성분은 근육과 신경의 작용에 필수적이다. 혈장의 칼슘농도는 9~10mg/dL의 좁은 범위에서 조절되고 있다. 이러한 조절에는 갑상선과 부갑상선의 역할이 중요하다. 혈액속의 칼슘의 농도가 11~12mg/dL 이상으로 증가하면 갑상선은 칼시토닌(calcitonin)을 분비한다. 칼시토닌의 역할을 부갑상선호르몬(PTH)과 반대작용을 하는데, 뼈로부터 칼슘이 방출되는 것을 저해한다.

호르몬은 성인의 골조직이 끊임없이 분해되고 새롭게 합성이 일어나는 과정인 'bone remodeling(뼈 재구성)' 과정을 조절한다. 뼈는 해면골과 치밀골 두 종류로 구성된다. 해면골

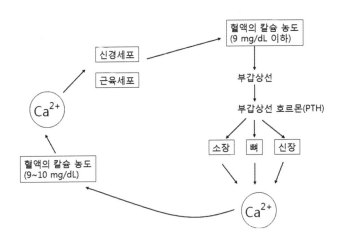

**그림 4-9. 부갑상선 호르몬에 의한 혈액 칼슘농도의 조절**

혈액의 칼슘농도가 9 mg/dL 이하로 떨어지면 부갑상선은 부갑상선호르몬(PTH)를 방출한다. PTH는 뼈를 분해하여 혈액 속으로 칼슘을 공급한다. 또 PTH는 콩팥에서 칼슘의 재흡수를 촉진하고 소장에서 칼슘의 흡수를 돕는다. 혈액 속의 칼슘은 근육의 수축이나 신경세포의 작용에 필요한 칼슘을 공급한다.

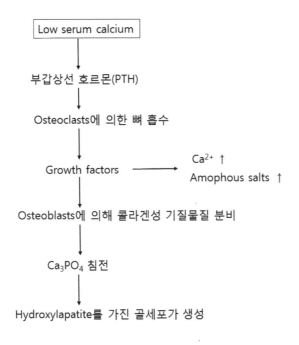

그림 4-10. 뼈의 remodeling 과정

은 많은 혈관들을 가지는데, 뼈와 혈관이 접촉할 수 있는 충분한 큰 표면적을 제공한다. 그래서 칼슘은 치밀골보다 해면골에서 쉽게 뼈로 들어가거나 나올 수 있다. 재구성 (remodeling)에 관여하는 뼈 세포는 골아세포(osteoblasts)와 파골세포(osteoclasts)이다. PTH에 반응하여 파골세포는 콜라겐성 기질을 분해할 수 있는 분해성 효소를 분비한다. 이러한 작용을 통하여 뼈 속에 구멍이 만들어지게 된다. 새로운 뼈가 형성이 일어날 때는 대식세포가 TGF-β, PDGF, IGF-1, IGF-2 등의 성장인자를 방출하여 파골세포 활동을 중지시키고 전골아세포(preosteoblast)가 성숙한 osteoblast(골아세포)로 분화하도록 촉진한다. 성숙한 골아세포는 뼈 사이로 주로 콜라겐과 같은 기질 물질을 분비한다. 이들은 또 alkaline phosphatase를 분비하여 새로 형성된 기질 사이로 무정형의 인산칼슘염이 침전되도록 돕는다. 2~3개월 후 인산칼슘염이 hydroxyapatite 결정으로 전환이 일어나면 뼈의 재구성 작업은 종료하게 된다.

뼈의 재구성은 일생동안 끊임없이 일어나는 과정으로서 몇 가지 호르몬과 성장인자에 의하여 조절된다.

〈표 4-6〉 뼈 무기질화에 작용하는 호르몬의 효과

| 호르몬 | 영향받는 뼈세포 | 뼈에 나타나는 효과 | 노화하면서 증가 또는 감소 여부 |
|---|---|---|---|
| PTH | 파골세포 | 무기질 흡수증가 | 유지 |
| 에스트로겐 | 골아세포(조골세포) | 무기질 축적 증가 | 폐경 후 감소 |
| | 파골세포 | 무기질 흡수 감소 | |
| 테스토스테론 | 골아세포 | 무기질 축적 증가 | 골밀도 정점 도달 후 감소 |
| 인슐린/IGF-1 | 골아세포 | 무기질 축적 증가 | 사춘기 이후 감소 |
| 성장호르몬 | 골아세포 | 무기질 축적 증가 | 사춘기 이후 감소 |
| 칼시토닌 | 골아세포 | 무기질 축적 증가 | 불변 |
| 갑상선호르몬 | 골아세포 | 무기질 축적 증가 | 50~60대 이후 감소 |

사춘기 이전에 뼈 성장에 도움을 주는 호르몬에는 성장호르몬, 인슐린, IGF-1, 칼시토닌 (비타민 $D_3$)이 있다. 테스토스테론과 에스트로겐은 남자와 여자의 사춘기에 뼈의 성장을 돕는다. 여성의 경우 더 높은 농도의 테스토스테론 농도를 갖는 여성이 사춘기 이후 더 높은 골밀도까지 도달한다. 에스트로겐은 두 가지 방법으로 뼈 성장을 돕는다. 첫째는 골아세포의 작용을 촉진하여 무기질 축적을 증가시키고, 둘째로 파골세포의 뼈 분해 작용을 억제함으로써 뼈가 튼튼하게 유지되도록 해준다.

## 5) 코티졸과 노화

우리 몸은 스트레스를 느끼게 되면 스트레스 호르몬을 분비하여 에너지원인 혈당을 증가시키고 심장박동을 늘려 혈액 공급을 증가시키며 혈압을 상승시킨다. 이러한 변화는 우리 몸이 스트레스 상황 가운데서 스트레스와 싸우거나 또는 도망가기(fight or flight)위해 필요한 상태를 만드는 하나의 적응과정이다. 우리 몸이 스트레스를 느끼는 상황에서는 두려움, 분노, 좌절, 우울함 등의 정서적인 변화를 수반할 수 있고, 신체적으로는 어지러운 증상, 심장이 뛰는 증상, 두통, 소화가 잘 되지 않는 것이나 위에서 무엇이 얹힌 느낌을 동반할 수 있다. 스트레스에 의한 과도한 반응으로 행동의 변화도 나타날 수 있는데, 그것은 행동이 위축되고, 안절부절못하고, 여유를 상실하는 것 등과 같은 행동이 나타날 수 있다. 이러한 상황에서 세포는 에너지를 많이 소모할 수밖에 없으며 그 결과로 활성산소는 더 많이 발생한다. 스트레스는 호르몬분비 외에 자율신경계에도 영향을 미친다. 내장의 운동은 우리가 의식적으로 신경을 쓰지 않더라도 저절로 유지되는데, 이것은 자율신경계에 길항작용을 하는 교감신경계와 부교감신경계가 있어서 서로 간의 균형을 맞춰주기 때문이다. 스트레스 상황에서는 우리 몸을 긴장하게 만드는 교감신경이 우세하게 작용한다. 나이가 많아질수록 스트레스를 초래하는 상황은 일반적으로 더 많이 발생하게 되고 이것은 부신의 스트레스 호르몬을 더욱 증가시키며 교감신경을 자극하게 된다. 단기간의 스트레스는 우리 몸의 효율을 증진시키는 좋은 점도 있지만, 장기간 해결되지 않는 만성 스트레스는 내분비계, 자율신경계, 면역능력을 약화시키고 항상성을 깨트리며 신경세포를 죽이기까지도 한다.

스트레스호르몬으로 알려진 코티졸은 노화하면서 증가한다. 현대인에 있어서 스트레스는 결코 피할 수 없는 정신적 과정이다. '긴장하라'는 메시지를 받으면 시상하부(hypothalmus)와 뇌하수체(pituitary), 그리고 부신(adrenal)으로 연결되는 HPA축(axis)의 활성화가 일어난다. 시상하부-뇌하수체-부신(HPA)축은 굉장히 민감한 생리학적 시스템으로 스트레스에 의해서 활성화되어 스트레스에 대한 몸의 변화를 조절한다. 스트레스 반응은 부신 호르몬인 코티졸을 과잉 분비시키기 때문에 뇌에 해롭다. 스트레스 반응은 놀라운 기작이지만 단기적 문제를 해결하기 위한 것이다. 갑자기 다가오는 차를 피한다든지, 위기 상황에서 초인적인 힘을 발휘하도록 해준다. 그러나 이러한 스트레스 반응이 오랜 기간 지속이 되며 반복적으로 일어날 경우는 뇌에 재앙으로 다가올 수 있다. 현재 세대는 과거 세대보다 신경학적 스트레스 요인이 확실히 더 많다. 오늘날에는 신체적 반응을 필요로 하는 위협보다는 심리적인 요인에 의한 것이 훨씬 많다. 그 중에 하나는 과도한 정보증후군, 즉 날마다 뇌로 들어오는 정보의 홍수이다. 이와 더불어 기술에서 비롯되는 피곤함도

이젠 절정에 달했다. 전화, 휴대폰, 텔레비전과 일상적인 소음 때문에 단 10분간도 고요하게 앉아 있기 힘든 세상이 되었다. 오늘날의 세상은 이전 세상에 비하여 확실히 기술적으로 편리해진 것은 사실이지만 뇌와 신경계에 가해지는 영향 면에서 본다면 훨씬 더 스트레스는 많아졌다. 현대의 스트레스는 산업사회의 복잡성으로 매일 지속되어 만성적으로 되는 경향이 있다. 이와 같은 만성적인 스트레스는 만성적으로 높은 코티졸 수치를 유지시킨다.

HPA축 : HPA 축은 스트레스에 의해서 활성화되며, 활성화되었을 때 부신피질자극호르몬(ACTH)과 글루코코르티코이드를 분비하게 한다. HPA축은 내분비계(endocrine system)와 신경계(nervous system)의 연결부위라고 말할 수 있는 시상하부(hypothalamus)에 의하여 조절된다. 생체시계라 할 수 있는 시상하부의 시교차상핵(suprachiasmatic nucleus)으로부터 오는 일주기적 신호는 시상하부 실방핵(PVN)을 활성화시킴으로써 호르몬 방출인자(releasing factor)를 분비한다. 이런 호르몬 방출인자들은 뇌하수체(pituitary) 전엽으로 하여금 몇 가지 호르몬들을 생성하고 분비하게 한다. 부신피질자극호르몬(ACTH), 갑상선자극호르몬(TSH), 황체호르몬(LH), 여포자극호르몬(FSH), 성장호르몬(GH) 등이 이런 호르몬들에 해당한다. 이런 호르몬 중에서도 부신피질자극호르몬(ACTH)은 부신피질에 작용하는 호르몬으로서 HPA축의 중요한 호르몬 가운데 하나이다. 부신피질자극호르몬의 자극에 의해 부신피질은 가장 보편적인 스트레스 호르몬인 코티졸을 포함한 여러 스트레스 호르몬들을 분비한다. 코티졸의 분비는 뇌하수체 분비선, 그리고 시상하부와 해마에 대한 음성되먹임(negative feedback)에 의해 조절된다. 음성되먹임의 순효과(net effect)는 시상하부와 뇌하수체에서 CRH와 ACTH 분비가 모두 감소되는 것이다. 결국 그림 4-11과 같은 하나의 순환과 정회로가 완성된다. 노화하면서 이러한 균형이 깨져 글루코코르티코이드가 계속 만들어진다. 코티졸은 HPA축의 마지막 단계인 부신피질에서 합성되는 글루코코르티코이드 호르몬 중 하나로 부신피질자극호르몬(ACTH)에 의해서 분비가 유도된다. 따라서 앞에서 언급되었던 HPA 축의 연쇄적인 진행에 따라 코티졸의 분비는 스트레스에 의한다고 볼 수 있다. 여러 연구 결과들 또한 코티졸이 스트레스와 매우 큰 관련성을 가지고 있음을 제시한다. 예를 들어, 교통사고로 인하여 병원에 후송된 환자들과 건강한 정상인의 혈중

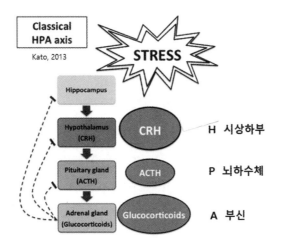

**그림 4-11. 스트레스에 의한 HPA axis의 활성화.**

HPA axis의 활성은 다른 뇌의 영역에서부터 시상하부(hypothalamus)의 PVN(실방핵)으로 자극이 집중될 때 이루어지며 스트레스에 대한 반응으로 시상하부는 CRH를 분비한다. 시상하부에서 분비된 CRH는 뇌하수체에서 ACTH의 분비를 유도한다. ACTH는 HPA axis의 종점인 부신피질(adrenal cortex)에서 글루코코르티코이드계 호르몬(생쥐의 경우 코르티코스테론, 인간의 경우는 코티졸)의 분비를 유도한다. 이런 스트레스에 대한 반응과정은 매우 민감한 성질을 가지고 있어서 지속적이고 과도한 스트레스에 노출되면 HPA axis 평형이 붕괴되어 음성피드백이 제대로 기능하지 않으며 그 결과 글루코코르티코이드의 분비가 억제되지 않고 지속적으로 증가한다.

코티졸 농도를 조사하여 비교해본 결과, 교통사고군의 12시간이 지난 후의 혈중 코티졸의 농도가 대조군에 비해서 통계적으로 의미 있는 차이를 보였음을 볼 수 있었다. 즉, 스트레스가 코티졸의 농도를 증가시킨다는 것을 말해준다고 할 수 있다. 코티졸은 또한 다른 여러 스트레스 호르몬과는 달리 자극에 더 선택적으로 반응하며, 신체적 스트레스와 불안과 같은 비교적 급성 스트레스뿐만 아니라, 걱정, 우울, 통제력 결여 등의 정신적인 만성 스트레스 상황도 잘 반영한다.

코티졸과 뇌기능 : 코티졸은 부신 피질 호르몬으로 스트레스에 반응하여 분비된다. 적당량이면 유익한 영향을 미치지만 만성적으로 그리고 계속적인 스트레스의 결과로 과잉분비가 일어나면 강한 독성으로 인해 뇌세포를 파괴하게 된다. 젊을 때는 스트레스 호르몬이 나왔다가 다시 기본 수준으로 떨어지는 데는 짧은 시간이 소요되었지만 나이가 들면 스트레스 호르몬이 기본 수준(basal level)으로 떨어지는 데 더 오랜 시간이 필요하다. 뇌가

만성적으로 코티졸 독성에 노출되는 것이 뇌 퇴화의 주요 원인으로 생각되고 있다. 수십 년에 걸쳐 과도하게 분비되는 코티졸이 뇌의 생화학적 통합성을 파괴하며 알츠하이머병과 같은 퇴행성 뇌 질환의 원인이 될 수 있다는 것이다. 뇌세포가 파괴되고 있는 같은 기간에도 과도하게 분비된 코티졸은 뇌의 기능을 점진적으로 떨어뜨린다. 코티졸은 뇌의 유일한 원료인 포도당을 빼앗아가고, 뇌세포 간 화학적 전달기능을 담당하는 신경전달물질을 파괴한다. 이렇게 신경전달물질의 작용이 방해를 받고 포도당 부족으로 뇌 연료 공급이 떨어지면 집중과 기억이 힘들어진다. 결국 코티졸의 과잉분비는 신체, 뇌 신경계를 망가뜨리고 호르몬의 균형을 깨뜨려 뇌와 신경계의 기능을 퇴화시킨다. 스트레스가 뇌 기능을 파괴하는 데는 세 가지 기본적인 방식이 있다. 먼저 스트레스 상황에서 코티졸이 분비되면 뇌의 주요 기억센터인 해마가 혈당을 사용하는 것을 방해한다. 해마에 혈당이 충분치 못하면 에너지가 모자라게 되고 기억을 할 방법이 없게 된다. 둘째로 과잉 분비된 코티졸이 뇌의 신경전달물질의 기능을 방해한다. 그 결과로 과거에 어떤 기억이 저장되었더라도 그 기억에 접근할 수 있는 방법이 없게 된다. 세 번째로 과도하게 분비된 코티졸이 뇌세포를 파괴하는 것이다. 이것은 코티졸이 정상적인 뇌세포 대사를 방해하여 과도한 양의 칼슘이 뇌세포로 들어가도록 하기 때문이다. 과도한 양의 칼슘은 결국 뇌세포를 내부로부터 파괴하는 자유기(free radical)라는 분자를 만들어 낸다. 이런 방식으로 오랜 시간이 경과하면 코티졸이 수십억 개의 뇌세포를 파괴하게 된다.

## 6) DHEA와 노화

DHEA는 남녀의 부신에서 생산되는 성호르몬의 일종으로서 남성호르몬인 테스토스테론과 마찬가지로 20대에서 많이 분비되다가 나이가 들면서 줄어든다.

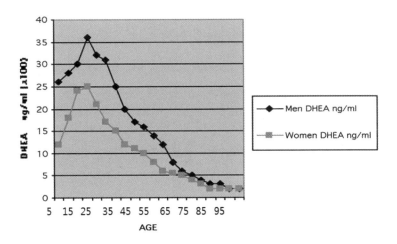

DHEA Levels Vs AGE

그림 4-12. 나이와 DHEA level의 관계

DHEA는 20대에 정점(36 ng/ml)에 도달한 후 점점 감소하여 70~80대에는 혈중 농도가 5 ng/ml 정도로 감소한다

## 7) 성호르몬과 노화

성호르몬의 분비가 사춘기를 전후하여 급격히 증가하여 임신이 가능하게 되며 2차 성징을 발달시킨다. 남성호르몬(테스토스테론)은 성욕과 성기능의 증진, 체지방의 감소, 근육의 증가, 뼈의 강도를 높이고, 공격성을 증가시키는 등의 역할을 한다. 사춘기 이후 일정하게 유지되던 남성호르몬은 40~50세가 넘으면 떨어지기 시작하고 65세가 되면 급격히 낮아진다. 하지만 70대 중반이 되어도 그 수치 자체는 낮지만 대개의 경우 정상적 생활이 가능하다. 그러나 여성의 경우 10대부터 분비되던 에스트로겐은 폐경(대개 50~55세 무렵)을 맞이한 후 급격하게 분비가 감소한다. 에스트로겐은 여성의 자궁, 난소, 유방의 발육 등 2차 성징을 담당하며, 갱년기 장애, 골다공증, 심장병으로부터 여성을 보호하는 기능을 하고 있다. 폐경 후 자궁과 난소도 작아지는데 태어날 때부터 갖고 있던 난포를 거의 다 써버림에 따라 난소는 조그맣게 쪼그라들고, 할 일이 없어진 자궁도 덩달아 작아지게 되는 것이다.

## 참고문헌

1. Avogaro, A., S. V. de Kreutzenberg, et al. (2010). "Insulin signaling and life span." Pflugers Arch Eur J Physiol 459:301-314.

2. Bluher, M., B. Khan, et al. (2003). "Extended longevity in mice lacking the insulin receptor in adipose tissue." Science 299:572-574.

3. Broughton, S. and L. Partridge. (2009). "Insulin/IGF-like signaling, the central nervous system and aging." Biochem J 418:1-12.

4. Brown-Borg, H. M., K. E. Borg, et al. (1996). "Dwarf mice and the ageing process." Nature 384:33.

5. Cartwright, M. J., T. Tchkonia, et al. (2007). "Aging in adipocytes: Potential impact of inherent, depot-specific mechanisms." Exp Gerontol 42:463-471.

6. Flurkey, K., J. Papaconstantinou, et al. (2001). "Lifespan extension and delayed immune and collagen aging in mutant mice with defects in growth hormone production." Proc Natl Acad Sci USA 98:6736-6741.

7. Hekimi, S. and L. Guarente. (2003). "Genetics and the specificity of the aging process." Science 299:1351-1354.

8. Holzenberger, M., M. Dupont, et al. (2003). "IGF-I receptor regulates lifespan and resistance to oxidative stress in mice." Nature 421:182-187.

9. McDonald, R. B. (2014). "Biology of Aging." Garland Science.

10. Zadik, Z., S. A. Chalew, et al. (1985). "The influence of age on the 24-hour integrated concentration of growth hormone in normal individuals." J Clin Endocrinol Metab 60:513-6.

11. 구승엽, 지병철 등. (2004). "성장호르몬 및 인슐린유사성장인자-1 결핍이 노화에 미치는 영향: 유전질환 및 동물모델." 인구의학연구논집 17:14-18.

12. 대한비만학회. (2005). "대사증후군의 병태적 분자생물학." 도서출판 의학문화사.

13. 이길재. (2012). "생명과학." 라이프사이언스.

14. 이홍규, 김영설. (1999). "대사와 영양." 도서출판 한의학.

15. 강해묵. (2010). "생명과학." 라이프사이언스.

16. 홍영남 등. (2010). "생명과학: 현상의 이해." 라이프사이언스.

17. 홍영남. (2009). "생명과학: 역동적인 자연과학." 라이프사이언스.

18. 오상진. (2015). "노화의 생물학." 탐구당.

# 5

## 비뇨기계와 노화

콩팥은 간(liver)과 함께 대표적인 침묵의 장기로 불린다. 이것은 콩팥의 기능이 20%정도로 떨어져도 별다른 위험신호를 보내지 않기 때문이다. 특히 정상적인 노화과정에서도 콩팥은 다른 장기에 비해 급격한 구조적, 기능적 변화를 보이는 장기에 속하기 때문에 정상적 기능을 가능한 오래 수행할 수 있도록 관리하는 것이 중요하다. 노화하면서 삶의 질을 저하시키는 배뇨장애는 각종 질병을 유발할 수 있는 문제이며, 전립선비대증, 요도괄약근의 약화, 과민성방광, 배뇨근 수축력 저하 등이 원인으로 작용한다.

## 1절. 비뇨기계의 구성과 하는 역할

'비뇨기(泌尿器)'란 소변을 생성하고 배출하는 신체기관을 일컬으며, 비뇨기계는 콩팥(신

<표 5-1> 하루 동안 인체로 유입되고 배출되는 수분의 양

| 물 유입 | | 물 배출 | |
|---|---|---|---|
| 음료 | 1500 ml | 소변 | 1500 ml |
| 음식물 | 600 ml | 불감손실 | 800 ml |
| 대사 | 400 ml | 땀 | 100 ml |
| | | 대변 | 100 ml |
| 합계 | 2500 ml | 합계 | 2500 ml |

'불감손실'이란 호흡기의 점막표면에서 자기도 모르는 사이에 일어나는 수분증발을 말함(단, 발한량은 포함하지 않음)

장) 2개, 요관(수뇨관) 2개, 방광 1개, 요도 1개를 포함한다. 우리 몸에 유입된 물질 가운데 노폐물은 다음과 같은 과정을 통해 몸 밖으로 배출된다. 물에 녹지 않는 찌꺼기 성분은 대변으로, 물에 녹는 성분은 오줌으로, 그리고 이산화탄소와 같은 기체성분은 폐를 통해서 배출된다.

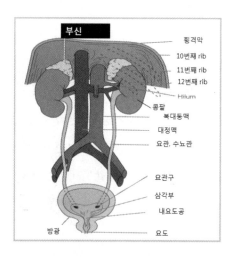

그림 5-1. 비뇨기계의 구성

콩팥은 11~12번째 갈비뼈 좌우에 위치하며 횡격막의 바로 아래쪽에 있다. 콩팥에서 소변이 만들어지고 요관이라는 근육으로 만들어진 관을 통해 방광으로 이동한다. 방광에서는 소변이 조금씩 차올라오면서 소프트볼 정도의 크기가 되었을 때 방광 아래쪽의 요도를 거쳐 소변이 배출된다.

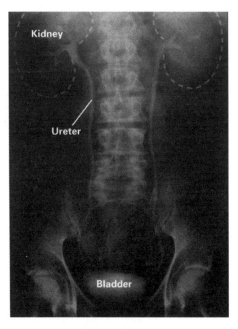

그림 5-2. 복부 CT 소견.

콩팥(kidney)은 척추 좌우측에 각각 한 개씩 위치한 강낭콩 모양의 기관이다. 콩팥에서 만들어진 오줌은 신우(renal pelvis)에서 모여 요관(ureter)을 통해 방광(bladder)에 저장되었다가 요도를 통해 몸 밖으로 배출된다.

## 1) 비뇨기계의 기능과 체액환경

신체는 음식물의 섭취, 대사산물, 그리고 물과 이온의 손실 또는 과잉섭취로 인하여 종종 불균형 상태가 초래되기 쉬운데, 신체를 구성하는 많은 세포들이 그 기능을 효과적으로 수행하기 위해서는 내부환경이 일정한 범위 내에서 안정적으로 조절되는 것이 필요하다. 이와 같은 내부환경의 안정성을 '항상성(homeostasis)'이라고 부르며 그 중에서도 가장 중요시 되는 것이 혈장성분의 안정성 유지이다. 비뇨기계는 신경계와 내분비계의 조절을 받으면서 혈장을 포함한 체액의 항상성을 유지하는 데 중요한 역할을 한다. 즉 체내에서 만들어지는 노폐물 농도를 낮은 상태로 유지하고, 신체의 물, 전해질 등은 적당한 농도로 조절하는 것이다.

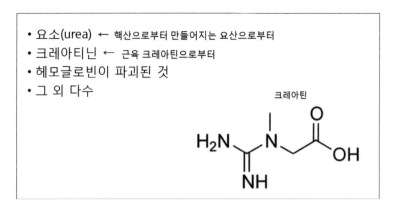

- 요소(urea) ← 핵산으로부터 만들어지는 요산으로부터
- 크레아티닌 ← 근육 크레아틴으로부터
- 헤모글로빈이 파괴된 것
- 그 외 다수

**그림 5-3. 오줌으로 배설되는 노폐물들**

크레아티닌(creatinine)은 근육 속에 '크레아틴(creatine)'이라는 물질이 대사하는 과정에서 만들어지는데 콩팥에서 걸러져 소변으로 배출된다. 콩팥기능이 떨어지면 혈액 속 크레아티닌이 소변으로 잘 배출되지 않아 혈청 크레아티닌의 농도는 상승한다.

## (1) 체액환경과 전해질 농도

사람 몸 안의 모든 수분을 '체액(body fluid)'이라고 부르며, 사람 체중의 약 60% 정도가 체액으로 구성된다. 체액은 다시 세포내액(intracellular fluid)과 세포외액(extracellular fluid)으로 구성된다. 세포내액은 세포 안에 포함된 수분을 말하며 세포외액은 혈관 내에 있는 혈장(plasma)과 세포 사이를 채우는 간질액(interstitial fluid)으로 구분된다. 세포내액은 체중의 약 40%를 차지하는데, 세포 내의 주요 전해질(electrolyte)로는 나트륨, 칼륨, 마그네슘, 칼슘, 인 등을 포함한다. 세포외액은 체중의 약 20%인데 여기에는 혈장, 간질액, 림프액, 뇌척수액 등이 포함된다. 세포외액의 주성분은 전해질 농도에 있어서 세포내액과 차이를 나타내는데, 예를 들면 $Na^+$, $Cl^-$ 등의 농도는 세포내액의 몇십 배이지만, $K^+$, $Mg^+$, 인산기 등의 농도는 세포내액의 몇십 분의 일에 불과하다. 이러한 세포내액과 세포외액의 전해질 농도 차이는 세포막의 투과성과 능동수송기작에 의한 것으로 신경세포에서 막전위를 발생시키는 원인이 된다.

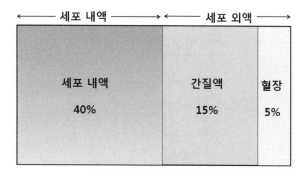

**총 체액 (체중의 60%)**

| ← 세포 내액 → | ← 세포 외액 → | |
|---|---|---|
| 세포 내액<br>40% | 간질액<br>15% | 혈장<br>5% |

**그림 5-4. 인체에 포함된 수분의 구성**

체중의 60%는 수분으로 이루어진다. 예를 들어 체중이 50kg인 사람은 체중 가운데 30kg 정도의 수분을 포함하는 셈이다.

신장은 혈장을 여과하지만, 혈장과 간질액 사이에는 자유로운 교환이 일어나기 때문에 간질액 성분 농도가 혈장에 반영될 수 있다. 따라서 신장은 모든 체액이 적절한 세포기능을 수행할 수 있는 환경을 유지하는 데 기여할 수 있다.

## (2) 비뇨기계의 구성

콩팥 2개, 수뇨관(요관) 2개, 방광 1개, 요도 1개로 구성되는 비뇨기계는 혈장 내 성분 가운데 어떤 물질이 정상 이상의 농도이면 배설하고, 정상 농도 이하로서 부족한 경우는 배설 억제 또는 재흡수를 통하여 보존한다. 노폐물의 배설 가운데 단백질과 핵산의 대사과정에서 발생하는 질소노폐물을 체내에서 제거하는 것이 콩팥의 중요한 역할이다. 아미노산과 핵산의 대사를 통해 독성이 있는 암모니아($NH_3$)가 만들어지고, 이것이 양성자와 결합한 다음 암모늄이온($NH_4^+$)을 생성하여 산－염기 균형에 영향을 미친다. 포유동물에서는 독성이 있는 암모늄이온을 제거하기 위하여 요소회로를 통하여 ATP를 소모하면서 2개의 암모늄이온과 하나의 중탄산염 이온($HCO_3^-$)으로부터 독성이 약한 요소(urea)를 생산하여 배출한다. 만약 콩팥이 본연의 기능을 다하지 못하면 노폐물이 체내에 축적되어

독성을 나타낸다.

<표 5-2> 비뇨기계의 구성

| 구성요소 | 수 |
|---|---|
| 콩팥(kidney) | 2개 |
| 요관(ureter) | 2개 |
| 방광(bladder) | 1개 |
| 요도(urethra) | 1개 |

## 2) 콩팥의 구조와 기능

콩팥이 '콩팥으로 불리는 이유는 모양은 콩처럼 생기고 색은 팥과 비슷해서 콩팥이라고 불린다. 신장은 심장과 발음이 비슷하여 혼동을 일으킬 수 있으므로 콩팥이 더 분명한 의미를 전달할 수 있다고 보는데, 실제로는 콩팥과 신장이라는 용어가 같이 혼용되고

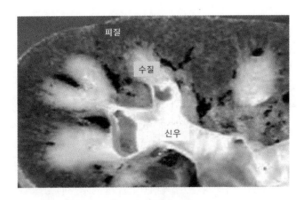

그림 5-5. 콩팥의 구조

피질에는 신소체(renal corpuscle), 근위세뇨관(proximal tubule), 원위세뇨관(distal tubule), 헨레고리(loop of Henle)의 일부가 위치하고, 수질에는 헨레고리의 일부와 집합관(collecting duct)이 위치한다. 수질의 안쪽에는 생성되는 소변이 방출되는 신우가 있고 이는 요관으로 이어져 있다. 콩팥을 구성하는 기본단위인 네프론(nephron, 신단위)이 각각의 콩팥에 100만 개 정도 포함되어 있다. 사람은 좌우 양쪽 편에 두 개의 콩팥을 가지므로 200만 개의 네프론을 가지고 있는 셈이다. 네프론은 신소체와 세뇨관 및 집합관으로 구성된다.

있다. 콩팥은 우리 몸 옆구리에 있으며, 한 개의 무게는 약 150g 정도, 크기(12cm long, 6cm wide)는 보통 자기 주먹보다는 약간 크다고 생각하면 된다. 콩팥은 피질(cortex), 수질(medulla), 신우(renal pelvis)의 세 부분으로 구분된다.

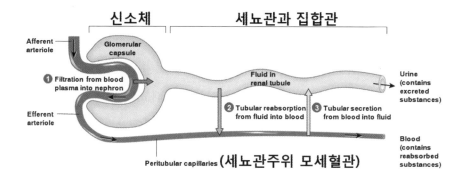

**그림 5-6. 네프론의 구조**

① 신소체는 보우만주머니와 사구체로 구성되며 여기에서 혈장이 여과된다(filtration). 수입세동맥(afferent arteriole)은 모세혈관의 다발인 사구체로 소변의 원재료가 되는 혈액을 운반하고 사구체를 둘러싸는 보우만주머니는 사구체로부터 여과액(filtrate)을 받는다. ② 보우만주머니로 들어온 여과액은 세뇨관(renal tubule)으로 이동한다. 사구체에서 나온 수출세동맥(efferent arteriole)은 세뇨관 주위를 감싸는 세뇨관 주위 모세혈관(peritubular capillaries)을 형성하며, 이들 혈관은 세뇨관의 여과액으로부터 물과 유용한 물질들을 재흡수(reabsorption)한다. ③ 모세혈관에 남아있던 불필요한 물질은 세뇨관 내강으로 분비(secretion)됨으로써 오줌(urine)으로 배출된다.

신소체(renal corpuscle)는 모세혈관 뭉치인 사구체(glomerulus)와 이를 감싸는 보우만주머니(Bowman's capsule)로 구성되며, 그 뒤로 기나긴 세뇨관이 연결된다. 보우만주머니에 연결된 구불구불한 모양의 세뇨관을 '근위세뇨관(proximal tubule)'이라고 부르며 근위세뇨관은 하행각과 상행각의 'U' 모양 고리를 이루는 헨레고리(loop of Henle)로 이어진다. 헨레고리의 상행각은 원위세뇨관(distal tubule)으로 연결되며 원위세뇨관의 후반부는 집합세관을 이루면서 집합관으로 연결되는데 1개의 집합관에는 8~10개의 신단위에서 나온 집합세관들이 연결된다. 집합관은 이어서 신우로 연결된다. 세뇨관은 여과(filtration), 재흡수(reabsorption), 분비(secretion), 삼투농축의 과정을 이용하여 오줌을 생산한다. 신소체에서 여과된 여과액 중에서 수분은 90% 이상, 포도당과 아미노산은 100% 재흡수가 일어나게 되며 그 결과로 사람은 매일 약 1.5리터 정도의 오줌만을 생성한다. 유기질 이온과 같은 일부물질은 세뇨관 분비(tubular secretion)에 의하여 선택적으로 세포외액으로 이동하고 다시 세뇨관 내강으로 들어가 배출되게 된다.

## 3) 네프론은 콩팥의 기능적 단위이다

네프론에는 피질네프론(cortical nephron)과 수질인접네프론(juxtamedullary nephron)이 있다. 피질네프론은 전체 네프론의 약 85% 정도를 차지하며 헨레고리 길이가 짧아 수질 안쪽까지 뻗지 못하며 피질에 주로 분포하며 하는 기능은 물질 재흡수와 분비이다. 수질인접네프론은 네프론 전체의 약 15% 정도를 차지하며 헨레고리가 길어 수질의 안쪽까지 깊숙하게 뻗어 있으며 오줌의 농축에 있어서 중요한 역할을 한다.

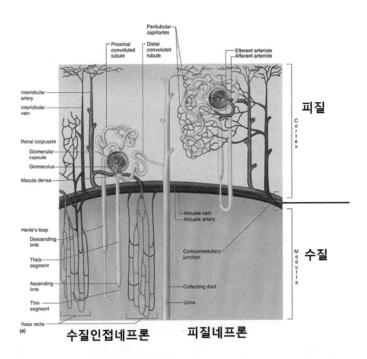

**그림 5-7. 네프론은 피질네프론과 수질인접네프론으로 나뉜다**

전체 네프론의 85% 가량인 피질네프론은 피질에 주로 위치하고 물질의 재흡수와 분비에 관여한다. 반면, 전체의 15% 가량인 수질인접네프론은 세뇨관과 헨레고리가 수질 깊숙한 곳까지 위치하며 나트륨의 보존과 오줌의 농축에 관여한다. 수질인접네프론은 긴 헨레고리를 가지고 수질 깊숙한 곳까지 직혈관(vasa recta)과 병치한다. 이러한 구조는 오줌 농축 기능에 효율성을 부여한다.

## 2절. 오줌의 형성과정

오줌은 콩팥에서 여과, 재흡수, 분비 과정을 통하여 생성된다. 혈액이 사구체를 순환하는 동안 혈구와 단백질을 제외한 혈장 성분이 그대로 여과되어 보우만주머니를 통하여 세뇨관으로 들어간다. 수입세동맥으로 들어오는 혈액 중 80%가량은 그대로 수출세동맥으로 나가고 20% 정도는 여과되어 세뇨관으로 들어간다.

### 1) 사구체 여과(glomerular filtration)

포수의 미트가 공을 잡듯이, 보우만주머니는 사구체를 둘러싸 여과액을 받아낸다. 혈장

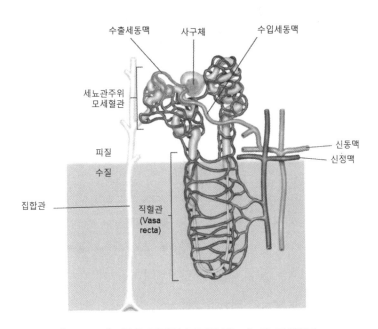

**그림 5-8. 네프론은 콩팥의 구조적 및 기능적 단위이다**

신동맥(renal artery)은 콩팥으로 들어가는 혈액을 공급하며, 신정맥(renal vein)은 콩팥에서 나오는 혈액을 대정맥으로 운반한다. 콩팥은 두 개를 합해도 체중의 0.5% 밖에 되지 않는 무게를 가지지만, 심장에서 나온 혈액의 20~25%가 콩팥으로 유입되어 여과가 일어난다. 콩팥은 크게 바깥쪽의 피질과 안쪽의 수질 두 부분으로 나눌 수 있는데, 신소체, 근위세뇨관, 원위세뇨관, 헨레고리의 일부가 피질에 위치하고, 수질에는 헨레고리의 일부와 집합관이 위치하고 집합관은 모여 신우(renal pelvis)와 요관으로 연결된다.

단백질, 혈구, 그리고 혈소판과 같은 큰 물질은 사구체 구멍을 통과하지 못해 혈액 속에 남는다.

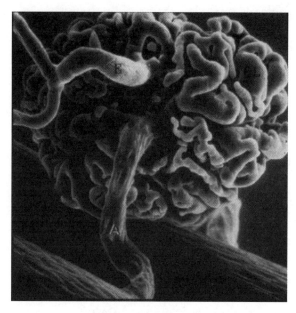

**그림 5-9. 사구체의 구조**

사구체는 실뭉치처럼 뭉쳐진 모세혈관이다. A는 들어오는 수입세동맥을, E는 나가는 수출세동맥을 표시한다. 사구체로 유입되는 혈장의 80%는 여과되지 않고 나가는 수출세동맥(E)으로 들어간다. 사구체로 들어가는 혈장의 약 20%가 여과에 사용된다. 수입세동맥에 비해 수출세동맥의 안지름이 좁아 사구체 모세혈관압이 높으므로 여과압을 제공한다.

대동맥에서 나온 콩팥동맥(심박출량의 20~25%의 혈류를 받음)은 콩팥으로 들어간 다음 다수의 동맥과 세동맥으로 가지를 낸 후 수입세동맥(afferent arteriole)이 되어 사구체 모세혈관으로 연결된다. 사구체에서 여과되고 남은 혈액은 수출세동맥(efferent arteriole)을 거쳐 세뇨관 주위 모세혈관(peritubular capillary)을 형성한다. 사구체는 모세혈관이 공처럼 둥글게 뭉친 구조로 되어 있으며, 혈액이 지나가면서 수분과 용질의 여과가 일어난다. 사구체에서 혈장이 모세혈관 벽을 통과하여 보우만주머니로 빠져나오는 것을 사구체여과(glomerular filtration)라고 한다. 사구체 모세혈관(glomerular capillary)은 다른 모세혈관보다 100배 이상의 투과성을 나타낸다.

## (1) 여과장벽

다른 모세혈관이 보통 두 개의 층으로 된 데 반하여, 사구체에서 보우만주머니 안으로 여과가 일어나는 체액은 사구체막으로 구성된 세 개의 층, 즉 모세혈관 내피세포 사이의 틈(①), 기저막(basement membrane)(②), 보우만주머니 내강의 여과 틈새(③) 등, 장벽을 통과해야 한다.

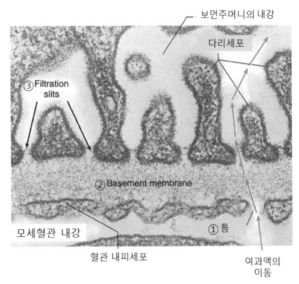

**그림 5-10. 사구체 여과장벽의 구성**

혈관내피세포, 기저막(basement membrane), 다리세포(podocyte). 콜라겐과 당단백질로 구성된 기저막은 사구체와 보우만주머니 사이에 존재한다. 기저막은 혈장단백질의 여과를 효율적으로 방해하는데 강한 음전하를 띠고 있기 때문이다.

이 층들은 혈구와 대부분의 혈장단백질은 남겨두고 물과 여과가 가능한 작은 용질들은 걸러낸다. 콜라겐과 당단백질로 구성된 내피의 기저막은 사구체 모세혈관과 보우만주머니 사이에 존재한다. 콜라겐은 구조적 힘을 제공하고 당단백질은 작은 혈장단백질들이 빠져나오는 것을 방해한다. 마지막 층은 보우만주머니의 내막인데, 이 막은 사구체 다발을 둘러싼 문어 다리모양의 세포, 즉 다리세포(podocyte)로 구성되어 있다. 다리세포는 모세혈관 주위를 둘러싸고 있는데, 그래서 손가락 모양의 돌기가 서로 깍지를 낀 것처럼 맞물리면서 모세혈관을 완전히 둘러싼다. 여과 틈새(filtration slit)로 알려진 다리세포 사이의 틈은 작은 물질만이 이동할 수 있는 통로를 제공한다.


### (2) 사구체 여과의 기전

사구체 모세혈관은 신체의 다른 어느 곳의 모세혈관보다 투과성이 높기 때문에 같은 여과압(filtration pressure)이 존재하더라도 다른 모세혈관에서 보다 더 많은 여과가 일어난다. 사구체 여과는 사구체 모세혈관에서 혈장을 여과하려는 힘과, 이와 반대로 재흡수하려는 힘의 차이에 의해서 일어난다. 사구체막을 통한 힘의 균형은 사구체 모세혈관 전체 길이에 걸쳐서 여과가 일어나게 한다. 다음에서 설명하는 세 가지 물리적인 힘이 사구체 여과와 관계있다.

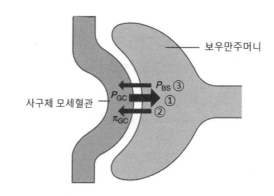

여과를 촉진하는 힘:
    ① 사구체 모세혈관압($P_{GC}$)           60mmHg

여과를 방해하는 힘:
    ② 혈장교질 삼투압($\pi_{GC}$)           29mmHg
    ③ 보우만주머니 정수압($P_{BS}$)      15mmHg

순 여과압 = $P_{GC}$ ① - $\pi_{GC}$ ② - $P_{BS}$ ③ = 60-29-15 = 16mmHg

**그림 5-11. 순 여과압**

사구체 모세혈관압은 사구체에서 보먼주머니로 여과액을 밀어내는 힘이다. 혈장교질 삼투압과 보먼주머니 정수압은 여과액이 보먼주머니로 나오는 것을 방해하는 힘이다. 그러므로 순 여과압은 사구체 모세혈관압에서 혈장교질 삼투압과 보먼주머니 정수압을 뺀 16mmHg 정도에 해당한다.

사구체 모세혈관압(glomerular capillary blood pressure, $P_{GC}$) : 사구체는 긴 모세혈관이 복잡하게 엉켜있어 여과하는 막의 전체 면적이 넓다. 또 수출세동맥의 지름이 수입세동맥의 지름보다 작아 사구체 모세혈관 전체 길이를 따라서 사구체에서 보우만주머니로 혈액을 밀어내는 작용을 한다. 사구체 모세혈관압은 사구체 여과를 일으키는 중요한 힘이다. 반면에 혈장교질 삼투압과 보우만주머니 정수압은 여과에 반대하는 힘이다.

혈장교질 삼투압(osmotic force due to protein in plasma, $\pi_{GC}$) : 혈장단백질은 여과되지 않기 때문에 이들은 사구체 모세혈관에 남아있고 보우만주머니 안에는 없다. 따라서 $H_2O$의 농도는 보우만주머니 안이 사구체 모세혈관보다 더 높다. 따라서 $H_2O$의 농도가 높은 보우만주머니로부터 사구체 모세혈관 방향으로 $H_2O$가 들어오려고 하는데 이 힘은 사구체 여과를 방해하는 힘으로서 작용한다. 이러한 삼투압은 포유동물에서는 평균 29mmHg 정도로서, 신체 다른 모세혈관에서 발생하는 삼투압보다 높다. 상당히 많은 $H_2O$가 사구체 혈액으로부터 여과가 일어나기 때문에 사구체 모세혈관의 혈장단백질의 농도가 다른 곳보다 높다.

보우만주머니 정수압(fluid pressure in Bowman's space, $P_{BS}$) : 보우만주머니 안의 용액은 약 15mmHg의 정수압을 가지고 있다. 보우만주머니 밖으로 용액을 밀어내는 경향을 가진 이 압력은 사구체에서 보우만주머니 방향으로의 여과를 방해한다.

(3) 사구체 여과율(glomerular filtration rate, GFR)

매 분당 사구체에서 여과되는 액체의 총량을 '사구체 여과율(GFR)'이라고 하는데 그 값은 $1.73m^2$의 체표면적을 기준으로 삼아 표시한다. 여과를 유도하는 순 여과압 16mmHg의 압력이 사구체 모세혈관 막을 경계로 작용한다. 정상인의 평균 사구체 여과율(GFR)은 180리터/day(125ml/min)이다.

(4) 사구체 여과율의 조절

혈장교질 삼투압($\pi_{GC}$)과 보우만주머니 정수압($P_{BS}$)은 조절되지 않으며 정상적인 상태에서는 변하지 않는다. 이에 반해 사구체 모세혈관압($P_{GC}$)은 체내의 상황에 따라 일상적인 혈압의 범위(80~180mmHg)에서 변화가 일어날 수 있다. 그러므로 사구체 여과율(GFR)은 고정된 수치를 갖지 않고 신체의 생리적 상황에 따라 변한다. 사구체 여과율은 신경과 호르몬에 의해 조절될 수도 있고, 콩팥 자체의 자동조절(autoregulation)에 의해서도 조절 가능하다.

## 2) 세뇨관 재흡수(tubular reabsorption)

세포와 큰 단백질을 제외한 모든 혈장 성분들은 사구체 모세혈관을 통하여 무차별적으로 여과된다. 그러므로 단백질과 혈구를 제외하면 사구체 여과액은 혈장의 성분과 유사하다. 여과액 속에는 노폐물뿐만 아니라 영양소, 전해질 등 신체에서 유용하게 사용되는 물질들도 다수 포함되어 있다. 게다가 사구체 여과를 통하여 하루에 여과되는 여과액의 총량은 거의 180리터에 이르며 이것은 우리 몸의 총 수분량보다도 많은 것이다. 결과적으로 이야기하면, 사구체 여과율은 약 180리터/day이고 세뇨관 재흡수는 178~179리터/day로서 여과된 양의 대부분은 다시 재흡수가 일어나고 재흡수가 일어나지 않은 나머지 1~2리터만 오줌(urine)으로 배출되는 것이다. 이들 재흡수 되는 물질의 일부는 능동수송에 의하여, 일부는 수동적 물질이동 즉 확산이나 삼투 및 호르몬의 작용에 의한다. 세뇨관에서의 물이나 전해질의 재흡수는 언제나 일정한 방식으로 일어나는 것은 아니며 같은 물질이라도 신체 환경에 따라서 다르게 변화한다. 각종 물질의 재흡수율은 각기 다르다. 요소를 제외한 질소 노폐산물(크레아티닌)과 같이 불필요한 성분은 재흡수률이 낮다. 요소는 밖으로 배출되는 노폐물이긴 하지만 콩팥 수질에서 삼투 농도를 유지하는 데 도움을 주도록 50% 정도가 재흡수된다.

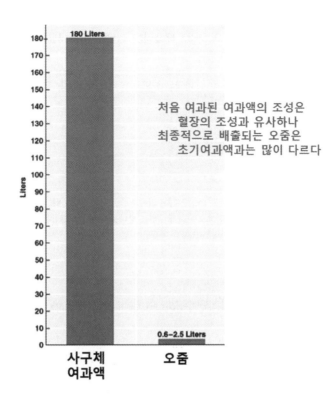

처음 여과된 여과액의 조성은
혈장의 조성과 유사하나
최종적으로 배출되는 오줌은
초기여과액과는 많이 다르다

**그림 5-12. 사구체 여과액과 오줌**

사구체 여과액은 단백질과 혈구를 제외하면 혈장 성분과 유사하다. 세뇨관 재흡수와 세뇨관 분비가 일어난 후 세뇨관에 남아있는 액체가 오줌이다.

## (1) 세뇨관 재흡수는 고도의 선택적 과정이다

세뇨관 여과액에서 혈장단백질을 제외한 모든 성분들은 혈장과 같은 농도를 유지하고 있다. 세뇨관은 몸에 유용한 물질에 대해서는 높은 재흡수력을 가지고 있지만, 몸에 필요 없는 물질에 대해서는 재흡수력이 거의 없거나 낮다. 물과 몸에 유용한 물질들이 재흡수될 때, 세뇨관에 남아있는 노폐물들은 농축된다. 사구체에서 여과되는 양을 고려할 때, 세뇨관에서 재흡수되는 정도는 거대하여 여과된 양에 거의 육박한다.

〈표 5-3〉 배출되는 성분에 따른 재흡수율

| 물질 | 하루에<br>여과되는 양 | 하루에<br>배출되는 양 | 재흡수율 |
|---|---|---|---|
| Water, L | 180 | 1.8 | 99 |
| Sodium, g | 630 | 3.2 | 99.5 |
| Glucose, g | 180 | 0 | 100 |
| Urea, g | 54 | 30 | 44 |

정상적인 인체에서 포도당과 아미노산은 100% 재흡수되어 오줌으로 배출되지 않는다. 콩팥은 대부분의 물질을 내보냈다가 몸에 필요한 물질들을 세뇨관 주위 모세혈관으로 다시 흡수하는 방식을 취한다. 나트륨은 여과하는 양의 대부분을 재흡수하고 소량만 배출한다. 요소는 여과하는 양의 반 정도는 다시 재흡수가 일어난다.


## (2) 세뇨관 재흡수는 상피횡단수송(transepithelial transport)을 수반한다

세뇨관은 전체 길이에 걸쳐서 세뇨관 주위 모세혈관(peritubular capillary)과 인접하여 있다. 인접한 세뇨관 세포들은 세뇨관 강과 접하는 세포막 근처 측면 테두리 부분의 밀착연접(tight junction)에 의하여 서로 연결되어 있다. 그러므로 세뇨관에서는 모세혈관과는 달리 세포 사이의 틈새를 통하여 여과액이 이동하는 것이 제한된다.

간질액은 세뇨관과 모세혈관 사이, 그리고 인접 세포들 사이의 틈에 존재한다. 밀착연접은 물을 제외한 물질들이 세포 사이에 이동하는 것을 차단한다. 따라서 세뇨관내강을 떠나 혈액으로 재흡수되기 위한 물질들은 세포를 통과해서 일어난다(transepithelial transport). 그러므로 재흡수가 일어나기 위해서는 아래의 다섯 단계의 장벽을 횡단해야 한다.

① 세뇨관내강의 용액이 세뇨관세포의 관내막을 통과
② 세뇨관세포의 세포질을 지나 반대쪽으로 이동
③ 세뇨관세포의 기저측 막(basolateral membrane)을 통과하여 간질액으로 이동
④ 간질액을 통한 확산
⑤ 모세혈관벽을 투과하여 이동

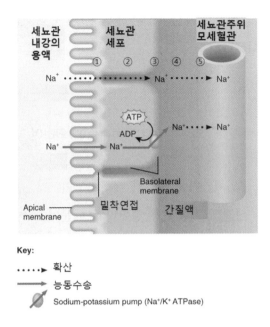

그림 5-13. 세뇨관 내강의 용액이 세뇨관 주위 모세혈관으로 재흡수가 일어나는 과정
확산과 세포횡단수송을 거친다

(3) 기저측 막의 에너지의존성 Na$^+$/K$^+$ ATPase 수송 메커니즘은 Na$^+$ 재흡수를 위하여 필수
적이다

세뇨관 내강의 여과액에 포함된 무기이온 중에 Na$^+$는 대부분 재흡수가 되는데 약 67%
는 근위세뇨관에서, 25%는 헨레고리에서, 8%는 원위세뇨관과 집합관에서 능동수송된다.
Na$^+$의 재흡수는 독특하고 복잡한데, 실제로 콩팥에서 사용되는 에너지의 80%가 Na$^+$
수송을 위하여 사용될 정도로 이 과정은 중요하다. Na$^+$는 헨레고리 하행지를 제외하고
세뇨관 전체에 걸쳐 재흡수된다. 세뇨관의 모든 Na$^+$ 재흡수 구간에서 Na$^+$의 재흡수와
능동수송은 에너지－의존성 Na$^+$/K$^+$ ATPase 펌프에 의하여 일어난다. 어떤 수단에 의하
여 세포 내부로 Na$^+$가 들어오면 Na$^+$은 Na$^+$/K$^+$ ATPase 펌프에 의하여 능동적으로
기저측막(basolateral membrane)에서 간질액 방향으로 운반된다(그림 5-13, ③). 이 과정은 세
뇨관 전체를 통하여 동일하게 일어나며 최종적으로 세뇨관 주위 모세혈관 혈액으로 Na$^+$

가 이동한다(그림 5-13, ⑤). 따라서 세뇨관 내강에서 혈액으로의 대부분의 $Na^+$의 순이동은 에너지를 사용하면서 일어난다.

### (4) 포도당과 아미노산은 $Na^+$-의존성 2차 능동수송에 의하여 재흡수된다

포도당과 아미노산은 근위세뇨관에 위치한 에너지-의존적 또는 $Na^+$-의존적 메커니즘에 의하여 혈액 내로 완전히 재흡수가 일어나기 때문에 소변으로 배출되지 않는다. 특수한 공동수송(cotransport) 운반체가 $Na^+$와 특정 유기물질을 동시에 세뇨관 내강에서 세포 내로 농도기울기에 반하여 운반한다. 즉 나트륨기울기의 에너지를 이용하여 유기물질을 운반하는 것이다. 한번 세뇨관세포로 수송된 포도당과 아미노산은 농도기울기에 따라 수동적인 확산으로 기저측 막으로 이동한 다음, 비에너지-의존성 운반체를 이용한 촉진확산에 의하여 혈장으로 이동한다.

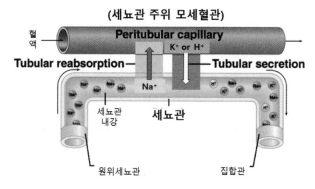

**그림 5-14. 세뇨관 재흡수(tubular reabsorption)와 세뇨관 분비(tubular secretion)**
$Na^+$는 세뇨관에서 세뇨관 주위 모세혈관으로 재흡수가 일어나고, $K^+$ 또는 $H^+$는 세뇨관 주위 모세혈관에서 세뇨관으로 분비된다.

### (5) 삼투에 의한 물 재흡수는 주로 나트륨 재흡수와 연계된다

용질(예: $Na^+$ 등)이 능동수송에 의해 세뇨관에서 재흡수가 일어날 때 그 농도가 간질액에서 증가하면서 세뇨관 내강에서는 감소하게 된다. 그 결과 용질이 운반되는 것과 같은 방향으로, 즉 세뇨관 내강에서 간질액 쪽으로 물의 삼투를 일으키는 농도차가 만들어진다. 물의 삼투는 직접 세포 자체를 통해서 또는 세포 사이의 밀착연접(tight junction)을 통해 일어난다. 그 이유는 세포 사이의 접합이 그 이름이 의미하듯이 완전히 막힌 것은 아니고 물과 작은 이온의 확산은 허용하기 때문이다. 세뇨관 상피를 통한 물의 이동은 아무리 막을 통한 삼투농도 차가 크더라도 오직 막이 물에 투과적일 때만 일어난다. 근위세뇨관에서의 물의 투과성은 높지만 헨레고리의 상행각에서는 물의 투과성은 항상 낮아서 삼투농도 차이가 큼에도 불구하고 거의 재흡수가 일어나지 않는다. 원위세뇨관, 집합관에서의 물의 투과성은 항이뇨호르몬(ADH)의 존재 여부에 따라서 좌우된다. 항이뇨 호르몬은 원위세뇨관과 집합관에서의 물 투과성을 증가시킨다.


## 3) 세뇨관 분비

세뇨관 분비는 사구체에서 여과되지 않은 불필요한 물질이 세뇨관 주위 모세혈관에서 세뇨관 내강으로 이동하는 과정인데, 주로 원위세뇨관 부분에서 일어난다. 사구체에서 여과에 의해서든 세뇨관 분비에 의해서든 세뇨관 내강으로 들어온 물질과 재흡수되지 못한 물질들은 소변으로 제거된다. 세뇨관 분비되는 물질들 중 가장 중요한 것은 수소이온, 칼륨이온, 암모늄이온, 유기 음이온, 유기 양이온이다(유기 음이온과 유기 양이온의 상당수는 몸에 존재하지 않는 페니실린, 살리실산 등 외래물질로부터 유래한 것이다). 특히 수소이온, 암모늄이온의 분비는 능동수송에 의한 것으로 산-염기 균형을 이루는 효율적인 기전으로서 유용하다. 일반적으로 콩팥은 혈장 칼륨이온 농도에 따라 정교하게 조절된다. 미량의 혈장 내 칼륨농도가 변하더라도 신체에 해로운 결과를 가져올 수 있다. 칼륨이온의 분비는 알도스테론에 의해 조절된다.

## 4) 오줌의 농축기작

혈장보다 농축된 오줌을 생산하는 콩팥의 기능은 사람을 포함하여 육지에 사는 포유류가 생존하기 위해서는 필수적이다. 사람의 신장은 1200~1400mOsm/L 정도의 농축된 오줌을 생산할 수 있는데, 이것은 혈장의 삼투농도의 4~5배에 해당한다.

### (1) 소변 농축 기능에 콩팥 수질의 역류증폭계가 중요한 역할을 한다

오줌이 농축될 수 있는 것은 헨레고리와 그 근처에 존재하는 직혈관(vasa recta)으로 구성된 역류교환계가 중요한 역할을 한다. 사람의 네프론 중 일부는 수질인접네프론(juxtamedullary nephron)인데 헨레고리와 직혈관이 수질 깊숙이 내려간 후 피질로 되돌아오는 특징을 가지고 있다. 헨레고리와 직혈관의 액체 흐름 방향은 역방향(countercurrent)인데 이러한 배열은 세뇨관의 수분 보존이나 제거를 효율적으로 할 수 있게 하는 시스템을 유지한다. 다시 말해, 수질인접네프론의 긴 헨레고리는 수직성 삼투기울기를 형성하고, 직혈관은 이러한 삼투기울기가 무너지는 것을 방지하는 것이다. 역류교환계를 지나면서 콩팥의 수질부위의 간질액에 용질의 농축이 증폭되므로 '역류증폭계(countercurrent multiplier)'로 작용한다.

세포외액의 삼투농도(용질농도)는 주로 용질인 염화나트륨(NaCl)에 대한 물의 상대적인 양에 의해 결정된다. 일반적으로, 세포외액의 삼투농도는 온몸에 걸쳐 동일한데 정상적인 상태에서는 포유동물의 체액은 등장액 혹은 등삼투압일 때 300mOsm/리터이다. 만일 용질에 비해 물이 너무 많으면 체액은 저장액 또는 저삼투액이 된다. 반대로, 용질보다 상대적으로 물의 양이 적으면 체액은 농축되어 고장액 또는 고삼투액이 된다. 사람은 1200mOsm 정도 이상까지 소변을 농축할 수 있으며, 그 대부분이 요소이다. 사람의 콩팥은 염화나트륨을 1000mOsm까지 농축시키지 못하기 때문에 사람은 해수를 안전하게 마실 수 없으며 다량의 염이 체내에 축적된다. 대조적으로 사막설치류, 해양포유류, 조류 등 몇몇 종(species)은 염도가 높은 물을 마셔도 아무런 문제가 없으며 초과된 염을 배출할

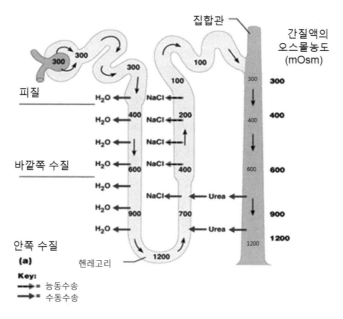

**그림 5-15. 뇨(尿)의 농축**

1단계 : 헨레고리의 하행각은 물의 투과성이 높아 삼투현상에 의해 물의 이동이 일어나 용질이 농축된다. 세뇨관액의 농도는 하행각에서는 점진적으로 증가하여 1200mOsm까지 증가한다. 간질액은 항상 하행지와 평형을 유지하기 때문에 300mOsm에서 1200mOsm까지 점진적인 수직성 농도 기울기가 수질 간질액에서 성립된다.

2단계 : 얇은 상행각에서는 높은 NaCl 투과성과 낮은 물과 요소 투과성을 가지고 있다($Na^+$의 능동적 수송은 일어나지 않는다). 세뇨관 내의 용액은 염이 밖으로 배출되고 $H_2O$는 배출되지 않음으로 상행각에서 오스몰 농도는 점차적으로 감소된다. 상행각과 하행각은 서로 역류함으로써 상호 간에 중요한 상호작용이 일어나는 것을 가능케 한다.

3단계 : 두꺼운 상행각에서는 NaCl을 능동적으로 수송하며 물은 비투과성이다. 따라서 오스몰 농도는 감소하여 상행각에서 원위세뇨관으로 이동하면서 100mOsm 정도의 저장액 상태가 된다. 만약 이런 상태로 오줌이 배출된다면 정상 체액보다 더 묽은 오줌이 배출될 것이다. 원위세뇨관과 집합관에서는 ADH의 조절에 따라 몸의 상태에 따라 매우 유동적으로 $H_2O$의 재흡수를 조절한다. 수질로 들어가는 집합관 주로 수직성의 삼투기울기가 존재하며 ADH가 있을 경우 세뇨관강막에 아쿠아포린 수를 증가시키며 이로 인해 $H_2O$에 대한 원위세뇨관과 집합관의 투과성은 증가하여 $H_2O$의 재흡수가 일어나고 오줌은 농축된다

수 있다. 신체가 과다하게 수분을 많이 포함할 때 콩팥은 대량의 희석된 오줌(100mOsm 이하의 저장액)을 생성하여 초과된 물을 배설한다. 반대로, 신체가 탈수되어 물을 보존하여야 할 때는 소량의 농축된 오줌을 생성하여 수분 손실을 막는다.

(2) 신수질에서 요소의 재순환은 수질의 고장성 및 오줌에서 요소의 농축에 기여한다

사람은 보통 여과된 요소의 40~60%를 배설한다. 수질 깊숙한 곳에서 고장액을 형성할 수 있는 원인의 약 40% 정도는 요소의 재순환에 있다. 요소는 집합관(collecting duct)에서 헨레고리로, 그리고 다시 집합관으로 순환한다. 즉, 집합관 하단은 요소에 대하여 어느 정도 투과성이 있어 간질액으로 확산한 다음, 일부는 헨레고리 하행각으로 들어간 후 세뇨관을 따라서 다시 집합관으로 이동하게 된다. 요소는 집합관에 농축되고 다시 수질로 확산이 일어나 수질의 고장액 형성에 기여한다.

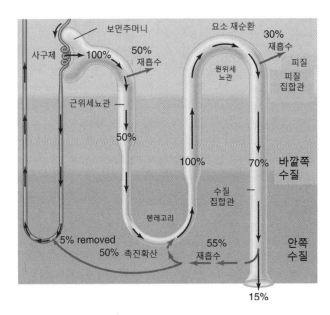

그림 5-16. 요소의 재순환

요소의 재순환은 수질 삼투 농도를 높이고 농축된 오줌을 배출하는 데 기여한다. 요소는 다시 헨레고리로 들어가 원위세뇨관, 그리고 집합관으로 돌아간다. 요소의 재순환은 신수질에 요소를 고립시켜 신수질의 고삼투농도에 기여한다.

(3) 수질의 수직 삼투기울기와 항이뇨호르몬은 집합관으로부터 물의 재흡수를 촉진한다

사구체 여과액 가운데 $H_2O$의 80% 가량은 근위세뇨관과 헨레고리 하행각에서 수동적으로 재흡수된다. 나머지 20%는 원위세뇨관과 집합관에서 신체가 $H_2O$를 필요로 하는

정도에 따라서 재흡수량을 결정하게 된다. 헨레고리에서 원위세뇨관으로 들어오는 용액은 100mOsm으로 주변 신피질 간질액이 300mOsm인데 비해 상대적으로 저장액 상태로 집합관으로 이동한다. 집합관은 수질 안쪽에 위치하고 있어서 점진적으로 오스몰 농도가 증가한다. 그런데 원위세뇨관과 집합관의 경우 항이뇨호르몬이 존재하는 경우를 제외하고는 물에 대해 비투과적이다. 항이뇨호르몬(ADH)은 세뇨관으로 하여금 물에 대한 투과성을 증가시킨다.

항이뇨호르몬(ADH)은 시상하부(hypothalamus)의 신경세포에서 합성되어 뇌하수체 후엽에 저장된다. 시상하부의 신경세포는 뇌하수체 후엽으로부터 혈액으로 ADH가 방출되는 것을 조절한다. 시상하부의 삼투압을 감지하는 세포들은 혈액에서 삼투압의 편차를 감지하여 체액이 고장액 상태가 되어 체내에 물을 보존하여야 할 필요가 있을 때 ADH 분비를 촉진한다. 반대로 체액이 너무 희석이 되었을 경우는 ADH 분비가 억제된다. ADH가 순환계를 통해 원위세뇨관과 집합관 세포의 기저측막(basolateral membrane)에 도달하면, 그곳에서 특정 수용체와 결합하게 된다. 이러한 결합은 세뇨관 세포 내 cAMP 2차전달자 체계를 활성화시키고, 이로 인해 세뇨관 내강 막에 삽입되는 아쿠아포린(aquaporin)의 수를 증가시켜 물에 대한 투과성을 증가하게 한다. 이렇게 되면 원위세뇨관의 저장액 용액은 삼투에 의해 물을 간질액으로 내보내게 된다. 집합관으로 이동하면서 보다 높은 간질액을 가지는 주변 간질액과 접하게 되면 삼투압에 의하여 점점 더 많은 물을 잃게 되므로 농축된 오줌을 생성하게 된다. ADH가 많이 분비될수록 보다 많은 아쿠아포린이 삽입되고 원위세뇨관과 집합관의 투과성은 더 증가하게 된다. 그러나 아쿠아포린의 증가가 무한정 지속되는 것은 아니다. ADH 분비가 감소되면 물의 투과성은 줄어들게 된다.

동물이 너무 많은 물을 섭취하게 되면 인체의 항상성을 유지하기 위해 초과된 만큼의 물은 밖으로 배출되어야 한다. 이러한 조건에서는 ADH가 분비되지 않으며, ADH 없이는 원위세뇨관과 집합관의 기저측막은 물에 대하여 비투과성이 된다. 따라서 세뇨관액이 주변 간질액에 비하여 덜 농축이 되었다 할지라도 ADH가 없으면 물은 흡수되지 못하고 결과적으로 희석된 오줌을 배출하게 된다.

## 5) 오줌의 저장 및 배뇨

### (1) 배뇨기관

콩팥에서 생성되어 콩팥깔대기(신우)에 모아진 오줌은 요관(수뇨관, ureter)을 따라 방광(bladder)으로 이동한다. 방광은 오줌을 일시적으로 저장했다 배출하는 주머니 형태의 기관으로 골반 내에 위치하며 3층의 평활근인 배뇨근과 상피조직으로 구성된다. 정상적인 방광이라면 250~500ml 정도를 모을 수 있다. 만약 아주 많이 참았는데도 100~250ml 이하라면 방광이 작다고 할 수 있다. 방광에 저장된 오줌은 요도(urethra)를 통해 몸 밖으로 배출된다. 방광은 크게 두 부분으로 구성되는데, 주로 배뇨근육으로 된 몸통 부위, 그리고 양쪽 요관 및 요도가 열리는 방광삼각(trigone)의 두 부분이다. 요도는 2개의 괄약근을 통해 조절을 받는데, 내조임근(internal urethral sphincter)은 방광 압력이 일정한 수준에 도달할 때 까지는 지속적으로 수축을 하여 요도를 폐쇄하는 역할을 하며 의지적으로 조절되지 않는 불수의근으로 구성된다. 반면에, 외조임근(external urethral sphincter)은 뼈대근육으로 구성되어 있어 의지에 따라 수축 또는 이완 조절이 가능한 수의근으로 이루어진다.

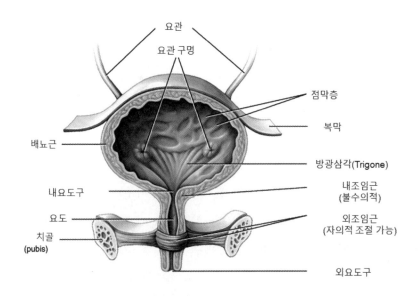

그림 5-17. 방광과 요도의 구조

## (2) 배뇨의 조작

방광과 요도는 서로 협력함으로써 배뇨를 조절한다. 예를 들어 고무풍선에 물을 넣고 거꾸로 했다고 생각해보자. 풍선의 입구를 꽉 잡으면 물은 새어나오지 않으나 입구를 느슨하게 잡으면 물이 새어나온다. 여기서 풍선을 방광, 풍선 입구는 요도, 입구를 잡고 있는 손은 요도괄약근에 비유할 수 있다. 방광에 소변이 모아지는 동안 방광은 느슨해져 있으며 요도 입구는 소변이 새어나오지 않도록 단단하게 조여지고 있다. 이 때 방광의 안쪽과 요도 안쪽의 압력을 측정해보면 요도 안쪽의 압력이 더 높을 것이며, 이때 소변은 한 방울도 새어나오지 않을 것이다. 반대로 배뇨 시에는 방광은 수축하여 소변을 배출하도록 하고, 요도는 이완함으로써 소변이 힘 있게 나오게 된다. 이때는 방광의 내압은 높아져 있고 요도는 느슨해져 있어야 한다. 결국 방광과 요도의 수축과 이완은 정반대의 기능을 하면서 교대로 반복이 되는 과정이다.

〈표 5-4〉 방광과 요도의 기작

|  | 방광이 소변을 모을 때(축뇨 시) | 방광으로부터 소변이 배출 시(배뇨 시) |
|---|---|---|
| 방광 | 이완 | 수축 |
| 요도 | 수축 | 이완 |

이러한 조절은 신경의 도움을 받아서 일어나게 된다. 방광에 오줌이 모아지다가 어느 정도가 모이면 소변을 보고 싶다는 생각(요의)을 가지게 된다. 방광을 비우는 과정인 배뇨는 2개의 메커니즘, 즉 배뇨반사와 수의적 조절에 의해 조절된다.

배뇨반사(micturition)는 방광벽 안의 신장수용기(stretch receptor)가 자극될 때 일어난다. 최소 수치(사람의 경우, 250~400ml)를 넘어 방광이 팽창할수록, 방광 수용기의 활성화도는 점점 더 커질 것이다. 신장수용기에서 오는 구심성 섬유는 척수로 신호를 전달하여 최종적으로 방광에 작용하는 부교감신경을 자극하고, 부교감 신경이 흥분하면 배뇨근의 수축과 방광삼각부위의 근육 이완을 가져온다. 내조임근을 열 때는 자율신경의 작용으로, 물리적인 수축 동안 방광의 모양이 변하게 되면 내부 괄약근은 열리게 된다. 동시에 운동 뉴런이 억제되면 외조임근은 이완된다. 양쪽 조임근이 모두 열리게 되면 오줌은 방광 수축력에 의해 요도를 통해 배출된다.

〈표 5-5〉 방광 및 요도의 조절

| 근육 | 근 종류 | 신경자극전달 | | |
|---|---|---|---|---|
| | | 형태 | 오줌이 채워지고 있는 동안(축뇨 시) | 오줌을 배출하는 동안(배뇨 시) |
| 배뇨근 | 평활근 | 자율신경(부교감신경) | 억제(이완) | 자극(수축) |
| 내조임근(내요도 괄약근) | 평활근 | 자율신경(교감신경) | 자극(수축) | 억제(이완) |
| 외조임근(외요도 괄약근) | 골격근 | 체성신경 | 자극(수축) | 억제(이완) |

배뇨반사와 더불어, 방광이 채워지면 대뇌피질로도 신호가 보내지게 된다. 갓 태어난 갓난아이는 방광이 채워졌을 때 반사작용으로 소변이 나오게 된다. 이것은 갓난아이의 신경계가 아직 충분히 발달되지 않았기 때문이다. 성인의 경우 방광에 소변이 차더라도 어느 정도까지는 배뇨를 참을 수 있다. 이때는 별도의 신경 작용으로 방광은 반사적으로 천천히 이완하고 요도괄약근은 반사적으로 수축하기 때문이다(이것은 자율신경에 의하여 우리의 의지와 관계없이 일어난다). 뇌를 통한 배뇨조절은 배뇨반사를 제어할 수 있기 때문에 방광을 비우는 것이 신장수용기의 활성보다는 동물의 의지로 조절할 수 있는 것이다. 배뇨 또한 극단적인 스트레스 상황에서는 동물의 정상적인 반응이다. 배뇨는 무한정 지연시킬 수 없다. 방광이 계속해서 채워지고, 신장수용기로부터의 반사적인 신호는 시간이 지날수록 증가하게 된다. 최종적으로 외조임근에 대한 이완 신호는 더욱 강력해져서 더 이상 의지에 의해 조절되는 신호가 통제할 수 없게 되면, 요도괄약근은 이완되고 통제 없이 방광을 비우게 된다. 이와 같이 자신의 의지에 의하여 일하게 할 수도 있고 쉽게

할 수도 있는 신경을 자율신경과 비교하여 체성신경이라고 하며 배뇨에 관련된 체성신경은 외요도 괄약근뿐이고 나머지는 다 자율신경의 역할이다.

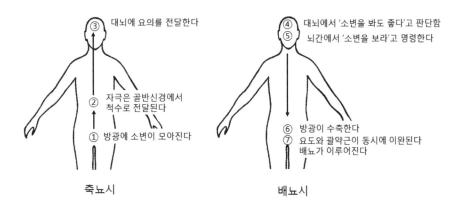

그림 5-18. 배뇨의 기전

요도괄약근에는 수의적 골격근으로 이루어진 외조임근과 불수의적인 평활근으로 된 내조임근이 있다. 외조임근은 체성신경계의 수의적인 근육이며 내조임근은 자율신경계의 조절을 받는 불수의적인 근육이다. 소변이 방광에 모이면 방광벽을 확장시킨다. 이것은 신장수용기에 의하여 구심성 신경에 신호를 주게 되고 척수에서 배뇨반사를 일으킨다. 요의는 대뇌에 전달되고 배뇨할 수 있는 적당한 환경이 아니라면 대뇌는 배뇨를 억제한다. 만약 배뇨할 수 있는 상황이라면 뇌간에 배뇨를 실행하도록 명령을 보낸다. 뇌간에서 내린 배뇨명령은 골반신경으로 전해지는 자율신경에 따라서 내조임근의 이완, 방광의 수축을 가져온다. 방광의 수축과 내조임근의 이완과 동시에, 체성신경에 의한 수의적으로 외조임근의 이완이 일어날 때 배뇨가 일어난다.

## 3절. 콩팥 생리

콩팥은 체내의 대사산물인 요소, 요산, 크레아티닌 등과 같은 노폐물을 오줌으로 만들어 몸 밖으로 배설하는 역할을 한다. 체내에서 생성된 노폐물의 배설뿐만 아니라 체내로 들어온 약물이나 독소와 같이 외부에서 체내로 유입된 외부 유해물질을 배설하는 데도 중요한 역할을 한다. 둘째, 체액의 양과 성분을 일정하게 유지하는 기능인데, 물, $Na^+$, $K^+$, $Cl^-$, $HCO_3^-$ 등 전해질의 배설량을 조절함으로써 체액이 일정한 상태로 유지되도록 하는 것도 콩팥의 중요한 기능 가운데 하나이다. 물과 전해질 섭취는 개인의 음식물 섭취에 따르고, 콩팥은 신체의 요구에 따라 배설을 조절한다. 신장이 $Na^+$ 섭취 변화에 반응하여 Na$^+$ 배설을 변화시키는 능력은 뛰어나다. 이와 같은 조절은 몸이 붓는 것을 방지한다. 콩팥은 비타민 D를 활성화함으로써 뼈를 튼튼하게 만드는 데도 기여한다. 콩팥에서는 적혈구 생성을 조절하는 적혈구생성인자(에리드로포이에틴)를 분비함으로써 빈혈이 생기지 않도록 한다. 콩팥의 중요한 기능 중의 하나는 혈압을 조절하는 것이다. 그렇기 때문에 콩팥이 좋지 않을 경우 고혈압이 동반되는 경우가 많다.

## 1) 콩팥 기능 평가

콩팥의 기능이 정상인지 또는 기능이 떨어진 상태인지를 판정할 기준이 있다면 편리할 것이다. 콩팥 기능은 사구체 여과율과 혈청크레아티닌치로서 평가한다.

### (1) 사구체 여과율(GFR)

사구체 여과율은 이눌린(inulin)을 이용하여 측정할 수 있다. 이눌린은 사구체에서 자유롭게 여과되지만 세뇨관에서 재흡수나 분비가 되지 않는 물질이다. 따라서 소변으로 배출되는 이눌린은 모두 사구체 여과에 의해서만 만들어지므로 이눌린 청소율은 사구체 여과율과 동일하다. 즉 사구체에서 여과된 이눌린이 고스란히 소변으로 나오기 때문에 소변 속의 이눌린 양만 측정하면 사구체 여과율을 측정할 수 있다. 인체는 이눌린을 생성하지 못하여 이눌린 청소율을 측정하려면 외부에서 이눌린을 주입해야 하지만 이런 방법은 번거롭기 때문에 크레아티닌(Creatinine)을 대신 이용한다. 크레아티닌은 근육에 존재하는 물질로 골격근의 운동에서 비교적 일정한 비율로 생산되어 일정한 혈중 농도를 유지한다. 여기서 크레아티닌은 체내에 남아있는 '소변으로부터 제거되어야 하는 노폐물'로 생각하면 된다. 크레아티닌은 이눌린과 마찬가지로 사구체에서 여과되어 제거되므로 혈액 및 요의 크레아티닌치는 콩팥기능을 평가하는 지표로 사용될 수 있다. 인터넷 http://mdrd.com/로 접속하여 자신의 크레아티닌치, 연령, 성별, 인종에 대한 정보를 대입하면 자신의 사구체 여과율을 확인할 수 있다. (mdrd; modification of diet in renal disease study)

사구체 여과율은 30대 이후부터 최고에 달한 후($120ml/min/1.73m^2$) 나이가 증가함에 따라 매년 평균 $1ml/min/1.73m^2$씩 감소하기 시작하여 70세가 되면 평균 $70ml/min/1.73m^2$ 정도가 된다.

- **Glomerular Filtration Rate (GFR): 사구체여과율**
  - 사구체로부터 단위시간 당 어느 정도의 여과액(filtrate)이 발생하는지를 측정함
  - 정상적으로 작동하는 네프론의 수를 대략적으로 추측이 가능
  - Normal GFR ( 24시간 요를 수집하거나 동위원소를 이용)
    - Men: $130 mL/min./1.73m^2$
    - Women: $120 mL/min./1.73m^2$
  - **임상적으로 크레아티닌 청소율 혹은 혈청크레아티닌치로 추정함 - "추정사구체 여과율"(eGFR)**

그림 5-19. 사구체 여과율에 대한 내용 요약

### (2) 혈청 크레아티닌 농도

크레아티닌(creatinine)은 뇌, 근육, 심장 등에서 에너지를 보관하는 역할을 하는 단백질인 '크레아틴(creatine)'의 노폐물이다. 크레아티닌은 혈액이나 근육 속에 있다가 콩팥의 사구체를 통하여 여과된다. 콩팥이 튼튼하다면 크레아티닌 수치는 정상 범위에 있지만 콩팥에 이상이 생기면 크레아티닌 수치는 높게 나타난다. 소변이나 혈압의 경우는 몸의 다른 부분에 이상이 있어도 나타날 수 있지만 크레아티닌 수치는 콩팥 이외에는 영향을 잘 받지 않기 때문에 크레아티닌 수치는 콩팥 기능 검사에 중요한 판단기준이 된다. 또 크레아티닌 수치는 콩팥병이 진행됨에 따라 상승하기 때문에 병의 증상이 얼마나 심한지를 판단하는 척도가 되기도 한다.

일반적으로 혈청 크레아티닌치를 사구체 여과율을 추정하는 데 사용되지만 여기에는 제한점이 있다. 사구체 여과율이 40ml/min 이하로 감소하게 되면 사구체 여과율의 작은 변화에도 혈청 크레아티닌치는 크게 변화한다. 혈청 크레아티닌 정상 수치는 남자의 경우는 ~1.2mg/dL, 여자의 경우는 ~1.1mg/dL인데, 남자가 여자보다 약간 높은 이유는 남자

가 여자보다 근육량이 많기 때문이다. 사구체 여과율은 쉽게 말해 콩팥에서 요독(크레아티닌)을 걸러내는 능력을 말한다. 혈청크레아티닌치가 1이면 정상이고, 3이면 요독이 세 배가 쌓였다는 것을 의미하며, 이것은 콩팥기능이 1/3로 감소했음을 나타낸다.

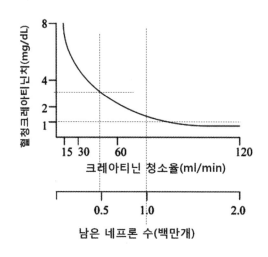

**그림 5-20. 혈청크레아티닌치**

정상적인 혈청크레아티닌치 범위는 0.7~1.4 정도인데, 그림에서 보다시피 콩팥 기능이 50%까지 떨어져도 1.5 정도로 혈청크레아티닌치는 정상범위에 근접한다. 이것은 콩팥 기능이 조금 떨어져도 혈청크레아티닌치로는 콩팥 기능을 정확히 판단할 수 없다. 그래서 계산에 의한 사구체 여과율을 병행해서 측정하는 것이다. 혈청크레아티닌치가 3이면 콩팥 기능이 떨어져서 남은 네프론 수가 50만 개 정도 된다는 뜻이다.

## 2) 수분 재흡수 조절

사구체에서 여과된 원뇨 중 대부분에 해당하는 179리터 정도는 재흡수가 일어나고 약 1~2리터 가량만 오줌으로 배설되는 것이다. 물 섭취가 부족할 때는 수분을 보존하고 고삼투압성 요를 만들어내는 콩팥의 능력이 중요하다. 몸은 얼마나 많은 물이 원위세뇨관과 집합관에서 재흡수가 될지를 조절할 수 있다. 이러한 역할은 시상하부에서 만들어지고 뇌하수체 후엽에 저장되는 항이뇨호르몬(antidiuretic hormone, ADH)에 의하여 조절된다. 만약 충분한 물이 체내에 공급이 되지 않아서 체액의 삼투몰 농도가 상승하면, 시상하부의 삼투수용기가 이것을 인식하고 신호를 보내면 뇌하수체 후엽으로부터 ADH의 분비가 일어나 혈액 속으로 방출된다. 혈액을 통해 원위세뇨관과 집합관으로 이동한 ADH는 세뇨관세포 원형질막에 아쿠아포린 수를 증가시킴으로써 물에 대한 투과성을 증가시킨다. 아쿠아포린은 구멍과 같은 수동수송 역할을 하는 단백질로서 막을 가로질러 물을 선택적으로 수송한다. 이에 따라서 물은 더 많이 재흡수가 되고 오줌의 양은 줄어든다. 재흡수된 여분의 물은 체액을 희석시켜 세포외액의 용적은 증가하면서 삼투몰 농도가 감소되면 ADH 분비는 중단된다. 역으로 너무 많은 물을 마셨을 경우는 뇌하수체 후엽에서 ADH가 분비되지 않으면서 원위세뇨관과 집합관의 세뇨관 세포가 물에 대해 덜 투과적이 되고 물은 재흡수가 되지 않아 세뇨관을 통해 더욱 희석된, 그리고 많은 양의 오줌을 배설한다.

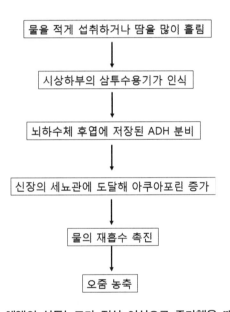

**그림 5-21. 체액의 삼투농도가 정상 이상으로 증가했을 때 조절기작**

뇌하수체 후엽은 ADH 분비를 증가시키고 이 ADH는 원위세뇨관과 집합관의 수분 투과성을 증가시켜 다량의 수분이 재흡수된다. 신장은 매우 농축된 오줌을 형성하여 용질은 정상적으로 배출시키는 반면 세포외액에 물을 되돌려 줌으로써 체액의 손실을 보상한다.

## 3) 나트륨 재흡수 조절

$Na^+$는 세포외액의 주요 양이온으로 삼투몰 농도의 90~95%를 설명하기 때문에 체내의 $Na^+$양은 총 체수분량을 결정한다. 세계보건기구(WHO)의 1일 나트륨 섭취 권장량은

2000mg으로 이를 소금으로 환산할 경우 5g에 해당한다(소금 1g에 나트륨 400mg이 함유되어 있다). 그러나 한국인을 비롯하여 대부분의 나라 사람들은 신체가 필요로 하는 양보다 훨씬 많이 섭취하고 있는 것이 현실이다. 그렇다고 무턱대고 나트륨 섭취를 줄이면 안 된다. 나트륨은 몸속 노폐물 배출을 돕고, 혈액의 양을 조절하는 등의 중요한 역할을 담당하기 때문이다. 따라서 나트륨 섭취가 부족할 경우에는 나트륨을 보존하고, 나트륨 섭취가 과잉이라면 과잉인 만큼의 나트륨을 배설하는 것이 나트륨 항상성의 주요 관건이다.

### (1) 알도스테론은 나트륨의 재흡수를 촉진하고 칼륨 분비는 증가시킨다

알도스테론은 부신피질에서 분비되는 스테로이드 호르몬으로 무기질코르티코이드에 속한다. 알도스테론은 주로 생체의 전해질, 특히 $Na^+$의 세포 내 유입, 칼륨이온의 배출에 관여하는 중요한 인자이다. 혈중 $Na^+$의 농도가 낮은 것에도 자극을 받으나 그보다 칼륨의 농도가 높은 것에 강하게 자극받으며 신장에서 분비되는 레닌-안지오텐신-알도스테론계(renin-angiotensisn-aldosterone system, RAAS)에 의해 조절된다. RAAS는 레닌분비에 의해 $Na^+$의 재흡수가 증가되는 시스템이다. 혈압이 감소한 것을 감지하면 사구체옆장치(방사구체장치) 세포에서 레닌을 분비하고, 레닌은 간에서 합성된 안지오텐시노겐을 안지오텐신 I으로 전환시키고, 안지오텐신 I은 안지오텐신전환효소(ACE)에 의해 안지오텐신 II를 생성한다. 안지오텐신 II는 부신피질에서 알도스테론 분비를 촉진시킨다. 그 결과, 알도스테론이 원위세뇨관과 집합관에 작용하여 $Na^+$ 재흡수, 물의 재흡수를 촉진하여 오줌은 더욱 농축된다. 알도스테론은 sodium-potassium pump의 작용을 증가시킴으로써 소변의 $Na^+$ 배출은 감소하고 $K^+$ 배출은 증가하며, 물과 $Cl^-$는 수동적으로 $Na^+$가 이동하는 방향을 따라 들어간다. $Na^+$이 들어오면 삼투작용에 의하여 물이 따라 들어오게 되고 오줌의 양은 줄어든다. 여분의 물이 다시 들어오면서 혈압은 다시 증가한다. 그러므로 ADH와 알도스테론은 각각 다른 기작을 통하여 오줌이 더욱 농축되도록 한다. 노화가 진행하면서 레닌의 생성 및 분비가 점차로 감소하면서 알도스테론 농도가 감소하게 되고 이에 따라 용액과 전해질 조절에서도 이상이 초래될 수 있다.

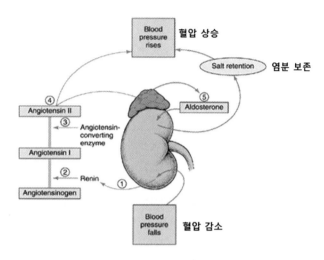

**그림 5-22. 레닌-안지오텐신-알도스테론계(RAAS)**

혈압이 감소하면 콩팥의 사구체옆장치 세포에서 ① 레닌을 분비하고, ② 레닌은 안지오텐시노겐을 안지오텐신 I으로 ③ 안지오텐신 I은 전환효소(ACE)의 작용으로 안지오텐신 II로 전환된다. ④ 안지오텐신 II는 혈관을 수축시키고 ⑤ 부신피질에서 알도스테론을 분비하여 염분과 물을 보유하여 혈압을 상승시킨다.

## (2) 심방나트륨이뇨펩티드(atrial natriuretic peptide, ANP)

ANP는 RAAS, ADH와는 반대의 작용을 가져 Na$^+$와 물의 배설을 촉진한다. 따라서 ANP는 오줌을 더욱 희석하게 만드는 역할을 한다. 혈압이 비정상적으로 높을 때, 심장의 심방 근육세포는 심장 저장과립에서 ANP를 분비한다. ANP는 직접적으로 부신피질에 작용함으로써 알도스테론 분비를 억제하며, 간접적으로 레닌 방출과 중추신경계에서 ADH 분비를 억제한다. 이에 덧붙여 ANP는 사구체 여과율을 증가시킴으로써 더 많은 여과액이 세뇨관으로 들어가도록 한다.

## 4) 산- 염기 평형

인체의 대사 결과 산과 염기가 생성되지만, 산의 생성이 염기의 생성을 초과하므로 pH를 정상(7.35~7.45)범위 내로 유지하기 위해서는 $H^+$를 제거하는 기능이 중요하다. 콩팥은 신체로부터 $H^+$를 선택적으로 제거할 수 있는 유일한 기관이다.

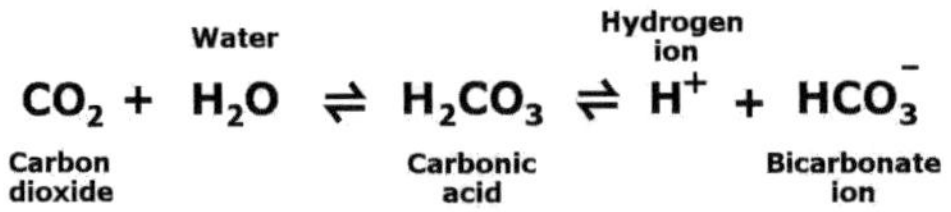

$$CO_2 + H_2O \rightleftharpoons H_2CO_3 \rightleftharpoons H^+ + HCO_3^-$$

**그림 5-23. 중탄산염 buffer system**

buffer system은 $H^+$, $OH^-$와 가역적으로 붙고 떨어지는 물질을 포함한다. 체내에서 buffer system은 pH 변화를 최소화한다. $H^+$가 증가하여도 중탄산염에 의하여 pH는 크게 변하지 않는다.

콩팥은 중탄산염(bicarbonate)의 세뇨관 재흡수를 증가시켜(특히 근위세뇨관에서) 주위모세혈관(peritubular capillary)으로 이동하여 거기서 초과된 산을 중화한다. 동시에 $H^+$의 세뇨관 분비를 증가시켜, $H^+$가 혈액을 떠나 여과액으로 들어가서, 인산이나 암모니아와 결합하고 오줌으로 배출된다.

## 4절. 노화에 따른 비뇨기계의 변화

### 1) 콩팥

콩팥은 우리 몸에서 필터와 같은 역할을 하는 장기이다. 혈액 속의 노폐물을 여과해 소변으로 배출하고 체내 수분의 양도 조절할 뿐만 아니라, 혈압과 전해질 농도를 조절한다. 콩팥은 미세한 혈관이 뭉친 구조인 사구체와 이를 감싼 보우만주머니, 그리고 재흡수를 담당하는 세뇨관의 세 부분으로 구성된다. 이와 같은 콩팥을 구성하는 세 부분은 노화 과정에서 급격한 구조와 기능의 변화를 보인다. 그리고 이와 같은 신장의 변화는 노화와 동반되는 기타 질환, 즉 고혈압과의 연관성도 매우 높다. 콩팥은 노화하면서 무게와 크기에 있어서 감소한다. 70~80대 노인의 경우는 자신의 최대치 콩팥 무게보다 20~30% 감소가 일어난다. 사람에 따라 차이가 있지만, 콩팥의 무게는 출생 시에는 50g 정도, 성인이 되어 최대 400g 정도까지 증가하다가 노인에서 300g까지 감소가 일어난다. 특히 사구체 피질 부위에서의 소실이 뚜렷하다. 태어날 때 콩팥 1개에는 네프론(신단위)이 100만 개가 포함되어 있는데, 나이가 들어가면서 네프론 수가 감소한다. 콩팥 무게가 감소하는 것과 비례하여 사구체의 양도 감소하는데, 보상작용에 의하여 남아있는 사구체는 비대해진다. 사구체 등이 감소한다고 해도 콩팥기능이 비례하여 감소하지는 않는다. 60세의 콩팥기능은 35세의 75% 정도 이상으로 유지된다. 그 이유는 남아있는 콩팥단위가 열심히 일해 보완해주기 때문이다. 노화가 일어나면서 콩팥의 혈액 흐름 속도가 감소하는 것은 사구체 모세혈관의 감소와 혈관이 좁아지는 것과 관계가 있다. 혈관의 감소는 콩팥의 모든 수준에서 관찰되는 것이기도 하지만 사구체에서 더 두드러진다. 사구체에서의 혈관의 수는 30세부터 시작하여 10년마다 10% 정도씩 감소한다. 기존에 남은 혈관도 형태적으로 불규칙하며 뒤틀어져 혈액 흐름을 방해한다. 남아있는 사구체의 40% 정도에서는 경화(딱딱해짐)가 일어난다. 다른 장기보다 콩팥에서 더 일반적인 혈관 구조의 변화는 동맥벽의 내막층이 비정상적으로 비후화되는 것인데, 이것은 혈관벽에 혈장단백질이 축적되면서 일어나며 이에 따라 혈관벽이 좁아지고 혈액 흐름의 속도가 감소하게 된다. 피질의 근위세뇨관의 수와 길이의 감소가 관찰된다.

노화와 관련된 사구체 모세혈관의 수 감소와 콩팥 기능 감소는 사구체로부터 보우만주머니로의 여과율(사구체 여과율, GFR)을 감소하게 한다. 60~70kg의 건강한 성인의 경우는 사구체에서 하루에 여과되는 혈액이 200리터 정도에 이른다. 노화하면서 사구체 여과율이 감소하고 하루에 여과할 수 있는 혈액도 100리터 또는 그 이하로 감소하면 콩팥 기능의 감소가 불가피하다. 나이가 들면서 GFR이 감소하는 것은 사구체의 경화와 관련이 있다. 노화에 따른 사구체 여과율 감소는 개인의 건강상태에 따라 큰 차이를 나타낸다.

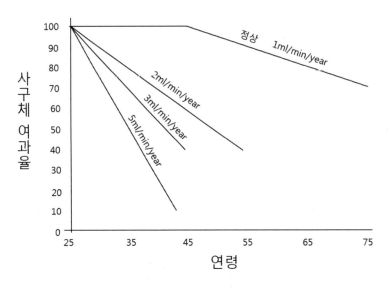

**그림 5-24. 사구체 여과율의 변화**

정상인의 경우도 40대 이후로는 1ml/min/year 씩 사구체 여과율 감소가 초래된다. 만약 25살부터 5ml/min/year의 속도로 사구체 여과율의 감소가 일어난다면 45살 이전에 만성콩팥병이 발생하게 된다.

신혈류의 감소는 신피질에 있어서의 혈관 위축에 따른 결과이며 사구체 여과율의 감소로 노인은 크레아티닌 청소율이 감소한다. 연령이 증가하면서 근육의 양이 소실되어 크레아티닌 생성은 감소되지만 혈청크레아타닌 수치는 상승하기도 하며 혈중요소질소(BUN)도 상승한다.

노화에 따른 세뇨관 구조와 기능의 변화는, 근위세뇨관의 경우는 두꺼워지고 길이는 짧아지며 원위세뇨관은 게실이 발달한다. 이러한 변화는 사구체 수 감소에 비례하여 일어나며 사구체와 세뇨관의 기능이 동반하여 기능 감소한다. 이에 따라 크레아티닌 청소율과 오줌의 최대 오스몰 농도 수치에서도 감소가 일어난다. 또 세뇨관 재흡수와 분비 기능의 감퇴를 초래하여 약물의 배설이나 대사에 장애가 온다. 또 사구체 여과율 감소로 인하여 콩팥을 통해 배설되는 약물의 반감기가 지연된다. 나이 들면 낮 시간보다 밤에 수분과 전해질 배출이 많아 수면이 방해를 받는 경우가 흔한데 소변 농축 능력이 떨어져 두 번 이상 잠을 깨는 경우도 드물지 않다.

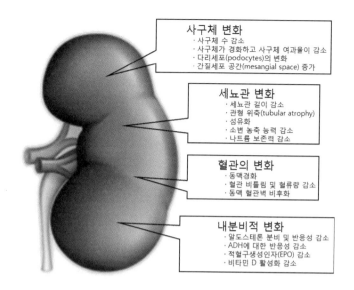

그림 5-25. 노화에 따른 콩팥의 변화

## 2) 방광

연령의 증가와 함께 방광이 섬유화되고 비후하여 용적이 250ml 정도와 그 이하로 감소하여 잔료량이 증가한다. 방광의 자율신경지배가 감소하는데, 이는 배뇨근의 수축뿐만 아니라 외조임근에도 영향을 미친다. 방광을 둘러싼 배뇨근의 수축력이 감소하고 다소 불안정하여 노인에게서는 방광을 완전히 비우는 것이 불가능하며 불수의적 수축이 일어나기 쉽다. 따라서 긴급뇨와 빈뇨가 초래된다. 노화로 인해 기능이 약해진 사람에게는 방광의 자극과민 증상이 나타나기도 하는데, 자극과민 증상이 있는 사람은 심하면 소변을 지리게 만드는 급박한 배뇨충동(긴박성)이 빈번하게 일어나 소변을 자주 보게 된다. 만약 이런 증상이 취침 중에도 계속되면(야간뇨) 수면부족의 문제를 야기한다. 과민성 방광은 방광이 작은 탓이 아니라 방광의 근육과 배뇨 신경(배뇨를 조절하는 신경)의 기능이 떨어지는 것이 원인이다. 남성의 경우 양성 전립선 비대로 방광 출구가 폐쇄되어 배뇨곤란을 경험하고, 여성은 골반저근이 약해져 늘어진 결과 실금을 초래한다. 방광의 이러한 변화는 노인의 요실금을 초래하는 주요 요인이다. 그러나 노화 자체만으로 요실금이 초래되는 것은 아니다. 연령이 증가함에 따라 노인은 하부비뇨기계에 상해를 받을 가능성이 증가한다. 그 결과 약물부작용, 비뇨기계 감염, 기동성 장애 등에 의한 요실금이 노인인구의 증가와 더불어 앞으로 더 많이 증가될 것으로 예상된다.

### 3) 요도

요도의 구조는 남성과 여성에서 해부학적으로 차이를 보인다. 남성의 요도는 길이가 20cm 정도로 여성보다 길며 도중에 2군데가 굽어져 있다는 점이다. 남성의 경우 방광에서 요도가 나온 그 지점에 전립선이 있어 요도는 그 안을 관통하도록 되어 있다. 바꾸어 말하면 요도의 주변을 2~3cm 가량의 전립선이 감싸고 있는 것이다. 몸통의 아래쪽에는 골반이 있어 방광과 자궁이 보호되고 있는데 바로 아래쪽은 뼈가 없고 어떤 근육에 의하여 지지되고 있다. 바로 이 근육이 골반 아래 기저부분에 있는 그물침대 모양으로 펼쳐진 근육으로 '골반저근군'이라고 불린다. 이것은 하나의 근육 이름이 아니고 몇 가지 다른 종류의 근육을 포함하는 총칭이다. 남성의 경우 여성보다 골반저근군이 튼튼해 방광이 아래로 쳐지는 일은 거의 없다. 노화 및 기타 요인에 따른 수의적 골반저근군의 약화는 요도의 소변 배출 조절에 영향을 미쳐 소변을 참는 능력이 감퇴되고 요실금과 비뇨기계 감염이 나타나기 쉽다. 여성의 경우 요도의 길이가 3~4cm 밖에 되지 않고 요도 주변에 있는 근육이 남성보다 얇고 약하다. 이 근육은 요도를 단단히 조여 소변이 새지 않도록 하는 역할을 하며 외조임근(요도괄약근)으로 불린다. 여자 노인의 경우 폐경에 따른 에스트로겐 감소로 요도점막이 얇아지고 물러지며 외조임근이 얇아져 요도 저항이 감소된다. 남자 노인의 경우 근육이 얇아지지는 않으나 전립선 비대로 인해 요도가 수축되어 노인에서는 방광 출구가 개방되거나 폐쇄되는 데 어려움이 있다. 수축력의 감퇴는 외조임근을 구성하는 횡문근이 상실되어 올 수 있다. 남성과 여성 노인 모두 배뇨를 처음 시작할 때 어려움은 공통적 현상이다.

# 5절. 노화 연관 비뇨기질환

## 1) 만성콩팥병(chronic kidney disease, CKD)

우리나라도 초고령화 사회로 접어들고 있는 만큼 노화와 관련된 신장의 변화 및 만성콩팥병에 더욱 관심을 가질 필요성이 커지고 있다. 만성콩팥병은 사구체 여과율(분당 사구체가 혈액을 거르는 비율)이 60ml/min 이하이거나 콩팥의 구조적·기능적 손상이 3개월 이상 지속될 때를 말한다. 연령이 증가할수록 만성콩팥병의 빈도는 늘어나며 65세 이상의 노인에서는 3기 이상의 만성콩팥병 빈도가 급격히 증가한다. 만성콩팥병은 대부분 수년에 걸쳐서 서서히 양쪽 콩팥에 동시에 발생하며, 대부분 초기 증상이 거의 없기 때문에 콩팥기능이 많이 손상된 후에 발견되는 경우가 많다. 한번 손상된 콩팥은 점점 나빠져 결국 말기까지 진행되는 경우가 대부분이다. 평균수명이 짧았던 시대에는 콩팥기능이 떨어져도 별문제가 없었으나 수명 100세 시대를 바라보는 지금은 콩팥기능이 망가지면 치료가 까다롭고 평생 골골하며 살아야 한다. 우리나라의 평균 연령이 80세를 상회하게 되면서 만성콩팥병 환자도 매우 증가하였다. 노인인구가 증가하는 앞으로는 더욱 빠른 속도로 만성콩팥병이 증가할 것으로 추정된다. 2009년의 한 연구보고에 따르면 국내 7개 도시에 거주하는 35세 이상 성인 2,356명 가운데 만성콩팥병을 앓는 사람이 13.7%였다. 7명 중 1명에 해당한다. 노화하면서 당뇨병·고혈압 등 위험요인이 몇 개만 더해져도 만성콩팥병이 말기(end-stage renal disease, ESRD)로 진행할 수 있다. 만성콩팥병과 말기신부전증이 되면 관상동맥질환, 뇌졸중 같은 심혈관계 질환의 빈도가 매우 증가하며 이로 인하여 입원률과 사망률이 증가하게 된다. 우리나라 사망률 가운데 가장 흔한 원인 중 하나인 심혈관계 질환의 위험률을 높이는 만성콩팥병이야 말로 노인에게 매우 위험한 질환이라고 생각할 수 있다.

만성콩팥병 발생에 기여할 수 있는 요인으로는 다음과 같은 세 가지 요인이 있다. 첫째 '비만'이다. 비만은 사구체의 '과다 여과'를 초래한다. 사구체가 너무 일을 많이 하다보면 어느 순간 조직이 죽기 시작한다. 이런 손상이 반복되면 만성콩팥병의 위험이 증가한다. 이를 뒷받침하는 증거로 2006년 미국 신장학회지에 발표된 논문에 의하면 BMI(body mass index)가 30 이상인 남자, 그리고 BMI가 35 이상인 여성의 경우는 평생 만성콩팥병에 걸릴 위험이 BMI가 정상범위(18.5~24.9)의 사람보다 3~4배 높았다. 또 다른 연구에 의하면 BMI와는 별개로 심한 복부비만이 만성콩팥병을 높인다는 주장도 있다. 만성콩팥병에 기여할 수 있는 요인 가운데 두 번째는 '흡연'이다. 흡연은 염증반응과 산화 스트레스를 일으키고 혈전을 만들어 만성콩팥병을 유발한다. 하루에 피는 담배가 5개비 늘 때마다 혈청 크레아티닌 농도는 0.3mg/dL씩 증가한다. 혈액 속의 크레아티닌이 소변으로 잘 배출되지 않아 혈청 크레아티닌의 농도가 증가하는 것이다. 만성콩팥병에 기여할 수 있는 요인 가운데 세 번째는 '음식'이다. 건강식품이나 한약과 같은 것이 모두 콩팥에 해로운 것은 아니지만 일부의 경우 콩팥 건강에 영향을 줄 수 있는 것으로 확인되었다. 일부 독버섯과 약초 역시 검증이 안 된 경우 심각한 콩팥 독성을 일으킬 수 있으므로 주의해야 한다. 감기약, 진통제 등 일반의약품도 위험할 수 있다. 건강한 사람이 소염진통제와 같은 일반약을 먹고 콩팥이 나빠질 가능성은 별로 없어 보이지만 노령층에서는 노화의 영향으로 콩팥기능이 약해져 있으니 이런 약도 주의해서 사용해야 한다. 콩팥을 손상시키는 요인은 일반적으로 생각하는 것보다 훨씬 많다. 현대인의 식습관 가운데 소금섭취는 늘고 만성질환도 급증하고 있다. 우리 몸이 필요로 하는 양보다 수십 배의 나트륨을 섭취하고 우리 몸은 과도하게 섭취한 나트륨을 해결하기 위해 부지런히 에너지를 소비한다. 자연히 콩팥에 가해지는 부담이 늘고 그 결과 만성콩팥병 환자는 늘어간다.

## 2) 체액 및 전해질 대사 이상

노인병원에서 전해질대사 이상으로 입원환자의 상당수가 나트륨 대사 이상이다. 노인의 신장 기능은 오줌의 농축과 희석 기능에 있어 절대적으로 감소되어 있기 때문에 수분의 과다섭취나 손실 등에 의하여 저나트륨혈증(hyponatremia)이나 고나트륨혈증(hypernatremia)이 발생하기 쉽다. 혈액의 정상 나트륨 농도는 1리터당 140mmol 정도이고, 135mmol 미만인 경우를 '저나트륨혈증'이라고 정의한다. 저나트륨혈증은 혈액의 삼투질 농도를 낮추기 때문에 수분이 세포 안으로 이동하게 된다. 우리 몸의 수분이 과다할 때 저나트륨혈증이 발생하게 된다. 저나트륨이라도 일반적으로 혈액의 나트륨 농도가 1리터당 125mmol 미만으로 저하되기 전까지는 의미 있는 증상이 나타나지 않는다. 뇌 세포 안으로 수분이 이동하게 되면 전체적으로 뇌가 붓게 된다. 이는 여러 가지 다양한 신경학적 증상을 일으킬 수 있는데 가벼운 증상으로는 두통, 구역질이 나타나고, 심하면 정신이상, 의식장애, 간질 발작 등이 나타날 수 있다.

체내 총 칼륨(K)의 양은 나이가 들어감에 따라 감소되며 남자보다 여자에서 더욱 뚜렷하다. 이러한 현상은 연령 증가에 따른 근육량의 감소에 따른 것으로 생각된다. 특이하게도 노인에서는 저칼륨혈증(hypokalemia)보다는 고칼륨혈증(hyperkalemia)이 더 흔하게 나타나는데, 그 이유는 사구체 여과율의 감소 및 칼륨 대사 장애를 초래하는 약물의 잦은 사용, 저레닌 저알도스테론증 등에 기인하는 것 같다. 고칼륨혈증이란 혈중 칼륨 농도가 정상 (3.7~5.3mEq/L) 이상으로 과도하게 상승된 형태로 5.5mEq/L 이상인 경우를 고칼륨혈증이라고 한다. 칼륨은 우리 몸에서 근육과 심장, 신경이 정상적으로 기능하는 데 필수적이고, 칼륨의 약 98%가 세포 내에 존재하므로 세포 내에서 세포 외로 소량만 이동해도 커다란 생리적 효과가 나타날 수 있다. 칼륨은 거의 대부분이 신장을 통해 배설되므로 고칼륨혈증의 원인은 신장 기능의 감소에 기인한다. 보통 6mEq/L 미만의 심하지 않은 고칼륨혈증에서는 증상이 나타나지 않고 7mEq/L 이상에서 근육 무력감, 피로감, 반사저하, 저린 감각, 구토, 설사 등이 나타난다. 심해지면 근육마비, 호흡부전, 저혈압, 부정맥 등의 증상을 보이다가 심정지가 올 수도 있다.

## 3) 요실금

자신의 의지와 관계없이 소변이 새어나오는 증상을 전문용어로 '요실금'이라고 말한다. 요실금은 젊은이나 중년을 불구하고 많이 발생할 수 있으나 나이가 들어가면서 그 빈도가 높아진다고 말할 수 있다. 여성의 경우 남성보다 요실금이 나타나는 비율이 높은데 4명 중 1명 이상에서 이러한 문제로 고민하고 있음이 알려졌다. 요실금은 예전부터 있던 증상이지만 최근 들어 부각된 이유는 여성의 사회진출, 사회진출과 함께 생활이 윤택해짐에 따라 여행이나 취미생활이 더 보편화되고, 더 쾌적한 삶을 추구할 때 방해가 되는 요인이기 때문에 치료의 욕구가 더 커졌다고 볼 수 있다. 이와 더불어 가난한 시기에는 적었던 병들, 당뇨병, 비만, 운동부족, 스트레스 등의 증가와도 관계가 있을 것이다.

### 4) 전립선 질환

전립선은 방광 바로 밑에 위치하며 남성에만 있는 분비선으로서 정액의 일부를 만들거나 그것을 방출하는 중요한 기관이다. 나이가 들면서 남성은 전립선이 커진다. 전립선이 커지는 현상은 대개 50세 이후에 시작되며 나이 든 남성 대부분에서 문제를 일으킨다. 전립선이 비대해져 전립선 비대증이 생기고, 한 가운데를 지나고 있는 요도를 압박하여 소변이 나오기 어렵게 되는 경우가 빈번하다. 막힘은 서서히 진행되기 때문에 많은 노인들이 무슨 일이 벌어지고 있는지 알지 못한다. 소변이 멀리 나가지 않는 것, 소변 줄기에 힘이 없는 것을 보고 알아차리기도 한다. 상황이 악화되기 시작하면 소변이 나오기까지 시간이 걸리며(배뇨지연), 소변을 마친 후에도 배뇨가 계속되어 방울떨어짐이 나타나기도 한다. 또한 방광에 아직 소변이 남아있는 느낌이 있을 수도 있다(불완전 배뇨). 전립선의 성장은 androgens, testosterone, dihydrotestosterone, endogenous estrogens 등에 의해서 조절된다.

전립선은 빠른 성장이 일어나는 사춘기 까지는 서서히 증대된다. 이러한 조직 증대는 중년기까지 계속되며 45세 이후에는 전립선과 주변 조직이 비후되어 60세 이상 노인의 50%, 70대 이상의 80%가 양성 전립선 비대증이 있다. 50세가 넘으면 남성호르몬의 생산과 역할에 변화가 발생하며, 그 결과 전립선 성장이 빨라져 양성전립선 비대증이 되는 것으로 보인다. 양성 전립선 비대증은 대부분의 노인 남성에서 문제를 일으킨다. 다만 많은 노인 남성들에서는 증상이 가볍고 병의 진행이 느리기 때문에 양성전립선비대증이 있다는 사실을 알아채지 못할 뿐이다.

**그림 5-26. 전립선의 성장은 남성호르몬에 의해 조절된다**

남성호르몬에는 여러 종류가 있는데 그 중 가장 중요한 것이 테스토스테론이다. 테스토스테론은 뇌에 있는 뇌하수체에서 보내는 황체형성호르몬에 고환이 반응하여 만들어진다.

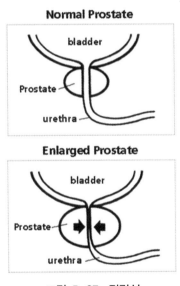

**그림 5-27. 전립선**

전립선은 방광 밑에 있으며 요도를 둘러싸고 있다. 50대 이후 전립선의 비대가 일어나면 요도를 압박하여 배뇨를 어렵게 한다.

전립선 비대로 말미암아 방광의 출구가 좁아져 방광을 비우기 위해 방광압이 증가하게 되고 이는 방광벽을 비후화시키는 요인이 된다. 방광벽이 비후되면 방광게실, 잔료량 증가, 역류성 요실금, 요역류가 발생하여 신장을 손상시킬 수 있다. 배뇨기계의 노화에 따른 빈뇨, 실금, 지연뇨 등은 불편감을 야기하거나 일상생활과 사교적 활동을 위축시키기도 한다. 전립선은 암이 생길 수 있는 기관 중 하나인데, 전립선암과 양성전립선비대증의 차이는 암의 경우 전립선에서 발생하여 전립선을 둘러싼 조직에서 사라며 인체의 다른 부위로 퍼질 수 있다(전이)는 점이다.

## 참고문헌

1. Abdelhafiz, A. H., et al. (2010). "Chronic disease in older people: physiology, pathology or both?" Nephron Clin Pract 116:c19-24.

2. Bolignano, D., et al. (2014). "The aging kidney revisited: A systematic review." Ageing Research Review 14:65-80.

3. Clark, W. F., et al. (2015). "Increasing water intake in chronic kidney disease: Why? Safe? Possible." Ann Nutr Metab 66:18-21.

4. Kooman, J. P., et al. (2014). "Chronic kidney disease and premature ageing." Nature Review Nephrology 10:732.

5. McDonald, R. B. (2014). "Biology of Aging." Garland Science.

6. Nitta, K., et al. (2014). "Aging and chronic kidney disease." Kidney Blood Press Res 38:109-120.

7. Starr, C., Taggart, R. et al. (2013). "Biology: The unity and diversity of life." Brooks/Cole.

8. Tonelli, M. and Riella, M. (2014). "Chronic kidney disease and the aging population." Nephron Clin Pract 128:319-322.

9. Wang, X., et al. (2014). "The aging kidney: Increased susceptibility to nephrotoxicity." Int J Mol Sci 15:15358-15376.

10. Yoon H. E. (2014). "The renin-angiotensin system and aging in the kidney." Kor J Intern Med 29:291-295.

11. 강신성 등. (2012). "인체생리학." 교보문고.

12. 김문재. "노인의 신장 질환." 대한의사협회

13. 박정탁. (2017). "박정탁의 건강 비타민." 중앙일보 2017년 8월 19일자 신문. 2012년 11월 23일 중앙일보 기사에서 발췌함.

14. 양철우. (2014). "알고 싶어요 콩팥병." 대한의학서적.

15. 이길재. (2012). "생명과학: 이론과 응용." 라이프사이언스.

16. 신장요로학 편집부. (2005). "신장요로학." 서울대학교 출판부.

17. 진호준. (2007). "노인에서 만성콩팥병의 의미." J Korean Med Assoc 50:549-555.

18. 홍성준. (2005). "전립선 질환." 아카데미아.

19. 홍영남. (2009). "생명과학: 역동적인 자연과학." 라이프사이언스.

20. 희귀난치성질환 교육자료. "만성콩팥병." 희귀난치성질환센터.

21. 강신성 등. (2015). "Vander's 인체생리학." 라이프사이언스

# 6

## 면역계와 노화

## 1절. 면역계의 개요

면역기능은 외부에서 침입하는 미생물과 체내에서 생긴 비정상적인 산물을 제거하여 개체의 항상성을 유지하는 현상을 말한다. 좀 더 자세히 말하면 생물체가 자기(self)와 비자기(nonself)를 식별하여 비자기를 항원으로 인식하고 이에 대한 항체를 만들며, 일련의 반응을 통하여 세균, 바이러스, 암세포와 같이 생물체에 해로운 영향을 줄 수 있는 인자들을 제거하는 과정이라고 말할 수 있다. 면역계는 면역세포, 단백질, 림프계 등이 함께 작용하여 특정 병원체나 암세포와 같은 것들을 제거하는 역할을 한다. 노화에 따른 면역계의 변화는 감염과 암에 대해 더 취약하게 만든다.

<표 6-1> 면역계를 구성하는 면역세포

| 세포 형태 | 어디서 또는 어떻게 만들어지나 | 기능 |
|---|---|---|
| 호중구(neutrophils) | 골수(bone marrow) | 포식작용(phagocyte)<br>염증에 관련된 화학물질 분비 |
| 대식세포(macrophage) | 골수; 단핵구(monocytes로부터 분화함) | 포식작용<br>항원제시세포(APC)로 작용 |
| Naive T cell | 골수에서 만들어지고 흉선(thymus)에서 분화함 | 림프조직에 저장되고 특정한 항원에 노출되도록 기다림 |
| Helper T cell | Naive T cell로부터 형성됨 | 다른 B세포와 T 세포를 활성화하는 사이토카인을 분비 |
| NK 세포<br>(자연살해세포) | Naive T cell로부터 형성됨 | 바이러스 감염 세포와 암세포와 결합하여 독소를 주입하여 세포를 죽임 |
| 세포독성 T 세포<br>(Cytotoxic T cell) | Naive T cell로부터 형성됨 | 바이러스 감염 세포와 암세포가 세포막에 제시한 항원을 인식하여 그 세포를 죽임 |
| B 세포 | 골수; 림프조직에 저장됨 | 면역반응을 중재하는 항체를 만듦 |
| 형질세포(plasma cells) | B 세포로부터 형성 | 항체를 분비함 |

## 1) 면역계의 구성

병원체에 대한 면역반응은 초기에 반응하는 선천면역(innate immunity)과 반응이 나타나기에 시간이 소요되는 적응면역(adaptive immunity)으로 나눌 수 있다. 선천면역과 적응면역은 처음에는 각기 독립적으로 작용하는 것으로 생각했지만 현재 우리는 두 시스템이 상호 긴밀하게 협조하는 것을 알게 되었다. 즉 선천면역의 활성화가 적응면역을 촉진하는 것이다.

## (1) 선천면역(Innate immunity)

선천면역은 '내재면역'이라고도 부르는데, 병원체가 감염하기 전에도 누구나 가지고 태어나는 면역작용이다. 첫 번째 방어선은 물리적, 화학적, 기계적 방어선이다. 이들은 병원체가 몸 밖에 머물도록 하는 것이다. 상피조직은 상피세포 사이의 밀착연접에 의한 장벽을 형성하고, 호흡관 섬모가 점액에 붙들린 세균물질들을 기도로 보내고 토하거나 삼키도록 한다. 특정 조직의 점액은 라이소자임과 같은 세균 세포벽을 용해할 수 있는 효소를 분비하여 방어한다. 두 번째 방어선은 조직이 손상되었거나 항원이 체내에서 나타날 때 시작한다. 선천면역의 일반적인 반응기작은 몸으로부터 침입자를 재빨리 제거하려는 것이다. 이러한 기능을 하는 세포 중 하나는 NK 세포(natural killer cell, 자연살해세포)인데 바이러스가 감염된 세포나 암세포와 직접 결합하여 표적세포들을 죽인다. 이와 같은 작용은 세포를 죽인다는 의미를 내포하는 '세포독성(cytotoxicity)'이라는 용어로 표현한다. 단핵구(monocytes)나 대식세포(macrophages) 등의 세포는 미생물과 같은 침입자가 몸속에 침입하면 식세포작용(phagocytosis)을 통하여 제거한다. 이러한 선천면역에 관여하는 세포들은 병원체가 감염하기 이전부터 신체에 계속 존재하고 있던 것이며 항원에 대한 특이성이나 면역기억은 가지지 못한다. 포식세포들은 세균, 기생충 등을 포식하고 사이토카인(cytokine)을 분비하여 몸속의 다른 사이토카인 수용체를 가진 세포들을 활성화한다. 이들 세포들은 케모카인을 분비하여 호중구나 단핵구와 같은 세포들을 끌어들임으로써 염증반응(inflammation)을 유도한다. 세균에 대한 포식작용은 세균 표면에서 보체(complement)의 활성화로 이어지도록 한다. '보체'라는 이름은 적응면역에서 항체의 작용에 대해 보완적 능력이 있다고 하여 붙게 되었는데, 척추동물은 30종류 가량의 일련의 보체단백질들을 만든다. 보체의 대부분은 불활성화된(inactive) 형태로 혈액과 간질액을 순환한다. 활성화된(activated) 보체는 보체 활성화를 유도한 세균이나 세포를 용해시키는 작용을 하거나 포식세포가 포식을 잘 하도록 표시를 하는 것 등의 작용을 통해 선천면역 및 적응면역의 다른 분자들과 협력하여 면역반응을 돕는다. 선천면역반응은 적응면역반응을 활성화하는 데 중요한 역할을 한다.

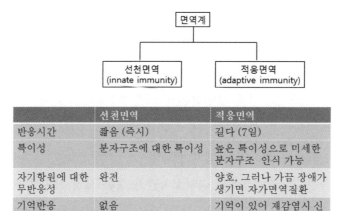

| | 선천면역 | 적응면역 |
|---|---|---|
| 반응시간 | 짧음 (즉시) | 길다 (7일) |
| 특이성 | 분자구조에 대한 특이성 | 높은 특이성으로 미세한 분자구조 인식 가능 |
| 자기항원에 대한 무반응성 | 완전 | 양호, 그러나 가끔 장애가 생기면 자가면역질환 |
| 기억반응 | 없음 | 기억이 있어 재감염시 신속 반응 |

그림 6-1. 면역반응은 선천면역과 적응면역 두 팔로 구성된다

## (2) 적응면역(adaptive immunity)

병원체가 선천면역 반응을 극복했다 하더라도 더 정교한 '특이적인 면역반응'인 적응면역을 직면해야 한다. 적응면역은 한 개체가 일생동안 만날 수 있는 일련의 항원 종류에 대한 면역방어를 맞춤 형태로 구성한다. '특이적 면역반응'은 특정한 공격목표를 갖기 때문에 그와 같은 이름이 붙었으며, 다음과 같은 세 가지 특징이 있다. 첫째, 특정의 병원균과 이물질을 인식하고 공격한다. 둘째, 기억장치가 있어서 다음에 다시 침입했을 때는 더 빠른 속도로 반응한다. 셋째, 몸의 특정 부분만을 방어하는 것이 아니라 몸 전체를 방어한다. 특이적 면역반응에서 중요한 역할을 담당하는 것은 림프구(lymphocyte)이다. 림프구는 골수(bone marrow)에서 유래된 백혈구의 일종인데, 전체의 순회 중인 백혈구의 30% 정도를 차지하며 혈액은 물론, 림프, 림프절(lymph node), 편도(tonsils), 비장(spleen), 흉선(thymus) 등에서 발견된다. 림프구는 두 가지 종류가 있는데, 각각 'B 세포'와 'T 세포'라 부른다. 이들은 각각 성숙되는 곳, 즉 골수(bone marrow)와 흉선(thymus)의 맨 앞 철자를 따서 붙인 이름이다. 두 세포 모두 면역반응을 담당하지만 그 방법에는 차이가 있다.

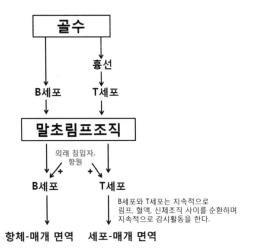

**그림 6-2. 적응면역의 두 팔: 항체-매개 면역과 세포-매개 면역**

B 세포와 T 세포는 모두 골수에서 만들어지는데, T 세포는 흉선(thymus)에서 성숙한다. 새로운 B 세포와 T 세포는 말초조직
내 B 세포 클론과 T 세포 클론을 형성한다. 말초림프조직에서 이들 세포는 항원 또는 외래 침입자와 접촉하면서 활성화되며
림프, 혈액, 조직 사이를 순환하며 지속적인 감시활동을 수행한다.

B 세포는 항체매개 면역(antibody-mediated immunity)에 관여하며, 항체를 만든다. 이들은
림프액, 혈액, 체액 등을 통해 다니면서 만나는 항원에 대한 항체를 만들어 방출하지만
항체 자체로서는 직접 병원체를 죽이지 못한다는 문제가 있다. 그 대신 항체는 보체를
활성화하거나 포식작용을 촉진하는 역할을 할 수 있다. T 세포는 세포성 면역반응
(cell-mediated immunity)에 관여하며, 세포성 면역반응은 기생충, 세균, 바이러스, 균류, 암세
포, 그리고 자신으로 인식되지 않는 모든 세포들을 찾아내어 공격할 수 있다. T 세포는
암화되거나 바이러스를 방출할 가능성이 있는 세포를 찾아내 죽이는 능력을 가진다. 적응
면역반응은 여러 가지 특징을 가지고 있는데, 그 첫 번째 특징이 특이성(specificity)과 다양
성(diversity)이다. 체내에 존재하는 림프구는 $10^7 \sim 10^9$개의 각기 다른 항원결정기를 구분하
는 것으로 추산되고, 이것은 면역반응의 다양성을 부여한다. 적응면역반응의 두 번째
특징은 면역기억이다. 면역계는 외래 항원에 노출되면 적응면역의 경우 수일 안에 그
항원에 대한 면역반응이 일어난다. 시간이 지난 후 동일 항원에 다시 노출되면 그 항원에
대한 2차 면역반응은 더 강력하고 빠르게 일어난다. 적응면역반응의 세 번째 특징은 면역
세포들의 자기(self)와 비자기(nonself)의 구별을 들 수 있다. 이것은 개체 자신의 항원성

물질에 대해서는 반응하지 않고 비자기의 외래항원을 인식하여 반응하고 제거할 수 있는 것이다.

항원가공 : T 세포 수용체(T cell receptor, TCR)에 의한 특정한 항원을 인식하는 것이 항체매개 면역반응 및 세포성 면역반응의 첫 단계이다. 하지만 T 세포는 항원을 자신이 스스로 인식하지는 못하고 항원제시세포(antigen presenting cell, APC)가 항원을 제시해 주는 역할을 할 때 인식할 수 있다. 항원 제시는 MHC와 함께 가공된 항원의 일부를 함께 제시해야 인식이 가능하다.

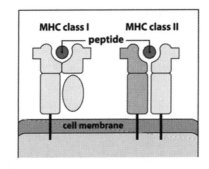

그림 6-3. 항원제시세포는 가공한 항원의 일부를 MHC과 함께 표면에 제시한다

항원의 차단 및 제거 : 항원을 삼킨 다음, 항원제시세포로 작용하는 대식세포(macrophages)와 수지상세포(dendritic cells)는 림프절로 이동한다. 림프절(lymph node)은 림프액을 걸러서 림프를 깨끗하게 하는 림프기관인데, 림프관을 따라서 분포한다. 항원제시세포(APC)는 림프절에서 T 세포에 항원을 제시한다. 매일 250억 개의 T 세포가 각 림프절에서 여과된다. 병원체 감염 시 림프절은 내부에 T 세포가 축적되어 부풀어 오르며 면역세포가 감염에 반응하여 분열할 때 림프절은 붓고 아프게 된다. 'naive'란 의미는 항원과 만나지 않은 미감작 상태를 의미하는데, naive T cell은 제시된 항원과 반응하며, 활성화가 일어난 T 세포는 사이토카인을 분비하고, 같은 종류의 수용체를 가진 B 세포와 T 세포는 분열하고 분화하게 된다. 여기서 만들어진 B 세포와 T 세포는 같은 종류의 항원을 인식하며, 커다란

집단을 이루는데, effector cell(작용세포)은 직접 싸움에 참여하는 세포를 말한다. 이에 비해 memory cell(기억세포)은 처음 들어온 항원을 기억했다가 동일한 항원과 다시 만났을 때 더 많은 effector cell이 빠른 시간 안에 만들어질 수 있도록 해준다. 일반적으로 effector cell은 수명이 짧고 memory cell은 수명이 길다.

항체매개 면역(체액성 면역) : 적응면역은 항체매개 면역과 세포매개 면역으로 나누어지는데, 서로 방어하는 분야에 차이가 있고, 각각 다른 구성원들에 의하여 면역반응이 일어난다. 항체매개 면역은 B 세포가 생산하는 항체를 매개로 하여 일어나는 반응을 말한다. 항체는 주로 미생물 항원을 인식하여 중화반응(neutralization)을 하거나, 포식(phagocytosis)을 촉진함으로써 미생물을 제거할 수 있는 수단을 가진다. 항체는 4개의 폴리펩티드로 구성되는데, heavy chain은 400여 개의 아미노산, light chain은 200여 개의 아미노산으로 구성된다.

항체의 각 폴리펩티드는 가변부위(variable ends)와 불변부위(constant ends)를 가진다. 가변

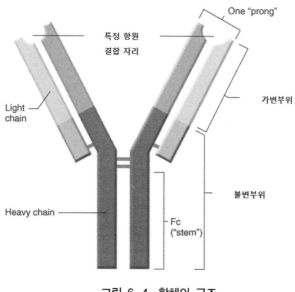

그림 6-4. 항체의 구조

특정 항원결합자리(Fab)는 열쇠와 자물쇠처럼 오직 이것과 맞는 항원과 결합한다. 꼬리(Fc)부분은 항체-유도 활성을 중개하는 특정분자가 결합한다.

부위는 특이 항원과 결합하기 위해 독특한 형태로 되어있다. 인간의 B 세포와 형질세포 (plasma cell)에서 항체의 heavy chain과 light chain을 암호화하는 유전자가 다른 염색체 상의 여러 유전자 부분에 위치한다. 항체에는 IgG, IgM, IgA, IgD, IgE 등의 종류가 있다. IgG 항체는 혈액과 조직액에서 순환하고, 항원을 중화시키고, 보체를 활성화한다. IgM은 5 또는 6개의 폴리머를 구성하여 5량체 또는 6량체를 형성한다. IgM과 IgG같은 항체는 미생물 표면의 항원과 결합하여 보체계를 활성화시켜 미생물을 용해시키게 된다. 또한 IgE 항체는 비만세포(mast cell)와 같은 백혈구로부터 염증매개자의 분비를 촉진하고 알레르기(allergy)반응에 관여한다. IgD 항체는 B세포의 표면수용체 항체, 막 항체로 불린다.

세포성 면역(세포매개 면역) : T 세포가 관여하며 암세포, 바이러스 감염세포처럼 잘못된 세포들을 직접 죽이는 역할을 한다. 흉선에서 유래한 T 세포가 항원을 인지하여 림포카인을 분비하여 대식세포(macrophage)를 활성화하여 포식작용(phagocytosis)을 돕기도 한다. 보조 T 세포(helper T cell)와 세포독성 T 세포(cytotoxic T cell)는 세포매개 면역반응의 중요한 세포들이다.

(3) 면역세포

백혈구는 모든 면역반응에 참여한다. 골수(bone marrow)의 줄기세포는 뼛속에 있는 해면조직으로 모든 백혈구를 생성한다. 여러 종류의 면역세포들이 혈액과 림프에서 전신을 순환한다. 다른 면역세포 집단들은 림프절(lymph node), 비장(spleen) 등의 조직에 있다. 이들 면역세포들은 사이토카인(cytokine)을 분비하는데, 사이토카인은 폴리펩티드와 단백질로서 면역계에서 다른 세포들과의 상호 신호교환을 담당한다. 세포 간 상호 신호교환은 백혈구로 하여금 면역반응 동안 그들의 활동을 조화롭게 조절한다.

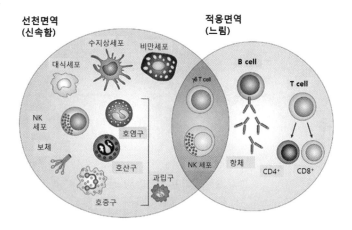

**그림 6-5. 백혈구 종류**

호중구와 호산구는 일차적으로 식세포(phagocyte)로서 작용한다. 호염구는 백혈구 가운데 수가 가장 적은 종류로 염증을 촉발하는 화학물질을 방출한다. 단핵구라 부르는 또 다른 종류의 백혈구는 대식세포로 발달한다. 림프구는 혈액뿐만 아니라 림프계와 몸의 결합조직 사이를 돌아다니는 백혈구이다. B 세포는 골수에서 성숙한 다음에 혈액과 림프조직 속으로 이동하며 항체를 만든다. T 세포는 골수에서 만들어진 후, 흉선(thymus)에서 성숙한다. 흉선에서 T 세포는 몸 전체로 이동한다. NK 세포는 바이러스 감염된 세포 및 암세포에 나타나는 세포 표면의 변화된 구조를 인식하며 직접 결합하여 표적세포를 죽인다. 이와 같이 세포를 인식하여 죽이는 반응을 세포독성(cytotoxicity)반응이라 한다.

백혈구들은 전문화된다. 호중구(neutrophils), 대식세포(macrophages), 수지상세포(dendritic cells)는 포식작용을 할 수 있다. 대식세포는 혈액을 순환하는 단핵구(monocyte)로부터 분화하며 조직 속을 순찰한다. 수지상세포와 대식세포는 항원제시세포(antigen-presenting cell)로서 작용한다. 식세포작용하기에 너무 큰 기생충과 같은 것을 죽이는 호산구(eosinophils)가 있다. 일부 백혈구는 과립을 가지며 이 과립(granule) 안에 사이토카인, 분해효소, 과산화수소, 국지적 신호물질과 같은 toxin을 포함한다. 호염구(basophils)와 비만세포(mast cells) 등은 상처 또는 항원에 반응하여 탈과립(degranulation)한다.

림프구(lymphocytes)는 적응면역에 중심적인 백혈구의 전문화된 영역이다. B 세포와 T 세포는 수십억의 특별한 항원을 인지할 수 있는 능력을 가진다. B 세포는 림프구 중 항체를 생산하는 세포이다. B 세포는 항원을 인식하여 항체생성 세포로 분화하므로 항체 매개 면역반응에 매우 중요하다. B 세포 표면에는 항원 특이성을 가지는 항원결합 수용체 (B cell receptor, BCR), 즉 항체분자를 발현한다. 세포성 면역에서 주된 역할을 하는 T 세포는 흉선(thymus)에서 유래하는 림프구로 기억능력을 가지며 B 세포의 항체 생성을 돕는다.

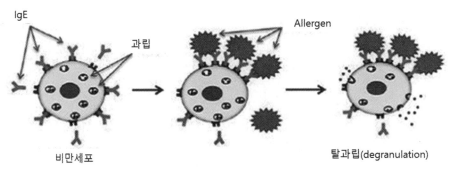

그림 6-6. 비만세포의 탈과립

대부분의 다른 백혈구와 달리 비만세포는 돌아다니지 않고 조직에 고정되어 있다.

그들은 몇 종류의 T 세포를 갖는데, 이들은 세포표면에 있는 단백질 분자에 의해 구분된다. 세포독성 T 세포의 경우는 CD8이, 보조 T 세포의 경우는 CD4가, 조절 T세포의 경우는 CD4와 CD25가 발현되어 구분이 가능하다. 외부에서 세균과 같은 항원이 들어왔을 때 보조 T 세포가 사이토카인과 같은 신호물질을 분비하여 세포독성 T 세포와 B 세포의 활성을 증대시키면 세포독성 T세포는 감염된 세포나 암세포 등을 죽일 수 있으며 B 세포는 항체를 분비하여 작용할 수 있다. NK 세포라고 불리는 다른 종류의 백혈구는 세포독성 T 세포가 찾아내지 못하는 암세포들을 찾아서 죽인다.

항원제시세포(antigen-presenting cell)는 항원을 T 세포에 제시 및 전달함으로써 면역반응을 유도하는 세포로서, 수지상세포(dendritic cells), 대식세포(macrophages), B세포 등이 여기에 속한다. 항원제시세포는 외부 항원의 침입 시 항원을 포식하여 가공한 펩티드 일부를 MHC(주조직적합성 복합체)와 함께 제시해야 T 세포가 인식할 수 있다. naive T 세포는 항원제시세포의 MHC 분자를 통해 제시된 항원에 의해 활성화되어 effector T 세포(작용 T 세포)로 유도된다.

대표적 면역세포의 기능 예

| | 호중구<br>(neutrophils) | 대식세포<br>(macrophage) | B cell | Helper<br>T cell | Killer T<br>cell |
|---|---|---|---|---|---|
| 포식작용 | ○ | ○ | | | |
| 항원제시 | | ○ | ○ | | |
| 이물질인식 | | | | ○ | ○ |
| 항체생산 | | | ○ ←도움(Th2) | | |
| 이상세포<br>살해 | ○ | ○← | 도움(Th1) | | → ○ |

인터페론γ

인터루킨2(IL-2)

**그림 6-7. 면역세포의 기능**

포식작용을 하는 세포는 호중구, 대식세포, 수지상세포가 있으며, 항원을 제시할 수 있는 세포는 대식세포, 수지상세포, B cell이 있다. 이물질(foreign materials)을 인식할 수 있는 것은 Helper T cell과 Killer T cell(cytotoxic T cell)이다. Helper T cell이 분비하는 사이토카인 항목 차이에 의해 구별되는 두 종류의 아집단(subset)이 있다. 그중 하나는 'Th1 아집단'이라 불리며 IL-2와 인터페론-γ(IFN-γ)를 분비하며 세포독성 T 세포와 같은 세포성 면역반응에 중요한 역할을 한다. 다른 하나는 'Th2 아집단'인데 IL-4, IL-5, IL-6, IL-10을 분비하며 B 세포 활성화의 보조자로 작용한다. 인터페론-γ는 대식세포를 활성화시키는 반면, IL-10은 대식세포 활성화를 억제한다.


## 2) 선천면역

선천면역계는 무척추동물에서도 발견되는 반면, 적응면역계는 척추동물에서 발달하였으며, 선천면역계보다 나중에 진화한 면역체계이다. 선천면역계는 물리적, 화학적 방어선을 포함하여, 병원체가 감염하면 신속히 활성화되어 병원체에 작용한다. 적응면역계는 선천면역계와 달리 활성화되는 데 1주일 정도의 기간을 필요로 한다. 그 기간 동안에는 선천면역계가 방어역할을 하게 되며 대부분의 경우 충분히 감염을 초기에 제어할 수 있다. 그렇지 못한 경우 적응면역계와의 공조를 통해 병원체를 제거한다. 다양한 연구 결과를 통해 선천면역계와 적응면역계 사이에 매우 밀접한 상호작용과 의존성이 있음이 밝혀졌다.

**선천면역(자연면역, 내재면역):**
- 미생물에 감염되기 전부터 누구나 가지고 있음
- 예를 하나 들자면 세균은 표면에 탄수화물이나 지질을 포함
  하는데 이러한 물질과 반응함으로써 외부물질을 찾아냄

① 인터페론
② 포식작용 (phagocytosis)
③ 보체 (complement)
④ 염증반응 (inflammation)
⑤ Toll-유사 수용체 (Toll-like receptors)

**그림 6-8. 선천면역작용 요약**

## (1) 선천면역에 의한 면역조절

병원체가 물리적, 화학적 방어벽을 뚫고 생체 내로 침입하면 감염이 일어나게 되는데 면역계는 이러한 침입에 대응하는 감지기능과 공격기능을 가지고 있다. 면역반응의 첫 번째 단계인 감지단계는 자기(self)와 비자기(nonself)를 분별할 수 있는 일련의 수용체들을 다세포생물의 세포들은 포함하고 있다. 병원체가 가지는 구조적 특징을 '병원체 관련 분자패턴(pathogen-associated molecular patterns, PAMP)'이라고 하며, 이러한 미생물의 전반적인 분자패턴을 인식하는 수용체를 '패턴인식수용체(pattern recognition receptor, PRR)'라고 한다. 패턴인식수용체는 특정 당, 단백질, 지질, 핵산 등을 포함하는 물질들이 다양하게 조합되어 병원체를 인식할 수 있으며, 자기 자신은 인식하지 않는다. 모든 다세포 생물은 이와 같은 방어기작을 가진다. 수지상세포와 대식세포의 Toll-유사 수용체(Toll-like receptor, TLR)는 선천면역계의 패턴인식수용체 가운데 가장 많이 연구가 진행된 수용체이다. 다양한 TLR들은 수지상세포와 대식세포가 여러 가지 병원체를 인식할 수 있도록 도와준다. 미생물과 결합한 TLR에서 시작된 신호들은 대식세포의 포식작용을 촉진하고 대식세포는 다양한 사이토카인을 분비한다. 사이토카인은 표적세포나 조직에 작용하여 면역반응을 조절한다. 미생물 감염 부위에 존재하는 미성숙 수지상세포는 항원을 포식하고 처리하여 성숙한 뒤 림프조직으로 이동하여 T 세포에 항원을 제시하는 기능을 담당한다. 이러한 반응을 통해 수지상세포는 침입한 병원체에 대한 적응면역반응을 유도하는 결정적인 역할을 하며 다양한 사이토카인을 분비하여 면역반응을 조절한다. 따라서 수지

상세포는 선천면역계와 적응면역계를 연결하는 교량 역할을 맡고 있다고 할 수 있다.

## (2) 선천면역의 구성

선천면역계는 일차적 방어선으로서 물리적·화학적 방어체계와 세포성 방어체계로 구성되어 있다.

물리적·화학적 방어체계 : 선천면역계의 물리적·화학적 방어체계는 외부로부터 체내를 보호하는 외부 방어벽으로 피부와 점막, 거기에 서식하는 여러 미생물들로 구성된다. 표피는 진입 장벽의 하나의 예이다. 피부에는 200종 이상의 효모, 원생생물, 세균 등이 존재하는데, 이것을 'normal flora(정상세균총)'라고 부른다. 우리의 체표는 미생물들에게 안정된 환경과 영양분을 제공한다. 그 보상으로 그들은 체표에서 더 위험한 미생물 종류가 자리 잡고 살지 못하도록 막아준다. 소화기관 내의 normal flora는 우리가 소화하는 것을 돕고 비타민 K나 $B_{12}$ 등의 필수영양분을 합성한다. 미생물은 표피에서 번창하나 두꺼운 진피를 거의 통과하지 못한다. 부비강(sinus)과 호흡기관에서 섬모의 운동은 미생물의 침입을 방해하며, 점액과 함께 삼켜진 것들은 위액에 의하여 전형적으로 죽게 된다. 이 위액에는 단백질 분해효소와 위산을 포함하며, 소장까지 도달한 것들은 쓸개즙에 의하여 죽게 된다. 어렵사리 대장에 도착한 세균들은 이미 대장에 서식하는 500 종류 이상의 세균과 경쟁해야 하는데 대장에 서식하는 세균들은 이미 그 곳에서 서식하는데 특이적이며 큰 집단을 구성하고 있다. 여성의 질에서 서식하는 젖산균은 대부분의 균류와 세균들이 참을 수 있는 범위 밖의 pH를 유지한다. 오줌의 플러싱작용(flushing action, 쓸어내는 작용)은 요관에서 병원체 집락을 형성하지 못하게 한다.

보체계 : 만약 병원체가 이러한 표면장벽을 뚫고 몸 안으로 들어오면 어떤 일이 일어날까? 침입 미생물에 의하여 활성화가 일어나는 방어 메커니즘에는 보체계가 있다. 보체계는 혈액이나 체액을 순환하는 30여 종의 수용성 단백질 그룹으로 구성되어 있다. 이들

단백질들은 평상시에는 불활성화되어 있지만 병원체 표면에 존재하는 항원분자를 인식하게 되면 활성화된다. 활성화된 보체단백질들은 병원체 막표면에서 일련의 연속반응(cascade reactions)을 일으키는데, 여러 종류의 보체단백질이 활성화되고 이들은 막공격복합체(membrane attack complex, MAC)를 형성한다. 이 복합체는 대부분의 세균 세포막에 파고들어서 이온과 작은 분자들이 쉽게 빠져 나올 수 있는 구멍을 내고, 결과적으로 세균은 삼투압을 이기지 못하여 터져서 죽게 된다. 어떤 세균은 보체반응의 결과물로 나온 보체단백질 조각에 의하여 둘러싸이고 대식세포 표면에 있는 보체수용체가 보체조각을 인식하고 세균을 포식하여 죽인다. 일련의 보체계 반응에서 활성화된 단백질에는 염증반응을 증진시키는 것도 있다. 예를 들어 비만세포를 활성화하여 히스타민을 분비하게 하는 단백질, 혈관 투과성을 증가시키는 단백질 등이 있다.

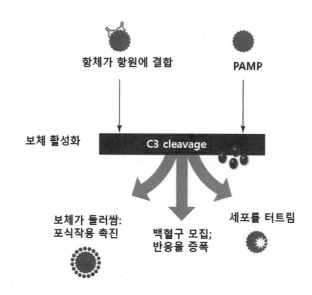

**그림 6-9. 미생물 병원체에 대항하는 보체단백질의 역할**

보체단백질의 활성화된 C3 조각은 주위의 조직에 확산되어 나가면서 감염 자리 주위로 농도구배를 형성한다. 그 농도 구배는 감염의 자리로 포식하는 백혈구를 모집한다. 또는 막공격복합체가 병원체의 원형질막에 삽입하여 세균을 용해시킨다.

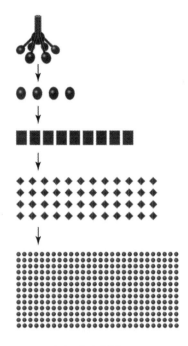

그림 6-10. 보체의 연쇄반응(cascade reaction)

　호중구(neutrophils) : 호중구는 혈액에서 감염부위로 가장 먼저 이동하는 세포로, 보체에 의해 둘러싸인 세포와 입자를 포식하며 다양한 기전으로 병원체의 억제와 제거에 사용된다. 호중구는 모든 백혈구의 반 정도를 차지할 정도로 가장 풍부한 백혈구이며 수명은 짧다. 성인 성체의 경우 골수는 정상적으로 500억 개의 호중구를 매일 만든다. 호중구는 미생물이 항체나 보체단백질에 의해 옵소닌화(opsonization: 보체와 같은 옵소닌이 흡착하여 포식작용이 잘 일어나게 하는 것) 되었을 때 그 결합과 포식작용이 극적으로 향상된다. 항원특이적 항체가 존재하지 않는 경우에도, 혈청에 존재하는 보체단백질이 침입한 병원체의 표면에 부착하게 되면 이 병원체에 대한 호중구의 결합과 포식작용은 월등하게 촉진된다.

대식세포(macrophages) : 대식세포는 주로 세포 간질액(interstitial fluid)에 있는데 손상되지 않는 세포를 제외한 모든 것을 포식하고 소화할 수 있다. 그러나 대식세포는 단순한 청소부 이상의 역할을 한다. 대식세포는 보다 많은 MHC 분자를 발현하는데, 이를 통해 보조 T 세포에 항원을 제공함으로써 선천면역계와 적응면역계의 공조를 유지하는 중요한 역할을 한다. 병원균을 사멸하고 제거하는 중요한 일 외에도, 대식세포는 면역계와 다른 보조기관의 세포들이나 조직과 공조(coordination)하는데 중요한 역할을 한다. 대식세포는 인터류킨과 다른 사이토카인을 분비한다. 이들은 침입하는 병원체들의 존재에 면역계를 민첩하게(alert) 만든다. 예를 들어, IL-1은 림프구를 활성화하고, TNF-α, IL-6는 시상하부에 작용하여 발열을 유도한다.

자연살해세포(natural killer cells) : 다양한 바이러스 감염에 대항하는 첫 번째 방어선 역할을 담당한다. NK 세포는 감염세포를 용해하여 적응면역계가 활성화되기 전까지 바이러스의 초기 감염 제어 역할을 수행한다. NK 세포는 포식작용을 보이지 않는 대신에 세포 내에 과립으로 들어있는 '퍼포린(perforin)'이라 불리는 단백질을 분비하여 표적세포의 막에 구멍을 낸다. NK 세포는 표적세포 내로 들어가게 하는 프로테아제를 분비하여 감염세포를 간접적으로도 죽인다. 프로테아제는 세포사멸을 유발한다. NK 세포는 감염된 숙주세포와 감염되지 않은 숙주세포를 구분할 수 있으며, 감염된 세포들을 표적으로 세포사멸을 유도하지만 정상세포에는 사멸을 유도하지 않는다. 또 활성화된 NK 세포는 다양한 사이토카인들을 생산하여 면역계와 다른 세포들의 활성을 조절하고 이를 통해 인체에 대한 바이러스 감염에 대한 방어체계를 조율하는 중요한 역할을 담당한다.

수지상세포(dendritic cells) : 수지상세포는 호흡기 공기통로의 표면처럼 외부환경에 접촉하는 조직을 순찰한다. 수지상세포에 의한 식세포작용은 병원체로부터 폐를 보호하는데 중요한 역할을 한다. 그러나 수지상세포의 주된 기능은 T 세포에 항원을 제시하는 것이다. 수지상세포는 보조 T 세포와 상호작용함으로써 선천면역계의 다른 세포들보다 훨씬 광범위하게 선천면역계와 적응면역계의 기능 공조를 유도한다. 성숙한 수지상세포는 MHC 분자를 통해 외부항원을 제시하고 T 세포에 강한 신호를 보낼 수 있기 때문에 보조 T 세포와 세포독성 T 세포 모두를 활성화할 수 있다. 선천면역계의 구성원으로서, 미성숙 수지상세포는 TLR과 같은 다양한 패턴인식수용체(PRR)을 이용하여 병원체를 인식한다.


(3) 패턴인식 면역수용체(Pattern-associated molecular patterns, PAMP)

지금까지 많은 패턴인식 분자(pattern recognition molecules)와 그것을 인식하는 수용체(pattern recognition receptor, PRR)들이 발견되었지만 TLR이 가장 대표적인 패턴인식 수용체로 알려진다.


Toll-like receptor(TLR) : Toll은 1980년대 초파리의 발생을 연구하던 중 이 유전자가 결여된 초파리는 전후방축이 제대로 형성되지 않아서 발생에 문제가 생긴 것을 발견했다. Toll은 세포막 수용체 단백질로서 이와 닮은 단백질의 역할이 선천면역에서 중요하다는 것을 알게 되면서 'Toll-유사 수용체(TLR)'라고 불리게 되었다. 초파리와 같은 무척추동물에서도 병원체에 의해 유도되는 면역반응의 중요성이 확인되었는데 균류인 *Aspergillus*를 감염시켰을 경우 야생형은 질병을 일으키지 않는데 반하여 Toll 유전자 변이형은 죽는 현상을 발견했다. Toll 세포질 도메인과 상동성이 있는 유전자를 인간의 세포주에서 발현하였을 때 면역반응의 활성화가 일어나는 것을 발견하여 이를 'TLR4'로 명명하였다, 이는 TLR이 초파리와 인간에 걸쳐서 진화적으로 보존되어 있음을 나타내는 것이다. 결국 TLR이 포유동물 면역계의 중요한 부분을 차지하고 있음을 확인했다. TLR 유전자들은 진화과정 동안 고도로 보존되어 있으며, 예쁜꼬마선충, 초파리, 포유류에서 발견되었다. 13개의 포유류 TLR 유전자가 있으며 인간에 존재하는 10개의 TLR 중 9개의 기능이 밝혀졌다. 각각의 TLR은 병원체들이 보유하는 분자 중에서 특정분자들을 리간드로 인식한다. 마우스와 사람에 존재하는 TLR들은 각각 다양한 바이러스, 세균, 곰팡이, 일부 원생생물까지 인식할 수 있다. TLR에 결합하는 리간드들이 모두 병원체에 꼭 필요한 구성성분이라는 점은 흥미로운데, 바이러스의 핵산, 그람음성 세균의 LPS(지질다당체), 그리고 곰팡이의

다당체 자이모산이 대표적인 예이다. 세균 편모를 구성하는 플라젤린(flagellin)단백질은
Toll-유사수용체-5(TLR-5)를 통해서 인식되어 세균 감염 시 염증 반응을 유도하기도 한다.
세포외부에 있는 리간드와 결합하는 TLR이 있는 반면, 일부 TLR은 세포 내부에도 있음이
밝혀졌다.

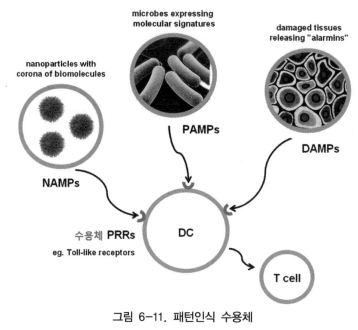

### 그림 6-11. 패턴인식 수용체

수지상세포(DC)에 있는 패턴인식수용체가 감염하는 미생물과 반응하고, 수지상세포는 그 정보를 T 세포에 전달한다.

TLR 신호전달 경로의 예 : 핵산, LPS(지질다당체) 등과 같은 미생물 유래 산물이 신호를
유발하고, 그 신호를 인식하는 수용체는 백혈구의 패턴인식수용체(PRR)가 된다. 이와 같은
신호전달의 결과로 미생물을 제거할 수 있다. 신호전달 작용은 신호와 수용체의 상호작용
에 의하여 시작된다. 리간드에 의해 TLR 이량체가 형성되고 TLR과 연결단백질 모두에
존재하는 도메인 간의 상호결합 단백질이 TLR 꼬리부에 결합한다. TLR-3를 제외한 모든
TLR들은 대부분 MyD88과 결합한 후 IL-1 receptor-associated kinase(IRAK)군과 상호작용
한다. 이것은 TAK-1(TGF-β-activated kinase)을 활성화하고 두 가지 다른 신호전달 모듈의
인산화를 통해 효소의 활성화를 유도한다. 첫 번째는 MAPK(mitogen-activated protein kinase)

경로이고, 다른 하나는 NF-κB 경로이다. MAPK 경로는 신호전달효소 유전자 발현에 필요하다. 휴지기 세포에서 NF-κB는 IκB라는 억제단백질과 결합된 형태로 세포질 내에 불활성화된 상태로 존재한다. NF-κB의 활성화는 신호에 의해 유도되는 IκB kinase(IKK)라는 효소복합체에 의해 IκB 단백질이 분해됨으로써 시작된다. IKK가 IκB를 인산화시키면 NF-κB가 IκB로부터 유리되고 핵으로 이동할 수 있게 된다. 핵으로 이동한 NF-κB는 선천면역계의 여러 작용물질들의 생산을 촉진한다. NF-κB는 T 세포와 B 세포의 신호전달 경로에서도 매우 중요한 역할을 하는데, 이 때문에 적응면역계에서도 중요한 역할을 담당한다.

### (4) 선천면역 매개분자

선천면역계는 다양한 수용성 분자들과 세포막 분자들을 통하여 여러 가지 기능을 수행한다. 사이토카인은 선천면역을 담당하는 세포들을 자극하기도 하고 적응면역반응을 담당하는 림프구의 성장과 분화를 자극하기도 한다.

사이토카인 : 사이토카인은 면역세포를 포함한 다양한 세포에서 다양한 자극에 의해 활성화되어 방출되며 세포와 세포 간의 의사소통을 담당한다. 많은 종류의 사이토카인(cytokine)이 급성 또는 만성 염증반응의 유발에 관여한다. 인터류킨(interleukin, IL)이라 불리는 많은 사이토카인이 있는데, 인터류킨의 의미는 백혈구에서 분비되어 백혈구 사이의 의사소통을 담당하는 인자를 말한다. IL-1, IL-6, TNF-α, IL-12 등과 같은 많은 사이토카인들은 면역반응 조절에 있어 중복되고 복잡한 효과를 가지고 있다. IL-1, IL-6, TNF-α는 시상하부에 작용하여 프로스타글란딘을 생성함으로써 발열반응을 유도한다. 열은 일부 미생물의 성장을 억제하고, 조직의 재생을 촉진하며, 대식세포의 포식작용을 촉진한다. 또한 간에서는 급성기 단백질의 생산을 촉진하며, 혈관 투과성을 증가시키고 T 세포와 B 세포의 활성화에 관여한다. IL-1과 TNF-α는 혈관내피세포의 세포부착분자의 발현을 증가시키고 섬유아세포 증식을 촉진하며 IL-6, IL-8과 같은 사이토카인과 케모카인의 생

성을 증진한다. IL-6는 면역글로불린의 생성을 증진시키며 IL-12는 염증성 TH1세포로 분화를 촉진한다. 활성화된 대식세포가 유리하는 사이토카인 중 대표적인 것이 TNF-α이다. TNF-α는 만성질환에서 보이는 조직손상에 관여한다. 인터페론 그룹 중 IFN-α와 IFN-β는 바이러스 감염된 세포에서 유래하며 항바이러스 작용을 담당한다. IFN-α는 백혈구에서 생성되고 IFN-β는 종종 '섬유아세포 인터페론'이라고 불리며 대부분 섬유아세포에서 생성된다. IFN-γ는 TH1 세포, NK 세포, 세포독성 T 세포에서 생성된다. IFN-γ는 IFN-α와 IFN-β와 구별되는 많은 다양한 염증효과를 가진다. 이들 중 가장 중요한 효과는 대식세포의 활성화 효과이다. 활성화된 대식세포는 사이토카인 분비를 증가시키고 미생물 제거능력이 증가하므로 항원제시 및 세포 내 병원체의 제거에 매우 효과적이다. 그렇지만 다양한 분해효소와 활성산소를 생산함으로써 주변 조직의 손상을 유발하게 된다.

케모카인(chemokine) : 케모카인은 90~130개의 아미노산으로 구성된 작은 단백질 그룹으로서 세포부착, 주화성, 백혈구 활성화 등을 조절함으로써 백혈구의 이동에 중요한 역할을 한다. 케모카인은 면역계를 조절하여 염증반응의 중요한 매개인자로 작용하고 있으며 염증성 케모카인은 주로 감염에 의하여 생성이 유도된다. 케모카인은 백혈구가 혈관내피세포에 부착되도록 하여 조직으로 이동할 수 있도록 유도한다. 조직에서 백혈구는 케모카인의 국소 농도가 높은 방향으로 이동하게 되므로 염증 부위에 대식세포와 림프구가 집중할 수 있게 된다. 그러므로 감염 부위에 백혈구를 집중할 수 있도록 함으로써 감염에 대한 적절한 면역반응을 유도할 수 있게 된다.


(5) 염증반응

병원체가 피부 및 점막과 같은 선천면역계의 방어벽을 파괴하고 침입하면, 염증반응으로 알려진 복잡한 반응이 유도된다. 염증은 급성 또는 만성으로 일어날 수 있는데, 급성 염증은 감염 초기에 발생하며, 손상된 조직의 회복을 유도하는 과정으로 이어진다. 염증 부위는 조직 손상 후 수분 내에 혈관 확장 및 혈류의 증가가 일어나고 혈관의 투과성이 증가하여 혈장이 주변조직으로 유출되면서 조직의 부종을 야기한다. 혈관의 투과성이 증가하는 이유는 혈관벽 세포들을 수축시키는 화학요인에 의하여 일어나게 된다. 이러한 화학요인 중 가장 잘 알려진 것은 비만세포(mast cell)로부터 방출되는 히스타민(histamine)이다. 몇 시간 내에 백혈구들이 염증조직 주위의 혈관 내피세포에 부착하고 혈관 밖으로 빠져나와 조직으로 이동(혈관외유출, extravasation)한다. 이 백혈구들은 침입한 병원체들을 포식하고 분자매개체들을 분비하여 염증반응과 작용세포들의 이동 및 활성화를 유도한다. 분자매개체들에는 많은 사이토카인들이 포함되는데, 이들은 외부 자극에 의해 백혈구와 다양한 세포들에서 분비되며, 면역작용 세포들의 발달과 기능을 조절하는데 중요한 역할을 한다. 염증 초기단계에서 보이는 주된 세포는 대식세포(macrophage)와 호중구(neutrophil)로서 박테리아 표면의 공통 성분과 결합하는 수용체(receptor)에 의해서 인지할 수 있다. 호중구는 가장 처음의 염증반응을 매개하여 내피세포 부착분자에 매개하여 조직에 들어오면 과립으로부터 단백질분해효소(protease), 인지질가수분해효소(phospholipase), 엘라스타제(elastase), 콜라게나제(collagenase) 등의 분비를 통해 병원체를 사멸시킨다. 사이토카인(cytokine)은 백혈구에서 만들어지는 수용성 단백질(soluble protein)로서 면역계의 활성화를 위해 필요한 세포 간의 통신수단이 된다. 일부 세포는 자신이 만든 사이토카인을 수용체를 통하여 인식하는데, 사이토카인의 이런 능력을 '자기자극(autocrine) 능력'이라 한다. 사이토카인이 수용체에 결합이 일어나면 일반적으로 신호전달(signal transduction)을 활성화하여 단백질 합성(protein synthesis), 세포분열(cell division)과 같은 활성을 조절하는 신호를 세포막에 전달한다. 그림 6-12는 상처가 생겼을 때 나타나는 선천성 면역반응을 나타낸 것이다.

감염의 후기 단계에서는 호산구(eosinophil)와 림프구(lymphocyte) 같은 또 다른 백혈구들이 혈액으로부터 감염된 조직으로 이동할 수 있는데 이것은 내피세포(endothelial cell)의 부착분자(adhesion molecules)와 결합함으로써 일어난다. 내피세포의 부착분자는 네 종류의 단백질로서 셀렉틴(selectin), 뮤신(mucin), 인테그린(integrin), 면역글로불린 수퍼패밀리(ICAM-1)이다. 그래서 감염 부위의 후모세관정맥(postcapillary venule) 안쪽에 위치한 내피세포들은 미생물과 결합한 대식세포에 의해 생성된 사이토카인(IL-1, IL-6, TNF-α)에 반응하여 셀렉틴의 발현을 급격하게 증가시킨다. 내피세포는 P-셀렉틴, E-셀렉틴을 발현하고

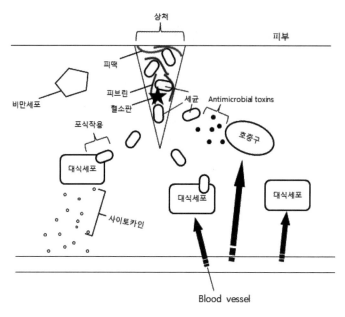

염증반응

**그림 6-12. 염증반응**

상처가 생기면 대식세포, 호중구, 비만세포 등의 선천성 면역세포들이 상처부위에 집중함으로써 세균을 제거할 수 있다. 손상된 조직세포에서 생성된 케모카인은 대식세포(macrophage)를 자극하여 사이토카인(cytokine)을 분비하도록 한다. 활성화된 대식세포에 의해 유리되는 사이토카인은 '염증(inflammation)'이라 부르는 과정을 시작하게 한다. 그러는 동안 혈소판과 피브린은 피떡을 형성하여 상처로부터 출혈을 막는다. 염증반응이 끝나면 모세혈관으로부터 방출된 항응고인자에 의해 응괴를 용해한다.

백혈구는 내피세포 표면의 P-셀렉틴, E-셀렉틴과 상호결합을 촉진시키는 P-selectin ligand, E-selectin ligand와 결합하게 된다. 이러한 결합은 혈류의 흐르는 힘에 의하여 쉽게 분리될 수 있으며 결과적으로 백혈구는 떨어져 분리되고 다시 결합되는 과정의 반복을 통하여 내피세포의 표면을 따라서 회전(rolling)하기 시작한다. 그 이후 감염 부위에서 생성된 케모카인이 내피세포 표면으로 옮겨져 회전하는 백혈구의 표면의 특정 케모카인 수용체(chemokine receptor)와 결합한다. 그 결과로 백혈구의 인테그린(integrin)이라 불리는 부착분자를 발현하여 상피세포의 ICAM과 결합할 수 있게 되고, 백혈구는 혈관 내피세포 사이로 빠져나가 조직으로 이동하여 병원체나 손상된 세포를 제거할 수 있게 된다. 염증현상은 발열(heat), 통증(pain), 홍조(redness), 부종(swelling)과 같은 부작용을 동반하는데 이는 곧 국소 혈관에 대한 사이토카인 및 염증매개물질들의 효과를 반영하는 것이다. 시간이 경과함에 따라 이러한 과정은 조직 복구를 통해서 완화되며 이후 생리적 항상성(physiological homeostasis)을 유지하게 된다.


## 3) 항체매개 면역반응(antibody-mediated immunity)

항원이 체내에서 인식되자마자 적응면역반응(후천성 면역반응)이 시작된다. 적응면역반응은 항체매개 면역반응과 세포매개 면역반응으로 구분된다. 항체매개 면역반응은 B 세포가 분비하는 항체에 의해 매개되는 반응이다. 항체는 세포 밖에 존재하는 미생물이나 독소에 결합하여 미생물 및 독소를 중화시키거나 제거하는 역할을 한다. B 세포는 세포 표면에 특정 항원에 특이적인 수용체인 B 세포 수용체(B cell receptor, BCR)를 가진 '순수한(naive: 항원을 접한 적이 없는)' 세포로 삶을 시작한다. B 세포는 림프절이나 지라(spleen) 안에서 B 세포 수용체들이 특정 항원과 결합할 때 활성화가 일어나고, 보조 T 세포 자극 후에 기억세포 뿐 아니라 항체를 만드는 형질세포(plasma cell)의 클론을 형성한다. 형질세포는 B 세포보다 큰데, 그것은 형질세포가 특정항원에 대한 항체를 대량으로 만들고 분비할 수 있도록 조면소포체가 광범위하게 발달했기 때문이다. 항체는 활성화되었던 B 세포의 B 세포 수용체(BCR)와 동일하다. B 세포에 의한 방어를 항체매개 면역이라고 한다. 그것은 활성화된 다양한 종류의 B 세포가 항체를 만드는 형질세포가 되기 때문이다. 이것은 또 이들 항체가 혈액과 림프에 존재하기 때문에 '체액성 면역(humoral immunity)'이라고도 불린다(체액은 몸 안에 정상적으로 존재하는 액체를 말한다). B 세포가 만드는 항체는 체액에 존재하는 항원에 대해서는 반응할 수 있으나 세포 속에 항원이 숨어 있을 경우는 작용할 수 없다는 것이 단점이다. 종합적으로 형질세포들은 서로 다른 200만 개 이상의 항체를 만들 수 있는 것으로 추정된다. 한 사람이 가지고 있는 유전자가 200만 개가 안 되므로 각 종류의 항체에 대해 별도의 유전자가 필요한 것은 아니며, 항체의 다양성은 DNA 재배열(DNA rearrangement)과 다른 돌연변이에 의하여 초래된다. 성숙한 개별 B 세포는 단일 항원을 표적으로 하는 특정 아미노산 서열을 가진 단 하나의 특이적 항체(antibody)를 생산한다. 생산된 항체는 B 세포 표면에 발현함으로써 체액성 면역의 인식단계에서 항원에 대한 수용체로서의 역할을 한다. 또 이들 항체는 B 세포에서 분비되어 혈류에 들어가 최소한 두 가지 방식으로 작용한다. 그 하나는 병원체 표면에 노출된 항원에 항체가 직접 결합하여 대식세포가 포식작용을 하거나 자연살해세포(NK세포)가 살해하도록 촉진한다. 다른 하나는 혈류를 통해 항체가 자유롭게 떠다니면, 항체는 교차결합 기능을 사용하여 거대하고 불용성인 항원−항체 복합체를 형성하게 하고, 대식세포가 이를 삼키거나 파괴한다.

사고로 손을 베었다고 가정하고 이때 일어나는 항체매개 면역반응을 설명해 보면 다음

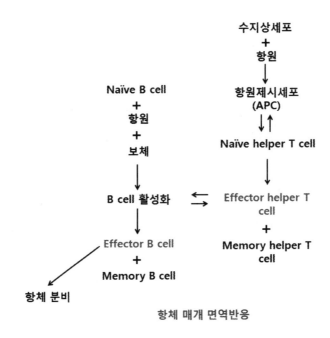

항체 매개 면역반응

그림 6-13. 항체매개 면역반응

naive B cell의 B 세포 수용체가 세균 표면의 항원과 결합한다. 세균이 보체에 의해 둘러싸이면 B 세포가 세균을 포식하도록 유도한다. 항원을 포식한 B 세포는 가공된 항원분절을 MHC-항원 복합체 형태로 세포표면에 제시한다. 수지상세포는 B 세포가 만났던 동일한 세균을 포식하고 MHC와 결합한 세균 항원 분절을 수지상세포 표면에 제시한다. 수지상세포 표면의 항원-MHC 복합체는 naive helper T cell의 TCR(T 세포 수용체)에 의하여 인식되고, 항원제시세포(APC)는 T 세포를 활성화시키는 인터루킨을 분비한다. 활성화된 T cell은 자신의 증식을 도모하는 시토카인을 분비하고, effector helper T cell(작용세포)과 memory helper T cell(기억세포)로 분화한다. effector helper T cell(작용세포)은 B 세포 표면의 항원-MHC 복합체를 인식하고 결합한다. 그 결합은 T 세포가 인터루킨을 분비하도록 만든다. 인터루킨은 B 세포가 증식하도록 유도하여 하나의 클론을 형성하게 한다. B 세포 클론들은 항원특이적 항체를 생산하는 형질세포(plasma cell)로 분화하며 일부는 기억세포(memory B cell)로 분화한다. 이들은 모두 최초의 naive B cell이 가지는 B 세포수용체(B cell receptor, BCR)처럼 같은 항원을 인식한다. 새로운 항체는 온몸을 순환하고 남아있는 세균 항원과 결합한다.

과 같다. 칼끝에 묻어있던 *Staphylococcus aureus* 균이 내부 환경으로 침입한다. 간질액에 있던 보체가 *S. aureus* 세포벽에 있는 탄수화물과 신속하게 결합하고, 연속적인 보체의 활성화반응이 일어난다. 한 시간 내에, 보체에 둘러싸인 세균입자가 림프절로 수송되고 그 곳에서 naive B 세포와 접촉이 일어난다. naive B cell 가운데 하나는 *S. aureus* 세포벽에 있는 탄수화물을 인식하고 B cell receptor를 통해 항원과 접촉한다. 상처 부위의 유인물질은 식세포(phagocytes: 호중구, 대식세포, 수지상세포 등)를 유인하며, 수지상세포는 몇 개의 *S. aureus* 균을 삼키고 림프절로 이동하게 되는데, 그동안 수지상세포는 *S. aureus*를 포식하고 항원을 가공하여 '항원-MHC 복합체'를 수지상세포 세포 표면에 제시한다. 매시간 약 500개의 다른 naive helper T cell이 림프절로 이동하고 그곳에서 항원을 제시하는 수지상세포와 만난다. 이 T cell을 helper T cell(보조 T 세포)이라 부르는데, 이것은 다른 림프구들이 항체를 생산하거나 병원체를 죽이는 작용을 돕기 때문이다. helper T cell과 수지상세포는 서로를 붙들고 약 24시간 동안 상호작용을 하고, 두 세포 간의 결합이 풀리면 T 세포는 다시 순환계로 돌아와 분열하기 시작한다. 이들은 동일한 helper T cell의 거대한 군집을 만들며, effector helper T cell과 memory helper T cell로 분화하게 된다.

다시 림프절에 있는 B 세포로 되돌아가면 B 세포는 *S. aureus* 균을 포식하여 항원-MHC 복합체를 B 세포 표면에 제시한다. 새로운 helper T cell은 B 세포가 제시한 '항원-MHC 복합체'를 인식하고 결합한 채로 오랫동안 머물며 상호교신하며 사이토카인을 분비한다. 두 세포가 헤어진 후 helper T cell이 분비한 사이토카인은 B 세포가 체세포분열을 개시하도록 자극한다. B 세포는 여러 번 분열하여 유전적으로 동일한 세포의 거대한 군집을 형성하고 이들은 모두 같은 *S. aureus* 항원에 결합할 수 있는 수용체를 가지고 있다. B 세포 개체들은 effector B cell과 memory B cell로 분화하게 된다. effector B cell은 즉시 일을 시작하며, 막에 고정된 BCR을 만드는 대신에 분비성 항체를 만들어내기 시작한다. 이 분비성 항체는 원래의 B 세포 수용체와 마찬가지로 동일한 *S. aureus* 항원을 인식한다. 이제 항체는 온 몸을 순환하고 남아있는 *S. aureus* 균에 부착한다. 항체 부착은 *S. aureus*가 신체의 세포에 부착하여 감염하는 것을 방지하고, 신속한 포식을 위하여 식세포들을 주위로 끌어들인다. 또한 항체들은 응집반응(agglutination)을 통해 외래 세포들을 모두 접착시켜 큰 덩어리로 만들고 이것은 순환계로부터 신속하게 제거될 수 있다.

## 4) T 세포의 발달과 활성

T 세포와 B 세포 모두 골수(bone marrow)에서 발생하며, 발생과정 중에 그들의 항원 수용체를 생산하기 위해 유전자 재배열(gene rearrangement)을 해야 하는 공통점이 있으나 B 세포는 골수에 머무르는 동안 면역글로불린 유전자 재배열을 하지만 T 세포 전구세포 (progenitor T cell)는 골수를 나와서 흉선(thymus)으로 들어가 T 세포 수용체 유전자 재배열을 한다. 항원에 대한 다양한 반응성을 갖는 T 세포들은 비자기(nonself) 항원에만 선택적으로 반응하는 성숙한 T 세포 분화 및 MHC 제한에 의해 선택되는 두 가지 과정을 통하여 세포 수가 감소되며 분화 성숙된다.

### (1) 흉선에서 T cell의 성숙

T cell은 골수에서 유래하지만 성숙하기 위해 흉선으로 이동하기 때문에 'thymus'의 첫 자인 T를 따서 T cell로 불린다. 흉선은 심장 바로 위의 흉곽 앞쪽 윗부분에 있는 림프기관이며, 유용한 림프구를 생산하는 1차 림프기관이다. 그곳에는 흉선세포(thymocyte) 라 불리는 미성숙 T 세포가 있고 이들은 흉선기질이라고 알려진 상피세포의 망상조직에 끼어 있다. 혈액은 흉선으로 전구세포들이 유입되고 성숙한 T 세포들이 유출되는 유일한 통로가 된다. 흉선은 어렸을 때 가장 활동적이며 나이가 들어감에 따라서 현저히 위축된다. 인간의 흉선은 태어나기 전에 완전히 발육이 되고 사춘기까지 크기가 커지다가 점차적으로 줄어들면서 흉선세포로 차있던 영역이 지방으로 교체된다. 이 변성은 30세에 거의 완성되며 이것을 흉선의 퇴화라 한다. T 세포의 발달은 적은 수의 전구체(progenitor)들이 혈액에서 흉선으로 이동하여 도착함에 따라 개시되며, 흉선에서 전구체들이 증식하고 분화하며 또한 선택과정을 거쳐 성숙 T 세포(mature T cell)로 발달한다.

1차 림프기관: 골수(림프구 공급),
         흉선(T 림프구의 성숙)

2차 림프기관: 림프절,
         비장(spleen),
         편도(tonsils),
         아데노이드

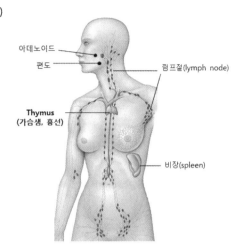

**그림 6-14. 림프기관**

림프구는 혈액을 따라 순환하기도 하지만 림프기관이라 불리는 조직과 기관에 위치하고 있다. 1차 림프기관은 골수와 흉선이고, 2차 림프기관은 림프절과 비장이다.

## (2) T 세포의 분화

T 세포들은 항원과 만난 후 2차 림프조직(특히 림프절)에서 더욱 분화된다. 흉선을 떠난 naive T cell(미감작 T 세포)은 성숙 B 세포에서와 같이 체조직을 통해 혈액을 지나 2차 림프조직들을 지나 림프로 그리고 다시 혈액으로 들어간다. 성숙한 T 세포들은 성숙한 B 세포보다 오래 살고, 그들의 특이 항원이 없으면 몇 년 동안 몸을 통해 순환을 계속한다. 2차 림프조직의 T 세포 풍부지역은 미감작(naive) T 세포가 그들의 특이 항원에 의해 활성화되는 특이한 장소를 제공한다. 항원과의 만남은 T 세포 발달과 분화의 마지막 단계를 유발하는데, 성숙한 T 세포는 분열되고 effector T cell(효과 T 세포, 작용 T 세포)로 분화하여 그들 중 일부는 림프조직에 머물고 나머지는 염증부위로 이동한다. 오직 하나의 말단 분화상태인 항체분비 형질세포를 만드는 B 세포와는 달리 여러 다른 형태의 effector T cell 종류가 존재한다. 항원에 의해 활성화가 일어나면 $CD8^+$ T cell은 활성화된 세포독성 T 세포(cytotoxic T cell)가 되고, $CD4^+$ T cell은 사이토카인의 영향 아래 TH1 또는

TH2 effector T cell로 분화할 수 있다. CD4$^+$ T cell의 어떤 형이 우세한지는 병원체의 성질과 그것을 제거하는 데 필요한 면역반응의 형태에 달렸다.

건강한 사람에서 CD4$^+$ T cell들은 CD8$^+$ T cell들보다 말초혈액 내에 약 두 배가 많다. 후천성면역결핍증 환자에서는 바이러스가 그들의 수용체로서 CD4 분자를 이용함으로써 CD4$^+$ T cell을 선택적으로 죽이므로 이 비율은 변하게 된다. 항원을 만난 경험이 없는 naive T cell(미감작 T 세포)은 계속 혈관계와 림프계 사이를 재순환한다. 이 재순환 과정 중 naive T cell들은 림프절과 같은 2차 림프조직에 머물게 된다. 만약 naive T cell이 림프절에서 항원을 만나지 못하면 유출 림프관을 통해 빠져 나오며 흉관을 통하여 혈액에 존재하게 된다. naive T cell은 매 12~24시간마다 혈액에서 림프절로, 그리고 다시 혈액으로 재순환되는 것으로 추정된다.

naive T cell이 적절한 항원제시세포 혹은 표적세포상의 '항원−MHC 복합체'를 인식할 경우에, naive T 세포는 활성화되어 1차 반응을 개시하게 된다. T 세포의 경우는 항원을 직접적으로 인식할 수 있는 B 세포와는 다르게 직접 항원을 인식하지 못하고 수지상세포나 대식세포와 같은 항원제시세포(APC)가 T 세포에 항원을 제시해 주어야 한다. 항원제시를 통해서 활성화된 후 48시간이 되면 naive T cell은 커져서 세포분열주기를 반복적으로 진행하기 시작한다. naive T cell의 활성화는 TCR(T cell receptor) 복합체의 관여에 의한 신호와 CD28-B7 상호작용에 의해 유도되는 공동자극신호에 의해 이루어진다. 이러한 신호들은 T 세포가 세포주기의 G1기로 진입하는 것을 촉발하며 IL-2 발현을 촉진한다. 또한 공동자극신호는 IL-2 유전자의 반감기를 증가시킨다. 이러한 결과로 활성화된 T 세포들에서는 IL-2 생성이 100배 정도 증가하게 된다. IL-2의 분비 및 그 수용체와의 결합은 naive T cell이 증식하고 분화하도록 유도하게 된다. 이러한 방식으로 활성화된 T 세포들은 매일 2~3번씩 4~5일 동안 분열하여, 자손세포들로 이루어진 거대한 클론(clone)을 형성하고 memory T cell 또는 effector T cell로 분화하게 된다. effector T cell은 사이토카인 분비, B 세포 보조, 세포독성 살해 활성 등과 같은 전문적인 기능을 수행한다. effector cell(효과세포, 작용세포)이 수일에서 수주에 이르는 짧은 수명을 지닌 데 비하여, memory cell(기억세포)은 오랜 기간 생존할 수 있으며, 재차 동일한 항원을 만날 때 더 강력한 활성으로 반응을 일으키는 특성을 갖는다.

## 5) 세포매개 면역반응

항체매개 면역반응에서는 혈액이나 체액에 있는 병원체를 제거하는 역할을 하기 때문에 세포 내부에 병원체가 있는 경우는 비효과적이다. 세포매개성 면역반응은 이와 같이 세포 내에 병원체가 존재하는 경우와 암세포 등을 죽이는 cytotoxic T cell(세포독성 T 세포)의 작용에 의해 일어난다. 세포독성 T 세포는 세포와 세포 간 전투의 전문가이다. 전형적인 세포매개 면역반응은 염증반응 동안 간질액에서 시작되는데 다음과 같은 과정을 통해서 항체매개 면역반응에서 놓친 병든 세포들을 제거한다. 병든 세포는 일반적으로 특정 항원을 전시한다. 예를 들어 암세포는 변형된 신체 단백질을 보여주고, 바이러스와 같은 병원체에 감염된 세포는 병원체의 폴리펩티드를 전시한다. 먼저 수지상세포가 이러한 아픈 세포들을 포식하고 항원-MHC 복합체를 수지상세포 표면에 제시하면서 비장(spleen)이나 림프절로 이동한다. 거기서 수지상세포와 같은 항원제시세포(APC)는 커다란 집단의 naive(미감작) helper T cell 군집과 naive(미감작) cytotoxic T cell 군집을 만나 '항원-MHC 복합체'를 제시한다. 항원을 인식하는 수용체를 가진 naive helper T cell과 naive cytotoxic T cell이 활성화가 일어나게 된다. 활성화된 naive helper T cell은 effector helper T cell과 memory helper T cell로 분화한다. effector helper T cell은 항원제시를 하는 대식세포와 면역학시냅스를 형성하고 사이토카인 분비를 시작한다. 항원제시세포와 반응하여 활성화가 일어난 cytotoxic T cell은 보조 T 세포가 분비하는 사이토카인을 분열과 분화의 신호로 인식하고 effector cytotoxic T cell과 memory cytotoxic T cell로 이루어진 거대한 군집을 형성한다. 이들은 모두 처음에 병든 세포에 의하여 제시되었던 항원과 같은 항원을 인식하는 것이다. effector cytotoxic T cell(작용 세포독성 T 세포)은 즉시 기능을 시작한다. 이들은 혈액과 조직액을 순환하면서 MHC와 함께 원래의 항원을 제시하고 있는 어느 세포에나 결합한다. 병든 세포에 결합한 이후에, 세포독성 T 세포는 퍼포린과 단백질 분해효소를 분비한다. 이러한 toxin은 병든 세포에 구멍을 뚫고 세포사멸 기작을 통하여 세포를 죽인다. 항체매개 반응처럼 세포매개 면역반응에서도 기억세포가 형성된다. 오랜 수명을 가진 이들은 즉각적으로 작용하지 않는다. 나중에 똑같은 항원이 다시 들어올 경우 이 기억세포는 더욱 빠르고 강력한 2차 반응을 시작한다.

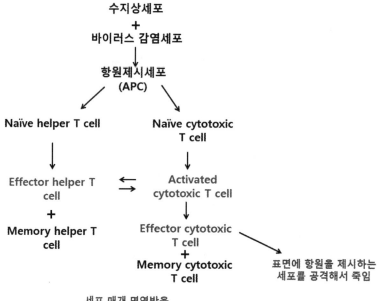

세포 매개 면역반응

**그림 6-15. 세포매개 면역반응 모식도**

바이러스 감염세포가 수지상세포에 의하여 포식되고 바이러스 항원이 가공되어 MIIC-항원 복합체로서 수지상세포의 표면에 제시된다. 항원제시세포가 제시한 MHC-항원복합체를 인식하는 TCR(T 세포수용체)을 가진 naive helper T cell이 서로 결합하고, 그 상호작용은 T 세포를 활성화시켜 effector helper T cell과 memory helper T cell로 분화가 일어난다. 항원제시세포가 제시한 항원-MHC 복합체는 naive cytotoxic T cell과 결합하고, 두 세포의 상호작용은 cytotoxic T cell을 활성화시킨다. 활성화된 cytotoxic T cell은 증식하여 클론을 형성한다. 클론세포는 effector cytotoxic T cell 또는 memory cytotoxic T cell로 분화한다. effector cytotoxic T cell의 TCR은 MHC와 결합한 상태로 있는 항원을 인식한다. 그 세포는 퍼포린을 분비한다. 퍼포린은 바이러스 감염세포의 세포막에 끼어들어 구멍을 낸다. 이온이나 분자들이 세포로부터 빠져나와 세포는 용해된다. 세포독성 T 세포는 이외의 다른 기작에 의해서도 감염세포를 죽일 수 있다.

## 2절. 노화에 따른 면역기능의 변화

Roy Walford라는 학자는 40년 전에 면역기능의 쇠퇴가 노화의 원인이라는 'immuno-logical theory of aging(노화의 면역학적 이론)'을 주창하였다. 아직도 거기에 대한 확실한 결론이 내려지지는 않았으나 노화와 면역기능이 긴밀한 관계가 있음은 알고 있다. 노화에 따른 면역기능의 변화는 감염에 대한 방어력을 감소시키며, 면역체계의 착오에 의해 자기 세포를 공격하는 자가면역질환, 그리고 암의 발생을 증가시킨다. 면역기능에 영향을 주는 변화들로는 유전체 불안정성, 미토콘드리아의 기능 감소, 샤페론 기능의 변화, 산화적 스트레스, 호르몬의 변화, 만성염증의 증가 등을 꼽을 수 있다. 이러한 요인들에 의하여 다음과 같은 면역요소들에서 변화가 초래된다.

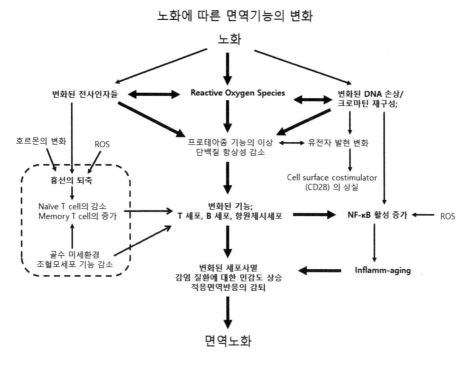

그림 6-16. 노화에 따른 면역기능의 변화

노화하면서 유전자 발현의 변화와 전사인자들의 변화가 초래되며 흉선의 퇴축이 일어난다. 흉선의 퇴축으로 B 세포와 T 세포 비율이 변화하며, 골수에서는 조혈모세포의 기능이 저하한다. 활성산소종의 발생은 증가하고 프로테아좀 기능이 점차로 감소하면서 단백질 항상성에 영향을 미치고, 이러한 요인들은 T 세포, B 세포, 항원제시세포(APC) 등에서 기능의 변화를 초래한다. 노화하면서 증가한 신체의 각 부분에서의 미세한 만성적인 염증은 신체 각 부분에서 장기(organ)의 노화를 촉진하여 'inflammaging'을 초래한다. 이에 따라 감염질환에 대한 대응의 효율성이 감소하고, 적응면역(특이적 면역)의 효율성 감소로 면역노화가 초래된다.

## 1) 흉선의 퇴축(thymic involution)

골수에서 생성된 T 세포의 전구체(precursor)는 혈류를 타고 흉선으로 이동하여 그곳에서 성숙이 일어나게 된다. 흉선의 크기, 흉선에서 분비되는 흉선단백질의 양은 사춘기 이후 크게 떨어져 면역기능의 감소를 초래한다. 흉선의 퇴화기작에 대해서는 확실하지는 않으나, 골수세포, 흉선세포, 흉선 내부의 미세환경, 호르몬 등이 영향을 줄 것으로 추정된다.

〈표 6-2〉 노화에 따른 면역계의 변화

| 항목 | 종류 | 기능 | 변화 | 초래하는 결과 |
|------|------|------|------|--------------|
| 흉선 | 흉선단백질 | T세포 성숙 | 퇴축 | 흉선 퇴화 |
| 사이토카인 | IL-2 | T세포 성장인자 | 감소 | 미생물 감염 |
| | IL-4 | B세포 자극인자 | 증가 | 자기면역반응 |
| | IL-6 | Pro-inflammatory, 흉선 퇴축 | 증가 | 염증반응 |
| | TNF-α | Pro-inflammatory | 증가 | |
| T 세포 | Naïve T 세포 | 면역기능의 잠재적능력 | 감소 | 특이적면역반응 감소 |
| | Memory T세포 | 면역반응의 기록 | 증가 | |
| | T세포 활성인자 | T 세포 활성화 | 감소 | T세포 활성 감소 |
| B세포 | 항체 | 항원에 대한 반응성 | 감소 | |
| CD4세포와 CD8 세포의 비율 | CD4 세포 CD8 세포 | CD4 세포: 보조T세포 CD8 세포: 세포독성T세포 | 비율 변화 | 면역계 부조화 |
| 점막면역 | IgA | 미생물의 감염을 막음 | 감소 | 장내 세균감염 |

흉선의 무게는 출생 시 10~15g, 사춘기는 30~40g, 장년기 이후는 2~4g으로 퇴축되며, T 세포 발달이 일어나는 표피공간(epithelial space)은 결합조직 및 지방과립으로 대체된다. 70세까지 90% 이상의 표피공간의 축소가 일어나지만 그 내부에 존재하는 T 세포 분열기능은 유지되는 것으로 보이므로, 노화에 기인한 naive T 세포 생산능력의 감소는 흉선 표피세포의 손실과 관련 있는 것으로 추측할 수 있다.

〈표 6-3〉 흉선의 퇴축

| | 사람 | 마우스 | 흉선내 주세포 |
|------|------|--------|--------------|
| 출생시 | 10~15g | | 림프구 |
| 사춘기 | 30~40g | 70mg | 림프구 |
| 장년기 이후 | 2~4g | 5mg | 거식세포 지방과립 비만세포 |

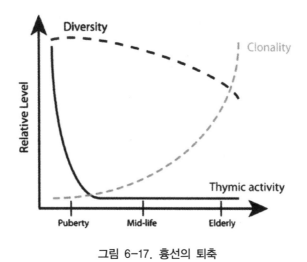

그림 6-17. 흉선의 퇴축

흉선은 사춘기 이후 급속히 퇴축이 일어나며 면역의 다양성(diversity)은 감소하고 클론성(clonality)은 증가한다.

## 2) CD4 : CD8 비율의 변화

CD는 T 세포 표면에 존재하는 세포막 단백질(cell membrane proteins)을 말한다. CD4 T 세포는 보조 T 세포(Helper T cell)를 말하며, CD8 T 세포는 세포독성 T 세포(cytotoxic T cell)를 의미한다. 노화하면서 CD4 보조 T 세포가 감소하여 CD4 : CD8 세포 비가 달라지는데 이러한 변화가 항원에 대한 T 세포의 반응을 감소시키리라 추측된다. 면역능력의 유지를 위하여 보조 T 세포의 기능이 꼭 필요하기 때문에 보조 T 세포가 감소하면 면역기능의 저하를 초래한다. 후천성면역결핍증(AIDS)의 경우 바이러스에 의하여 CD4 보조 T 세포가 선택적으로 파괴가 일어나 면역기능이 파괴된다. 또한 T 세포 활성화에 co-stimulatory 역할을 하는 CD28은 노화가 진행함에 따라서 감소한다.

## 3) Naive T 세포의 감소와 Memory T 세포의 증가

노화하면서 naive(새로 형성되어 항원과 아직 접촉하지 않은) T 세포는 감소하고, 면역반응에 대한 기록을 기억으로 가지는 기억 T 세포는 증가한다. 효율적인 면역기능을 위해서는 naive T 세포가 더 많이 요구된다. naive T 세포가 많은 상태는 면역기능의 잠재력이 큰 상태이며, 나이가 들었을 경우는 상당수의 세포들이 기억세포(memory cell)나 작용 세포 (effector cell)로 전환이 일어나 면역기능의 잠재력이 감소한 상태가 된다. memory cell이 다시 항원을 만났을 때 효율적으로 면역반응을 유도하지 못하는 현상도 노화된 개체에서 나타난다. 노인의 경우 백신을 맞았을 때 젊은 사람만큼 효율적으로 항체가 만들어지지 못하는 것도 memory cell의 기능에 젊은 사람보다 효율성이 떨어짐을 나타내는 것이다.

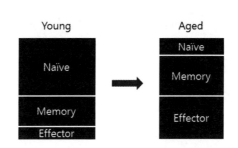

**나이에 따른 흉선세포 집단의 변화**

**그림 6-18. 나이에 따른 흉선세포 집단의 변화**

Naive cell은 면역기능의 잠재력인데 나이든 개체의 경우 Naive cell의 감소가 뚜렷하여 면역력의 다양성이 감소한다. Naive cell 감소는 적응면역이 감소하는데 직접 영향을 미친다.

## 4) 사이토카인의 변화

IL-2(인터루킨-2)는 외부로부터 침입하는 미생물에 대항하기 위하여 면역능력을 강화시키는 역할을 한다. IL-2의 분비가 노화하면서 감소되어 면역기능의 약화를 초래한다. 'T 세포 성장인자' 또는 'thymocyte stimulating factor'로 불리는 IL-2는 CD4 T 세포가 만들어내며 그 기능은 T 세포가 G1기에서 S기로 진행하도록 하는 'T 세포 성장인자' 역할을 한다. 또 자연살해세포(NK 세포)에 작용하여 NK 세포의 성장을 촉진하고 살해능력을 강화하며, B 세포에 작용해서 그 성장을 촉진한다. IL-2의 분비 감소는 AP-1과 NF-AT 전사촉진인자 감소와 관련이 있다. 반면에 TNF-α, 인터루킨-6(IL-6), 인터루킨-4(IL-4)는 염증을 촉진하는 pro-inflammatory cytokine으로써 노화함에 따라 증가한다. 인터루킨-6와 TNF-α는 노화의 진행에 따라 만성염증반응을 증가시키는 역할을 하며, 인터루킨-4는 자가면역반응의 증가와 관련이 있다. 이러한 염증 사이토카인을 쥐에서 증가시켰을 때 쥐의 수명을 단축시켰다.


## 5) 점막면역(mucosal immunity)반응의 감소

점막면역반응은 1차적인 면역체계이며, 외분비액(타액, 콧물, 눈물, 기관지 분비액, 위장 분비액 등)에 포함된 면역글로블린(IgA)에 의하여 항원의 중화가 일어난다. 위장으로 들어오는 음식물에는 수많은 미생물들이 포함되어 있는데, IgA는 소화기계에서 리소좀(lysosome)등과 함께 박테리아 등의 미생물을 분해함으로써 방어기능을 할 수 있다. 점막을 통한 방어기능이 떨어져 노화하면서 감염이 증가한다.


## 6) 노화에 따른 선천면역반응의 변화

선천면역기능 가운데 호중구와 대식세포의 기능은 중요한 역할을 한다. 호중구와 대식세포의 수는 노화하면서 잘 유지가 되고 있다. 그런데 포식작용을 하는 능력과 사이토카인과 같은 화학물질을 분비하는 기능에 있어서는 더 감소가 일어난 것으로 관찰된다. 이와 같은 포식능력의 감소와 사이토카인 및 케모카인 분비의 감소는 상처 치유가 더디게 일어나는 것을 설명할 수 있다. 케모카인 분비의 감소는 상처 부위로 이동하는 호중구와 대식세포의 수의 감소를 초래하여 더 적은 수의 포식작용을 일으키게 될 것이고 같은 수의 포식세포가 있더라도 노화한 개체에서는 상대적으로 포식능력이 더 떨어지기 때문에 치유를 더 늦게 할 것이다.

<표 6-4> 노화하면서 일어나는 선천면역의 변화

| 세포형태 | 노화하면서 일어나는 변화 |
|---|---|
| 호중구 | 세포 수는 불변 |
| | 포식작용 감소 |
| | 화학주성에서 감소 |
| 대식세포 | 세포 수는 불변 |
| | 포식작용 감소 |
| | 사이토카인과 케모카인 분비 감소 |
| 자연살해세포 | 수에 있어서 증가함 |
| | 케모카인 분비 불변 |
| | 세포독성 불변 |

## 7) 노화에 따른 B 세포 수 감소

노화하면서 성숙한 B 세포의 수가 감소하는 것은 골수에서 B 세포 생성이 감소하는 것을 반영하는 것이다. 노인에서 Memory B 세포의 클론 확장이 젊은 사람보다 효율적이지 않은 것으로 나타난다. 노화에 따라 말초에서 성숙한 B 세포가 감소하는 것은 면역반응을 적절한 수준으로 일으키기에 부족하다. 나이가 들면서 항체 기능이 떨어지는 것은 보조 T 세포의 수와 기능이 감소한 것을 반영하는 것이다. memory T 세포가 helper T 세포로 clonal expansion하는 것의 감소는 사이토카인이 더 적게 방출되도록 하고 이것은 다시 B 세포가 항체를 만드는 데에 영향을 미쳐 B 세포의 항체 생산을 감소시킨다. 또 높은 친화력을 나타내는 항체의 비율이 나이가 들면서 감소하면서 면역능력의 약화를 초래한다.

## 3절. 노화와 염증반응

보편적 노화의 생화학적인 현상이 아직도 완전하게 밝혀진 것은 아니지만 많은 질병은 노화의 원인 또는 노화의 결과와 관련되어있다. 인간 암(human cancer)의 발생률은 노화와 함께 기하급수적으로 증가하고 있기 때문에 암은 노화 과정과 복잡하게 연결되어 있다고 생각할 수 있다. 최근 드러난 연구의 증거로 암과 같은 만성적인 질병과 염증, 그리고 노화 사이에는 서로 긴밀한 상관관계가 있음이 알려진다. 암과 같은 만성 질환의 발달은 만성염증과 긴밀한 관련이 있는 한편 만성염증은 조기노화(premature aging)를 초래할 수도 있다. 이러한 사실은 노화, 만성염증, 그리고 암 사이의 상호 연관성을 분석하기 위해 장기적인 관점의 연구 전략이 사용되어야한다는 것을 의미한다. 염증반응(inflammation)은 우리 몸에 외부로부터 유해인자(병원체나 독소 등)가 들어오면 이에 대해 생체를 방어하는 선천적 방어기작에 포함되며, 여기에는 여러 종류의 염증세포, 염증성 사이토카인 (cytokines) 및 중재자(mediator)들이 관여한다. 사람의 선천 면역은 병원체에 특이적으로 존재하는 병원체 표면을 인식하여 비자기(nonself)를 분별해 낼 수 있다. 예를 들어 대식세포(macrophage)는 병원체의 표면 패턴을 읽어 비자기(nonself)라는 것을 인식할 때 병원체 표면에 달라붙어 포식작용(phagocytosis)을 할 수 있다. 병원체가 생체의 물리적 장벽을 부수고 몸속으로 침입하면 염증반응이 일어나 병원체를 퇴치하게 되며 그 결과로 고름이나 농이 생기게 된다. 유아기와 유년기 등 인생의 초반기에는 병원체의 감염 등에 의한 급성염증(acute inflammation)이 흔히 일어나 외부로부터 들어오는 병원체에 대항하여 우리 몸을 보호하는 역할을 하며 염증은 곧 진정된다.

인생의 후반기로 들어가면서 급성염증이 치료가 되지 않고 오래 동안 지속되거나, 동일한 부위에 반복적으로 염증이 일어나는 경우, 외부적으로 드러나지 않는 미세한 염증들이 우리 몸의 전신적 부위에서 만성염증(chronic inflammation)을 초래한다. 미세한 만성염증은 자각할 수 있는 증상이 없어서 우리도 모르는 사이에 매일매일 조금씩 우리 몸을 갉아먹다가, 그 한계점에 달하는 시점에 이르러 드디어 임상적인 병증(clinical symptoms)의 형태로 나타나게 된다. 만성염증을 일으키는 물질들은 세포들을 변성시키고 유전자변이 촉진과 면역계를 약화시켜 자신의 정상적인 세포들을 공격하게 함으로써 악영향을 주어 노화를 가속화시킨다. 만성염증이 발생한 조직은 활성산소의 발생이 많아 인체의 노화 및 퇴행화를 촉진하는데, 이와 같은 노화관련 질병에는 죽상동맥경화증(atherosclerosis), 치매(dementia), 암(cancer) 등이 대표적이다. 이런 염증은 관상동맥의 콜레스테롤 축적의 균형을 저해하여 환자의 콜레스테롤 수치가 정상 범위에 있을 때에도 심장마비를 유발할 수 있다. 지방세포가 염증화학신호를 내보내기 때문에 비만인 사람에게 염증이 당뇨병을 일으키는 데 작용할 수 있다는 증거가 늘어나고 있다. 신체가 자신을 공격하는 자가면역병(autoimmune disease) 역시 염증을 동반한다.

염증이 노화과정을 촉진하는 원인으로 보아야할지 또는 노화의 결과로 보아야할지는 논란의 여지가 있다. 그러나 노화가 진행되면서 면역계가 염증을 촉진하는 방향으로 치우침이 일어나고, 이러한 치우침은 노화의 가속화를 촉진한다. 이러한 의미로 'inflammation (염증)에 의한 aging(노화)의 가속화'라는 두 단어를 결합해 만든 '염증노화(inflamm-aging)' 라는 용어로 표현되기도 한다. 인생의 초기에는 생존에 유익한 영향을 주는 염증반응이 인생의 후반부에서는 오히려 노화를 촉진하는데 이와같은 이중적인 현상을 대립적 다면 발현(antagonistic pleiotropy)의 한 예라고 볼 수 있다.

## 참고문헌

1. Chang, L., H. Kamata, et al. (2006). "The E3 ubiquitinin ligase Itch couples JNK activation to TNFα-induced cell death by inducing c-FLIPL turnover." Cell 124(3):601-613.

2. Elinav, E., R. Nowarski, et al. (2013). "Inflammation-induced cancer: crosstalk between tumours, immune cells and microorganims." Nature Reviews Cancer 13:759-771.

3. Haigis, M. C. and B. A. Yankner. (2010). "The aging stress response." Mol Cell 40(2):333-44.

4. Karin, M. and F. R. Greten. (2005). "NF-κB in cancer: From innocent bystander to major culprit." Nature Reviews 2:301-310.

5. Kenyon, C., J. Chang, et al. (1993). "A C. elegans mutant that lives twice as long as wild type." Nature 366:461-4.

6. Pikarsky, E., R. M. Porat, et al. (2004). "NF-κB functions as a tumour promoter in inflammation-associated cancer." Nature 431:461-466.

7. Ross, R. (1999). "Atherosclerosis-An inflammatory disease." N Engl J Med 340:115-126.

8. Stix, G. (2007). "A malignant flame." Scientific American July 2007:60-67.

9. Viennois, E., F. Chen, et al. (2013). "NF-κB pathway in colitis-associated cancers." Transl Gastrointest Cancer 2(1):21-29.

10. Starr, C., Taggart, R. et al. (2013). "Biology: The unity and diversity of life." Brooks/Cole.

11. 강해묵. (2012). "생명의 원리." 라이프사이언스.

12. 미생물·면역분과학회. (2011). "최신면역학." 라이프사이언스.

13. 이길재. (2012). "생명과학: 이론과 응용." 라이프사이언스.

14. 전진석 등. (2007). "생명과학." 지코사이언스.

15. 오상진. (2015). "노화의 생물학." 탐구당.

16. 강해묵. (2010). "생명과학: 개념과 탐구." 라이프사이언스.

17. 홍영남. (2009). "생명과학: 역동적인 자연과학." 라이프사이언스.

# 7

## 피부계통의 노화

    피부계통(integumentary system)은 동물의 외부 부분을 덮고 있는 기관을 말하며 피부와 그 부속 구조물(머리카락, 손톱, 발톱 등)을 포함한다. 이 부분은 특별한 도구를 쓰지 않고도 볼 수 있으며 다양한 기능을 가지고 있다. 피부는 감염(infection), 상처(injury), 탈수(dehydration)와 같은 위험요인으로부터 신체를 보호하는 역할을 하며 체온을 적절한 온도로 유지하고 비타민 D를 합성할 수 있다. 피부에 분포한 감각수용체들은 압각, 촉각, 통각, 온도를 감지히여 중추신경계로 정보를 제공함으로써 외부 환경에 대한 판단을 할 수 있도록 도와준다. 피부의 노화는 암과 심장병과 같이 생명에 크게 지장을 주지는 않지만 현대사회에서는 미적 감각이 더욱더 중요시되어가므로 피부계통의 노화는 현대인에게는 매우 중요하다.

## 1절. 피부의 노화

### 1) 피부의 구조

피부는 인체의 표면을 여러 층들로 덮고 있으며 몸무게의 약 7% 정도의 무게와 평균 약 1.2mm(손과 발 부위는 더 두꺼워 약 6mm 정도)의 두께를 가진 조직이다. 피부는 갖가지 감각 신경이 고루 퍼져 있어 압박감, 촉감, 더위, 추위 그리고 통증을 느낄 수 있고 고무줄처럼 신축성이 있으며 외부의 자극에 대한 저항력을 지니고 있다. 피부는 기본적으로 두 부분으로 나눌 수 있는데 표면상피인 표피(epidermis)와 표피 밑의 진피(dermis)이다. 진피에는 혈관, 신경, 땀샘 등이 있다. 진피의 아래에는 피하지방층(hypodermis)이라고 불리는 느슨한 결합조직이 있다. 표피와 진피 사이는 기저막(basement membrane)에 의해 명확히 구분되지만, 진피와 피하지방층 사이는 결합조직으로 뚜렷한 경계 없이 이어지고 있어 명확한 구분은 어렵지만 진피에는 섬유다발이 많고 피하지방층은 지방세포로 구성된 것이 특징이다. 피하지방층의 경우는 피부기관이 아니라는 견해도 있으나 진피 아래에 연결되어 있다는 점에서 피부계통에 포함이 될 수도 있다. 그 외에도 피부 부속기관인 땀샘(sweat gland), 피지선(sebaceous gland)이 있고, 털, 피부가 각질화된 손톱, 발톱 등이 있다.

### (1) 표피층(Epidermis)

표피는 4개의 세포층으로 구분되는데, 내측에서부터 피부표면으로의 순서로 기저층(stratum basale, SB), 유극층(stratum spinosum, SS), 과립층(stratum granulosum, SG), 그리고 각질층 (stratum corneum, SC)이 있다. 가장 바깥에 위치하는 각질층은 장벽기능을 나타내어 '피부장벽'으로 불린다. 각질층(SC)은 기저층(SB)으로부터 이동해 온 각질형성세포(keratinocyte)가 분화과정을 거치면서 세포사멸(apoptosis)을 통해 사멸한 세포인 각질세포로 변한다. 따라서 표피는 살아있는 세포층과 죽은 세포층인 피부장벽으로 구성된 것이다. 손바닥이나 발바닥처럼 일부의 두꺼운 부분을 제외하고는 표피는 아주 얇은 층으로 구성된다. 표피에 혈관은 분포하지 않으며 각질형성세포는 표피의 가장 아래층인 기저층(SB)에서 분열하며 유극층(SS), 과립층(SG), 각질층(SC)을 경유하여 표피로부터 떨어져 나간다. 이러한 전 과정은 기저층에서 각질층까지 도달하는데 14일, 각질층에서 떨어져 나가기까지 14일, 총 28일(약 1개월) 정도가 소요되며 이 과정은 '각화(keratinization)'라고 불린다. 표피를 구성하는 세포 종류에는 각질형성세포(keratinocyte), 멜라닌세포(melanocyte), 랑게르한스세포(Langerhans cell), 메르켈 촉각세포(Merkel cell) 등으로 구성되어 있다. 각질형성세포(keratinocyte)는 표피의 주요 구성성분이며, 각질단백질 케라틴(keratin)을 생성하는 기능을 가지고 있다. 멜라닌세포는 멜라닌을 포함하는 멜라닌소체를 합성하고 분비하는 세포로 표피의 기저층(SB)에 흩어져 존재한다. 멜라닌세포와 기저세포와의 비율은 평균 1:10 정도이다. 백인의 피부는 희고, 동양인의 피부는 갈색이며, 흑인의 피부는 검은 이유는 멜라닌색소의 양을 점점 많이 포함하기 때문이다. 백인, 동양인, 흑인에서 멜라닌세포의 수는 비슷하지만 세포에서 멜라닌색소를 만드는 능력은 차이가 있다. 멜라닌세포는 흑갈색 색소인 멜라닌(melanin)을 만들어 각질형성세포에 준다. 대략 1개의 멜라닌세포가 주위에 있는 36개 정도의 각질형성세포와 접촉하면서 멜라닌색소를 전달할 수 있다. 이러한 멜라닌세포와 각질형성세포와의 결합을 '표피멜라닌 단위(epidermal melanin unit)'라고 한다. 각질형성세포는 멜라닌세포로부터 전달받은 멜라닌색소를 자신의 핵 위에 위치시킨다. 멜라닌색소는 마치 선크림(sun cream)을 바른 것처럼 자외선으로부터 신체를 보호하는 기능을 지닌다. 랑게르한스세포는 골수에서 유래한 백혈구로서 T 세포에 항원을 제시하는 수지상세포(dendritic cell)이며 포식작용을 통하여 피부의 면역기능을 담당한다. 랑게르한스세포는 표피 전층에 각질형성세포 사이사이에 위치하고 있다. 또한 랑게르한스세포는 긴 돌기를 뻗고 피부를 통하여 들어오는 외부 물질을 감시하는 역할을 한다. 자외선 조사(UV irradiation)는 랑게르한스세포 활동을 저해함으로써 피부면역 기능을 억제한다. 메르켈세포는 피부에서 신경세포들의 기계적 수용기(slowly adapting mechanoreceptor) 역할을 하는 것으로 알려져 있다.

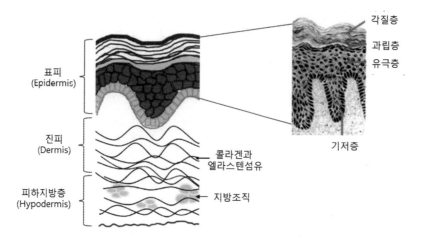

그림 7-1. 피부의 구조

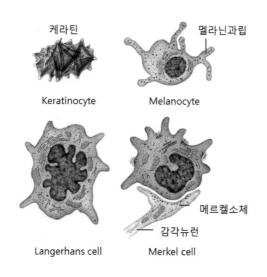

그림 7-2. 표피의 세포들

기저층(stratum basale, SB) : 기저층은 표피의 가장 아래층을 구성하며 진피와 접하고 있다. 진피의 유두층(papillary dermis)과 붙어 있는 모세혈관을 통해 영양을 공급 받으며 기저층 아래 기저막(basement membrane)이라는 보호막이 있어 물질의 이동을 통제한다. 기저층(SB)과 진피(dermis)의 유두층(PD)은 고정섬유(anchoring fiber)에 의하여 연결되어 있는

데, 노화하면서 생기는 주름(wrinkle)은 이 고정섬유가 붕괴한 것과 관련이 있다. 기저층에는 각질형성세포(keratinocyte)가 있는데 각질형성세포는 피부 겉면에서 떨어져 나가는 각질층(stratum corneum, SC)을 형성하게 하는 세포이다. 표피의 가장 아래인 기저층에 존재하는 각질형성세포(keratinocyte)만이 분열할 수 있는 능력을 가지고 있다. 일종의 성체줄기세포로서의 역할을 하는 것이다. 각질형성세포는 모세혈관으로부터 영양분과 산소를 공급받아 세포분열을 통해 표피의 재생을 돕는다. 각질형성세포 가운데 10%는 줄기세포(stem cell)로서 지속적으로 분열하여 새로운 세포를 만들어낼 수 있다. 영양분과 산소의 공급과 이산화탄소와 노폐물의 배출에 유리하도록 표면적이 늘어나게 기저층(SB)은 직선이 아닌 구불구불한 물결모양을 이루고 있고, 이 물결모양이 깊고 많이 있을수록 피부 탄력성은 더욱 증가하는데 노화가 진행하면 굴곡이 평평해지면서 탄력이 떨어진다.

유극층(stratum spinosum, SS) : 위로 밀려 올라간 각질형성세포는 각질을 만들기 위한 분화 과정을 계속하여 점점 납작해진다. 세포와 세포 사이에는 세포와 세포를 연결해주는 교소체(desmosome)라는 것이 있어 세포는 서로 단단히 붙어있다. 유극층의 세포들은 물결모양의 기저층을 메우도록 구성되어 표피층의 각 세포에 영양분을 공급하는 역할을 한다. 유극층에서는 세라마이드(ceramide), 콜레스테롤(cholesterol), 지방산(fatty acid)과 여러 가지 효소들을 분비하는 '층판소체(lamellar body)'가 관찰된다. 층판소체는 피부보호막을 형성하는데 중요한 역할을 한다.

과립층(stratum granulosum, SG) : 과립층은 각질층 바로 밑에 위치하는 세포인데, 3-5층의 방추형 세포로 구성되어 죽은 세포와 살아있는 세포가 공존한다. 유극층(SS)으로부터 성장되어 올라오면서 세포의 크기가 점점 커지고 케라틴단백질이 뭉쳐져 만들어지는 '케라토히알린(keratohyalin)'이라는 각질효소 과립이 만들어지고 수분이 점차 감소하게 되면서 각질층으로 변화한다. 외부로부터의 이물질 통과와 피부 내부로부터의 수분 증발을 저지하는 방어막이 있어 피부염이나 피부건조를 방지하는 중요한 역할을 한다.

각질층(stratum corneum, SC) : 과립층을 거친 각질형성세포는 죽어서 각질층을 이루게 된다. 각질층은 납작한 모양의 죽은 세포인 각화세포(Corneocyte)가 서로 연결되고 죽은 세포 사이를 지방성분이 채우고 있는 형태로 형성된다. 각질층(SC)에는 수분이 거의 없고 지방질 성분들로 겹겹이 이루어져 피부의 수분 증발을 막아줄 뿐만 아니라 이물질이나 세균들이 피부 속으로 침입해 들어오는 것을 막아주는 방어벽 역할을 한다. 불과 2~4층의 죽은 세포의 잔재와 지질로 구성된 각질층은 어느 정도 두께를 유지하고 있다가 순서대로 때의 형태로 떨어져 나가게 된다.

### (2) 표피-진피 경계부

표피-진피 경계부는 기저막(epidermal basement membrane)으로 이루어져 있고 그 접합부위를 '기저막대'라고 한다. 이는 유동성 반투과성의 여과기로 생각되고 있는데, 표피와 진피 사이에서 액상의 물질은 투과시키나 염증세포나 종양세포들이 왕래하는 것을 제어하는 방어막으로서의 역할을 수행하고 있다. 기저막은 표피세포의 부착을 용이하게 하여 지지대로서의 역할을 하고, 표피의 형성을 조절하며 상처 치유과정에도 관여하게 된다. 기저막은 전자밀도가 높은 부분인 기저판(lamina densa)과 그 위의 얇고 투명하며 무정형의 공간인 투명판(lamina lucida) 그리고 기저세포 원형질막과 기저판을 연결하는 고정세섬유 및 기저판과 연결되는 섬유성분으로 이루어져 있다. 섬유성분으로는 고정형섬유(anchoring fibril), 교원섬유(collagen fiber), 탄력섬유(elastic fiber) 및 미세원섬유(microfibril)가 있다. 표피-진피 경계부는 물결모양을 이루며 이 물결모양이 깊고 많을수록 표피와 진피가 강하게 연결된 상태이다. 나이가 증가함에 따라 표피-진피 경계부는 평평해지고 탄력성이 떨어지며 손상받기 쉬운 형태로 변하게 된다.

### (3) 진피층(Dermis)

진피는 표피와 피하지방층 사이에 위치하며 피부의 90% 이상을 차지하며, 세포들과 그 세포 사이를 채우는 세포외기질로 구성된다. 가장 얇은 진피는 눈꺼풀로 0.5 mm 정도 두께이며, 가장 두꺼운 진피는 아래쪽 등(lower back)부분으로 진피의 두께가 3 mm에 이른다. 진피는 피부에 유연성, 탄력성 및 장력을 제공하는데, 혈관계나 림프계 등이 복잡하게 얽혀 있는 형태를 띠며 표피에 영양분을 공급함으로써 표피를 지지하고 보호해주는 역할을 하고 있다. 진피층은 경계가 확실하지 않으나 두 층으로 구분할 수 있다. 즉 진피 상부에 위치한 '유두진피(papillary dermis, PD)'와 하부에 위치하는 '망상진피(reticular dermis, RD)'로 나눌 수 있다. 진피에 존재하는 세포는 결합조직 내에 널리 분포된 섬유아세포(fibroblast)가 주종을 이루는데 이들 섬유아세포는 세포외기질(extracellular matrix, ECM)인 교원질(collagen)과 탄력질(elastin) 그리고 여러 다양한 기질을 생성하는 모세포 역할을 한다. 진피에는 섬유아세포 외에 대식세포(macrophage), 비만세포(mast cell), 랑게르한스세포(Langerhans cell), 림프구(Lymphocyte), 형질세포(Plasma cell) 등이 존재하며 표피와 섬유아세포의 성장을 자극하는 표피성장인자(epidermal growth factor, EGF)가 세포성장을 촉진시킨다. 진피의 섬유아세포(fibroblast)는 교원질, 탄력질, 휘브릴린, 프로테오글리칸 등의 기질단백질을 합성하여 분비하는 역할을 한다. 프로테오글리칸(proteoglycan)이라는 단백질은 기질단백질의 한 종류인데, 여러 종류의 당(sugar)과 결합하여 피부의 구조와 기능에 중요한 역할을 한다. 비만세포(mast cell)는 피부에서 발생하는 두드러기, 아토피피부염 등의 피부질환 발생에 중요한 역할을 하는 세포이다. 자외선 조사 후 부종 및 홍반과 같은 급성염증은 비만세포에서 분비하는 히스타민(histamine)이 중요한 매개 기능을 한다. 히스타민은 각질세포에 영향을 미칠 뿐 아니라 직접 UV가 조사된 부위 또는 인접한 림프절로 면역세포를 유인하며 림프구 증식과 여러 가지 사이토카인의 방출에도 관여한다.

교원섬유(collagen fiber) : 교원질(collagen)은 진피 전체 무게의 약 80% 정도를 차지한다. 진피에서 교원질은 콜라겐섬유를 형성하여 피부 형태를 유지하며 피부 조직을 단단하게 만들어준다. 최근까지 교원질은 13 종류가 밝혀졌으나 인체피부에는 I, III, IV, V, VI, VII 등 여섯 종류가 분포되어 있으며 그 중 I 형이 전체의 약 85%를 차지하고 있다. 형성된 콜라겐섬유는 피부구조와 피부 탄력성 유지에 중요하다. 진피의 섬유아세포가 분비한 용해성 전구체인 type I procollagen 분자 세 개가 모여 서로 꽈배기 형태로 꼬이고,

서로 결합하여 콜라겐섬유의 초기 형태를 만든다. 세포 밖으로 나온 전구 콜라겐 (procollagen)의 양쪽 끝부분이 효소에 의해 잘려지고, 더욱 굵은 콜라겐섬유를 형성하게 된다(피부에 존재하는 교원질 반감기는 약 15년이다). 여성의 경우 폐경(menopause) 이후 피부는 빠르게 얇아지는데, 폐경 후 매년마다 2.1% 씩 감소가 일어나 피부노화가 가속화된다.

탄력섬유(elastic fiber) : 탄력섬유는 탄력질(elastin)과 휘브릴린(fibrillin)으로 구성되어 있다. 탄력섬유는 진피 내에서 매우 복잡한 네트워크를 형성하고 있는데, 휘브릴린으로 구성된 섬유골격에 엘라스틴 단백질(탄력질)이 붙어서 탄력섬유를 이루게 된다. 휘브릴린은 각질형성세포와 섬유아세포에서 만들어지며, 두 세포가 협력하여 섬유골격을 만든다. 탄력섬유의 주된 기능은 가해진 힘에 의해 변형된 피부가 원래의 모습으로 돌아오도록 피부에 탄력성을 제공한다. 탄력섬유의 네트워크 구조는 나이가 듦에 따라 소실되어 피부가 늙게 변하게 된다.

글리코사미노글리칸(glycosaminoglycan, GAG) : 진피의 콜라겐섬유와 탄력섬유 사이를 채우고 있는 물질을 '기질(dermal matrix)'이라고 부르는데, 피부를 구성하는 당(sugar)으로 글리코사미노글리칸(glycosaminoglycan, GAG)이 있다. GAG 종류에는 히알루론산(hyaluronic acid), 콘드로이틴황산염(chondroitin sulfate), 더마탄황산염, 헤파란황산염, 케라탄황산염 등이 있는데, 히알루론산을 제외하고는 모두 황산기($SO_4^{2-}$)를 가지고 있다. 또한 모든 GAG는 구조적으로 카복시기($COO^-$)를 가지고 있어서 전기적으로 음전하를 띠며 물 분자와 결합을 잘한다. 이들은 친수성 다당체(polysaccharide)로서 물에 녹아 끈적끈적한 액체 상태로 존재하기 때문에 '뮤코-다당체(mucopolysaccharide)' 라고도 부른다. 이들은 진피의 건조중량으로 따졌을 때 겨우 0.1~0.2 %를 차지하고 있지만 자기 몸무게의 1000배에 해당하는 다량의 수분을 함유할 수 있는 탁월한 보습능력을 가진다. GAG도 노화가 일어나면서 소실이 되면서 피부건조가 일어난다.

프로테오글리칸(proteoglycan) : 일반적으로 GAG는 단독으로 존재하지 않고 어떤 단백질에 결합한 상태로 존재하는데, 이러한 GAG가 결합한 단백질을 '프로테오글리칸

(proteoglycan)'이라 부른다. GAG가 결합하는 단백질 부분을 '핵심단백질'이라고 부른다. 다시 말하면 프로테오글리칸은 핵심단백질 부분과 GAG 부분으로 구성된 것이다. 단, 예외적으로 히알루론산은 핵심단백질과 결합하지 않고 단독으로 존재한다. 프로테오글리칸은 세포와 주위조직과의 신호를 주고받으며 주위환경의 변화에 따라 세포가 적절히 반응하도록 해준다.

**젊은 피부와 노인 피부의 구조적 비교**

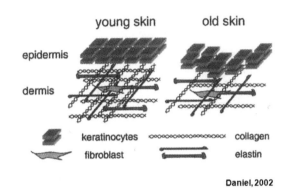

그림 7-3. 젊은 피부와 노인 피부의 구조적 비교

(4) 피하지방층(Hypodermis)

피하지방층에는 그물 모양의 느슨한 결합조직이 있고, 그 사이를 많은 지방세포들이 채우고 있다. 지방층의 두께는 지방세포의 수와 크기에 따라 결정되는데, 한 개체에서 지방세포의 수는 평생 동안 거의 변하지 않기 때문에 지방층의 두께는 지방세포의 크기로 결정된다. 피하지방층은 체온 유지에 중요하고, 충격을 흡수하여 몸을 보호하고, 인체에서 소모되고 남은 영양이나 에너지를 저장하는 저장소 기능을 하며, 몸매를 유지하는 미용효과도 제공한다. 지방세포는 여러 가지 물질을 분비하여 우리 몸의 각종 대사에 관여하고 있다. 지방세포가 분비하는 여러 가지 물질을 합쳐서 '아디포카인(adipokine)'이라 부른다. 대체로 비만한 사람에서 분비되는 아디포카인은 몸에 해로운 역할을 하고, 마른 사람들에게서 만들어지는 아디포카인은 몸에 이로운 역할을 한다. 아디포카인 종류 중에 가장 많이 연구가 이루어진 '아디포넥틴(adiponectin)'이라는 물질이 있는데, 이 물질은 당뇨병을 억제하며 염증을 억제하는 등 좋은 역할을 한다. 또 다른 잘 알려진 아디포카인이 있는데, 이것은 '렙틴(leptin)'이라는 물질이다. 렙틴은 비만을 줄이는 역할을 한다. 최근 연구에 의하면 100세 이상 노인의 혈중에서 아디포넥틴의 양이 증가되어 있음이 발견되었다.

## 2) 피부의 기능

### (1) 보호기능

피부의 가장 중요한 기능은 우리 몸을 보호하는 기능이며 '장벽기능'이라고도 한다. 피부의 각질층은 체내에 있는 수분이 외부로 유출되는 것을 방지하여 수분 보존 기능을 가진다. 또 외부로부터 세균 등의 침입을 막거나 유해한 물질이 침투하는 것을 방지한다. 각질층은 매우 정교하게 만들어져 외부로부터 어떤 위해요인도 쉽게 통과할 수 없도록 만들어져 있다. 피부는 수분 손실에서 상대적으로 마르고 불투과적(impermeable)인 장벽을 제공한다. 피부장벽의 손상 때문에 화상을 입었을 때 막대한 수분 손실이 생긴다. 또 피부는 지방분비로 인하여 피부표면을 깨끗하게 유지하고 불필요한 수분 증발을 막아 수분 조절 기능을 가지고 있고, 체내의 노폐물을 밖으로 배출시킬 수 있다.

### (2) 감각기능

피부에는 많은 수의 신경 말단을 지니고 있어서 더위와 추위, 접촉, 압력, 진동, 그리고 조직 부상 등에 반응하여 그 정보를 중추신경계로 전달한다. 피부의 감각수용기는 뇌가 외부세계를 평가하는 데 도움을 준다.

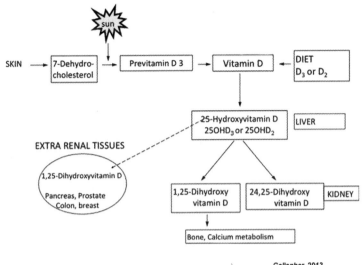

활성형 비타민 D의 합성

Gallagher, 2013

**그림 7-4. 활성형 비타민 D의 합성**

음식물과 피부에서 합성된 비타민 D가 간과 콩팥에서 수산기가 하나씩 더 붙어 디하이드록시비타민 D가 된다. dihydroxy vitamin D가 활성형 비타민 D이다.


## (3) 비타민 D의 합성

피부가 하는 역할 가운데 중요한 한 가지는 인체 내에 필요한 비타민 D를 합성하는 것이다. 비타민 D는 음식물을 섭취하거나 피부에서 합성이 되는데, 우유 등의 음식물로부터 섭취하는 양으로는 하루에 필요한 비타민 D의 양을 충족할 수 없다. 따라서 피부에서의 비타민 D 합성 기능은 인체에 매우 중요한 기능이라고 할 수 있다. 비타민 D는 칼슘 흡수를 돕는 역할을 한다. 음식물에 칼슘을 많이 포함하고 있어도 비타민 D가 충분치 않으면 장에서 칼슘이 흡수되지 않고 배출된다. 비타민 D는 그 자체가 프로호르몬(전구체)이며 그 기능을 수행하기 위해서는 활성형으로 전환되어야 한다. 비타민 D는 간에서 수산기(-OH기)가 하나 붙어 하이드록시비타민 D가 된 다음, 신장으로 운반되어 다시 수산기가 붙어 두 개의 수산기를 포함한 '디하이드록시비타민 D'라는 호르몬으로 전환된다. 활성형 비타민 D는 디하이드록시비타민 D를 말하는데 소화관에서 칼슘의 흡수를 도와 혈액 내의 칼슘농도를 높이는 일을 한다. 하루에 필요한 비타민 D의 양을 맞추기 위해서는 우유 20~40잔을 마셔야 하는데 비용적인 면에서나 다른 식사 구성성분과 균형을 맞추기는 쉽지가 않다. 그런데 하루에 5분~20분 정도 햇빛을 쏘이면(반팔 복장을 기준으로 했을 때) 이러한 비타민 D 필요량이 충족될 수 있다.

### (4) 체온조절기능

피부는 체온을 일정하게 유지하는 데 도움을 준다. 체온이 많이 올라갔을 때는 땀을 배출하고 피부 밑에 있는 혈관을 확장시켜 체온을 발산하도록 하여 일정한 체온을 유지한다. 추울 때는 피부 밑에 있는 혈관을 수축시켜 열 발산을 줄이고, 피부 밑에 있는 피하지방층으로 인해 보온 작용을 하게 한다.

### (5) 재생 및 면역작용

피부표면은 pH 4.5~5.0으로 약산성으로 조절되어 곰팡이나 박테리아 등의 병원균이 감염하는 것을 막아준다. 표피에는 표피전체를 옮겨 다니는 랑게르한스세포는 세균이나 바이러스 입자를 만나면 재빠르게 삼키고는 면역계를 동원하는 경계신호를 내보낸다.

### (6) 분비와 배설작용

피부에는 지방분비샘 그리고 약 250만 개의 땀샘 등 외분비샘이 많이 있다. 땀샘의 분비는 신체가 열을 발산시키는 데 도움을 준다. 지방분비샘의 분비물은 털과 피부를 매끄럽고 부드럽게 하고 세균을 죽인다.

## 3) 피부장벽

피부는 생물체와 외부 환경 사이에 존재하는 물리적, 화학적, 기계적, 미생물 방어 장벽으로서 외부로의 과도한 수분과 전해질의 손실을 억제하고, 다양한 공격으로부터 인체를 보호하는 '장벽기능'을 수행한다. 이러한 장벽기능은 주로 피부 표피층 최외각의 각질층에 의하여 수행되며, 특히 각질세포 사이에 존재하는 각질세포간 지질은 표피 내 투과장벽 기능의 항상성을 유지하는데 중요하다. 따라서 피부의 장벽기능을 정상적으로 유지하는 것은 건강하고 아름다운 피부를 유지하는 가장 기초적이고 핵심적인 요소이다. 피부장벽(skin barrier)은 'bricks and mortar model'에 따르면, 각질세포 그리고 각질세포간 지질로 이루어져 있고, 각질세포간 결합을 담당하는 중요한 구조인 각질교소체(corneodesmosome)도 포함된다. '각질세포'를 'brick'에, 그리고 각질세포를 싸고 있는 '각질세포간 지질'은 'mortar'에 비유한 표현이며, 각질교소체는 brick(각질세포)에 잘 발라진 mortar(각질세포간 기질)를 서로 연결시키는 막대와 같은 역할을 하여 피부장벽이 무너지지 않고 잘 유지시키는 역할을 한다.

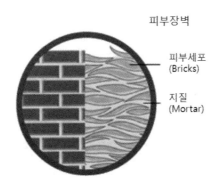

피부장벽

피부세포
(Bricks)

지질
(Mortar)

**그림 7-5. 피부장벽의 구조**

'Bricks and Mortar' 구조에 비교한 것으로 왼쪽은 벽돌 사이를 모르타르가 채우듯, 각질층에서도 각질세포 사이를 지질이 채워주고 있어 피부장벽을 잘 유지한다.

## (1) 피부장벽의 구성

피부장벽 기능에서 가장 중요한 구조물이 피부의 가장 바깥층인 각질층인데, 각질층은 지질성분이 많기 때문에 수용성 물질을 잘 투과하지 않으며, 반면 지질에 잘 녹는 지용성 물질은 수용성 물질보다는 피부를 투과하는데 용이하다. 각질층(SC)의 각질세포간 지질의 주성분으로는 표피의 층판소체(lamellar body)에서 유래한 세라마이드, 콜레스테롤, 자유지방산(free fatty acid) 등이 있다. 이들은 각질형성세포가 분화되는 마지막 단계에서 세포외 유출(exocytosis) 과정을 거쳐 과립층(SG)과 각질층(SC) 경계부위로 배출된다. 노인피부의 경우는 콜레스테롤의 함량부족 현상이 나타나 피부장벽의 기능저하 요인으로 작용한다.

## (2) 피부장벽 손상에 대한 피부의 반응

각질층(SC)의 중요한 성분인 지질의 합성에 문제가 있거나, 때를 심하게 밀어서 각질층이 심하게 손상된 경우는 수분 손실이 일어나 피부가 건조해진다. 피부장벽이 손상되면 우리 몸은 이를 인식하여 지질합성을 촉진하며, 각질형성세포의 성장을 촉진시키고, 각질형성세포를 분화시켜서 각질세포를 보충하게 된다. 이 때 분비가 되는 물질인 사이토카인은 피부에 염증을 일으키고, 피부 손상을 유발하게 된다.

표피의 기저층(SB)의 각질형성세포의 분열과 성장으로 시작되어 최종 분화 과정을 거쳐 완성되는 피부장벽의 형성 경로는 다양한 조절인자의 작용에 영향을 받으며 진행된다. 아토피 피부의 표피층은 정상피부에서보다 두꺼운 층으로 구성되어 있으며 각화세포들 사이의 결합력도 증가되어 있다. 세포의 순환주기는 짧아져 있고 각화세포의 크기는 작아져 있는데, 이는 기저층의 표피형성세포의 증식속도가 낮은 수준으로 진행 중인 염증반응으로 인하여 빨라졌기 때문이다. 기저층(SB)에서의 세포증식 속도의 증가는 표피의 정상적인 분화과정을 저해하게 되며 따라서 정상적인 장벽기능의 상실을 초래하게 된다. 이러한 현상은 다른 염증성 피부질환의 경우와 대비되는 것이며 연구보고에 의하면 다른 염증성 피부질환 환자의 피부 장벽은 정상 피부보다 얇은 것이 특징이나 아토피 피부에서만 표피층이 두꺼워져 있으며 동시에 피부자극인자에 대해서도 민감한 것으로 나타난다. 작은 크기의 각화세포로 형성된 피부 장벽은 외부 자극물질의 세포 간 지질층을 통한 우회적인 확산경로를 단축시키게 되어, 외부 자극물질의 피부침투가 더 용이하게 되어 민감하게 되는 것으로 추측되고 있다.


### (3) 피부장벽 손상에 의한 피부의 증상

피부장벽이 손상되어 나타나는 피부증상에는 피부건조증이 있다. 손상된 피부장벽의 틈을 통하여 수분 손실이 증가하게 된다. 피부는 수분을 많이 함유하고 있어야 피부가 촉촉하고 탄력이 있게 되는데, 수분이 손실되면 피부가 건조해지고 탄력성이 감소하게 된다. 정상적 피부의 pH는 4.5~5.0 사이를 유지하는데 피부장벽이 손상되면 피부의 pH가 높아져 알칼리성으로 변하게 된다. 피부의 pH가 높아지면 각질층 형성을 위해 필요한 세린 프로테아제(serine protease), 카스파제 14(caspase 14) 등의 활성이 감소하여 각질층(SC) 재생도 잘 일어나지 못한다. 또한 피부가 알칼리성이 되면 지질의 합성에 관여하는 효소 활성도 감소하게 된다. 각질층에 존재하는 지질은 세라마이드, 콜레스테롤, 지방산의 세 가지 지질로 구성되는데 이 가운데 세라마이드가 가장 중요하며, 이 세라마이드는 스핑고미엘린으로부터 스핑고미엘린 분해효소의 작용에 의해 만들어진다. 이 효소의 활성은 산성에서 활성이 높은데 피부가 알칼리성이 되면 활성의 감소가 일어나 지질합성에 지장을 준다. 피부장벽이 손상되면 피부에서 정상적으로 만들어지는 자연항생물질도 소실이 일어나 피부감염이 더 잘 일어나게 된다.

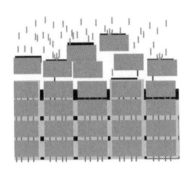
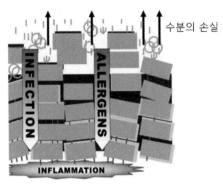

정상적인 피부장벽　　　　　　파괴된 피부장벽

수분의 손실

**그림 7-6. 정상적인 피부장벽과 파괴된 피부장벽의 비교**

피부의 가장 중요한 기능 중 하나는 장벽으로서의 기능이다. 외부 환경에 직접 노출되는 피부는 체액의 손실을 막고 유해한 환경으로부터 신체를 보호하는 가장 중요한 일차 방어선이다. 피부의 가장 바깥에 위치하여 외계와 직접 접촉하고 있는 각질층은 핵이 없는 상태이지만 피부장벽 기능에서 가장 중요한 역할을 수행한다. 즉 각질층은 피부를 통한 수분과 전해질의 손실을 억제함으로써 피부가 정상적인 생물학적 기능을 유지할 수 있는 환경을 제공하고, 외부 환경으로부터 유해한 인자가 피부를 통해 침범할 때 이를 가장 먼저 막아내는 역할을 한다. 각질세포 사이를 채우는 지질의 이상은 피부 장벽기능의 저하를 초래하여, 피부 수분량 감소가 나타나고, 여러 가지 피부 질환을 유발하거나 혹은 악화의 요인을 제공한다. 건강한 피부를 유지하기 위해서는 피부의 수분량과 탄력성을 유지하는 것이 매우 중요하다.

## 4) 피부의 노화

노화를 초래하는 원인들에 따라 '내인성 피부노화(intrinsic skin aging)'와 외부 환경 요인에 의한 '외인성 피부노화(extrinsic skin aging)'로 구별한다. 피부노화는 시간의 경과, 환경적 요인들(UV, 담배, 오염원) 및 호르몬의 변화에 따른 내인성 및 외인성 요인의 복합적 산물이라고 말할 수 있다.

**피부의 노화**

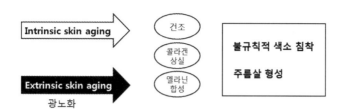

그림 7-7. 피부의 노화

피부의 노화는 내인성 노화와 외인성 노화의 누적 과정(cumulative process)에 의해 일어나며 장기간에 걸친, 미세한 변화들이 축적되어 가시적으로 나타나게 된다. 특히, 피부가 태양광이나 UV에 지속적으로 노출되면 피부 구성의 변화와 표피조직의 즉각적인 손상이 유발될 수 있다. 즉, 광노화로 피부의 주름이나 처짐, 색소침착 반응과 같은 피부 외관의 변화가 나타날 수 있다.

〈표 7-1〉 노화된 피부의 기능 변화

| 기능 | 노화된 피부의 변화 | 임상적인 결과 |
|---|---|---|
| 상피세포의 증식 | 각질세포형성 감소 | 상처치유력 감소 |
| 장벽기능 | 결핍 | 접촉성 피부염의 증가 |
| 지각기능 | 감각수용기 말단의 감소 | 열, 약품 등에 의한 피부염 증가 |
| 비타민 D의 생성 | 결핍 또는 감소 | 골절 용이 |
| 면역기능 | 랑게르한스세포, T세포 감소 | 피부감염 증가 |
| 염증반응 | 혈관주위 비만세포 감소 | 상처치유와 감염소거 지연 |
| 온도조절 기능 | 피하지방 감소 | 열사병, 저체온증 위험 |
| 기계적 보호작용 | 표피－진피 경계부의 편평화 | 피부가 찢어지거나 압력에 의한 피부괴사 용이 |

(1) 내인성 피부노화

생물체의 나이가 들어감에 따라 누구나 피할 수 없는 노화현상을 '자연 피부노화' 또는 '내인성 피부노화'라 부른다. 내인성 노화는 느리게 일어나지만 비가역적인 조직의 퇴행성 변화가 일어나 미세한 주름이 생기고 피부의 탄력이 없어지며 피부가 처지게 된다. 진피에서는 노화가 진행됨에 따라 피부의 구조를 지탱하고 있는 기본 버팀목의 역할을 하는 섬유조직으로 된 콜라겐섬유와 탄력섬유의 소실이 일어난다. 진피층의 상부에 위치한 유두진피(PD)의 변화는 40대에 들어 본격적으로 시작되는데 이러한 형태의 변화 외에 세포증식, 손상 회복, 면역기능 등의 기능이 전반적으로 감소하게 된다. 또한 폐경기 이후의 여성은 에스트로겐의 감소로 인해 교원질을 재생하고 교환하는 피부의 능력이 감소하여 주름(winkle)과 '탄력섬유증[(elastosis) − 진피에 비정상적인 탄력섬유의 성분들이 고철덩어리 같이 쌓여있는 상태]'이 가속화된다. 특히 얼굴이나 손, 종아리 부위의 지방층이 줄어들어 피부가 얇아지고 가벼운 손상에도 쉽게 상처와 멍이 들게 된다. 또한 피부가 건조해지고, 모발의 숫자와 색깔의 변화가 오며, 피부의 색이 얼룩덜룩해지고, 기름샘의 크기가 커져 피부에 노란 반점이 늘어나게 된다. 특히 각질층의 유연성이 상실되고 피부 표면 수분 양이 감소하게 되면서 건성피부나 거친 피부가 생기게 된다. 따라서 건강한 피부를 유지하기 위해서는 피부의 수분 양, 즉 피부 보습력을 유지하는 것이 중요하다. 이와 같이 내인성 노화가 일어나는 원인에 대해서는 '활성산소 이론', '텔로미어 이론' 등의 노화이론으로 설명한다.

활성산소 이론 : 활성산소종은 'reactive oxygen species(ROS)'라고 하며 자외선과 같은 외부 환경적인 요인에 의해서도 발생하지만 세포 내부의 호흡과정에서도 발생한다. 발생된 활성산소는 피부노화에 가장 중요한 원인으로 간주되고 있으며 활성산소는 피부의 내인성 노화를 주도한다.

텔로미어 이론 : 진핵세포의 염색체 말단에 위치한 텔로미어가 노화가 진행됨에 따라 길이가 짧아진다는, 다시 말하면, 'telomere shortening'이 노화의 원인이 된다는 것이 '텔로미어 이론'이다. 이러한 텔로미어 길이의 감소는 세포사멸(apoptosis)이나 세포주기 정지(cell cycle arrest)를 초래하여 노화를 설명하는 주요 이론으로 대두되고 있다.

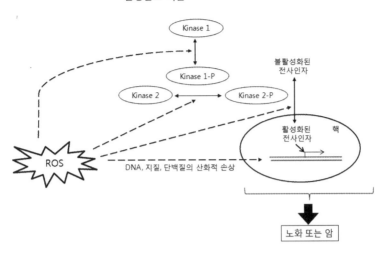

활성산소 이론

**그림 7-8. 세포 호흡이나 자외선 조사(UV radiation)는 ROS(활성산소종)를 생성시킨다**

체내의 항산화체계는 활성산소종을 제어하려는 시도를 하게 된다. 그러나 활성산소종의 생성이 급증하거나 이를 방어하는 방어체계가 효과적으로 작용하지 못할 때 항상성(homeostasis)이 깨져 세포의 이상을 초래하게 되며 이러한 상태를 '산화 스트레스(oxidative stress)'라고 부른다. 활성산소종은 DNA와 단백질 등에 손상을 초래하여 기능상실을 유발하고, 세포막 지질의 산화와 그에 따른 막 기능의 손상을 초래하여 세포기능 저하 및 사멸을 비롯한 다양한 변화를 초래한다. ROS는 세포 내 여러 종류의 신호전달반응, 전사인자, 수용체, 인산화효소(kinase) 등에 작용함으로써 세포 내 신호전달 연쇄반응(signal transduction cascade)에 있어서 변화를 초래한다. 신호전달과정에 이상이 있으면 암과 같은 질환이 생기게 되며, 노화과정에도 여러 가지 신호전달 경로의 변화가 알려져 있다.

## (2) 외인성 피부노화

생체의 내적인 문제가 아니라 햇빛, 추위, 바람, 스모그 등 환경적 요인에 의해 생기며, 그 중 자외선이 주원인으로 작용하는 '광노화(photoaging)'가 외인성 노화에서 중요하다. 내인성 피부노화 원인으로 작용했던 활성산소는 자외선이나 공해물질(pollution), 스트레스(stress) 등과 같은 외부요인에 의해서도 생성될 수 있어 유사한 방법을 통하여 영향을 미칠 수 있다. 자외선으로 인해 생성된 자유라디칼은 피부표면 세포막에서 지질을 산화시켜 과산화지질을 만들며, 진피층의 교원질과 탄력질을 파괴하여 피부탄력을 감소시킨다. 특히 피부조직은 여러 층으로 구성되어 있는 복잡한 조직으로서 지질, 단백질, DNA를 풍부하게 함유하여 자유라디칼에 의한 산화반응에 민감하다. 활성산소는 섬유아세포를 공격하여 교원섬유와 탄력섬유의 생성을 저해할 뿐 아니라 이들을 분해하는 각종 효소를 자극하여 섬유 구조 변성을 초래하여 기능을 저하시킨다. 이와 같은 현상이 누적되고 피부 구성 물질 및 결합조직 중의 세포외기질(ECM)의 조성변화로 인하여 피부의 탄력성 저하, 주름생성 및 모공확장 등으로 피부노화 현상이 나타나며 이것은 또 피부암의 원인을 제공하기도 한다.

〈표 7-2〉 내인성 노화와 광노화의 조직학적 비교

| 구분 | 내인성 노화 | 광노화 |
|---|---|---|
| 표피 두께 | 얇음 | 두꺼움 |
| 각질형성세포 | 규칙적 그리고 질서정연하게 분포 | 불규칙적, 무질서하게 분포 |
| 섬유아세포 | 감소 | 증가 |
| 콜라겐 | 감소 | 감소 |
| 미세혈관 | 시간에 의존적으로 감소 | 지역적(local) 확장 |

광노화 : '광노화'는 주로 자외선이 원인이 되어 일어난다. '광노화' 라는 용어는 1986년 만들어졌는데(Kligman & Kligman, 1986), 햇빛에 항상 노출되는 얼굴, 목, 손등, 팔의 피부에서 관찰되는 노화이다. 광노화 피부의 특징은 자연적 피부노화에 비하여 노화의 정도가 심하고, 일찍부터 노화 현상이 시작된다. 태양광선은 피부노화를 촉진하며, 어렸을 때부터 햇빛을 피하면 피부가 노화하는 현상을 일부분 예방할 수 있다. 태양광선은 인간생활에 필수적이며, 밝음과 따뜻함을 주고 해로운 미생물을 죽이며 피부에서 비타민 D를 합성하는 등 인간 생활에 유익함을 주는 요소이다. 그러나 태양광선에 과도하게 노출이 되면 여러 가지 인체에 해로움이 발생하는데 급성반응으로는 홍반이나 색소의 침착을 일으키고 만성반응으로는 광노화와 피부암까지도 유발할 수 있다. 가장 독성이 큰 자외선 UVC(200~290nm)는 피부에 치명적인 손상을 줄 수 있는 인자임에도 불구하고 다행히도 오존층에서 대부분 흡수된다. 그 밖에 가시광선(400~760nm)은 진피층까지 30~75% 정도가 침투가 가능하고 가시광선보다 파장이 긴 적외선(IR, 760nm 이상)은 피하조직까지 침투가 가능하다. 자외선이 직접 혈관벽에 작용하여 생기는 홍반은 각질형성세포에서 분비되

는 히스타민 등의 혈관확장물질에 의하여 혈관을 확장시키고 혈관벽의 투과력을 증가시키게 된다. 자외선을 받을 때 피부가 붉게 변하는 것을 '홍반'이라 하며, UVB 가운데서도 300~310nm 파장의 자외선이 가장 효과적으로 홍반을 일으킨다. 그리고 UVB는 UVC보다 100배 정도의 홍반효과를 야기한다. 홍반이 나타난 후 3일이 경과하면 피부는 서서히 검은 색으로 변하는데 이것을 '선탠(suntan)'이라 부른다. 색소의 침착은 멜라닌의 일시적인 흑화 및 표피 내에서의 멜라노좀 분포변화로 진행된다. UVA와 UVB 광선에 신체를 과다 노출하면 세포복제 기능이 방해되어 피부가 스스로 복구하는 능력이 손상되고 피부암으로 번질 수 있는 가능성이 증대한다. 오늘날 환경이 파괴되면서 야기된 오존층의 감소는 자외선 UVB와 UVC의 방사율을 증가시키고 있는데 오존층 1% 감소 시 자외선의 방사율은 2%가량 증가하고 자외선이 1% 증가하면 피부암 환자는 2% 증가하는 양상이 나타나

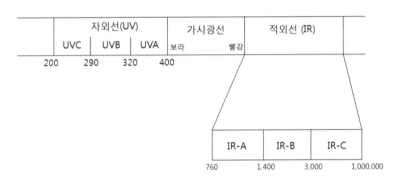

**그림 7-9. 태양광선의 구성**

자외선(ultraviolet)은 태양광선 전체의 약 5% 정도를 차지하며, 200~400nm 사이의 파장을 가진 광선이다. 자외선(ultraviolet)은 가시광선보다 파장이 짧은 광선이며 보라색 광선보다 더 짧은 파장을 가졌다는 의미로 '보라색(violet)' 앞에 'ultra'라는 단어를 붙인 것이다. 자외선은 다시 셋으로 구분이 된다. UVC는 200~290nm으로 자외선 가운데 가장 짧은데 오존층에서 다 흡수가 일어나 지표면에는 거의 도달하지 않는다. 그러나 오존층의 파괴로 인하여 극지방에서는 UVC가 지표면까지 도달하고 있다. UVB는 파장이 290~320nm의 자외선을 말한다. UVB는 DNA를 손상시키는 효과, 피부에 색소를 침착하여 검게 만드는 효과가 강하다. UVB는 UVA에 비하여 강력한 유전독성과 각종 장해를 일으키지만 UVA에 비하여 투과력은 약해 주로 표피층에 영향을 미친다(UVA 광자의 50%는 진피로 침투할 수 있으나, UVB 광자는 10% 미만이 진피에 침투할 수 있다). UVA는 파장이 320~400nm의 자외선을 말하며, 보다 심층부위에 침투가 가능하므로 표피의 각질세포와 진피의 섬유아세포에 영향을 미칠 수 있다. 지표면에 도달하는 UVA 양을 UVB와 비교하면 UVA가 UVB보다 100배 정도는 많다(UVA와 UVB를 함께 UV radiation을 의미하는 'UVR'이라고 호칭한다). DNA를 손상시키는 능력에 있어서 UVA가 UVB에 비해서 작지만 태양광선 가운데 훨씬 많이 포함되어 있으므로 UVB와 UVA를 함께 차단하는 것이 중요하다.

고 있다. UVB와 UVC는 DNA에 직접적인 손상(damage)을 입힐 수 있으며, UVA는 DNA에 직접적인 손상보다는 활성산소에 의한 간접적 손상을 일으킨다.

### (3) 주름살은 피부의 탄력성과 피하지방의 상실로 인해 만들어진다

주름살(wrinkle)은 노화의 가장 눈에 잘 띄는 결과물이다. 주름살은 인체의 어느 부분에서든지 만들어질 수 있다. 주름살의 근원적 원인은 진피에 의해 발생하는 피부세포의 수가 감소한 것, 피부세포의 정상 기능이 변화한 것, 피하지방의 감소 등에서 찾을 수 있다. 노화로 인한 피부세포 수의 감소는 피부가 얇아지는 결과를 초래하며 주로 표피에서 일어난다. 피부세포 수가 감소한 것은 텔로미어가 짧아지면서 세포분열이 느려지기 때문으로 생각된다. 어떤 연구에 의하면 나이가 들면서 표피 기저층에 있는 분열하는 각질형성세포(keratinocyte)의 수가 감소했다는 보고가 있다. 피부세포가 줄고 교원섬유와 탄력섬유의 합성이 감소하면서 피부의 탄력이 심각하게 감소한다. 피부는 콜라겐의 비효소적 크로스링크(nonenzymatic crosslink)가 증가하는 것에 의해서도 탄력성을 잃을 수 있다. 이러한 크로스링크가 하나씩 더 만들어짐으로 인하여 단백질의 탄력적 특성이 감소하고 피부는 더 평평해진다. 피부는 더 이상 피부 밑에 존재하는 불규칙성을 부드럽게 덮을 수가 없게 된다. 피부 바닥에 나타나는 울퉁불퉁한 불규칙성이 나타나는 또 다른 원인은 피하 지방층의 감소 때문이다. 평균적으로 20~40대의 성인은 대부분의 지방을 피하에 저장하고 있다. 그러나 60대 이상의 나이가 되면서 피하지방이 남자의 경우 배(abdomen)와 궁둥이(buttocks), 여자의 경우는 둔부(hip)와 궁둥이로 지방이 모이게 된다. 그 이유는 알 수 없으나 얼굴과 팔다리의 지방도 빠지게 되면서 이러한 불규칙한 구조를 상대적으로 탄력성이 적은 표피가 덮고 있으므로 주름살이 나타나게 된다.

## (4) 자외선은 시간이 경과하면서 피부에 심각한 손상을 일으킨다

공해, 흡연, 과도한 음주 등은 피부에 심각한 손상을 일으킬 수 있다. 그러나 90% 이상의 시간에 의존적인 피부손상은 햇빛 노출에 의해 생긴다. 광노화는 주로 진피에 일어나며 'solar elastosis(일광탄력섬유증)'라 불리는 비정상적인 탄력섬유가 축적됨으로써 일어난다. 손상 받은 탄력섬유와 교원섬유가 축적되는 것은 피부탄력성 상실, 주름살 형성, 피부 모세혈관 확장 등을 초래한다. 반복적인 태양빛 노출은 멜라닌세포에도 손상을 준다. 멜라닌세포의 구조와 기능에 변화가 일어나면 'melanoma(흑색종)'란 피부암을 유발할 수 있다. 멜라닌은 'sunscreen' 역할을 해서 피부가 검은 사람은 흰 사람보다 피부가 노화하는 것이 더 느리게 일어난다. 광노화와 일광탄력섬유증의 기작은 아직 확실하지 않으나 활성산소 생성을 유도하는 자외선의 역할에 대해 주목하고 있다. 활성산소의 짝짓지 않은 전자가 다른 분자와 빠르게 반응하여 단백질의 구조와 기능을 변화시킬 수 있다. 교원섬유와 탄력섬유는 매우 느린 전환율을 가지고 있기 때문에 손상된 탄력섬유는 피부로부터 제거되기 보다는 진피의 기질에 그대로 축적되는 경향이 있다. 또한 탄력섬유에 있어서의 손상은 진피에 더욱 손상을 줄 수 있는 면역반응을 유발할 수 있다. 많은 연구에서는 활성산소에 의해 손상 받은 조직에 반응하여 면역계의 반복되는 싸움으로 인하여 피부노화의 가속화가 일어날 수 있음을 보여주었다.

광노화의 원인 : 광노화를 유발하는 주된 요소는 교원질의 분해이다. 자외선 조사(UV radiation)는 피부세포에서 교원질의 합성을 억제하는 한편, 교원질을 분해하는 효소 (collagenase)인 matrix metalloproteinases(MMPs)의 합성은 촉진시킨다. 따라서 자외선을 쬐면 교원질의 합성은 줄어들고, 교원질 분해는 늘어나기 때문에 자외선을 쪼인 피부에서는 결론적으로 교원질의 양이 줄어들게 되므로 피부주름이 초래된다. 피부세포가 새롭게 교원질을 합성하더라도, 증가된 MMPs 효소가 새로 합성한 교원질을 바로 분해시켜 버리게 된다. 다른 한편으로는 증가된 MMP 효소가 기존의 피부를 구성하는 교원섬유(collagen fiber)를 계속적으로 분해하게 된다. 교원섬유는 피부의 정상적인 구조와 형태를 유지하는데 중요한 역할을 하고 있으며, 피부조직에 장력을 주고, 조직을 튼튼하게 만드는 중요한

역할을 하고 있다. MMPs 그룹은 최소한 14개 이상의 서로 다른 종류를 가진 분해효소로 구성되어 있다. 이런 단백질분해효소(protease) 대부분은 자연의 교원질, 변형된 교원질, 탄력섬유, 다양한 프로테오글리칸, 피브로넥틴, 그리고 그 외의 다른 성분들도 분해할 수 있다. 자외선에 의해 피부세포의 성장인자와 사이토카인 수용체의 활성화가 일어나면 MAP kinase(MAPK)를 거쳐 전사인자 AP-1을 활성화시킨다. 표피와 진피에서 AP-1 활성 증가는 MMPs의 발현을 증가시킨다. 결국 사람 피부에 자외선을 조사한 경우 MMPs의 활성이 증가하며 증가된 효소활성은 주로 type I의 콜라겐(교원질)을 분해한다. 동시에

**자외선과 광노화**

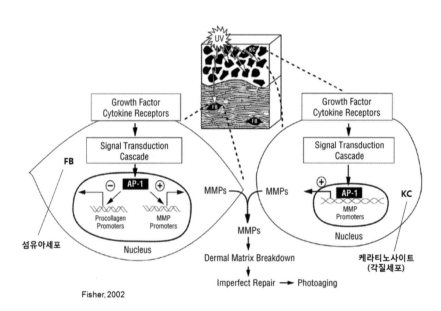

Fisher, 2002

### 그림 7-10. 자외선 조사는 피부의 결합조직에 손상을 입힌다

자외선은 표피에 존재하는 케라티노사이트(KC)와 진피에 존재하는 섬유아세포(FB)에 작용하여 성장인자와 사이토카인 수용체를 활성화한다. 활성화된 수용체는 신호전달 연쇄반응(signal transduction cascade)을 자극하고 이것은 전사인자 AP-1을 유도한다. 섬유아세포에서 AP-1은 프로콜라겐(콜라겐 전구체) 합성 유전자 발현을 억제하는 기능을 한다. 케라티노사이트와 섬유아세포에서 AP-1은 몇몇 MMPs 발현을 강력하게 촉진하는데, 콜라겐 및 기질을 분해하는 MMPs(MMP-1, MMP-3, MMP-9)를 합성하고 분비 함으로써 콜라겐과 세포외기질(ECM)들을 분해하는 역할을 한다. 1회의 자외선 조사에 의해서도 피부 내의 MMPs 활성의 증가가 일어나며 피부 교원질의 붕괴가 현저히 일어난다. 손상된 피부는 불완전하게 복구됨으로써 변형된 기질의 축적이 일어나며 이를 'solar scar'라고 부른다. 이러한 'solar scar'가 축적되면 주름살을 유발하게 된다. 주름살이 있는 부분은 주로 태양광을 받는 부분이 며, 넓적다리 또는 등(back)과 같이 빛을 받지 않는 부위는 주름살이 거의 없다. 실제로 태양광을 받는 부분과 받지 않는 부분의 MMPs 양을 비교하면 태양광선을 받는 부분이 2배 이상 증가돼 있다.

자외선 조사는 specific MMPs 저해제(tissue inhibitor of MMP, TIMP)의 합성도 유도하는 것으로 알려져 있다. 광노화 피부에서 분해효소와 분해효소 저해제와의 정확한 균형이 있음에도 불구하고 자외선 조사 후 과다한 분해 환경이 조성되게 되므로 피부 콜라겐(교원질)의 손실이 초래된다.

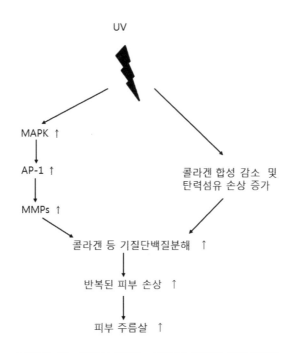

**그림 7-11. 자외선 조사는 피부의 주름을 증가시킨다**

자외선은 콜라겐과 탄력섬유(엘라스틴)의 변형과 감소를 초래하며 그 결과로 피부를 유지하는 힘이 약해진다. 이 때문에 피부가 접히거나 피부가 근육의 움직임에 의해 쉽게 접히는 현상이 발생하는데 이것이 주름살이 생기는 원인이라고 생각된다. 반복적인 자외선 노출에 의한 광노화는 내인성 노화에 비하여 MMPs의 분해 작용이 더 증가하기 때문에 교원질(콜라겐) 감소가 더 현저하게 나타난다고 할 수 있다. 따라서 광노화는 내인성 노화에 비하여 굵고 깊은 주름이 발생하며 잔주름도 더 많이 발생한다.

### (5) 피부노화의 결과

피부노화의 결과로는 주름의 증가, 피부의 이완, 피부 광택과 매끄러움의 저하, 피부 긴장감 저하, 피부 각질층이 쌓여 생긴 요철로 인한 거칠어진 살결 등이다.

피부의 주름 : 30세를 전후로 신체의 각 부분에 주름이 형성되기 시작하는데 나이에 따라 그 수와 깊이, 범위가 증가한다. 이러한 주름의 발생에는 신체 내, 외적인 원인이 있으나 광노화를 제외하면 내적으로는 각질층 수분량의 저하로 인한 수분 함유량의 감소, 각질층의 비후, 표피세포 교체율의 감소와 위축, 진피의 히아루론산과 교원질 및 탄력질의 질적, 양적인 변질에 의해서 나타나고 피지생성의 감소가 야기되며 외적으로는 외부로부터 받는 물리적, 화학적인 스트레스가 원인이다. 얼굴의 표정은 얼굴 근육의 움직임에 좌우가 되며, 이런 반복적인 움직임을 통해 피부표면 밑에 홈이 형성되게 된다. 이것이 축적되면 잔주름을 형성하게 된다.

피부의 이완 : 피부의 이완은 대략 40세 전후로 신체에 나타난다. 즉 40년이라는 세월의 흐름에 의해 자연적으로 중력에 의하여 무게가 있는 곳으로 피부가 처지게 되는 것이다. 피부의 이완은 특히 턱, 눈꺼풀, 눈 아래쪽, 볼, 복부, 허벅지 등의 살이 있는 부위에서 일어난다. 피부이완의 원인은 주름과 마찬가지로 진피를 이루고 있는 교원질의 감소와 탄력질의 변질 그리고 피하조직의 감소에 있다. 피하지방조직의 감소는 외부로부터의 물리적 자극에 대한 저항력의 저하, 지지력의 감소 및 궁극적으로 피부를 지지하는 근육력의 저하를 야기한다.

피부의 색소침착과 변화 : 피부에는 강한 자외선으로부터 우리 신체를 지켜주기 위하여 멜라닌이 형성된다. 멜라닌의 역할은 자외선이 체내로 투과하는 것을 막아 내부 장기가 손상되는 것을 지켜주며 자외선으로 인한 피부조직 유전자 변형을 막아내고 피부암 발생을 억제한다. 멜라닌세포는 멜라닌을 형성하는데 생성된 멜라닌은 작은 구형의 멜라닌과립을 형성한다. 멜라닌세포는 생성한 멜라닌과립을 뻗어있는 수상돌기(dendrite)를 이용하여 주위의 각질세포로 분비한다. 이 분비과정은 자외선이나 외부의 자극으로부터 영향을 받은 각질세포의 능동적인 탐식작용(phagocytosis)에 의해 각질세포의 세포질 내로 들어간다. 각질세포 내의 멜라닌과립은 개체마다 크기나 멜라닌화의 정도가 다르고 각질세포 내의 분산도가 다르다.

자외선에 의한 염증반응 : 자외선은 다양한 경로를 통하여 활성산소종(ROS)의 생성을 유도하는 것으로 알려진다. ROS의 과도한 생성은 직접적인 DNA 손상과 세포의 손상 및 사멸을 유발하게 된다. 또한 ROS는 여러 신호전달기작의 활성화를 통하여 염증을 촉진시키는 사이토카인의 분비를 촉진하여 염증을 일으키는 것으로 알려진다. 각질형성 세포(keratinocyte)는 피부를 구성하는 작용 이외에도 IL-1, IL-3, IL-6, IL-8과 같은 인터류킨 (IL)을 비롯하여 colony stimulating factor(CSF)와 TGF-α, TNF-α 와 같은 사이토카인을 생산하고 분비함으로써 피부에서의 염증반응에 관여한다. 노화과정의 중요한 원인으로 ROS(활성산소종) 및 RNS(활성질소종) 뿐만 아니라 cyclooxygenase-2(COX-2), iNOS, XOD, NADPH oxidase 등과 같은 활성산소종을 생성하는 효소들도 중요한 역할을 담당하고 있다. 이러한 요소들에 의해 생겨난 ROS, RNS는 DNA, 단백질, 지질을 손상시켜 세포의 기능을 저하시키고, 결국에는 노인성 질환을 야기한다.

## 5) 광노화의 기전

### (1) 당화스트레스와 광노화

당화스트레스는 수많은 다른 종류의 화학반응을 포함한다. 예를 들어 메일라드반응은 환원당과 단백질 간의 비효소적 / 비가역적 반응으로 정의한다. 이 반응은 일련의 반응을 통하여 '최종당화산물(AGEs)'을 생성할 수 있는데, 생성된 AGEs는 단백질 기능을 손상시키고 RAGE(AGEs의 수용체)를 활성화하는 등 세포 내 반응을 변화시킨다. 당화반응은 당화스트레스를 측정 가능하도록 해주는 여러 가지의 기질을 생성한다. 이러한 당화 스트레스 마커로 사용되는 것에는 Nε-carboxymethyl-lysine (CML), Pentosidine, Glucosepane 등이 있는데, 이들은 모두 콜라겐 단백질과 당화반응을 할 수 있다. CML은 콜라겐과 반응하여 CML-collagen을 형성할 수 있으며, 이와 같은 CML이 첨가된 콜라겐을 세포배양 중인 피부 섬유아세포에 첨가하면 세포사멸이 유도된다. 그리고 AGEs는 세포노화 표현형을 조절할 수 있다. 진피의 섬유아세포를 AGEs의 존재하에서 배양하면 많은 SA β

-galactosidase(세포노화의 marker) 양성 세포가 나타난다. 한 보고에 의하면 20대에서 80대로 나이가 먹으면서 AGEs의 축적도 3배로 증가한다는 연구결과도 나와 있다. CML은 진피보다 대사 전환율이 높은 표피층을 포함한 표피에 존재하며, 형광을 붙인 anti-CML 항체를 사용하여 형광현미경을 통해 관찰하면 표피에 축적이 일어난 CML을 볼 수 있다. 피부가 AGEs에 의하여 수식이 되면 탄력성을 상실하고 경직되며, 주름살을 형성하기 쉽다. AGEs 는 콜라겐에 존재하는 리신이나 아르기닌 아미노산과 결합을 하고 AGEs를 가진 콜라겐끼리 서로 교차결합을 형성하게 된다. 당화산물은 진피(dermis)에만 존재하는 것이 아니라 표피(epidermis)에도 역시 존재한다.

**조직 내 축적되는 AGEs의 예**

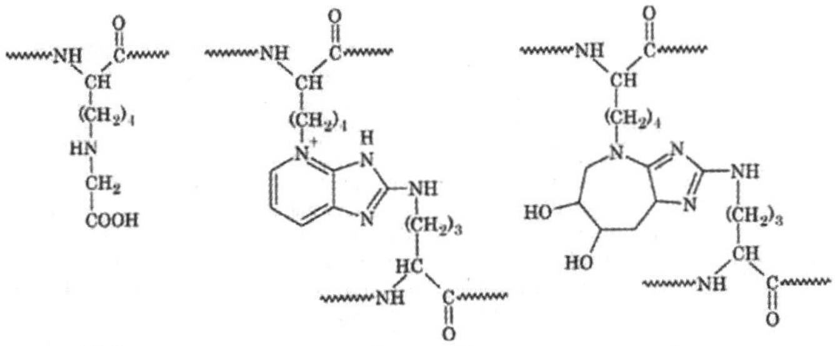

CML          Pentosidine          Glucosepane

그림 7-12. 조직내에 축적되는 최종당화산물(AGE)의 예

(2) 광노화기작과 자외선

자외선은 UVA, UVB, UVC 세 가지 종류로 구분한다. 이 중 UVC는 오존층에서 거의 모두 흡수되고, 지표면까지 도달해 피부에 영향을 주는 자외선은 UVA와 UVB(합쳐서 'UVR'로 호칭함, 자외선)이다. 일상생활 중 UVB는 유리창에 의해 걸러지지만 UVA의 경우는 유리창을 통과할 수 있다. 자외선(UVA와 UVB)은 피부의 교원질을 손상시켜 주름생성, 탄력저하를 일으키고 멜라닌 색소를 형성하여 기미, 주근깨, 잡티, 검버섯 등의 색소 노화를 일으킨다. 피부가 자외선에 노출되면 피부 기저층에 있는 멜라노사이트(색소형성세포)

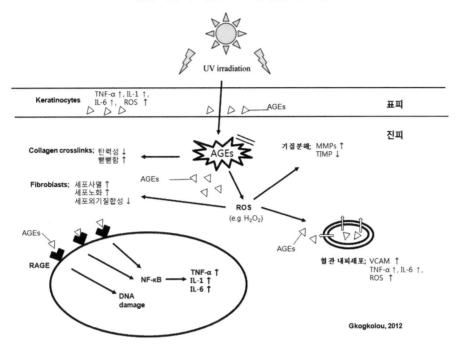

인간 피부에 대한 AGEs의 전반적 효과

Gkogkolou, 2012

그림 7-13. AGEs는 세포 내부 또는 세포 밖에서 형성될 수 있다

AGEs는 세포 내부나 세포 밖의 단백질뿐만 아니라 거의 모든 피부 세포의 핵산, 단백질, 지질과 반응할 수 있다. 피부 세포 단백질의 물리화학적 기능의 변화를 통하여 세포증식이 감소하고, 세포사멸과 세포노화는 증가하고, 염증성 매개자와 산화 스트레스를 유도한다. 이와 같은 것은 전반적으로 피부노화를 촉진하는 방향으로 작용한다. 위 그림의 '표피'에서 삼각형은 AGEs를 의미한다. 고혈당은 AGEs의 증가를 초래하고, AGEs는 활성산소종의 생성을 촉진하며, 활성산소종은 여러 세포내 반응에 영향을 미칠 수 있다. 표피에서 AGEs는 세포생존능을 감소시키고 TNF-α, IL-6와 같은 염증성 매개자들을 유도한다. 진피에 있는 섬유아 세포에 대해서 AGEs는 조기노화(premature aging)를 유도한다. 교원질과 세포외기질의 합성은 감소하며, 이에 반하여 MMPs의 유도가 일어나 교원질의 분해는 촉진된다. UVA에 노출된 섬유아세포나 케라티노사이트에서는 AGEs 증가와 생존력 감소가 일어난다. AGEs에 UVA의 조사가 일어나면 여러 가지 반응경로를 통하여 활성산소종이 발생된다. 노화가 일어난 피부의 특징은 AGEs의 축적이 일어났다는 점이다. 교원질의 당화는 매년 3.7% 가량씩 증가가 일어난다는 보고가 있으며(Corstjens, 2008), 여기에 자외선의 노출이 더해지면 그 비율은 더욱 상승한다고 알려진다. 생성된 AGE는 수용체와 결합하여 DNA 손상, 염증반응을 촉진하는 매개자로 작용한다.

가 자극을 받아 부분적으로 멜라닌을 만들어 내는데 이 멜라닌 색소가 흔히 말하는 기미, 주근깨, 잡티 등을 형성하는 것이다.

자외선 조사는 ROS를 생성하고 교원질 합성을 촉진하는 TGF-β의 작용을 억제함으로써 교원질 합성은 줄어든다. 한편 ROS는 교원질 합성을 억제하는 전사인자 AP-1은 촉진함으로써 교원질 합성은 줄어들게 된다. 반면 ROS는 교원질의 분해를 촉진하는 MMPs 활성은 촉진함으로써 진피에 존재하는 교원섬유를 붕괴시킨다.

　　ROS는 탄력질을 분해하는 엘라스타제, 그리고 기질 중 하나인 히알루론산을 가수분해 하는 히알루로니다아제 활성을 촉진하여 탄력질과 기질을 제거한다. 다른 한편으로 ROS 는 핵 DNA에 돌연변이를 초래하며, 미토콘드리아 손상을 일으키고, 세포막에 작용하여 과산화지질을 만들고, 교원질의 교차결합을 증가시킴으로써 피부노화를 촉진한다.

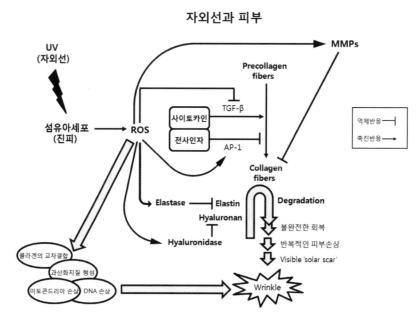

**그림 7-14. 자외선 조사는 ROS를 생성하고, ROS는 MMP 단백질을 유도하여 기질단백질의 양을 감소시킨다**

### (3) 광노화기작과 피하지방조직

　　표피의 각질형성세포 / 섬유아세포(keratinocyte / fibroblast)로부터 자외선 조사에 의하여 유도되는 '용해성 조절자들'[IL-6, IL-8, PIGF, MCP(monocyte chemotactic protein)-3 등이 있다]은 피하지방 대사활성을 조절하여 피하지방의 감소를 초래한다.

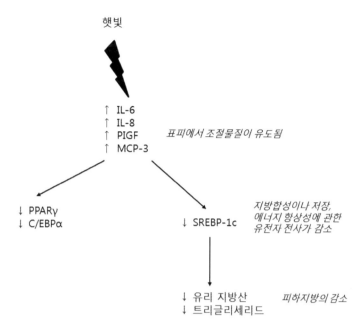

햇빛이 피하지방조직에 미치는 영향

햇빛

↑ IL-6
↑ IL-8
↑ PlGF
↑ MCP-3

*표피에서 조절물질이 유도됨*

↓ PPARγ
↓ C/EBPα

↓ SREBP-1c

*지방합성이나 저장,*
*에너지 항상성에 관한*
*유전자 전사가 감소*

↓ 유리 지방산
↓ 트리글리세리드

*피하지방의 감소*

**그림 7-15. 햇빛에 의하여 피하지방층의 지방합성이 감소된다**

햇빛을 받으면 IL-6, IL-8, PlGF, MCP-3 등과 같은 조절물질들이 표피에서 발현이 증가하고, 이것은 체내 지질 대사, 지방세포 형성 및 분화에 중요한 PPARγ, SREBP-1c, C/EBPα 등의 발현 감소를 초래한다. 이에 따라 피하지방의 감소가 일어난다.

## (4) 적외선과 피부노화

앞서서 자외선이 피부노화에 미치는 영향을 언급하였는데, 태양광선으로부터 피부에 도달하는 태양에너지 가운데 50% 정도는 적외선(IR)을 통해 도달한다는 것은 다소 의외인 것 같이 생각된다(적외선은 피부에 흡수된 후 열로 바뀌게 되므로 '열선'이라고도 불린다). 적외선 가운데에서도 IRA(760~1400nm)는 태양광선 에너지의 1/3을 포함하며, 표피, 진피, 피하조 직에 직접적으로 영향을 줄 수 있다. 이것은 대부분 큰 영향을 주지 못하는 적외선 IRB(1400~3000nm)와 IRC(3000nm~1mm)와는 대조가 되는 것이다. 2000년대 이후 자외선 이 포함되지 않은 적외선을 만드는 기계가 발명이 되면서 IRA 조사(irradiation)에 의한 영향을 본격적으로 연구할 수 있게 되었는데, 적외선 IRA의 조사에 의하여 MMP-1 효소 의 상향조절(upregulation)과 1형 콜라겐의 생성이 감소하는 것으로 나타났다. 실제로 반복적인 IRA 조사에 의하여 주름살 형성이 일어날 수 있다는 것이 hairless mice 모델에서 연구가 되었다. 그러므로 효과적으로 태양광선에 대한 보호를 하기 위해서는 자외선뿐만 아니라 IRA에 대한 보호(protecrion)도 필요하다는 것을 나타내는 것이다. 인간의 섬유아세포를 사용한 실험에서 UVB, UVB, IRA 등 세 종류의 irradiation이 모두 MMP-1 발현을 증가시킬 수 있는 것으로 나타났는데, 그 세부적인 기작에 있어서는 현격한 차이가 있다. 이것은 UVA, UVB, IRA가 각각 다른 발색단(chromophore)을 사용하고 있기 때문에 그렇게 놀라운 일은 아니다. UVB의 주된 발색단은 케라티노사이트 세포핵 DNA와 세포질의 자유 트립토판 아미노산이며, UVA 스트레스 반응의 경우는 원형질막의 지질뗏목(lipids rafts)으로부터 시작이 일어나며, 그리고 IRA 경우는 미토콘드리아 내부(complex IV의 구리 원자가 중요한 발색단으로 작용)에서 생성된 ROS로부터 시작된다. IRA에 의해 유도된 ROS와 칼슘이온은 MAPK 경로를 활성화시키고 결국 핵에서 MMP-1 전사를 증가시킨다. IRA는 파장이 길기 때문에 표피, 진피, 피하조직까지 상당량이 도달할 수 있다. 최근 연구결과에 의하면 IRA를 조사한 피하조직에서는 자유지방산과 트리글리세리드의 양이 훨씬 감소한 결과를 얻었다.

적외선(IR) A에 의한 신호전달기작

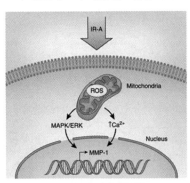

Krutmann et al. (2012)

**그림 7-16. IRA에 의한 신호전달기작**

## 2절. 탈모

인간에 있어서 모발은 자기 자신을 표현하는 중요한 수단이다. 다른 포유동물의 경우와 달리 인간에게서의 털은 생물학적 목적보다는 미적으로, 성적인 의미에 있어서 중요성이 인정되고 있다. 하지만, 현대 문명의 발전과 함께 사회구조가 복잡해지고 환경오염 및 과도한 스트레스로 인하여 탈모현상이 증가하고 있다. 정상적인 모발은 머리가 나면 5~8년 정도 성장기를 지속하다가 휴지기와 퇴행기를 거쳐 빠지고 그 자리에 2~3개월 후 새로운 모발이 성장하는 사이클을 반복한다. 모발은 정상적으로 하루에 약 50~100개 정도가 빠지며, 그 자리에 새로운 모발이 형성되어 성장한다. 탈모란 정상적으로 모발이 존재해야 할 부위에 모발이 없는 상태를 말하며, 생성되는 모발의 수보다 빠지는 모발의 수가 많아지고 새로 나는 모발의 길이가 짧고 가는 모발이 많이 나타난다면 탈모가 진행되는 것으로 볼 수 있다. 예전에는 탈모가 나이가 듦에 따라 나타나는 자연스러운 현상으로 여겨졌지만, 요즘에는 탈모가 나타나는 시기가 빨라지면서 보다 많은 사람들이 탈모의 대상이 되었으며, 그에 따라 탈모에 대한 사회적인 관심도 높아졌다. 탈모의 원인으로는 노화, 영양결핍, 남성호르몬, 염증(면역계 관련), 스트레스 등이 관여한다. 하지만 탈모는 단일요인으로 나타나는 것이 아니라 여러 요인들이 복합적으로 작용하여 나타나는 현상이므로 탈모증의 완전한 치료는 쉽지 않은 편이다.

### 1) 모발의 구조 및 특징

모발은 크게 나누어 두 부분으로 나눌 수 있다. 피부 면에서 외부로 나온 부분을 '모간(hair shaft)'이라 하고, 피부 속에 들어가 있는 부분을 '모근(hair root)'이라 한다. 모근부를 보면 피부 속에 들어가 있는 모양이 칼이 칼집에 들어가 있는 형태로 칼집에 해당되는 부분을 모낭(hair follicles)이라고 한다. 모낭의 위쪽에는 기름샘(피지선)이 있어 분비된 지방 성분은 피부와 모발로 퍼져 보호해 준다.

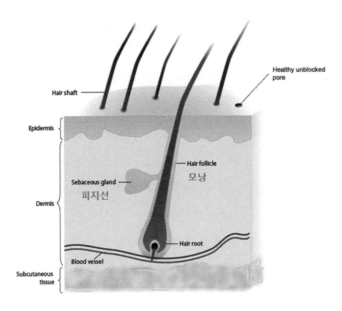

**그림 7-17. 건강한 두피의 구조**

모낭은 색소를 가진 케라틴섬유를 만들어내는 제조공장이다.

모근의 구조를 살펴보면 모낭은 마치 식물의 구근에서 줄기가 자라는 모양을 하고 있는데 불룩한 부분을 '모구(hair bulb)'라 한다. 이 모구의 가장 아래쪽 중심에는 약간 들어가 있고 이 들어간 부분에 '모유두(hair papilla)'가 있고 여기에는 모세혈관이 거미줄처럼 망을 형성하고 있다. 즉 모구의 들어간 부분과 모유두의 뾰족한 부분이 맞물린 형이 되어 있는 것이다. 이 모유두가 모발의 성장에 가장 중요한 역할을 하고 있다. 모유두의 활동이 왕성하면 모구는 모유두와 꽉 들어맞기 때문에 모발은 쉽게 빠지지 않으며 또한 모발의 성장에도 매우 중요하다. 또한 모유두를 둘러싼 부위를 '모기질(hair matrix)'이라고 부른다. 모기질은 모모세포와 멜라닌세포로 구성되어 있으며 세포분열이 아주 활발한 곳으로 털의 생산 공장에 해당한다. 모모세포에서 분화되어 피부 표면으로 이행함에 따라 각화되는데 이 각화된 구조물의 제일 안쪽이 털(모간)이다. 모구에 있는 모모세포 사이에는 멜라닌세포(melanocytes)가 존재하는데 이 멜라닌세포에서 생산되는 멜라닌이 나중에 털을 형성할 세포에 의해 탐식되어 멜라닌의 양에 따라 모발의 색깔을 결정하게 된다.

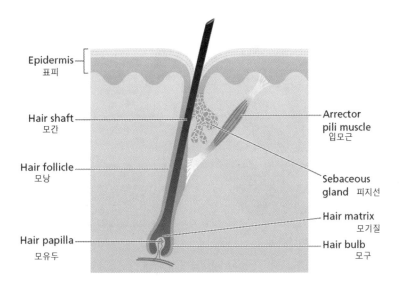

**그림 7-18. 모근의 구조**

모기질에는 우리 몸에서 가장 빠르게 분열하는 세포들이 분포하고 있다.

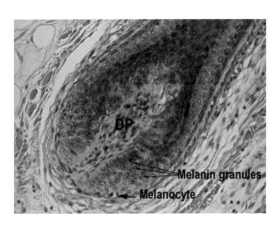

**그림 7-19. 모유두(DP)와 그를 둘러싼 모기질(hair matrix)의 모습**

모기질은 모유두를 둘러싼 부분으로 모모세포(keratinocyte)와 melanocyte를 포함한다. melanocyte에서 방출된 멜라닌색소는 모발이 각화하기 전에 세포의 안으로 들어가 모피질을 구성한다. 멜라닌 합성이 줄어들면 흰머리가 된다.

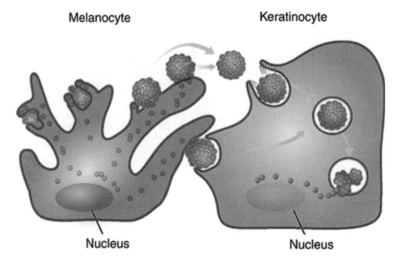

Melanocyte　　　　　　　Keratinocyte

Nucleus　　　　　　　　　Nucleus

그림 7-20. melanocyte에서 생성된 멜라닌색소는 털을 형성할 세포인
keratinocyte에 탐식되어 모발 색깔을 결정한다


## 2) 모발의 발생 및 성장

모발의 성장은 모낭에서 이루어지는데 모낭은 우리 몸 전체 약 200만 개, 두발에는
약 10~20만 개를 유지하고 있다. 이 모낭의 수는 태어날 때부터 이미 정해져 있으며,
약 25세 이후가 되면 모발이 성장할 수 있는 모낭의 수는 점차 감소하기 시작한다. 모낭은
모발의 발생과 아주 밀접한 관련이 있어 모낭에 이상이 생기게 되면 모발 자체가 생성되지
않게 된다. 모발은 두피의 세포가 각화되어 발생한 것으로, 두피의 건강은 곧 모발의
상태로 이어져 모발의 굵기와 탄력에도 직접적인 영향을 미치게 된다. 즉, 두피가 건강하
지 못하면 가늘고 힘없는 모발이 생성되며 결국엔 탈모를 촉진시킨다.


### (1) 모발의 발생

모발을 이해하기 위해서는 먼저 피부 내에서 모발로 발생하는 과정과 모발이 성장하고 탈락하기까지의 메커니즘을 알아둘 필요가 있다. 우선, 표피는 바깥층으로부터 각질층, 투명층, 과립층, 유극층, 기저층으로 구성 되어 있다. 최하층의 기저층 세포는 진피유두에 들어있는 모세혈관으로부터 영양을 받아 분열을 하여 각질세포를 만들어 낸다. 이는 서서히 위로 이동하여 마지막에는 죽은 세포인 각화세포가 되어 표피의 상층이 되어간다. 모발도 이와 같은 피부의 성장과정과 동일하다. 단, 모발은 표피가 함몰되어 만들어진 모낭의 하부구조인 모구에서 만들어졌을 뿐이다. 모발의 발생은 최초로 모낭이 만들어졌을 때부터 시작되고 이 모낭을 구성하는 세포는 피부의 표피로부터 유래한다. 즉, 모발은 피부의 일부로 피부와 별개로 생각해서는 안 된다. 모발의 유일한 진피 구성요소인 모유두에는 신경이나 모발을 성장시키는 영양분을 나르는 모세혈관이 들어 있다. 이 모유두에서 영양분을 흡수하면 모모세포는 성장, 분열을 반복하고, 분열한 새로운 세포는 각화되면서 위로 떠밀려서 올라간다. 모표피가 되는 것, 피질이 되는 것, 또 수질이 되는 것으로 각각 나뉘어져 성장을 계속해 모발을 형성하게 된다.


## (2) 모발의 성장

모발은 모유두가 없으면 자라지 않는다. 이 모유두의 수는 태어날 때 결정되며 모유두가 없어지고 그 수가 감소하면 할수록 모발의 수도 감소하게 된다. 모발이 자라기 위해서 모유두가 중요한데, 이 모유두는 일생동안 계속 활동하지 않고 어느 정도 활동을 계속하면 일시 활동을 멈춘다. 모발을 성장시키는 '성장기(anagen)', 성장을 종료하고 모구부가 축소하는 시기인 '퇴화기(catagen)', 모유두가 활동을 멈추고 모발을 두피에 머무르게 하는 시기인 '휴지기(telogen)', 모유두가 활동을 시작하거나 또는 새로운 모발을 발생시켜 오래된 모발을 탈모시키는 시기인 발생기로 나눌 수 있다. 이를 '모발의 주기(Hair cycle; 모주기)'라 한다.

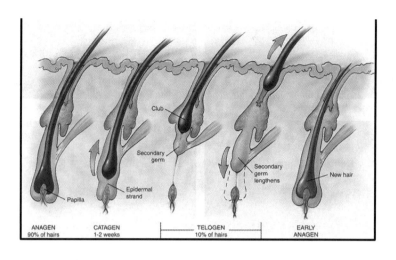

그림 7-21. 모발의 주기

성장기(anagen stage) : 모발이 성장하는 시기를 '아나겐(anagen stage)'단계라고 하는데, 퇴화기까지 자가 성장을 계속한다. 성장기의 수명은 3~6년이며 전체 모발(10~15만 개)의 90%를 차지하며 성장기 단계에서 두발은 한 달에 1 cm정도 자란다. 보통 신체 표면에 드러나 있는 대부분의 머리와 체모는 성장기의 모발이라고 볼 수 있다. 모유두와 접촉하는 모구의 하반부에서는 모모(毛母)세포의 분열이 지속적으로 일어나 머리카락이 생성된다. 이때 모모세포의 분열은 여느 체세포의 분열보다 활발하다. 이렇게 만들어진 머리카락은 각화현상으로 모근 밖으로 올라가게 되고, 내모근초와 외모근초는 모발의 성장과 발육을 돕고 보호하는 역할을 한다.

퇴화기(catagen stage) : 성장기가 지나게 되면 잠시 성장을 멈추는 시기가 오는데 이것을 퇴축기 또는 퇴행기라고 한다. 이때는 모발의 생성과 발육이 멈춰지고 휴지기로 넘어가는 시기로써 모발의 뿌리에도 변화가 오게 된다. 퇴화기는 2~3주 정도 지속되다가 휴지기로 진행되며, 전체 모발의 1%를 차지한다. 이 단계에서는 모모세포와 멜라닌세포의 활동이 멈추면서 케라틴을 만들어 내지는 않고, 모발의 성장이 중단된다. 뿌리 하부의 모낭이 주름이 잡히고, 뿌리 전체의 길이가 약 1/3로 줄어든다. 모구부가 수축하여 모유두

(papilla)로 나눠지며 모낭에 둘러싸여 위쪽으로 올라간다. 모낭의 모양이 곤봉(club)의 형상을 띠게 되는데 이 모양 때문에 퇴축기의 모발을 '곤모'라고도 한다.

휴지기(telogen stage) : 휴지기의 모발의 뿌리는 곤모가 되어 성장기 때보다 피부 표면에 근접하게 되며 추후 피부 밖으로 저항없이 빠져 나가게 된다. 이때 이미 곤모 밑에는 새로운 모발이 형성되게 된다. 수명을 다하여 곤모가 된 휴지기의 모발은 그 밑에서 생성된 새로운 모발에 떠밀려 빠지게 되며 머리를 감거나 빗을 때마다 쑥쑥 빠지거나, 드라이를 할 때 빠지는 모발은 실제 모두 휴지기의 모발이라고 판단해도 무방하다. 이와 같이 일련의 과정을 거치면서 모발의 교체가 이루어지는 데는 약 3~4개월 정도가 소요된다. 만일 휴지기가 이 기간보다 더욱 길어지게 되면 비정상적이며 모발은 이상탈모, 즉 '휴지기 탈모'라 일컫는다. 이러한 휴지기의 모발은 대체적으로 전체의 약 10% 정도로 보통 하루에 탈모가 되는 양은 전체 머리카락의 0.05%에서 0.1% 정도이며 머리카락을 8만 개 기준으로 했을 때 40~80여 개가 탈모가 되는 것은 정상이다.

## 3) 모발 성장주기와 생체시계 유전자의 발현

### (1) Clock genes(시계 유전자)

모낭에는 시계 유전자가 존재하여 24시간 주기로 유전자 발현을 조절한다. Mikhail Geyfman와 Bogi Andersen의 연구에 따르면 '생체시계 유전자(circadian clock genes)'가 모발 성장주기(hair growth cycle)에 관여한다고 밝혔다. 생체시계 유전자 조절은 양성과 음성의 되먹임회로(feedback loops)로 이루어져 있다. 그 조절회로의 중심에는 전사활성인자(transcriptional activator)인 Clock(CLK)와 Bmal1 전사인자가 존재한다. 이들은 헤테로다이머(heterodimer)를 형성하며, enhancer 부분에 E-box를 가진 표적유전자들을 활성화시킨다. CLK라 불리는 단백질은 낮 동안 뇌의 SCN(뇌 시상하부의 시신경교차상핵)에 축적된다. CLK는 우리를 깨어 있도록 하는 유전자들을 활성화함과 동시에 PER(period)라는 또 다른 단백질을 생성한다. 피리어드(Per1,2,3)와 크립토크롬(Cry1,2)은 복합체를 형성하며 Clock-Bmal1 전사활성을 억제함으로써 음성되먹임 회로를 구성한다. PER이 충분히 축적되면 CLK를 만드는 유전자가 불활성화되어 우리는 잠들게 된다. 잠들면 CLK가 줄고, PER도 따라서 줄어든다. 낮의 CLK와 밤의 PER 증감의 시소효과가 24시간을 주기로 작용하는 회로를 구성하게 된다.

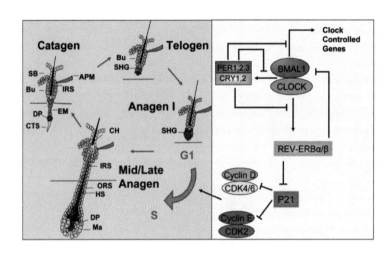

그림 7-22. 모발의 주기

Mikhail Geyfman와 Bogi Andersen는 Clock(CLK) and Bmal1 mutant mouse model을 가지고 연구를 진행했는데, 두 mutant 쥐들의 경우는 성장기 성장이 지연되며, 특별히 모낭의 형태적 결함은 나타나지 않는다는 것을 알아냈다. 이 사실은 생체시계 유전자가 모발의 성장기 전환(anagen transition)에 연관됨을 나타내는 것이다. Clock-Bmal1의 표적유 전자이면서 동시에 Bmal1을 음성되먹임 조절하는 부가적인 조절인자인 Rev-Erbα는 p21 유전자 발현을 억제하는데, p21은 세포주기의 G1기에서 S기로 진행하는 것을 억제한다. Bmal1 mutant mice의 skin에서는 p21이 정상 mice보다 3배 정도가 상향조절(upregulation) 되어 있다. 이는 생체시계 유전자와 세포분열 주기를 연관 지어 줄 수 있는 중요한 근거가 되고 있다.

CLOCK-BMAL1 헤테로다이머는 다른 clock controlled gene의 활성화에도 관여하는데

Dbp, Tef, Hlf 등이 여기에 해당한다. 이들은 고아핵수용체(orphan nuclear receptor)를 암호화하고 있다. clock genes들은 모발의 성장주기 중에 telogen/early anagen때 상향조절(upregulation)되는데, 이때에 PERs, Dbp, Rev-Erbα를 포함한 CLOCK-BMAL1 표적유전자들도 상향조절이 일어난다.

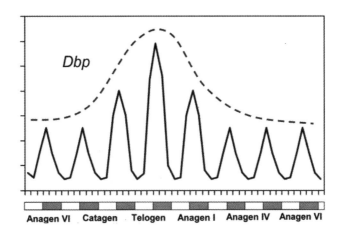

그림 7-23. telogen-anagen transition에 관여하는 clock controlled gene의 예(Dbp).
telogen 말기와 anagen 초기에 상향조절이 일어난다

(2) 모낭의 노화

탈모와 백모는 노화의 상징으로 여겨진다. 어린 나이지만 종종 탈모가 나타나는 경우가 있는데 대표적으로 Hutchinson-Gilford progeria(허친슨-길포드 조로증)가 있다. 이 질병에서는 anagen의 기간이 줄어들고, telogen 모낭이 늘어나 telogen/anagen 비율이 높은 것이 특징이다. 또한 DNA damage의 축적과 관련이 있다.

## (3) 생체시계와 모낭의 노화

많은 연구들이 생체시계 단백질(circadian clock proteins)들이 DNA repair와 세포 내의 ROS 축적과 관련이 있음을 밝혀냈다. 특히 PER2 gene 돌연변이는 gamma irradiation 노출 뒤 tumor development와 백모현상을 증가시킨다고 알려져 있다. 또한, Bmal1 mutant mice들은 대조군 mice에 비해 ROS 축적이 현저하게 증가된다고 밝혀졌다.

## 4) 탈모증

탈모증의 원인은 다양하고도 복합적이다. 자연적으로 노화하면서 탈모가 일어나는 경우, 영양과 호르몬의 불균형으로 인한 경우, 면역관련성과 유전적 요인에 의한 경우, 심리적인 요인으로 인한 경우 등이 있으며 세부적으로 보자면 더욱 많은 원인들이 있을 수 있다. 특히 남성형 탈모증은 남성호르몬(안드로겐)의 영향으로 인하여 이마와 정수리 부분의 머리털에 대해서 발육의 억제가 일어난다. 테스토스테론(Testosterone)이 5α-Reductase 효소와 만나 더 강력한 DHT(dihydrotestosterone)를 생성시킴으로써 탈모를 촉진시킨다. 이에, 탈모의 발생 조건(환경) 즉, 탈모부위에 안드로겐 수용체가 DHT를 수용할 수 있는 환경이 마련됨으로써 탈모가 일어난다. 문제는 탈모가 단일요인에 의해서만 나타나는 것이 아니라 여러 요인들이 복합적으로 작용하여 나타나는 현상이며 이에 대한 내용을 알아본다.

## (1) 노화

노화의 원인에 음식물, 약물, 화학물질 등의 생화학적 반응에 의한 활성산소종(ROS)에 속하는 자유기(Free radical) 생성이 기여한다. ROS는 반응성이 크고 생성 즉시 세포구성 물질과 반응하여 지질과산화(Lipid peroxidation)반응, 단백질 산화, DNA 절단 또는 부가물

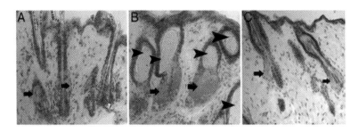

**그림 7-24. 비타민 D 수용체와 모낭**

(A) 8개월 된 정상 생쥐, (B) VDR-null, (C) VDR transgene-positive VDR-null. 그림(B)에서 VDR-null의 경우 과다한 피지선 (arrows) 활성이 나타났으며 진피에서 지질로 가득채워진 낭(cysts)이 발달하였다(arrowheads로 표시). 그림(C)에서 VDR-null mice 에 VDR-transgene을 도입했을 때는 지질로 채워진 낭(그림 B)이 사라졌다. 조직의 염색은 지질은 oil-red-O로 염색한 후 헤마톡실 린으로 대조염색 하였다.

생성 등의 산화적 스트레스(Oxidative stress)를 유발하는데 산화적 스트레스는 멜라닌 합성 시(Melanogenesis)에 멜라닌 세포의 핵과 미토콘드리아 DNA에 돌연변이를 초래하여 백모 (Canities)가 나타나게 한다.

## (2) 영양

비타민과 무기질의 불균형은 탈모의 원인이 될 수 있다고 받아들여지고 있지만, 근본적 으로 영양소의 지표(nutritional parameters)가 모발생성 조절에 관계가 있다는 정확한 근거는 찾지 못했다. 많은 연구들이 아연(zinc), 비타민 D, 단백질을 주목하고 있다. 심각한 아연 (zinc) 부족은 붉은털원숭이(rhesus), 보닛원숭이(bonnet macaques), 마모셋(marmosets)원숭이, 탤라포인원숭이에서 탈모에 영향을 미쳤다. 아연은 모발 성장에 필요한 세포분열을 돕는 다. 비타민 D(Vitamin D) 같은 경우는 비타민 D 수용체[Vitamin D receptor(VDR)]가 제거된 쥐(mice)와 VDR에 돌연변이가 존재하는 인간(human)에 대한 연구를 통하여 비타민 D가 모발생성의 중요한 역할을 하고 있음이 밝혀졌다. 또한 단백질(protein) 소량 식단에 의한 개코원숭이(baboon) 실험은 단백질 부족이 탈모의 원인이 될 수 있음도 제시하였다. Vitamin D receptor(VDR)는 무기물 이온의 항상성 유지에 큰 역할을 한다. VDR mutation

은 사람과 생쥐에서 탈모를 유발하였는데, 이는 VDR mutation이 keratinocyte stem cell을 점차 감소시킴에 원인이 있다.


### (3) 호르몬

머리카락이 빠진 후 다시 생성되지 않아 머리카락의 수가 줄어드는 증상을 '남성형 탈모증'이라 하는데 이는 남성호르몬(안드로겐)의 영향으로 인하여 이마와 정수리 부분의 머리털에 대한 발육이 억제된다. 남성형 탈모증은 이마의 양쪽이 M자형으로 머리가 띄엄띄엄 나는 경우와, 정수리 쪽에서부터 둥글게 벗어지는 경우, 그리고 전체적으로 벗겨지는 U자형 등 여러 형태가 있다. 또한 남성형 탈모는 유전적 인자에 의해서 징조가 결정되며, 보다 젊은 나이에 탈모가 시작될수록 탈모의 정도가 심해지는 경향이 있다. 이러한 남성형 탈모증은 그 원인이나 형태, 증상에 있어 다양하게 구분되는데, 결국은 남성호르몬(안드로겐)의 영향으로 인한 탈모현상이라 크게 남성형 달모증으로 이해되고 있다.

모발과 호르몬 : 모발이 성장한다는 의미는 보통 2가지로 설명될 수 있다. 그 중에 두피의 각화현상을 제외한 모낭에서의 모모세포의 활성화로 인한 모발 성장은 호르몬과 밀접한 관계가 있는 것으로 보인다. 이것은 탈모현상이 호르몬과 밀접한 관계가 있음을 말해주는 것이기도 하다. 모발의 성장 조절인자로 안드로겐, 에스트로겐, 갑상선 호르몬, 스테로이드, 레티노이드, 프로락틴, 그리고 성장 호르몬 등의 여러 호르몬이 모발의 성장에 관여할 것으로 생각되고 있으며, 이 중에서도 안드로겐은 '남성형 탈모증'에 가장 밀접한 관계가 있는 호르몬이라 할 수 있다. 남성 호르몬(안드로겐)은 부신피질 및 생식소(gonads)에서 합성, 분비되며 가장 강력하고 대표적인 것이 바로 테스토스테론(testosterone)이다. 하지만, Testosterone은 남성화, 정자 형성과 같은 정상적인 남성 기능에 필수적이지만 DHT(dihydrotestosterone)는 필수적인 것은 아니다. 탈모현상이 나타나지 않는 경우는 테스토스테론이라는 남성호르몬이 DHT로 전환되는 과정에서 작용하는 5α-reductase 효소 유전자가 유전적으로 결여된 상태이다. 남성형 탈모증에 있어, 안드로겐은 가장 중요한

조절 인자로, 사춘기 이후 거세된 환자에게서 남성형 탈모증과 전두부의 모발선 퇴축이 발생하지 않았으나, 안드로겐을 투여한 후 탈모가 진행되었고 안드로겐 무감성 증후군 (Androgen insensitivity syndrome) 환자에서 턱수염이 자라지 않고 남성형 탈모도 발생하지 않는 사실이 입증되면서 안드로겐이 남성형 탈모증을 일으키는 중요한 원인으로 인정되고 있다.

안드로겐의 모발 성장을 조절하는 기전 : 안드로겐이 남성형 탈모증에 주요원인자로 인식되고 있으나 단순히 남성호르몬이 탈모현상의 주원인으로 이해되어서는 안 된다. 혈장 내의 안드로겐 농도가 남성형 탈모증 환자와 정상인의 차이가 없으며, 남성형 탈모증 환자의 피지선분비, 체모의 수, 뼈, 피부, 근육의 두께 등 안드로겐과 관련된 지표들이 정상인과 차이가 없다는 사실은 국소적인 안드로겐의 작용이 남성형 탈모를 유발시킨다는 사실을 나타낸다. 안드로겐은 신체 부위에 따라 각각 다르게 작용하는데, 턱수염 등은 연모(vellus hair)를 종모(terminal hair)로 성장시키는 반면 유전적으로 정해진 두피의 특정부위에서는 상반된 작용을 일으킴으로써 탈모증을 발생시키는 것으로 밝혀졌다. 다시 말해 체모에 대해서는 성장촉진을 하지만 두피 내의 모발에 대해서는 반대로 성장억제를 하는 것이다.

5α-Reductase에 의한 DHT의 생성(합성과정) : 순환하는 안드로겐의 대부분은 테스토스테론으로 존재하는데, 이들이 세포 내에서 5α-reductase에 의해 생물학적 활성이 강력한 형태인 DHT(dihydrotestosterone)로 환원되어 안드로겐 수용체와 결합하여 작용하게 된다. 다행스럽게도 여성에게는 여성호르몬(에스트로겐)과 프로게스테론이 있어 DHT의 모낭 파괴적 기능으로부터 모낭을 보호해 주지만, 일부 여성들의 경우 DHT의 생산이 증가하거나 여성호르몬 수준의 불안정 때문에 여성형 탈모가 진행이 되어 머리카락을 가늘게 하는 탈모를 경험하게 된다.

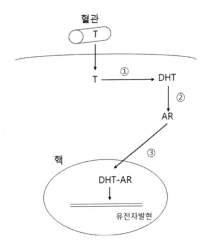

| | |
|---|---|
| | ① 테스토스테론(T)이 5α-reductase에 의하여 DHT로 전환된다 |
| | ② DHT가 안드로겐 수용체(AR)에 결합한다 |
| | ③ DHT-AR 복합체가 핵에 들어가 유전자 발현에 관여한다 |
| | ④ 탈모가 심화되고 모낭은 점점 축소한다 |
| | ⑤ 축소된 모낭은 결국 죽게 되고 영구적 탈모가 일어난다 |

그림 7-25. 남성형 탈모의 진행과정

유전인자로 인한 남성에게 존재하는 테스토스테론(Testosterone)이 5α-환원효소(5α -reductase)와 만나 디하이드로 테스토스테론(dihydrotestosterone, DHT)으로 전환되어 모낭 세포의 단백질 합성을 지연시키고, 이로 인해 휴지기 모낭을 증가시켜, 결과적으로 탈모에 이르게 한다. '5α-reductase'는 말 그대로 Testosterone을 강력한 남성 호르몬인 DHT로 '환원'시켜 주는 역할을 하는 호르몬으로 주로 모낭, 피지선과 함께 전립선, 부고환, 정관, 정낭 등에 분포되어 있다.

(4) 스트레스

현대인들의 직장생활, 사업, 경제, 폭력, 입시 등 모든 사회 환경이 과거보다 복잡하고 다양하기 때문에 항상 스트레스에 시달리며 살아간다. 스트레스가 누적되면 자율신경이나 교감신경을 자극하고 아드레날린이 분비되어 혈관을 수축시키고 두피가 긴장되어 모근에 영양공급이 불량해져 탈모를 일으킨다. 육체적 노동이나 단순 업무를 하는 사람보다 정신적 노동이 심한 사람이 더 많은 탈모가 진행되는 것은 정신적인 부분과 심리적인 요인이 탈모에 큰 영향을 주고 있다는 것을 단적으로 보여준다. 탈모와 스트레스와의 관계에 있어, 안드로젠성 탈모증은 유전적인 요인이 강하여 스트레스가 탈모의 주요인이라고 하기는 힘들다. 하지만 스트레스가 탈모에 있어 촉매제 역할을 한다는데 대해서는 환자들의 견해나 그동안의 임상연구를 통해 유의적 관계가 있음을 알 수가 있다.

### 혈행, 영양 방해와 탈모

모발 사이클을 조정하는 것은 자율신경계라 추측되며 자율신경에 의한 조정이 흐트러지게 되면 탈모의 직접적인 원인이 된다. 스트레스가 강해지면 자율신경을 분주히 쓰게 되어 신경적 부담이 자율신경 부조를 일으키게 되는데, 이는 혈액의 순환에도 영향을 주어 두부의 혈행장애와 연결된다. 혈행의 방해가 일어나면, 영양이 모근에 도달하지 않아 탈모를 일으키는 원인이 된다. 남자의 두개골은 30세를 넘어도 발달하지만, 피부가 늘어나는 것은 22~23세에 멈추는데 이렇게 되면 당연히 두피는 당기고, 모세혈관이 압박되어 혈행이 좋지 않게 된다. 스트레스로 인한 두피의 경직과 이로 인한 두피의 혈액순환 장애가 탈모를 촉진시키는 역할을 하기도 한다. 또한 스트레스와 같은 정신적인 요인은 병적인 알레르기 반응과 많은 피부병 즉 아토피성 피부염과 원형탈모증을 유발할 수 있다. 스트레스는 혈관(수축)에 작용하는 신경펩티드, 림포카인 그리고 다른 화학 매개물을 통하여 염증반응에 관여한다. 스트레스 하에서 시상하부에서 방출되는 주요인자인 부신피질자극호르몬분비촉진호르몬(corticotropin releasing hormone, CRH)은 2가지 수용체를 가지며 이들은 주로 뇌하수체에서 발견되나 뇌 이외에서도 발견된다. 이 CRH는 염증유발 작용을 가지고 있으며, CRH와 급성 스트레스는 원형탈모증 모델 설치류 피부에서 비만세포 탈과립과 혈관투과성을 증가시켜 모낭주위에 스트레스에 의하여 유발된 염증세포 침윤의 축적을 일으킨다.

## 스트레스와 탈모 관계 연구 예

많은 임상연구에서 안드로겐성 탈모증의 원인에 대해 환자 자신이 정신적인 스트레스를 가장 큰 원인으로 지적하였다. 물론 주관적인 기억과 판단, 스트레스와 탈모에 관한 지식의 대중화로 정확한 원인규명은 될 수 없으나, 스트레스는 안드로겐의 증가에 의한 호르몬 경로를 통해 탈모에 큰 영향을 준다고 알려진다.

그 기전에 대해서는 스트레스는 시상하부에서 부신피질자극호르몬분비촉진호르몬(CRH 또는 CRF)을 생산하게 하여 뇌하수체에서 ACTH를 분비하게 하는데, 이것이 부신에 작용하여 DHEA와 DHEA-S, 안드로스텐다이온(androstenedion)을 분비하도록 하고, 이들이 5α-환원효소에 의해 DHT(dihydrotestosterone)로 환원되어 탈모를 증가시킨다고 설명하였다. 안드로겐성 탈모증은 남녀 모두에게 상당한 스트레스로 작용하며 이는 미적 감각이 중요한 여성에게서 특히 더할 것이다.

# 참고문헌

1. Calleja-Agius, J. and M. Brincat. (2013). "Skin connective tissue and ageing." Best Pract Res Clin Obstet Gynaecol 27:727-40.

2. Chen, Y. and J. Lyga. (2014). "Brain-skin connection: stress, inflammation and skin aging." Inflamm Allergy Drug Targets 13:177-90.

3. Cianferotti, L., M. Cox, et al. (2007). "Vitamin D receptor is essential for normal keratinocyte stem cell function." PNAS 104:9428-9433.

4. Corstjens, H., D. Dicanio, et al. (2008). "Glycation associated skin autofluorescence and skin elasticity are related to chronological age and body mass index of healthy subjects." Exp Gerontol 43:663-667.

5. Crisan, M., M. Taulescu, et al. (2013). "Expression of advanced glycation end-products on sun-exposed and non-exposed cutaneous sites during the ageing process in human." PLoS ONE 8:e75003.

6. Daniel, S., M. Reto, et al. (2002). "Collagen glycation and skin aging." Cosmetics and Toiletries 218:23-37.

7. Debacq-Chainiaux, F., C. Leduc, et al. (2012). "UV, stress and aging." Dermatoendocrinol 4:236-40.

8. Draelos, Z. D. (2012). "Diet, skin aging, and glycation." Cosmetic Dermatol 25:208-210.

9. Draelos, Z. D. (2013). "Aging skin: The role of diet: Facts and controversies." Clin Dermatol 31:701-706.

10. Dyer, D. G., J. A. Dunna, et al. (1993). "Accumulation of Maillard reaction products in skin collagen in diabetes and aging." J Clin Invest 91:2463-2469.

11. Farage, M. A., K. W. Miller, et al. (2011). "Characteristics of the aging skin." Adv Wound Care 2:5-10.

12. Fisher, G. J., S. W. Kang, et al. (2002). "Mechanism of photoaging and chronological skin aging." Arch Dermatol 138:1462-1470.

13. Fisher, G. J., S. C. Datta, et al. (1996). "Molecular basis of sun induced premature skin aging and retinoid antagonism." Nature 379:335-339.

14. Fisher, G. J., Z. Q. Wang, et al. (1997). "Pathophysiology of premature skin aging induced by ultraviolet light." New England J Med 337:1419-1428.

15. Gallagher, J. C. (2013). "Vitamin D and aging." Endorinol Metab Clin North Am 42:319-332.

16. Geyfman, M. and Anderson, B. (2010). "Clock genes, hair growth and aging." Aging 2:122-128.

17. Gilchrest, B. A. (2013). "Photoaging." J Invest Dermatol 133:E2-6.

18. Gkogkolou P. and M. Bohm. (2012). "Advanced glycation end products: key players in skin aging?" Dermato-Endocrinol 4:259-270.

19. Grether-Beck, S., M. A. Jaenicke, et al. (2014). "Photoprotection of human skin beyond ultraviolet radiation." Photodermatol Photoimmunol Photomed 30:167-74.

20. Gugliucci, A. (2000). "Glycation as the glucose link to diabetic complications." J Am Osteopath Assoc 100:621-634.

21. Helfrich, Y. R., D. L. Sachs, et al. (2008). "Overview of skin aging and photoaging." Dermatol Nurs 20:177-183.

22. Ichihashi, M., M. Yagi, et al. (2011). "Glycation stress and photo-aging in skin." Ant-aging Med 8:23-29.

23. Kligman, L. H. and A. M. Kligman. (1986). "The nature of photoaging: its prevention and repair." Photodermatol 3:215-27.

24. Krutmann, J., A. Morita, et al. (2012). "Sun exposure: what molecular photodermatology tell us about its good and bad sides." J Invest Dermatol 132:976-84.

25. Kulka, M. (2013). "Mechanisms and treatment of photoaging and photodamage." INTECH, chapter 9.

26. Lin, K. V. Kumar, et al. (2009). "Circadian clock genes contribute to the regulation of hair follicle cycling." PLoS Biology 5:1.

27. Nagai, R., T. Mori, et al. (2010). "Significance of advanced glycation end products in aging-related disease." Anti-Aging Med 7:112-119.

28. Nava, D. (2008). "Skin aging handbook.", William Andrew Inc., New York.

29. Pageon, H. (2010). "Reaction of glycation and human skin: The effects on the skin and its components, reconstructed skin as a model." Pathologie Biologie 58:226-231.

30. Pageon, H. (2014). "Skin aging by glycation: lessons from the reconstructed skin model." Clin Chem Lab Med 52:169-174.

31. Rosbash, M. (2009). "The implications of multiple circadian clock origins." PLoS Biology 7:421-425.

32. Ulrich, P. and A. Cerami. (2001). "Protein glycation, diabetes, and aging." Recent Progr Horm Res 56:1-21.

33. Verzijl, N., J. DeGroot, et al. (2000). "Effect of collagen turnover on the accumulation of advanced glycation end products." J Biol Chem 275:39027-31.

34. Wolfle, U., G. Seelinger, et al. (2014). "Reactive molecule species and antioxidative mechanism s in normal skin and skin aging." Skin Pharmacol Physiol 27:316-332.

35. 정진호. (2010). "피부노화학." 도서출판 하누리.

36. 조광현 등. (2003). "광노화에 따른 피부의 조직학적 변화." 대한피부과학회지 41:754-760.

# 8

## 신경계와 노화

인간의 뇌는 10대와 20대를 거치면서 성숙하게 된다. 뇌는 40세가 지나면서 신경 병리학적으로 노화에 따른 변화를 감지할 수 있게 된다. 노화에 따른 뇌의 작용은 대부분 신경세포에서 발생한다. 치매란 뇌의 만성진행형 변성 질환으로 인해 기억력 및 기타 지적기능 등의 장애를 초래하는 임상적 증후군을 총칭하는 용어이다.

## 1절. 인간 뇌의 구조

### 1) 뇌가 기능하는 방식

우리가 일생동안 배우고 경험하고 정서적인 감정을 교감하고 외부세계에 대해 우리

나름대로의 해석하는 기능 등은 모두 뇌에서 이루어진다. 뇌는 우리 몸의 2% 정도의 무게를 차지하지만 전체 에너지의 20%를 소모하면서, 생명력 유지의 중심역할을 하는 곳이다. 뇌는 아동기에서 성인기까지 발육을 진행하지만 성장이 끝난 이후로 매일 5-10만 개의 신경세포가 죽어나간다. 이에 따라 중년 이후로 사람의 이름도 잘 잊어버리고 물건을 어디 두고 기억을 못해 열심히 찾는 일이 종종 발생하게 된다.

인간의 뇌는 매우 복잡한 구조로 구성되어 있으며, 정보의 수용, 통합, 저장, 그리고 자극에 반응하는 역할을 하고 있다. 뇌의 모든 기관은 상호 연결되어 맡은 바 역할을 잘 감당함으로써 인간의 모든 생명활동의 중심 역할을 하고 있다. 대뇌는 뇌에서 가장 크고 중요한 역할을 하는데 뇌 전체 질량의 약 반 정도를 차지하고 있다. 대뇌 표피의 주름진 부분을 대뇌피질(겉질)이라고 하는데 사람의 가장 복잡한 정신활동이 일어나고 있는 곳이다. 시상(thalamus)은 모든 감각정보를 모아 적정장소에 전달해 주는 대기실과 같은 역할을 담당한다. 시상 아래에 있는 시상하부(hypothalamus)와 뇌하수체는 체내의 항상성을 유지하는 기능을 한다. 시상하부에는 인간의 본능적 행동을 지배하는 중추가 있다. 대뇌, 시상, 시상하부, 뇌하수체를 전뇌라고 부른다. 소뇌는 근육운동의 미세조절을 담당하며 빠른 운동조절에 중요하다. 통상 소뇌는 전뇌에 의해 지시된 운동을 정확하게 수행하도록 하는 역할을 한다. 연수는 '숨뇌'라고도 불리는데 생명유지에 필수적인 심장박동, 호흡조절에서 반사중심부 역할을 하며 연수의 손상은 즉각적인 사망을 초래한다.

대뇌(cerebrum)는 언어, 결정, 의식적 사고를 결정하는데, 위에서 보면 좌우대칭으로 좌뇌(좌반구)와 우뇌(우반구)로 나눌 수 있다. 좌뇌는 언어, 시간, 수리력, 표현력 그리고 분석적인 사고에, 우뇌는 공간개념, 음악성, 이미지 시각화 등 창의적이고 상상력을 발휘하는 기능과 좀 더 관련이 있다. 좌뇌와 우뇌는 각각 몸의 반대쪽으로부터 입력된 감각을 받아 반응을 나타내며 서로의 기능을 조절하는 '뇌량'이라는 신경다발의 다리가 뇌의 중간에서 교차하고 있다. 대뇌의 바깥층인 대뇌피질(cerebral cortex)은 호두알처럼 수많은 주름이 잡혀있다.

〈표 8-1〉 뇌의 명칭과 기능

| 뇌의 명칭 | 분류 | 기능 |
|---|---|---|
| 대뇌피질 | 이마엽(전두엽) | 사고력, 창의력, 부적절한 행동의 억제 등에 관여함 |
| | 운동피질 | 근육에 수의운동을 일으키는 신호를 보냄 |
| | 일차감각피질 | 피부, 근육, 관절, 신체기관에서 감각에 관한 정보를 받음 |
| | 감각연합피질 | 감각에 관한 정보를 분석함 |
| | 시각연합피질 | 시각정보가 분석되면 영상을 구성함 |
| | 일차시각피질 | 눈으로부터 신경자극을 받음 |
| | 일차청각피질 | 소리의 특색을 구분함 |
| | 브로카영역 | 언어의 형성에 관여함 |
| | 베르니케 영역 | 글이나 말 등 언어를 해석함 |
| 시상 | | 모든 감각정보를 모아 전달함 |
| 시상하부 | | 체내 항상성을 유지함 |
| 뇌하수체 | | |
| 소뇌 | | 몸의 균형 유지와 섬세하고 복잡한 운동을 수행함 |
| 연수(숨뇌) | | 심장박동, 호흡중추의 역할을 함 |

## 2) 정서적 뇌의 기능

인간은 이성적 동물이지만 동시에 감정적 동물이기도 하다. 그러면 인간에 있어서 이성이 우위에 있을까, 아니면 감정이 우위에 있을까? 우리가 이성적으로 생각하지만 때로는 이성이 감정을 극복하지 못하는 경우도 있다. 그래서 어떤 심리학자는 이성이 감정의 시녀에 지나지 않는다고 주장하기도 한다. 그러면 인간의 따뜻한 감정, 분노, 공포, 불안은 과연 어떤 원리로 만들어지는 것일까? 사람의 감정은 뇌의 변연계(limbic system)와 깊은 관련이 있는 것으로 알려진다. 변연계는 뇌의 특정부분이라기 보다 뇌의 중심의 가운데를 둥그렇게 연결하는 하나의 시스템을 일컫는다. 해마(hippocampus), 편도체(amygdala), 시상하부(hypothalamus), 대뇌피질을 연결하는 일종의 회로를 변연계라고 부르는 것이다. 우리가 애정, 기쁨, 슬픔, 공포, 불안 등의 감정을 느낄 때 이러한 회로가 활성화된다.

### (1) 해마

해마는 뇌의 기억센터로서 단기 기억과 몇 가지 장기 기억을 저장하고 있다. 그러나 대부분의 장기 기억은 대뇌피질로 이동시킨다. 알츠하이머 환자에서 가장 먼저 손상이 일어나는 부위가 해마이다. 알츠하이머 치매 환자들은 장기 기억을 잃기 전에 단기 기억을 잃는데 그 이유는 장기 기억은 대뇌 피질의 기억 저장고 안으로 안전하게 저장되어 있기 때문이다. 해마는 스트레스 호르몬인 코티졸에 의한 손상에 취약하다.

### (2) 편도체

편도체는 정서적 기억을 위한 영역이다. 편도체는 해마가 기억을 분류하고 저장하는 것을 돕지만 대부분 정서적 영향을 미치는 정보에 초점을 맞춘다. 생각에 정서가 더 많이 관여할수록 장기 기억으로 옮겨갈 가능성이 많다. 공포의 감정이나 불안한 감정은 편도체(amygdala)와 관계가 깊다는 것이 밝혀졌다. 내성적인 사람과 외향적인 사람에게 낯선 사람의 사진을 보여주고 뇌에 일어나는 변화를 관찰하였을 때, 외향적인 사람은 거의 변화가 없으나, 내향성의 사람의 경우는 편도체 부위의 활성화가 관찰되었다. 동물을 사용한 실험에서 편도체를 전기로 자극하면 공포와 공격성을 표출한다. 이와 같은 현상은 어떤 위험성에 대하여 공포를 느끼고 즉각 반응하게 함으로써 당면한 위험으로부터 자기를 보호하려는 본능으로 해석된다. 편도체가 공포라는 감정에 결정적 역할을 하는 만큼 편도체의 기능이 지나치게 민감하거나 또는 기능이 떨어질 경우, 여러 가지 정서장애가 발생할 수 있다. 예를 들면, 대인공포증 환자나 스트레스 장애 환자에게는 편도체가 과잉활동한다는 사실은 이러한 주장을 뒷받침한다.

## (3) 시상하부

시상하부는 편도체와 가까이 연결되어 있고 다양한 상황에 신체가 어떻게 반응할지를 일러준다. 시상하부는 체온, 갈증, 배고픔, 성기능 등을 조절하며 위기상황일 때 아드레날린을 더 많이 분비하라고 명령을 내리는 부분이 시상하부이다.

## 3) 신경세포의 역할

신체의 다른 기관과 마찬가지로 뇌도 많은 세포들의 집합으로 구성되어 있다. 우선 뇌에는 '뉴런(neuron)'이라 불리는 기본적인 신경세포가 있다. 뉴런은 다른 세포들과 마찬가지로 세포막으로 둘러싸여 있으며, 유전정보를 가진 핵이 있고, 미토콘드리아에 의해 에너지를 공급받는다. 뉴런은 수상돌기(dendrite)와 축삭돌기(axon)라는 돌기들을 가지는데, 이 돌기들은 생애에 걸쳐 자라고 변형될 수 있다. 뉴런은 두 가지 방식으로 서로 신호를 주고받는데, 한 가지는 전기적 방식이고, 다른 한 가지는 화학적 방식이다. 뉴런에서 수집된 정보는 '활동전위(action potential)'라고 하는 전기적 신호로 변환이 일어나며 이 신호는 축삭말단까지 전달된다. 하나의 뉴런과 다음 뉴런은 물리적으로 연결이 되어 있지 않다. 뉴런 사이의 시냅스(synapse)라고 불리는 이음부에서 신경전달물질(neurotransmitter)이 방출되면서 전기적 메시지가 화학적 메시지로 바뀌게 된다. 뉴런은 신경전달물질을 만들어낸다. 글루탐산, 가바(GABA), 도파민, 노르에피네프린, 세로토닌, 아세틸콜린 등은 이러한 신경전달물질의 종류를 나타낸다. 분비된 신경전달물질이 건너편 뉴런의 수용체에 반응을 일으키면 화학적 메시지가 전기적 메시지로 변환되어 두 번째 신경을 타고 흘러간다. 이 과정이 계속 반복되면서 한 신경에서 다른 신경으로 메시지가 전달된다. 교세포(neuroglia cell)는 신경기능을 갖고 있지 않으나 신경세포의 역할을 돕는다. 교세포의 일종인 성상교세포(astrocyte)는 뉴런의 구조와 대사를 돕는 여러 가지 일을 하며, 희돌기교세포(oligodendrite)는 뇌의 신경세포를 감싸고 있어서 마치 전선을 감싸고 있는 피복과 같아서 신경전달이 빠르고 원활하게 이루어지게 하는데 매우 중요하다. 뇌가 지속적으로 기능을 수행하기 위해서는 천억 개 이상의 뉴런이 유지되어야 한다. 만일 대뇌피질 부분의 뉴런의 수가 삼분의 일 이상 감소하게 되면 그 부분의 신경회로는 더 이상 손상된 부분을 보상할 수 없고 그 손상 부분에 해당하는 기능장애가 나타나게 된다. 40세 이후로는 10년 마다 뇌의 부피와 무게가 5% 정도씩 감소가 일어나는 것으로 보고되고 있다.

## 신경세포의 구조와 종류

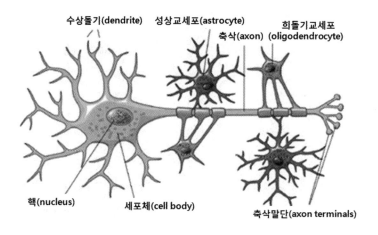

그림 8-1. 신경세포의 구조와 종류

〈표 8-2〉 신경전달물질의 종류

| 신경전달물질의 종류 | 담당 역할 | 부족시 증상 |
|---|---|---|
| 도파민 | 기분, 집중 | 집중력 저하, 인지기능 저하 |
| 세로토닌 | 기분, 불안, 식욕 | 우울증, 불안 |
| 아세틸콜린 | 기억, 학습, 집중력 | 기억력 저하 |
| 엔돌핀 | 행복, 만족 | 불만, 기분 저하 |
| GABA | 진정작용 | 신경 쇠약 |

노화 관련하여 뇌가 퇴행하는 주된 이유 중 하나는 신경전달물질의 유의한 감소이다. 예를 들어 알츠하이머병 환자의 경우 아세틸콜린의 감소는 뚜렷하다. 아세틸콜린이 부족하다는 것은 정보의 운송 체계가 작동하지 않기 때문에 다른 신경세포와 연결될 수 없다는 뜻이다. 노화하는 뇌에 해를 입히는 다른 요인은 손상된 혈액순환이다. 뇌는 심장에서 나오는 피의 25%를 사용하기 때문에 순환계의 결함에 특히 영향을 받을 수 있다. 노화하는 뇌의 쇠퇴에 영향을 미치는 또 다른 요인은 코티졸이다. 코티졸은 기억, 학습, 전반적인 인지 기능에 나쁜 영향을 미친다.

### 4) 기억은 어떻게 저장되는가

기억은 과거의 감각 경험에 관한 정보를 저장하고 재방출하는 뇌의 능력을 말한다. 기억의 종류는 크게 단기기억과 장기기억으로 나눌 수 있다. 단기기억은 짧은 기간 남아 있다가 사라진다. 우리가 길을 갈 때 많은 것을 시각적으로 보지만 그것은 머릿속에 오래 머무르지는 않는다. 공부를 통해 습득한 지식이나 기억해야 할 필요성이 있는 것들은 뇌의 어느 곳엔가 모아두어야 한다. 그렇게 하지 않으면 그 기억이 다시 필요할 때 도움이 되지 않기 때문이다. 몸으로 익히는 운동이나 기술 같은 것은 소뇌에 저장이 된다. 어렸을 때 배운 자전거를 오랜 기간이 지나 어른이 된 후에도 잘 탈 수 있는 것도 이와 같은 이치이다. 단기기억을 장기기억으로 옮겨주는 뇌의 주 영역은 변연계, 특히 해마와 편도체가 중요하다. 변연계의 주 역할은 어떠한 기억의 저장 필요 여부를 결정하는 것이다. 해마는 비정서적인 기억에 관하여 이런 결정을 하고 편도는 정서적인 정보에 관하여 이런 결정을 한다. 해마는 스트레스에 의한 영향을 많이 받는데 오랜 시간에 걸쳐 스트레스에 의한 손상을 받아 해마가 손상될 경우는 단기기억 능력도 상실되기 시작한다. 일반적으로 기억력 감퇴의 첫 단계는 새로운 기억을 만들 수 없다는 것이다. 흔히 알츠하이머병 환자는 오래 전의 일은 기억하면서 바로 어제 일은 기억하지 못한다.

**기억의 세계**

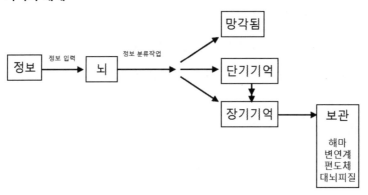

그림 8-2. 기억의 저장 과정

## 2절. 파킨슨병

파킨슨병의 특징을 최초로 묘사한 사람은 1817년 런던의 개업의 제임스 파킨슨이었다. 한때 프로복싱 헤비급챔피언이었으나 파킨슨병으로 고생했던 모하메드 알리가 TV에 나온 적이 있었다. 얼굴이 무표정하고 행동이 느리며 손을 떠는 현상과 걸을 때 앞으로 쓰러질 듯 종종걸음으로 걷는 것 등은 전형적인 파킨슨병 증상이었다. 파킨슨병은 뇌의 흑색질(substantia nigra)이라는 부위의 신경세포가 줄어드는 중추신경계 질환이다. 흑색질이란 이름은 그 신경세포들이 가지고 있는 멜라닌색소의 까만 색깔 때문에 붙여진 이름이다. 흑색질의 신경세포들은 도파민이라는 신경전달물질을 생산(dopaminergic)함으로써 섬세하고 조화로운 움직임이 가능하도록 돕는 역할을 한다. 그러나 어떤 이유로 인하여 이 흑색질에 있는 신경세포가 죽기 시작하여 50% 이상 없어져 도파민이 부족하게 되면 파킨슨병의 증상이 나타나게 된다. 파킨슨병의 원인은 도파민 부족이므로 도파민을 공급함으로써 증상을 완화시킬 수 있다. 파킨슨병은 학습능력은 상실되나 기술과 관련된 기억은 유지된다.

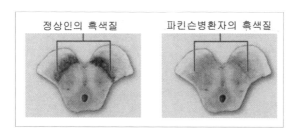

<br />

그림 8-3. 정상인과 파킨슨병 환자의 흑색질 비교

## 1) 파킨슨병의 잠재적 원인

파킨슨병의 직접적 원인에 대하여는 잘 알려져 있지 못하다. 그러나 일부의 경우에 몇 가지 유전적 인자가 관여한다는 사실이 알려졌다. 파킨슨병을 일으키는 유전자가 처음 확인된 것은 1997년이다. 이탈리아계 미국인 한 가계와 그리스계 미국인 네 가계에서 발견되었는데, 이들 가족에서는 알파－시누클레인(α-synuclein)이라 부르는 단백질에 변형이 있는 것이 발견되었다. 이 유전자는 우성(dominant) 유전자이기 때문에 잘못된 유전자를 하나만 가지고 있어도 병이 발병한다. 파킨슨병을 일으키는 두 번째 유전자는 청년기에 발병한 일본인 환자들에서 발견되었는데, 이들은 '파킨(parkin)'이라는 유전자의 변이를 포함하고 있었다. 파킨은 열성(recessive) 유전자이므로 발병하기 위해서는 잘못된 유전자가 두 개가 있어야 하지만, 한 개의 유전자에만 변이를 가진 환자에서도 일부 발견되는 것은 흥미롭다. 파킨슨병을 일으키는 세 번째 유전자는 유시에이치엘1(UCH-L1)이라 부르는 단백질을 코딩하는 유전자에서 발견되었다. 이 외에도 핑크1(Pink-1), 디제이1(DJ-1), 엘알알케이2(LRRK-2), 누르1(Nurr-1) 등의 다른 단백질들과 파킨슨병과의 관련성이 연구되고 있다. 가족 중 두 명 이상이 파킨슨병에 걸린 경우는 병에 걸릴 위험이 증가하는데 이는 우성으로 유전되는 유전적 요소가 한 세대에서 다음 세대로 전달이 되기 때문인 것으로 추정된다.

대부분의 파킨슨병 환자의 경우 뚜렷한 가족력이 나타나지 않으므로 유전자가 파킨슨병 발병에 중요한 역할을 한다고 생각되지는 않는다. 그러므로 병의 발현에 영향을 미칠 수 있는 환경적 인자에 관심이 모아지고 있는데 여기에 포함될 수 있는 환경인자로는

<br />

제초제 또는 살충제에 노출되는 것, 머리 손상, 우물물 음용, 중금속에 노출 등이 있다. 베트남전 당시 'agent orange'라는 제초제가 대량으로 살포되었는데 이것이 파킨슨병 발병과도 관련이 있는 것으로 알려진다.

파킨슨병에 관한 중요한 단서는 한 특이적 환경물질로부터 얻어졌다. 1980년대 당시 헤로인 유사약물이 제조되었을 때 '메틸페닐테트라히드로피리딘(methylphenytetrahydropyridine, MPTP)'이라는 불순물이 섞이게 되었다. 이 약물을 헤로인 대용으로 투여한 마약 중독자에게서 1, 2주 이내에 파킨슨병과 유사한 증상이 나타났다. MPTP는 뇌에서 $MPP^+$라는 화합물로 변환되어 도파민을 함유한 신경세포로 흡수되는 것이 발견되었다. $MPP^+$는 자유라디칼(free radical)을 생성하여 손상을 입히며 강력한 독성이 있는 것으로 알려진다.

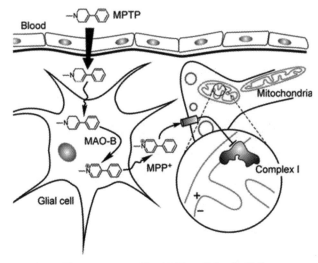

그림 8-4. MPTP와 미토콘드리아 기능장애

뇌로 흡수가 일어난 MPTP는 $MPP^+$로 전환이 일어나며, $MPP^+$가 미토콘드리아에 축적되면 미토콘드리아 복합체 I 효소 기능이 억제된다. 복합체 I의 기능장애는 더욱 많은 활성산소종(ROS)을 생성하게 되고 이것은 신경세포의 사멸을 유도하는 악순환을 반복한다.

## 2) 미토콘드리아 기능장애와 파킨슨병

세포에서 발견되는 대부분의 자유라디칼은 미토콘드리아에서 만들어진다. 특히 미토콘드리아의 효율이 심각하게 저하될 경우 자유기의 생성은 증가하며, 이것은 다른 미토콘드리아의 기능을 저해하고 그 결과 자유기의 생성은 더욱 증가한다. 이와 같은 형태로 파킨슨병 환자의 뇌에서 발생하는 미토콘드리아의 손상과 자유기의 발생은 자체적으로 계속 반복이 되면서 점점 더 심한 손상을 일으키게 된다.

MPTP 독성에서 얻은 단서를 근거로, 사망한 파킨슨병 환자의 흑색질(substantia nigra)에 있는 미토콘드리아에 대한 연구가 이루어졌다. 그 결과, 에너지를 합성하는 복합체 I(complex I)의 기능장애가 분명히 나타났다. 이와 같은 연구의 결과로 MPTP 독성과 파킨슨병과의 직접적 연관성이 밝혀졌을 뿐 아니라 파킨슨병 환자의 뇌에서 자유라디칼에 의한 손상이 발생하는 이유에 대해서도 미토콘드리아의 기능장애 때문이라는 것으로 설명이 가능하다. 실제 미토콘드리아의 기능이상은 상당수의 파킨슨병 환자의 혈액에서 확인이 가능하며, 몇몇 연구에서는 환자의 근육에서도 비정상적 미토콘드리아 기능이 발견되기도 했다. 이러한 결과로 미토콘드리아의 기능이상이 파킨슨병 환자의 뇌에만 국한된 것이 아니라는 사실이 밝혀졌다. 파킨슨병 환자에서 전자전달계 복합체 I(complex I)의 기능장애가 나타난다는 것이 발견된 이후, 로테논이라는 제초제에 대한 연구가 시작되었다. 로테논은 강력한 미토콘드리아 복합체 I의 억제제(inhibitor)이다. 그러므로 복합체 I의 부족이 파킨슨병에 중요하다면 로테논이 동물실험에서 파킨슨병과 유사한 장애를 일으켜야 했다. 이러한 가정은 실제로 입증이 되었는데, 쥐에게 약 1개월 동안 로테논을 투여한 결과 파킨슨병 환자에서 발견되는 것과 유사한 뇌 병변이 발생했다.

## 3) 파킨슨병의 병독성

파킨슨병은 흑색질에 있는 도파민을 함유하거나 도파민을 생산하는 세포의 손실 때문에 발생한다. 흑색질에 있는 세포들이 파괴되면 '추체외로계(기저핵이라는 대뇌피질 하부구조는 뇌의 흑색질을 비롯한 다른 많은 부위와 연결이 되어 있는데 이렇게 상호 연결된 구조를 추체외로계라 한다)'의 활동이 영향을 받으며 파킨슨병의 전형적인 특징인 수전증, 신체경직 등이 발생한다. 파킨슨 환자의 흑색질을 현미경으로 관찰하면 도파민생성 세포의 손실이 확인된다. 파킨슨병을 앓다가 사망한 파킨슨병 환자의 흑색질에 남아있는 신경세포를 관찰하면 '루이소체(Lewy body)'라 부르는 구조를 관찰할 수 있다. 루이소체는 거의 모든 파킨슨병 환자에서 보이는 신경세포 내에 존재하는 단백질 덩어리이다. 루이소체는 알파–시누클레인, 유비퀴틴과 같은 단백질의 혼합체로 구성되어 있으며 알파–시누클레인은 루이소체의 주요 구성성분이다. 그런데 루이소체는 파킨슨병에서만 발견되는 것이 아니라 특정 종류의 치매 등 다른 질병에서도 발견이 되고 있다. 환자의 중간뇌와 뇌줄기에 있는 루이소체는 아세틸콜린과 도파민을 비롯한 신경전달물질 기능을 파괴해 파킨슨병이나 치매를 일으킨다.

파킨슨병에서 가장 크게 신경세포 손실이 나타나는 부위는 기저핵(basal ganglia)인데, 기저핵은 뇌 깊숙이 들어 있는 신경세포체로 이루어진 구조물이다. 기저핵은 다른 말로 '추체외로계'라고도 불린다. 추체외로계는 피라밋로(추체로)로 내려보내는 정보를 조율하는 기능을 하는데, 이와 같은 조율을 통해 뇌의 여러 영역이 서로 협동하여 부드러운 움직임이 가능하도록 해준다. 기저핵(Basal ganglia)의 한 부분인 흑색질(Substantia nigra)의 '치밀부(pars compacta)'라는 곳의 도파민 뉴런이 70%까지 사멸된 것이 관찰된다. 다른 뇌 부분에서도 신경세포의 소실과 루이소체의 축적이 일반적으로 관찰된다. 신경세포의 사멸은 성상교세포(astrocyte)의 사멸을 동반하며 미세교세포(microglia)는 활성화된다. 기저핵은 뇌의 다른 부분과 연결되어 있으며 협동하여 기분과 신체 전체의 균형을 위한 안정성에 기여한다. 기저핵은 정상적으로 부적절한 운동을 저해하는 것으로 알려지며, 부적절한 시기에 여러 운동신경(motor system)들이 활성화되는 것을 막는다. 일단 어떤 운동을 실행하기로 결정이 되면 필요한 운동을 위하여 이러한 억제가 감소할 필요가 있다. 도파민의 방출은 운동기능의 억제가 완화되는 것을 돕는다. 높은 농도의 도파민은 어떤 운동이 원활히 일어나도록 도우며, 파킨슨병 환자의 경우처럼 낮은 농도의 도파민의 경우는 어떤 운동을 실행하기 위해서는 더 많은 노력을 필요로 한다.

## 3절. 알츠하이머병

**뇌의 변화**

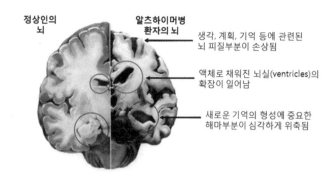

정상인의 뇌 / 알츠하이머병 환자의 뇌

생각, 계획, 기억 등에 관련된 뇌 피질부분이 손상됨

액체로 채워진 뇌실(ventricles)의 확장이 일어남

새로운 기억의 형성에 중요한 해마부분이 심각하게 위축됨

**그림 8-5. 정상인의 뇌와 알츠하이머병 환자의 뇌를 비교한 그림**

알츠하이머병 환자의 뇌에서는 뇌척수액으로 채워진 뇌실의 확장과 해마의 손상이 특징적이다.

### 1) 알츠하이머병은 신경퇴행성질환이다

알츠하이머병은 병의 진행에 따라 점진적이고 비가역적인 인지기능의 저하와 일상생활 수행 능력의 장애를 초래하는 신경퇴행성질환이다. 초기 단계의 가장 일반적인 증상은 단기 기억 상실(short term memory loss)로 알려진 최근 사건을 기억하는데 어려움이 있다는 것이다. 임상적으로는 전뇌 기저부(basal forebrain)에 있는 콜린계의 광범위한 신경퇴행 및 기능장애로 점진적인 인식기능 저하와 행동장애를 유발하는 질환이다. 하지만 아직까지는 근본적인 치료책이 없는 상황으로 보다 더 연구가 필요한 상황이다. 알츠하이머병은 신경세포의 사멸과 신경세포 외부에 축적되는 노인반(senile plaque, 아밀로이드반), 그리고 신경섬유농축체(neurofibrillary tangles, NFT)를 특징으로 한다. 알츠하이머병에서는 대뇌의 측두엽, 두정엽 및 앞쪽 전두엽 부위에서 뇌위축(atrophy)이 현저하다. 현미경적으로는 광범위한 신경세포의 상실과 신경교세포의 증식이 나타난다. 알츠하이머병의 현미경적 특

<표 8-3> 가족성 알츠하이머병에 관련된 유전자

| | 유전자 | 비율 | 염색체 | 아미노산 | 발생 연령 |
|---|---|---|---|---|---|
| 가족성<br>알츠하이머병<br>(FAD) | APP | ~25 known families | 21 | 695<br>714<br>751<br>770 | 43~62 |
| | PS-1 | ~315 known families | 14 | 467 | 29~62 |
| | PS-2 | ~18 known families | 1 | 448 | 40~88 |

성으로 대뇌피질 신경원의 위축성 변화, 신경섬유농축체, 노인반 및 과립공포변성(granular vacuolar degeneration) 등이 있다. 이중에서도 해마와 편도핵이 심하게 영향을 받는다. 베타 아밀로이드(β-amyloid, Aβ)는 노인반의 주요 구성성분으로 알츠하이머병의 주요 원인으로 추정되고, 활성산소종(reactive oxygen species, ROS)을 발생시켜 산화스트레스로 인한 신경세 포사멸을 유발하는 것으로 알려진다. 프로권투선수처럼 반복적으로 두부 외상을 받거나 단 한차례라도 의식 소실이 동반될 정도의 심한 뇌손상은 치매의 위험을 증가시킨다.

알츠하이머병은 유전적 요인의 관련 여부에 따라 산발성(sporadic type Alzheimer disease, SAD)과 가족성(familial type Alzheimer diease, FAD)으로 구별되는데, 전체 환자의 90% 이상이 그 원인이 아직 정확히 밝혀져 있지 않은 산발성에 해당한다. 알츠하이머병에 가족력이 존재하여 발생하는 경우는 상염색체 우성유전으로, 이들 대부분이 60세 미만의 비교적 젊은 나이로부터 발병한다. 그 외의 경우는 산발적(sporadic)으로 발생한다. 유전적 요인으로 다운증후군이 있는 경우 중년이 지나면 많은 환자에서 알츠하이머병으로 이행이 일어나며, 지금까지 밝혀진 알츠하이머병 취약 유전자에는 아밀로이드 전구단백질을 만들어내는 APP 유전자(염색체 21번), γ-secretase의 구성 단백질인 프리세닐린1(presenilin 1) 혹은 프리세닐린2(preseniline 2)와 관련된 PS1(염색체 14번)과 PS2(염색체 1번) 유전자가 있다.

그 외에 알츠하이머 치매 발병률을 높이는 감수성 유전자 또는 취약 유전자 가운데 대표적인 유전자가 ApoE(아포지방단백질 E, 염색체 19번)이다. apoplipoprotein E(ApoE) 유전자에는 ε2, ε3, ε4의 대립유전자형이 있는데, ε2의 경우는 알츠하이머병을 막아주며 ε4는 알츠하이머병의 중요한 유전적 위험인자로 알려진다. 40~80%의 알츠하이머병 환자들은 적어도 하나 이상의 ApoEε4 대립유전자를 포함하며 하나 이상의 APOEε4 대립유전자를 가지는 알츠하이머병 환자는 ε4 대립유전자를 가지지 않는 환자에 비하여 더 많은 베타아밀로이드 침착이 신경반과 뇌혈관에서 일어났다. 하지만 많은 연구자들은 알츠하이머병은 유전적 소인에 관계없이 신경세포를 직접 죽이거나 뇌의 정상 기능을 막는 여러 부정적인 힘에 노출되기 때문에 시작된다고 믿고 있다.

## 2) 알츠하이머병의 증상과 특징

알츠하이머병은 유대계 독일인 신경전문의 알로이스 알츠하이머(Alois Alzheimer, 1864~1915)가 50대 여자환자의 검사, 치료, 부검까지 마친 후에 특징적인 소견을 종합하여 1907년 학계에 보고하면서 알려졌다. 그 환자의 남편은 아내의 점차 심해지는 기억력 장애와 이유 없이 자신을 비난하는 것에 대하여 불평하였다. 그 환자는 물체에 대하여 인식하고 특징을 말할 수는 있으나 그 물체의 이름을 떠올리는 데는 장애가 있었다. 이후 그 환자가 사망한 후 고해상도의 현미경을 사용하여 그녀의 뇌 조직을 검사했는데, 뉴런 주변의 특이한 형태와 뉴런 내에 존재하는 엉켜있는 섬유병변을 발견하였다. 신경세포 주변에서 발견되는 것은 '노인반(senile plaque)'으로, 신경세포 내부에서 발견되는 섬유는 '신경섬유농축체(neurofibrillary tangle, NFT)'라고 명명이 되었다. 노인반의 주요 성분인 베타아밀로이드(β-amyloid)는 알츠하이머병을 발생하게 하는 주요 원인으로 지목되고 있는데, 활성산소종을 발생시켜 산화스트레스로 인한 신경세포사멸을 유발하는 것으로 알려져 있다. 1907년 알츠하이머박사의 첫 보고가 있은 후 100년이 지난 현재 알츠하이머병은 성상교세포(astrocytes)와 미세교세포(microglia) 등의 교세포(glia)를 포함한 중추신경의 염증성 질환으로 받아들여지고 있다. 알츠하이머병은 노인에서만 발병하는 것이 아니라 어느 연령대에서도 발병할 수 있으며, 남성보다 여성에서 더 높은 발병률을 나타낸다. 대다수가 50세 이후 발병하지만, 젊은 환자도 최근 상당히 증가하고 있다. 50세 이전에 증상이 나타나는 경우는 드물지만 60세 이후로는 나이가 들어감에 따라 발생 빈도가 점진적으로 증가하여, 이 병의 유병율은 65~74세는 10%, 75~84세는 19%, 85세 이상에서는 47%로 나이가 들수록 증가하는 것으로 보고되고 있다.

알츠하이머병 환자 뇌 피질 세포 속에는 머리카락처럼 생긴 신경섬유농축체(neurofi-brillary tangle, NFT)가 점차 밀집화되어 간다. 신경섬유농축체란 뇌 신경세포의 세포질에 비정상적인 섬유질이 널리 퍼지는 것이다. 이 병의 마지막 단계에 가면 신경세포 전체의 와해가 일어나고 섬유질 뭉치만 그 자리를 채우게 된다. 이 비정상적인 섬유질은 뇌기능에 나쁜 영향을 끼치고 결국 세포를 파괴시킨다. 이 다발은 원래 신경세포를 통과하는 아주 작은 관과 필라멘트로 구성되어 있는데, 건강할 때는 세포를 지탱해주고 영양을 공급해주는 역할을 한다. 그런데 알츠하이머병 환자의 경우 실타래처럼 엉망으로 뭉쳐있어서 결국 제 기능을 못하여 세포를 죽게 한다. 이러한 일들은 뇌의 주 기억 센터인 해마에서 자주 일어난다. 알츠하이머병을 의학적으로 진단하기 위해서는 심리적인 검사도 이용이 되지만 PET, MRI 등의 기기를 사용하여 뇌에서 노인반(senile plaque)이나 신경섬유농축체(neurofibrillary tangle)를 확인하는 것이 가장 확실하다. 뇌의 수축현상도 눈에 띄는데 전두엽과 측두엽의 피질, 그리고 해마(Hippocampus) 등은 수축이 일어나고, 뇌실(ventricle)은 확장이 되는 것이 특징이다. 그림 8-6에서 밝게 보이는 부분은 뇌의 활성화 부분을 나타내고 어두운 부분은 불활성화 부분을 나타낸다. 알츠하이머병의 후반으로 갈수록 뇌의 활동성이 위축되어 가는 것을 볼 수 있다.

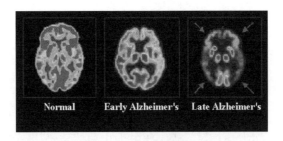

그림 8-6. Alzheimer disease 단계에 따른 뇌의 PET scan
밝은 부분은 뇌의 활성화 부위를 나타내며 어두운 부위는 불활성화 부분을 나타낸다.

알츠하이머박사가 첫 환자를 발표한지 100년이 지났지만 알츠하이머병을 진단하는 병리적 진단은 베타아밀로이드라는 변성단백질로 이루어진 노인반이라는 구조물과 과인산화된 타우단백질로 이루어진 '신경섬유다발' 또는 '신경섬유농축체'라 불리는 형태에 의한다. 이 두 가지는 정상적인 사람에서도 신체에서 생성된다. 정상적으로는 세포 내 효소에 의하여 파괴되어야 하는 물질들이 우리가 나이가 들어갈수록 기능이 저하되기 때문에 독성물질의 제거가 불완전하게 이루어지고 점차 뇌 조직에 축적이 일어나게 된다. 광범위한 분자생물학적 연구에 의하여 이러한 단백질들은 40세 이후 나타나기 시작하여 20년 또는 그 이상의 기간을 거쳐 신경세포가 기능을 잃어갈 때까지 지속적으로 축적된다고 알려진다. 즉 치매는 하루아침에 찾아오는 병이 아니며 적어도 20년 이상 서서히 반복되어 진행이 되는 작은 뇌 손상에 의해 독성단백질이 뇌에 축적되어 나타나는 만성질환으로 볼 수 있는 것이다. 따라서 알츠하이머병도 일종의 '생활습관병'의 범주에 속하는 질환이라 할 수 있을 것이며, 일반적으로 알려진 치매의 위험인자를 조기에 발견하여 이를 차단하면 치매의 발병률을 낮추거나 이미 발병된 경우라도 그 진행속도의 완화가 가능하다고 생각된다. 단 치매의 증상이 다른 사람이 느낄 수 있을 정도라면 그 환자의 뇌는 이미 약 70~80% 가량의 기억세포가 손상되어 있는 상태라고 볼 수 있을 것이다. 생화학적으로는 아세틸콜린(acetylcholine, Ach)의 합성효소인 콜린아세틸전이효소(choline acetyltransferase)의 활성이 저하되어 있고, $\gamma$-aminobutyric acid(GABA)의 합성에 관여하는 글루탐산탈카르복실화효소(glutamic acid decarboxylase)도 저하되었다. 이와 같은 효소활성의 저하는 콜린(choline) 작동계의 장애가 GABA, 세로토닌, 도파민 작용계에도 영향을 미치기 때문인 것으로 생각된다.


## 3) 알츠하이머병의 진행은 몇 단계로 나눌 수 있다

노인성 치매증의 하나인 알츠하이머병은 일반적으로 65세 이후에 발병하여 처음에는 가벼운 건망증으로 시작하여 시간과 장소를 알 수 없게 되거나 배회, 정신 혼란, 그리고 최종적으로는 인격 붕괴에 이르는 병이다. 알츠하이머병 질환은 뇌질환으로 대개 만성적이고 진행성으로 나타나며 기억력, 사고력, 이해력, 계산능력, 학습능력, 언어 및 판단력 등을 포함하는 뇌기능의 다발성 장애를 의미한다. 서서히 발병하고 진행되는 게 특징인 알츠하이머병은 기억력만 잃게 되는 게 아니라 식사, 용변, 옷 입기 등 일상생활 능력이 떨어져 다른 사람의 수발을 필요로 한다. 망상, 환각, 불안, 흥분, 불면 등으로 가장 가까운 가족들을 힘들게 한다. 알츠하이머병 환자에게서 나타나는 또 하나의 일반적인 증상은 수면장애(sleep disturbance)로 약 45%의 환자에서 나타나는 것으로 보고되었다. 최근에 수면장애와 알츠하이머병 환자의 인지능력 저하와 연관성이 있다고 제안되었다. 알츠하이머병 초기증세는 단기기억에 대한 장애로부터 시작된다. 치매 초기의 기억장애는 최근 사건에 가장 현저하며 치매가 진행됨에 따라 기억장애는 더 심해진다. 친숙하지 않은 상황에 대하여 민감하게 반응하며 혼란을 느끼게 된다. 초기에는 아주 가까운 사람만이 느낄 수 있는 경미한 변화가 일어난다. 알츠하이머병 중기에 이르면 최근에 새롭게 배운 정보에 대해 기억하는 것에 큰 어려움을 느끼고 많은 상황에서 혼란을 느낀다. 감정을 담당하는 중추의 손상으로 공격적이고 호전적인 성향을 띠게 되고 때때로 자기에 대한 자각 능력이 흐려진다. 알츠하이머병 말기에는 같은 말을 반복하는 증상이 나타나고 언어 중추의 손상으로 정상적인 대화가 어려워지며 심리적인 불안 증세와 심각한 인지장애를 겪는다. 우울증과 불안은 치매 환자들의 40~50%에서 나타나는 중요한 증상이다. 치매 환자들은 분명한 유발 요인이 없어도 극단적인 정서변화로 병적 웃음 혹은 울음을 보일 수 있다. 일부 우울증환자는 치매증상과 구별하기 어려운 인지기능의 장애를 보이므로 때때로 '가성 치매(pseudodementia)'로 표현된다.

그동안 광범위하게 이루어진 역학연구에 의하면 알츠하이머병의 가장 중요한 위험인자는 '나이'라는 것이 알려졌다. 60세 이후에 나이가 5살 증가할 때마다 치매 유병률도 2배씩 증가하여, 85세 도달하면 47%, 즉 두 명 가운데 한 명은 치매 환자가 된다. 성별의 차이도 있어서 여성이 남성에 비해 약 2배 내지 3배 위험이 높은데 이는 여성의 평균 생존기간이 긴 것도 이유가 되지만 그것보다는 폐경기 이후 갑자기 사라지는 여성호르몬인 에스트로겐의 부족으로 설명하고 있다. 정상적으로 에스트로겐은 신경세포성장인자 (nerve growth factor, NGF)의 기능을 가지고 신경세포 기능을 돕는 것으로 알려진다.

알츠하이머병이 진행되는 과정에는 몇 가지 공통적인 특징이 있는데 첫째, 환자의 자신이나 가족들이 증세의 시작을 깨닫지 못할 정도로 서서히 나타나 점차 심해지며, 둘째, 환자는 자신의 지적능력이 현저히 떨어져 있고 행동이 이상하다는 사실을 잘 인식하지 못하며, 셋째, 늘 접하는 환경이나 대인관계에서는 어느 정도 적응을 보여 평소와 다른 점이 두드러지지 않으나, 새로운 상황을 대하게 되면 증상이 뚜렷하게 된다.

## 4절. 알츠하이머병의 원인

알츠하이머질환은 뇌신경의 일시적 혹은 지속적인 손상이 발생한 것으로 정신기능의 전반적인 장애가 나타나는 것을 특징으로 하는 진행성, 그리고 퇴행적 질환이다. 아직까지 발병 원인에 대해서는 정확히 밝혀지지 않았지만 노화와 밀접한 관련이 있으며, 발병 원인으로 추정되는 몇 가지 가설이 존재하는데 여기에는 독성의 아밀로이드반(amyloid plaque)의 축적과 뉴런 내의 신경섬유농축체의 형성에 의한 가설이 있다. 알츠하이머병은 환자가 사망한 후 부검해서 얻은 뇌 조직 연구를 통해 마지막으로 검증하는데, 과학자들이 현미경으로 알츠하이머병 환자의 뇌를 살펴본 결과 시냅스 주위에 아밀로이드라는 섬유 물질이, 신경세포(뉴런) 몸체에 타우라는 단백질이 변형된 형태로 축적돼 있는 것을 관찰했다. 주의력, 기억, 학습과 같은 고도의 인식능력은 아세틸콜린, 소마토스타틴, 모노아민, 글루타메이트 같은 여러 신경전달물질이 신경세포 사이를 원활하게 교류하면서 이뤄진다. 그런데 아밀로이드와 타우단백질이 쌓여 있으면 신경전달물질이 잘 전달되지 않아 신경계의 기능에 이상이 생긴다. 이것이 알츠하이머병의 주요 원인으로 여겨지고 있다. 여러 종류의 면역과정과 사이토카인들이 알츠하이머병의 병리에 영향을 주는 것으로 나타났다. 염증반응은 여러 종류의 질병에서 조직 손상의 일반적인 표지자로 알려지는데 알츠하이머병에서도 조직손상 또는 면역반응의 표지자일 수 있다.

## 1) 콜린작동성 가설(Cholinergenic hypothesis)

가장 오래된 이론이며 최근 여러 약 처방의 기본이 되고 있는 것이 콜린작동성 가설 (cholinergenic hypothesis)이다. 알츠하이머병의 인지기능장애와 가장 큰 상관관계를 보이는 신경전달물질은 아세틸콜린인데, 이 가설은 알츠하이머병의 원인이 신경전달물질인 아세 틸콜린 생산의 감소에 기인한다는 것이다. 알츠하이머병 환자의 대뇌 피질 및 해마 조직에 서 콜린아세틸전이효소(choline acetyltransferase)의 감소가 현저히 나타나며, 이러한 변화는 알츠하이머병 환자의 증상과 상관관계가 있음이 밝혀졌다. 따라서 아세틸콜린 분해에 관련된 아세틸콜린에스테라제(acetylcholinesterase)를 억제하는 저해제(inhibitor)를 치료에 사 용하면 중추신경계에서 아세틸콜린의 농도를 높이는 효과가 있으며 기억력에 좋은 효과 를 줄 수 있다는 것이다.

## 2) 베타아밀로이드 가설

베타아밀로이드 가설은 1991년에 제기되었으며 세포외에 베타아밀로이드 축적이 알츠 하이머병의 원인이 된다는 이론이다. 이 이론이 발표되기까지 알츠하이머병의 분자생물 학적 연구 성과는 1984년에 Glenner와 Wong이 알츠하이머병 환자의 뇌 조직에서 베타아 밀로이드(β-amyloid)를 분리하고 그 아미노산 서열을 분석하였고, 1987년 Kang 등은 아밀 로이드전구단백질(amyloid precursor protein, APP)의 유전자를 클로닝하는 성과를 거두었다. APP는 21번 염색체에 위치하는데, 21번 염색체가 삼중 염색체(trisomy)인 다운증후군 환자 는 거의 일반적으로 40살 경에 알츠하이머병 증상을 나타낸다.

신경반(neuritic plaque) 또는 노인반(senile plaque)은 아밀로이드전구단백질(amyloid precursor protein, APP)의 절편인 베타아밀로이드가 신경세포 밖에서 다른 세포물질과 같이 침착되 어 밀집된 불용성의 침전물을 만드는 것이다. 그리고 아밀로이드 섬유체의 축적으로 인해 세포의 칼슘 항상성을 파괴하고 이로 인해 대뇌 신경세포가 사멸하여 알츠하이머병이 발병한다는 것이다. 또한 베타아밀로이드가 뇌 신경세포의 미토콘드리아에 선택적으로 쌓여 특정 효소의 기능을 억제하고, 신경세포에 의한 포도당 사용의 저해가 일어나는 것도 알려졌다. 알츠하이머병은 대뇌피질(cerebral cortex)과 특정 피질하 부분(subcortical regions)에서 신경세포와 시냅스의 상실이 일어나는 것이 병리적 특성이다. 이것은 측두엽(temporal lobe), 두정엽(parietal lobe), 전두엽의 부분들(parts of the frontal cortex) 그리고 대상회(cingulate gyrus) 부분을 포함한 손상된 부분들의 위축을 초래한다.

'베타아밀로이드 펩티드(분자량은 대개 4 kDa이며, $A\beta40$과 $A\beta42/43$ 등 몇 종의 형태가 있음)'란 아밀로이드전구단백질(amyloid precursor protein, APP)이라는 type 1 internal membrane protein으로부터 만들어지는 39~43개 아미노산으로 구성된 펩티드를 지칭한다. 이 가운데 42개의 아미노산으로 구성된 $A\beta42$는 올리고머(oligomer)나 원섬유(fibril)를 형성하는 경향이 크며 노인반(senile plaque)을 형성하는 주요 원인이 된다. 정상인의 뇌에서도 $A\beta$는 생성되지만 주로 $A\beta40$이며 응집이 일어나기 전에 대사, 분해된다. 반면 알츠하이머병 환자의 뇌에서는 $A\beta42/A\beta40$의 비율이 높으며, 대사되지 않고 농도가 점점 증가한다. 가족성 알츠하이머병(FAD)을 일으키는 모든 돌연변이들(APP, PS1, PS2)을 가진 알츠하이머병 환자의 혈장에서 베타아밀로이드 펩티드 가운데 가장 응집을 잘 유발하는 $A\beta42$가 증가하고, 중년기만 되면 거의 모두 알츠하이머병과 같은 뇌병리를 보이는 다운증후군 환자들의 뇌조직 신경반(neuritic plaque)에서 $A\beta42$가 $A\beta40$보다 먼저 증가한다.

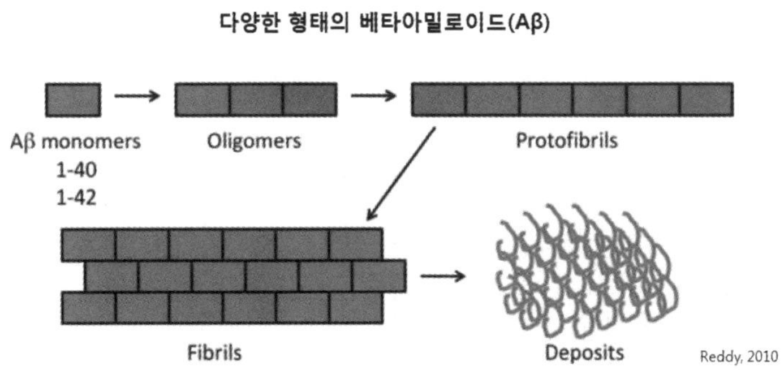

**다양한 형태의 베타아밀로이드($A\beta$)**

그림 8-7. 베타아밀로이드의 다양한 형태

베타아밀로이드($A\beta$)는 응집 정도에 따라 oligomer, fibril, protofibril 그리고 senile plaque를 형성한다. 최근 연구에 따르면 $A\beta$ oligomer와 protofibril 같은 용해성(soluble) $A\beta$는 $A\beta$ monomer 및 불용성의 fibril보다 신경세포에 독성을 보이며 알츠하이머병의 발병에 있어 결정적인 역할을 하는 것으로 보고되었다.

알츠하이머병 발병의 주요 원인으로 보고된 용해성 베타아밀로이드의 세포 내 유입은 미토콘드리아의 기능상실을 초래하며 궁극적으로는 세포사멸을 야기한다. 세포 내 축적된 Aβ는 소포체의 칼슘통로와 결합하여 소포체 내의 $Ca^{2+}$을 세포질로 방출시킴으로써 세포질의 $Ca^{2+}$ 농도를 증가시킨다. 미토콘드리아의 투과성 구멍(mitochondrial permeability pore, MPP)은 $Ca^{2+}$ 과부하, 산화 스트레스 등에 의해 열리게 된다. MPP가 열리면 미토콘드리아의 내부와 외부의 막전위와 pH 차이가 사라지면서 Aβ와 다양한 단백질이 미토콘드리아 내로 밀려들어온다. 또 유입된 Aβ는 사이클로필린 D(CypD)와 상호작용하여 미토콘드리아 투과성구멍(MPP)의 열림을 촉진한다. 이는 삼투압에 의한 미토콘드리아 팽창으로 이어지며, 미토콘드리아의 구조적, 기능적 이상을 초래한다. 미토콘드리아의 기능 이상은 에너지원인 ATP 생산의 중단을 의미하며, 곧 세포사멸단계를 밟는다.

아밀로이드전구단백질(APP)은 뉴런의 생장과 생존 그리고 수선에 중요한 단백질이며 막을 1번 관통한다. APP는 효소에 의하여 조각으로 잘라지게 되는데, 정상의 경우는 분해되어 다시 APP로 재생되어 사용되지만, 알츠하이머병 환자의 경우는 이러한 분해과

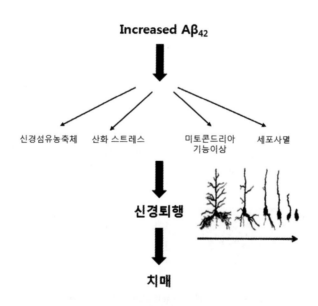

**그림 8-8. 베타아밀로이드와 신경퇴행**

증가된 베타아밀로이드는 신경섬유농축체, 산화 스트레스, 미토콘드리아 기능장애, 세포사멸 등을 촉진하며 이는 신경퇴행(neurodegeneration)을 초래한다. 신경퇴행이 더욱 축적이 되면 치매를 초래하게 된다.

정이 비정상적으로 일어나 베타아밀로이드의 축적이 일어난다. 이것은 아밀로이드전구단백질을 자르는 3가지 단백질분해효소가 극적으로 변하기 때문이다. 세 가지 단백질 분해효소 가운데 베타와 감마 분비효소(β와 γ-secretase)가 알츠하이머병에서는 더욱 활성화가일어나고(인간의 경우 PS1의 돌연변이는 γ-secretase의 활성에 변화를 초래하는 것으로 알려짐) 알파분비효소(α-secretase)는 상대적으로 활성화가 저해된다. 생성된 베타아밀로이드는 활성산소종(ROS)을 생성하여 산화 스트레스를 유발하고, 간접적으로는 소교세포(microglia)를 활성화시켜 신경에 독성을 나타내게 한다. 결과적으로 베타아밀로이드의 생성은 해마 CA1및 CA3 구역의 피라밋세포(pyramidal cell)의 사멸을 촉진하여 점진적인 기억력 장애를 유발하는 것으로 추측된다. 이밖에도 베타아밀로이드가 시냅스 기능의 억제를 일으키는데보조적인 역할을 한다는 보조적 이론들이 존재한다. 아밀로이드 플라크 이외에도non-plaque 베타아밀로이드(aggregates of many monomers)도 병독성 기작에 관련이 있으리라추측하고 있는데, 이러한 병독성 올리고머(toxic oligomer)를 ADDLs(amyloid-derived diffusibleligands)이라 부른다. 이들은 신경세포 표면에 존재하는 수용체에 결합하여 시냅스의 구조를 변화시키고, 이에 따라 신경세포 사이의 상호신호전달이 손상된다. ADDLs이 결합하는수용체 가운데 하나는 광우병과 CJD(크로이츠펠트야콥병)의 프리온 단백질이 결합하는 수용체와 동일한데, 이것은 알츠하이머병을 포함한 신경퇴행질환의 보편적 작용기작과 연관이 있을 가능성이 높다.

## (1) α-secretase(알파 분비효소)

알파 분비효소에 의해서는 무해한 조각이 만들어지지만, 베타와 감마 분비효소(β와γ-secretase)의 활성화로 인해서는 알츠하이머병의 원인물질인 베타아밀로이드(Aβ)가 만들어진다. 베타아밀로이드는 그것을 구성하고 있는 아미노산의 수에 따라 여러 가지 형태가있다. 실제 알츠하이머병 환자의 경우 40개 또는 42개의 아미노산으로 이뤄진 베타아밀로이드의 비율이 급격히 많아진다. 따라서 알츠하이머병을 생화학적 방법으로 검사할 때는환자의 뇌척수 액에서 이런 형태의 베타아밀로이드 농도를 측정한다. 베타아밀로이드(Aβ)

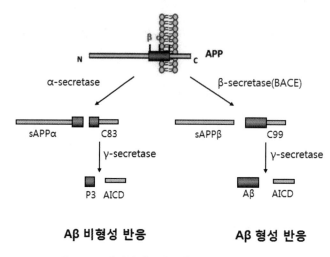

## 아밀로이드전구단백질(APP) 절단반응

N    β    APP    C

α-secretase            β-secretase(BACE)

sAPPα   C83        sAPPβ    C99

γ-secretase           γ-secretase

P3   AICD          Aβ   AICD

**Aβ 비형성 반응**        **Aβ 형성 반응**

**그림 8-9. 베타아밀로이드 형성반응과 비형성반응**

Aβ는 아밀로이드전구단백질(APP)이 β-secretase와 γ-secretase에 의하여 아밀로이드 서열의 좌, 우단을 순차적으로 절단함으로써 생성된다. APP의 아미노말단 쪽이 β-secretase에 의해 먼저 절단되면 용해성의 sAPPβ 조각과 세포 내에 계속 남아있는 C99가 생성되고, C99가 γ-secretase에 의해 잘리면서 세포 외로 분비되는 Aβ와 세포질 안으로 들어가는 APP intracellular domain(AICD) 을 생성하게 된다. Aβ는 분해효소에 의하여 제거될 수 있으나 잘 알려지지 않은 이유에 의하여 Aβ가 제거되는 속도가 저하되면 아밀로이드 플라크의 형성이 촉진된다. 반면 Aβ 비형성 반응에서는 α-secretase(아밀로이드서열의 내부를 절단함)의 활성화로 용해성의 아밀로이드전구단백(sAPPα)을 형성하고 남은 카복시말단 C83잔기는 완전한 베타아밀로이드 영역을 유지하지 못하므로 β-secretase 혹은 γ-secretase의 작용에도 베타아밀로이드를 형성하지 못한다.

는 불용성이고 끈적끈적한 특징을 가지고 있어서 서로 뭉치고 끌어당겨 플라크(plaque)를 형성한다. 이렇게 하여 만들어진 노인반(senile plaque)은 알츠하이머병 환자의 뇌에서 흔하게 관찰되는 물질이다. 아밀로이드전구단백질(APP)은 베타아밀로이드(Aβ)라는 독성 단백질(toxic protein)의 전구체이지만, P3라는 정상적인 단백질의 전구체가 되기도 한다. P3는 현재까지 정확한 기능이 밝혀지지 않았지만 적어도 독성은 없다고 알려져 있다. 아밀로이드전구단백질(APP)에는 여러 절단 site가 있고, 아밀로이드－베타가 만들어질지 혹은 P3가 만들어질지는 어떤 효소에 의하여 절단되느냐에 따라 결정된다. 먼저 APP가 알파 분비효소(α-secretase)에 의해 잘리면 용해성(soluble) 부분이 떨어져나가고 그 다음 감마 분비효소(γ-secretase)에 의해 잘리면 P3 단백질이 만들어진다. 반면 아밀로이드전구단백질이 베타 분비효소(β-secretase)에 의해 잘린 뒤 감마 분비효소(γ-secretase)에 의해 잘리면 베타아밀로이드(Aβ) 펩티드가 만들어지고 플라크를 생성하게 된다. 베타 분비효소(β-secretase, BACE)가 베타아밀로이드 생성의 주범인 셈이다.


## (2) β-secretase(베타 분비효소)

베타 분비효소(β-secretase)는 1형 막 횡단 프로테아제(type I transmembrane protease)에 속한다. 베타 분비효소는 Aβ의 N-말단 부위의 APP를 절단한다. 베타 분비효소는 신경세포와 신경아교세포에서도 발현된다. 베타 분비효소의 양, 활성, 그리고 베타 분비효소에 의한 생성물은 알츠하이머병 환자의 혈소판에서 증가되는 양상을 보인다. 또한 허혈성 뇌에서 거대 혈소판의 병적 증상이 관찰된다. 게다가 베타 분비효소 발현과 활성의 변화는 뇌에서 베타 분비효소의 전사 및 번역 수준의 조절이 일어남을 알려준다. 베타 분비효소와 APP는 유사한 운송방식을 가지고, 엔도좀 내부에 비슷한 위치에 존재하기 때문에 베타 분비효소는 정형화된 활성화 패턴을 보인다. 이러한 사실은 신경세포 세포자살의 기능적, 형태적 신호 뿐 아니라 세포 내 Aβ 양의 증가가 뒷받침해준다. APP의 가공과정에서 베타 분비효소는 Aβ 응집체 형성에 중요한 역할을 한다. 지금까지 관찰된 사실에 의하면 알츠하이머병 환자 뇌에서 베타 분비효소의 과발현, 과생산, 과활성이 나타난다. 새롭게 잘린 Aβ 조각은 즉시 세포로부터 배출된다. 이와 같이 Aβ가 세포 외로 배출되는 것은 알츠하이머병 치료를 위해 만들어질 약이 세포 내부로 들어갈 필요가 없음을 시사하기 때문에 잠재적인 치료를 간소화할 가능성이 있다. 일단 Aβ가 세포 밖으로 나오면, Aβ는 스스로 축적되기 쉬운 'β-sheet' 구조를 취한다. 이와 같은 응집된 노인반은 신경세포의 죽음을 초래하며 이러한 현상은 신경세포의 세포사멸과 괴사를 일으키기 때문에 알츠하이머병 환자에게는 치명적이라 할 수 있다. 세포의 사멸은 세포의 수축, 막의 불안정화, DNA 분해 등을 수반한다. 괴사(necrosis)는 더 단순한데 괴사로 세포 내부 물질이 유출되면 특징적인 염증 반응을 주변에 일으킨다. 괴사의 결과 생성되는 것을 차단하는 것은 몇몇 항염증제가 질병의 발병과 진전을 늦출 수 있다는 점에서 중요한 사실이다. 베타아밀로이드(Aβ)는 뇌세포의 소포체 수용체와 결합, 신경세포 괴사 효소인 카스파제(caspase)-3을 활성화시킨다. 베타아밀로이드(Aβ)가 뇌에 축적되면 그 자체의 독성으로 신경세포가 위축되어 신호를 전달하지 못하고 신호전달체계가 중단되는 현상이 발생한다. 또한 베타아밀로이드는 금속과의 결합력이 뛰어나 결합한 금속을 이용하여 자유라디칼(free radical)을 생성하여 세포사멸을 촉진한다.

(3) ɣ-secretase(감마 분비효소)

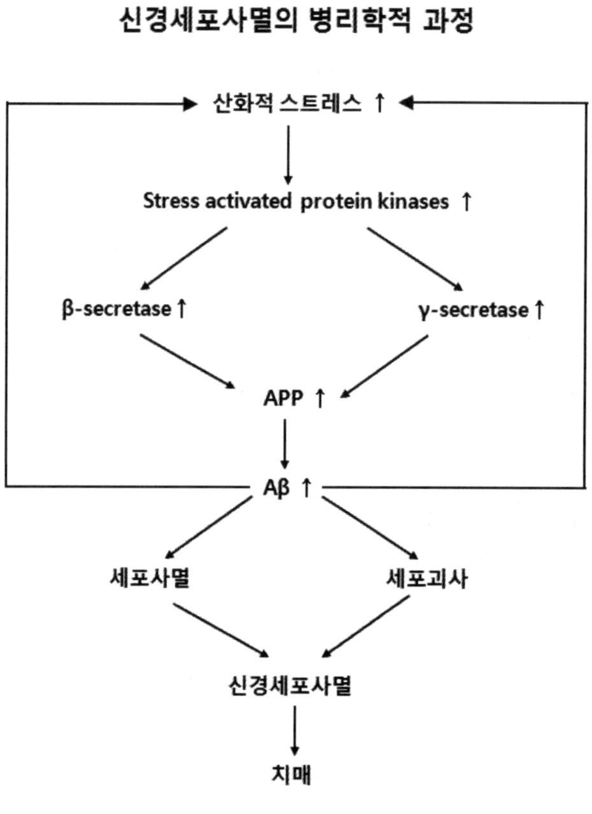

## 신경세포사멸의 병리학적 과정

그림 8-10. 산화적 스트레스와 신경세포 사멸

산화적 스트레스는 스트레스에 반응하는 인산화효소를 활성화하고 이것은 다시 β-secretase와 ɣ-secretase의 활성화를 초래한다. 이것은 다시 아밀로이드전구단백질(APP)과 베타아밀로이드(Aβ)를 축적하고 신경세포의 사멸을 유도한다. 신경세포의 사멸이 축적되면 치매가 초래된다. 베타아밀로이드는 산화 스트레스를 발생시킬 수 있기 때문에 더욱 베타아밀로이드 축적을 초래하는 악순환을 일으키게 된다.

감마 분비효소는 다른 분비효소(secretase)보다 구조와 특성이 복잡하여 동정하는 데 많은 어려움이 있었다. 알츠하이머병 가계에서 프리세닐린(presenilin, PS) 유전자에서 돌연변이가 발견되어 이 단백질이 감마-secretase 활성을 갖는 단백질일 것이라고 예상되던 중, 프리세닐린(PS)을 knockout 시킨 생쥐는 감마 분비효소에 특이적인 억제제를 처리한 것과 같이 Aβ의 양이 현저히 감소되어 있고, APP C83과 C99가 축적된다는 결과가 보고됨으로써 이 단백질이 감마 분비효소(γ-secretase)를 구성하는 성분 중 하나임이 확실시 되었다. 감마 분비효소(γ-secretase)는 프리세닐린(PS), 니카스트린(Nicastrin), APH-1(anterior pharynx-defective-1), PEN-2(Presenilin enhancer-2)로 이루어진 복합단백질(complex protein)로서 단백질

⟨표 8-4⟩ 신경퇴행성 질병과 연관된 단백질 종류

| | 단백질 종류 | 발생 동안 가능성 있는 기능 | 참고문헌 |
|---|---|---|---|
| 신경퇴행성 질병-연관 단백질 | 아밀로이드전구단백질(APP) | Regulation of neuronal cell adhesion, migration, synapse formation; neural progenitor cell proliferation, neurotrophic and neuroprotective functions (sAPP isoforms); regulation of synaptic pruning (N-APP) | Aydin (2012) |
| | 프리세닐린 (presenilins) | Regulation of neural progenitor cell roliferation, migration, differentiation; adult neurogenesis | Selkoe (2003) |
| | 타우단백질 (Tau) | Axonal growth/retraction (synaptic targets selection; cytoskeletal/structural plasticity | Goedert (1993) |
| | 알파-시누클레인 (α-synuclein) | Neurogenesis; synaptic vesicle recycling, neurotransmitter synthesis and release | Cheng (2011) |
| | 프리온 단백질 (prion protein) | Regulation of copper uptake at the synapse, cell-cell adhesion; neuroprotection, maintenance of neuronal integrity | Vassallo (2003) |

분해효소능(proteolytic activity)을 가지고 있어 type I transmembrane protein인 amyloid precursor protein(APP)과 Notch1을 절단하는 역할을 한다.

프리세닐린(PS) 단백질은 약 50 kDa의 full-length로 합성된 후 presenilinase라는 현재까지 동정되지 않은 효소 활성에 의해 중간 부분(hydrophobic region)이 잘려진 후 결합된 상태로 존재하는 안정한 프리세닐린 아미노말단조각(PS-NTF, ~30kDa)과 프리세닐린 카복시말단조각(PS-CTF, ~20kDa)을 만드는데, 이것이 프리세닐린의 활성형으로 생각되었다. 그러나 프리세닐린만의 과다발현으로는 감마 분비효소 활성이 증가되지 않았고, 단독으로 과다발현돼 프리세닐린은 세포 내에서 급속하게 분해되는 것이 관찰되었기 때문에 프리세닐린 NTF와 CTF의 양이 밝혀지지 않은 제한 요인(limiting factor)에 의해 정교하게 조절된다는 제한 요인설이 대두되었다. 또한 감마 분비효소 활성을 나타내는 효소를 순수 분리하고자 한 여러 보고에서 사용된 방법에 따라 효소 복합체의 분자량이 최소 200~250 kDa부터, 440 kDa, 또는 1 GDa까지 나타나 다른 복합체 구성 인자가 존재할 가능성을 강력하게 뒷받침하였다.

첫 번째 프리세닐린 결합단백질로 동정된 니카스트린(nicastrin, Nct)은 프리세닐린에 대한 면역침전(immunoprecipitation)시 함께 침전되어 감마 분비효소의 한 성분임이 드러난 1형 막단백질(transmembrane glycoprotein)로 약 80 kDa 가량의 예상 분자량을 갖는다. 합성된 단백질은 소포체(ER)에서 약 110 kDa의 N-결합 당쇄화만 일어난 상태인 미성숙형으로 변형되어 세포막으로 이동하면서 약 130 kDa으로 성숙된다. 니카스트린은 복합체에 기질 docking site를 만들거나 복합체를 안정화시키는 역할을 하며, 그것의 extracellular domain은 감마 분비효소의 기질을 인식하는데 수용체(receptor) 역할을 한다. *C. elegans*나 *Drosophila*에서 Nct 유전자의 발현을 억제하면 프리세닐린(PS)의 발현을 억제했을 때와 동일하게 Notch 신호 전달 기능이 억제되었다. 또한 Nct의 성숙(maturation)은 프리세닐린에 의존적으로 프리세닐린이 없을 경우에는 정상적 세포 내 이동 경로를 따르지 못하고 소포체(ER)에 축적됨을 확인하였다. 그러나 프리세닐린과 Nct를 함께 과다발현해도 프리세닐린만의 과다발현과 마찬가지로 감마 분비효소 활성 증가를 일으키기에는 충분치 않은 것으로 나타나, 프리세닐린과 Nct 외에도 또 다른 제한 요인이 존재할 가능성이 예상되었다. 이 후 *C. elegans*에 대한 유전자 탐색을 통해 anterior pharynx defective-1 (Aph-1)과 presenilin enhance-2 (Pen-2)라는 두 개의 새로운 후보 유전자가 동정되었다. 약 30 kDa의 분자량을 갖는 APH-1은 7개의 막통과부위를 갖고 그 유전자를 돌연변이 시키면 LIN-12, APH-2, 또는 SEL-12 (각각 *C. elegans*의 Notch, Nct, PS ortholog)를 돌연변이 시켰을 때와 마찬가지로 불임효과를 유발했다. 이러한 효과는 Notch에 의한 신호전달 경로를 차단했을 때와 동일한 것으로 Aph-1 활성이 프리세닐린과 마찬가지로 Notch 신호전달경로 상에 필요함을 나타낸다.

PEN-2는 약 12 kDa의 2개 막통과부위를 가진 단백질로 *C. elegans*에서 제거되면 Notch, PS, Nct, Aph-1의 유전자를 knockout 시켰을 때와 유사한 표현형을 나타낸다. *Drosophilia* S2 세포에서 네 가지 단백질 (PS, Nct, APH-1, PEN-2) 각각에 대하여 RNAi로 발현을 감소시키면 감마 분비효소 활성이 감소되었고, 반대로 *C. elegans* knockout에 대한 회복실험에서도 네 가지 단백질이 모두 필요한 것으로 나타났다. 선충류나, 초파리 세포를 이용한 경우와 마찬가지로, 포유동물 세포를 이용한 면역침전실험에서도 네 가지 구성성분은 각각에 대한 항체로 면역침전하였을 때, 다른 감마 분비효소 구성요소들도 함께 침전되어 네 가지 단백질이 복합체에서 물리적으로 결합하고 있음이 밝혀졌다. Nct와 PEN-2에 대한 RNAi는 포유동물 세포에서도 동일한 결과를 나타냈다. 또한 감마 분비효소의 활성형을 분리하여 네 가지 성분의 존재를 확인하는 실험을 통해 활성형의 효소에 네 가지 단백질이 모두 존재한다는 것이 확인되었다.

이러한 감마 분비효소 복합체의 생리적 기능에 대한 연구는 감마 분비효소가 APP 뿐만 아니라 Notch도 절단한다는 것이 보고됨에 따라 그 중요성이 다시 부각되었다. Notch는 4종류의 isoform들이 존재하고 이와 반응하는 리간드는 5종류가 있다. Notch와 리간드의 결합은 cell-cell contact에 의하여 이루어진다. 먼저 *C. elegans*에서 프리세닐린의 오솔로그(ortholog)인 SEL-12가 동정되면서 감마 분비효소가 발생단계에 관여할 것이라는 가설이 제기되었다. Notch는 *Drosophila*에서 처음 동정된 제1형 막투과 수용체로서 Notch 신호전달이 발생과정 중 세포운명결정(cell fate determination)에 관여함이 확인되어짐에 따라 감마 분비효소가 발생과정에 중요한 역할을 담당한다는 것을 알 수 있다.

감마 분비효소가 Notch를 잘라 신호를 전달한다는 사실로 볼 때 APP도 감마 분비효소에 의해 신호전달에 관여할 수 있음을 추측할 수 있다. 실제로 APP가 감마 분비효소에 의해 절단될 때 만들어지는 세포 내 절편인 AICD는 Fe65라는 단백질과 복합체를 형성하여 핵으로 들어가 특정 유전자의 전사를 조절한다는 보고가 있었다. Notch, APP 뿐만 아니라 이전에 알려진 몇 가지 제1형 막단백질이 최근 감마 분비효소의 기질인 것으로 밝혀졌는데, 세포 결합을 매개하는 Epithelial cadherin과 CD44, EGF 수용체인 ErbB-4, Notch ligand 인 Delta와 Jagged 등이 그것이다. 이것은 감마 분비효소가 막에 존재하는 많은 단백질의 일부분이 세포 내로 방출되는데 폭넓은 기능을 가지므로 생리적인 중요성이 더욱 부각되고 있다.

감마 분비효소는 세포막에 결합하고 있는 단백질이지만 세포의 안쪽이나 바깥쪽에서 가수분해하는 다른 단백질들과 달리 막의 소수성 내부에서 단백질을 절단한다. 이와 같이 막에 결합하고 있는 단백질은 대량으로 정제하거나 결정을 만드는 것이 어려워 연구하는데 한계가 있다. 그리하여 Lawrence Berkeley National Laboratory의 연구팀은 결정을 만드는데 충분한 양의 감마 분비효소를 얻기 위해 HeLa 세포에서 전기영동으로 감마 분비효소 복합체를 분석하는 과정에서 지금까지 밝혀지지 않았던 새로운 단백질을 발견하였고 그 새로운 단백질의 아미노산 서열을 분석한 결과 이 단백질이 CD147이라는 막 결합 단백질임을 알게 되었다. CD147은 여러 조직에서 발현되며 종양의 침습, 세포 증식과 염증, 세포 내에서 단백질 이송 등 다양한 기능에 관련되어 있다. 또한 이 단백질은 신경기능과도 밀접한 관계를 가지고 있어 CD147을 제거한 생쥐는 신경 시스템이 발달되지 못하여 단기기억 상실이나 방향감각 상실 등과 같은 알츠하이머와 유사한 증상을 보여준다. 연구팀은 CD147의 기능을 상세하게 조사하기 위해 배양세포에서 RNAi 기술을 이용하여 CD147을 억제한 결과 Aβ peptide의 생산이 현저하게 증가하는 것을 발견하였다. 또한 신장세포나 신경세포와 같은 다른 세포의 감마 분비효소 복합체에도 CD147이 포함되어 있는 것도 확인할 수 있었다. 이와 같은 연구결과는 정상적인 CD147이 독성 Aβ peptides 생산을 억제하는 요소임을 보여준다.

이러한 Aβ의 형성은 APP의 분해과정에 의해 결정된다. APP는 먼저 알파 분비효소 또는 베타 분비효소에 의해 각각 α- 또는 β-site에서 절단된다. 이 두 sites는 APP의 막 관통영역의 extracellular / luminal 부분에서 발견되고, 이 부분에서의 절단은 "ectodomain

<表 8-5> ɣ-secretase 복합체를 구성하는 구성요소들

|  | 유전자 이름 | C. elegans | Mammalian | 기능 |
|---|---|---|---|---|
| ɣ-secretase complex members | presenilin (PS) | HOP-1, SEL-12 | PS1, PS2 | catalytic subunit and assembly of ɣ-secretase |
|  | Nicastrin (Nct) | APH-2 | Nct | assembly of ɣ-secretase (stabilization of PS, Pen-2) |
|  | Aph-1 | APH-1 (PEN-1) | Aph1aL Aph1aS | assembly of ɣ-secretase (stabilization of PS/Nct) |
|  | Pen-2 | PEN-2 | PEN-2 | assembly of ɣ-secretase (proteolytic processing PS) |

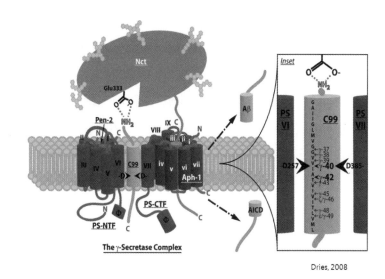

Dries, 2008

## 그림 8-11. ɣ-secretase의 작용

활성화된 ɣ-secretase complex의 ɣ-secretase에 의한 APP의 절단부위. (왼쪽) 활성이 있는 ɣ-secretase 복합체는 다음과 같은 4개의
요소로 구성된다: 프리세닐린(PS), 니카스트린(Nct), Aph-1, Pen-2. PS는 소수성부분(φ)에서 절단이 일어나 PS-NTF와 PS-CTF를
형성하며, 이것이 프리세닐린의 활성형으로 추정된다. catalytic 아스파르트산(D) residues인 D257과 D385가 PS-VI과 PS-VII 도메
인에서 각각 발견된다. Nct의 Glu-333 residue는 기질의 아미노말단과 반응함으로써 기질이 ɣ-secretase 복합체의 활성부위에
정확히 위치하는 것을 돕는다. 활성을 가진 ɣ-secretase에서 Nct는 매우 많이 당화(glycosylated)된 상태로 이루어져 있는데, Nct의
extracellular domain과 Aph-1은 PS-CTF과 결합되어 있다. Pen-2는 PS-NTF 가운데 묻혀있는데 이들 transmembrane
domain(TMD)는 ɣ-secretase 활성부위를 조절하는 것으로 추정된다. (오른쪽, Inset) ɣ-secretase는 APP를 여러 군데에서 절단하며
베타아밀로이드(Aβ) 펩티드의 이름은 아미노말단으로부터의 길이로써 표기한다. 다양한 종류의 Aβ 가운데 가장 주종을 이루는
것은 Aβ40과 Aβ42이다.

shedding"이라고 알려진 과정을 야기한다. α-secretase와 β-secretase는 APP 절단을 위해 경쟁하며 두 생성물을 내놓는다. 두 생성물 중 하나는 세포 외 공간으로 방출되는 수용성 APP(sAPPα 또는 sAPPβ) 이고, 다른 하나는 세포막에 박혀있는 단백질 조각(알파 분비효소에 의한 C83 또는 베타 분비효소에 의한 C99)인데, 이 단백질 조각은 감마 분비효소에 의해 절단된다. C83(알파 분비효소에 의한 생성물)이 감마 분비효소(γ-secretase)에 의해 절단되면 APP-intracellular domain (AICD)을 형성하고 세포 외로 3kD peptide를 방출하는 반면(non-amyloidogenic 반응), C99(베타 분비효소에 의한 생성물)가 감마 분비효소에 의해 절단되면 AICD와 불용성인 Aβ peptide를 형성하게 된다(amyloidogenic 반응). 결국 APP의 절단에는 알파 분비효소와 베타 분비효소가 서로 경쟁을 하기 때문에 Aβ peptide 형성의 주된 장본인은 베타 분비효소와 감마 분비효소이다.

그러나 흥미롭게도 감마 분비효소에 의한 절단에 있어 기질들은 'ectodomain shedding'을 전제조건으로 하는 1형 막관통단백질이다. 감마 분비효소의 기질 중 두 번째로 많이 연구가 되는 기질은 Notch receptor(세포분화 과정의 주요 조절인자)이다. Notch receptors는 리간드와 결합 시 수용성 Notch receptor 조각과 Notch intracellular domain(NICD)을 동시에 형성하기 위해 알파 분비효소와 유사한 단백질분해효소와 감마 분비효소에 의한 순차적 가수분해가 일어난다. Notch에 대한 감마 분비효소의 가수분해활성은 발생학적 경로에서 중요하다. 그리하여 Notch에 대한 감마 분비효소의 단백질 가수분해 활성은 감마 분비효소 억제를 기반에 둔 알츠하이머병 치료의 원치 않는 비특이적 억제효과에 해당한다.

베타아밀로이드는 신경세포에 독성을 가지고 있으며 세포표면에 있는 단백질 분해효소 억제 수용체에 결합하여 세포막에 도달하는 세포의 단백질 분해효소를 축적시키고 종국에는 세포골격에 손상을 초래함으로써 알츠하이머병의 노인반은 베타아밀로이드를 함유하고 있다. APP 유전자는 21번 염색체 상에 있으며, 일부 가족성 알츠하이머병 환자는 이 유전자의 점돌연변이 또는 21번 염색체의 부분복제에 의한 것으로 보고 있다.

알츠하이머병 중 유전적인 이유로 발병하게 되는 일부의 환자(5% 미만)는 발병 원인이 되는 유전자가 모두 밝혀졌는데, 그 대표적인 예로서 프리세닐린(presenilins, PS)이라고 불리는 단백질 유전자에 돌연변이를 가지고 있는 환자에서는 베타아밀로이드의 생성이 증가되었다(PS1 유전자는 염색체 14번에 존재하고, PS2 유전자는 염색체 1번에 위치한다). Phospha-tidylinositol 4, 5-bisphosphate[$PIP_2$, PtdIns(4,5)$P_2$]는 인지질의 한 종류로 중요한 신호전달 물질로 알려져 있는데, 프레세닐린 변이는 $PIP_2$의 농도를 감소시킨다. 연구를 통해 $PIP_2$의 농도가 감소하면 베타아밀로이드의 생성이 증가된다는 결과가 나왔고, 이를 통해 $PIP_2$의 농도 변화가 베타아밀로이드 생성이 변화되는 직접적인 원인임이 밝혀졌다.

### 3) Tau 가설

알츠하이머병, 파킨슨병, 헌팅턴병, 프리온병(prion diseases) 등의 신경퇴행성 질병들은 뇌에 단백질들의 비정상적인 축적이 일어난다는 공통적인 특징을 가지고 있다. 각 신경세포(neuron)는 일종의 내부지지구조인 미세소관(microtubule)을 세포골격으로 가지고 있는데, 트랙(track)처럼 세포체로부터 영양분과 분자들을 축색(axon) 말단까지 안내한다. Tau 단백질은 신경세포(neuron)와 신경교세포(glial cell)에서 발현이 되는 단백질로서, 축색 미세소관 조립(axonal microtubule assembly)과 안정화(stabilization) 기능을 수행한다. Tau 단백질은 인산화되었을 때 미세소관을 안정화함으로써 기본적으로 신경세포(뉴런)에서 신경신호가 잘 전달될 수 있도록 돕는 '미세소관 결합단백질(MAP, microtubule-associated protein)'이다. 이밖에도 MAP는 미토콘드리아 같은 소기관들의 축색수송(axonal transport)조절 등의 역할을 하는 것으로 보인다. 그런데 Tau 단백질이 과인산화되면(hyperphosphorylated) 다른 가닥들과 함께 짝을 이루어 paired helical filaments(PHF)를 형성한다. 그리고 PHF와 SF(straight filaments)가 주성분이 되는 실뭉당이처럼 엉킨 신경섬유농축체(neurofibrillary tangles, NFT)를 형성하면서 신경세포의 수송체계를 붕괴시킨다. 결과적으로 미세소관에 의해 보호 및 지지를 받지 못한 신경세포는 axon transport에 손상이 옴으로써 사멸하게 되는 것이다. 알츠하이머병 환자에서는 이러한 신경섬유병변이 뉴런 내부에 매우 증가되어 있으며 신경세포의 정상적인 활동이 방해를 받는다. Tau 단백질을 결여하고 있는 mice 실험에서 나타나듯이 정상적인 타우단백질 기능이 상실되는 것은 신경퇴행과 밀접한 관련이 있음을 알 수 있으며, 파킨슨병 말기에 알츠하이머병이 동반되는 것은 타우(Tau) 단백질과

## Tau 가설

1. 일반적으로 tau protein은 microtubule 3차원 "railroad tie"처럼 작용하는 microtubule-associated protein이다.

2. Tau protein가 과인산화되면 paired helical filaments (PHF)라는 구조를 형성하는데 이것은 neurofibrillary tangle을 만들고 축적되게 한다. PHF는 neurofibrillary tangle의 주성분이다.

3. Axonal transport에 손상이 오면 cell death가 일어날 수 있다.
   →이러한 가설은 AD가 Parkinson disease와 보이는 밀접한 관계를 뒷받침한다.

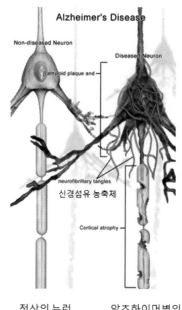

그림 8-12. 타우단백질 가설

관련하여 설명할 수 있다.

Tau 단백질의 정상적인 기능은 과도한 인산화로 인한 구조변화에 의하여 상실이 일어나며 이러한 비정상적인 Tau 단백질은 응집체(aggregates)를 형성할 수 있다. 뇌 조직 또는 뇌척수액(cerebrospinal fluid, CSF) 등에서 Tau 단백질이 존재하는 것은 신경세포사멸 때문이라고 오랫동안 생각되어져 왔으나, 신경세포사멸과는 독립적인 많은 다양한 경로(either in naked form or vesicle-associated)를 통하여 방출이 일어나는 것도 가능하리라고 생각된다. 많은 퇴행성질환의 뇌에서 발견되는 비정상적 형태의 Tau 단백질 응집체는 주위의 다른 세포들에 의하여 흡수되고, 비정상적 프리온 단백질들이 정상 단백질과 결합하여 비정상적 구조로 변환시키는 것과 거의 흡사한 방법을 통하여 10년-20년 이내에 뇌 전체에 대하여 정상 Tau 단백질을 비정상적 Tau 단백질로 변환시키는 것도 하나의 모델로 제안되었다(그림 8-13). 이와 더불어 Tau 단백질은 베타아밀로이드에 의하여 유도된 시냅스독성(synaptotoxicity)에 필수적이라는 것이 최근의 연구결과에 의하여 알려지게 되었다.

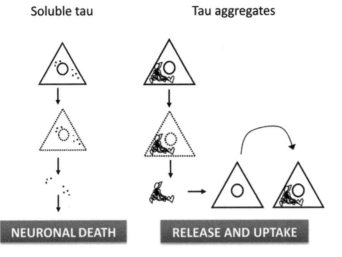

Soluble tau　　　　　Tau aggregates

NEURONAL DEATH　　RELEASE AND UPTAKE

Medina, 2014

**그림 8-13. Tau 단백질의 방출과 흡수**

비정상적 Tau 단백질이 다른 세포에 존재하는 정상적인 Tau 단백질과 결합하여 비정상적인 형태로 만든다는 이론이 있다.

## 4) 베타아밀로이드가 세포를 죽이는 기작

베타아밀로이드(Aβ)의 신경독성을 설명하는 과정에서 중요한 특징은, 특정한 세포막의 신경전달물질 - 의존성 이온통로(neurotransmitter-gated ion channel)에 대한 베타아밀로이드 응집체(aggregates)의 선택적 친화성이다. 이 채널은 글루탐산(glutamate) 존재 하에서 열리지만, 인공적인 글루탐산 유사체(AMPA, α-amino-3-hydroxy-5-methylisoxazole-4-propionic acid)와도 특이적으로 결합한다. 이 채널의 AMPA에 대한 특이성은 글루탐산에 의해 조절되는 다른 채널과 구분되며 AMPA 특이적 채널은 베타아밀로이드의 영향을 받는 유일한 채널이다. 응집된 베타아밀로이드의 존재 하에 이 채널은 계속해서 열리기 시작하고 칼슘이온이 세포 내부로 들어오도록 한다. 이러한 칼슘의 유입은 세포 내부의 신호전달과정을 방해하고 결국 세포를 죽음으로 이끌게 된다.

칼슘이온은 세포 내부의 신호전달기작에 있어서 매우 중요하다. 세포 내부의 칼슘이온 농도 변화는 유전자 발현 조절을 위한 신경전달물질의 방출부터 미토콘드리아의 기능까지 거의 모든 것과 관련되어 있다. 이러한 중요한 역할 때문에 세포 내 칼슘이온 농도는 매우 정교하게 조절된다. 그러나 응집된 베타아밀로이드가 AMPA 채널을 열면 내부 칼슘이온 농도는 매우 긴 시간동안 상승을 하게 된다. 칼슘이온의 신경전달물질 방출에 대한 역할 때문에, 신경세포는 다가오는 자극에 대해 반응할 수 없게 되고 뇌로부터의 정보전달이 방해를 받게 된다. 이러한 방해는 인지적 결핍으로 나타나는데 이는 AMPA 수용체가 기억, 중요한 생각에 관련된 피질영역과 해마에 광범위하게 분포하기 때문이다.

신경전달망을 차단하는 것과 더불어, 칼슘 조절 장애는 신경섬유농축체(neurofibrillary tangles, NFTs) 형성에도 관련이 있다. 이러한 길고 다발화된 섬유는 인산화효소(kinase)에 의한 광범위한 화학적 수식(modification)의 결과로 집단을 이루게 된 '타우(tau)'라는 단백질로 구성되어 있다. 인산화효소는 많은 세포학적 사건들을 조절하며 이 때 칼슘이온이 종종 반응을 시작하는 역할을 한다. 결론적으로 칼슘이온 농도가 장시간 동안 증가해

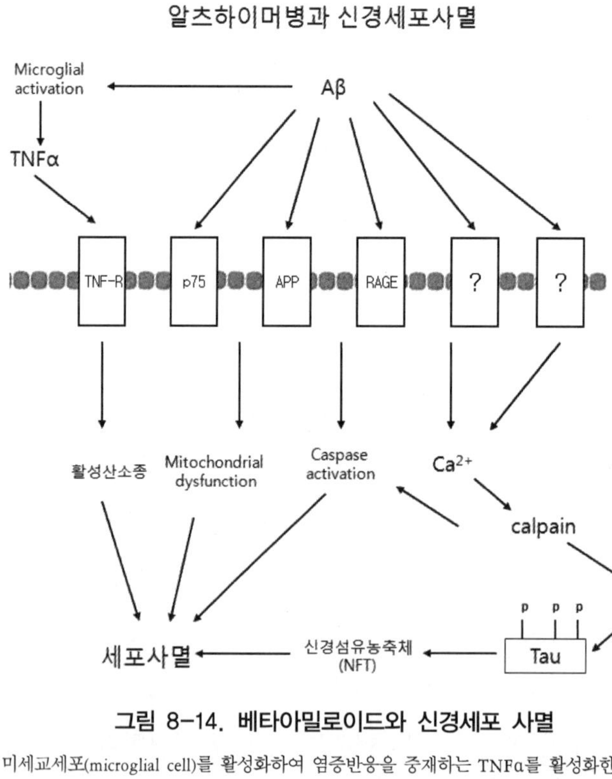

## 알츠하이머병과 신경세포사멸

그림 8-14. 베타아밀로이드와 신경세포 사멸

베타아밀로이드는 미세교세포(microglial cell)를 활성화하여 염증반응을 중재하는 TNFα를 활성화한다. 베타아밀로이드는 다양한 신호전달기작을 자극하여 활성산소종을 생성하고 미토콘드리아 기능장애를 초래한다. 이와 더불어 칼슘조절 장애는 Tau 인산화를 초래하고 과인산화된 Tau는 신경섬유농축체(NFT)를 형성한다. 활성산소종, 미토콘드리아 기능장애, 신경섬유농축체 등에 의하여 신경세포의 사멸이 초래된다.

있을 때, 인산화효소는 과활성화되고 타우단백질은 인산화 반응의 표적이 된다. 이러한 상황은 타우단백질의 과인산화를 초래한다. 타우단백질의 과인산화는 타우를 뭉치게 할 뿐만 아니라 타우단백질의 정상적인 기능인 세포의 구조를 온전하게 유지하는데 필요한 미세소관을 안정화시키는 역할까지도 방해하게 된다. 이와 같은 미세소관의 정상적인 기능의 상실은 신경세포를 손상시키고, 신경세포의 손상은 질병의 임상적인 진행과도 비례한다. 타우단백질의 수식(modification)의 정도는 치매의 정도와도 관련이 있는데 이는 과인산화된 타우단백질로 뇌세포가 가득 채워졌을 경우 장애를 일으킨다는 점을 뒷받침 한다. 세포골격구조의 손실과 칼슘이온 농도 조절의 이상으로 세포는 기본적인 대사과정 조절 능력을 잃어버리고 결국 사멸하게 된다.

### 5) 미토콘드리아 기능장애

알츠하이머병을 일으키는 주된 요인은 베타아밀로이드 펩티드의 과다한 생성과 세포 외부에 축적이 일어나는 것이다. 이로 인하여 신경대사물질과 신호전달체계의 붕괴가 계속적으로 이어지기 때문이다. 커다란 베타아밀로이드 집합체 또는 섬유체(fibrils)는 알츠 하이머병 환자의 뇌에서 특징적인 노인반을 형성한다. 이러한 플라크는 매우 독성이 있어 적은 양이라도 신경세포에 손상을 줄 수 있으며 이와 같은 베타아밀로이드의 독성은 미토콘드리아 기능 손상과 관계가 있다. 수용성 베타아밀로이드(Aβ)는 미토콘드리아로 들어가 자리를 잡고 활성산소종(ROS)의 과다생산을 초래하며 호흡과 ATP 생산을 방해하 여 미토콘드리아 구조와 기능에 손상을 줄 수 있다. 미토콘드리아에 대한 베타아밀로이드 의 독성은 세포 내 칼슘 항상성과 그 신호전달의 붕괴로 인한 것으로 나타났다. 비정상적 으로 높은 칼슘의 레벨과 칼슘 신호기작의 조절 이상이 노인반 주변의 신경세포에서 관찰되었다. 또한 베타아밀로이드 중합체(oligomer)는 세포배양 신경세포에서 대량의 칼슘 유입을 유도하여 미토콘드리아의 칼슘 과부하의 원인이 되고 궁극적으로 신경세포의 사 멸을 유도한다. 미토콘드리아의 과부하는 미토콘드리아 내부막(mitochondrial inner membrane)의 채널인 미토콘드리아 투과성 구멍(mitochondrial permeability pore, MPP)의

opening(개방)을 유도하여 미토콘드리아의 작용과 구조를 붕괴시킨다. MPP는 미토콘드리아 내막에 형성되는 직경 2.3~3.0nm의 다중 단백질 집합체(multiprotein complex) 통로이며 내막에 존재하는 adenine nucleotide translocase(ANT), 외막에 존재하는 전압-의존성 음이온 채널(voltage-dependent anion channel, VDAC), 미토콘드리아 기질에 존재하는 싸이클로필린 D(CypD) 등으로 구성된다. 일반적인 상태에서 MPP는 가역적으로 MPP의 열림과 닫힘이 칼슘의 항상성을 유지하는 막전위에 의하여 조절된다. 하지만 베타아밀로이드(Aβ)가 미토콘드리아, 소포체, 세포막 등에 축적이 일어나면 세포 내 칼슘항상성이 파괴되어 평상시에 닫혀있던 MPP의 열림(opening)을 유도한다. 유도된 MPP의 열림은 미토콘드리아의 전위(potential)를 변화시켜 세포의 기능장애를 발생시키고 신경세포의 사멸을 발생시킨다. Du 등(2008)은 베타아밀로이드 중합체가 MPP의 조절인자로 알려진 싸이클로필린

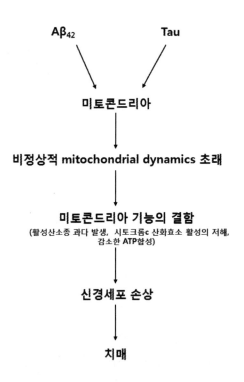

**그림 8-15. 미토콘드리아 결함과 치매**

베타아밀로이드와 Tau 단백질에 의한 신경섬유농축체는 신경세포의 미토콘드리아에 작용하여 미토콘드리아 기능장애를 초래하며 이것은 신경세포에 손상을 주며 신경세포의 사멸을 유도한다.

D(cyclophilin D, CypD)와 상호 접촉함으로서 MPP를 개방시키는 것을 확인했다. 연구팀은 치매 생쥐 모델에서 CypD를 유전적으로 제거하면 뇌의 미토콘드리아 MPP 개방이 억제됨으로써 인지기능의 개선이 향상됨을 보고하였고 이는 미토콘드리아의 장애가 알츠하이머 치매 병리의 원인이 됨을 시사하는 것이다.

# 참고문헌

1. Aydin, D., S. W. Weyer, et al. (2012). "Functions of the APP gene family in the nervous system: insights from mouse models." Exp Brain Res 217:423 - 434.

2. Becker, M., R. Andel, et al. (2006). "The effect of cholinesterase inhibitors on risk of nursing home placement among medicaid beneficiaries with dementia." Alzheimer Dis Assoc Disord 20:147-152.

3. Cheng, F., G. Vivacqua, et al. (2011). "The role of alpha-synuclein in neurotransmission and synaptic plasticity." J Chem Neuroanat 42:242 - 248.

4. Dohler, F., D. Sepulveda-Falla, et al. (2014). "High molecular mass assemblies of amyloid-β oligomers bind prion protein in patients with Alzheimer's disease." Brain 137:873-886.

5. Dries, D. R. and G. Yu. (2008). "Assembly, maturation, and trafficking of the γ-secretase complex in Alzheimer' disease." Curr Alzheimer Res 5:132 - 46.

6. Dries, D. R., G. Yu, et al. (2012). "Extracting β-amyloid from Alzheimer's disease." PNAS 109:3199-3200.

7. Du, H., L. Guo, et al. (2008). "Cyclophilin D deficiency attenuates mitochondrial and neuronal perturbation and ameliorates learning and memory in Alzheimer's disease." Nat Med 14:1097-1105.

8. Glenner, G. G. and C. W. Wong. (1984). "Alzheimer's disease: initial report of the purification and characterization of a novel cerebrovascular amyloid protein." Biochem Biophys Res Commun 120:885-890.

9. Goedert M. and R. Jakes, et al. (1993). "The abnormal phosphorylation of tau protein at Ser-202 in Alzheimer disease recapitulates phosphorylation during development. Proc Natl Acad Sci 90:5066 - 5070.

10. Hanger, D. P., D. H. Lau, et al. (2014). "Intracellular and extracellular role for tau in neurodegenerative disease." J Alzheimers Dis 40:S37-45.

11. Irizarry, M. C. (2004). "Biomarkers of Alzheimer disease in plasma." NeuroRx 1:226-34.

12. Kang, J., H. G. Lemaire, et al. (1987). "The precursor of Alzheimer's disease amyloid A4 protein resembles a cell-surface receptor." Nature 325:733-736.

13. Korea Statistics. 2010 Survey of the elderly available from: http://kostat.go.kr. Accessed January 21, 2013.

14. Kovacs, G. G., H. Adle-Biassette, et al. (2014). "Linking pathways in the developing and aging brain with neurodegeneration." Neurosci 269:152-172.

15. Medina, M and J. Avila. (2014). "The role of extracellular Tau in the spreading of neurofibrillary pathology." Front Cell Neurosci 8:1-7.

16. Nationwide study on the prevalence of dementia in Korean elders. Seoul: Seoul National University Hospital:2008.

17. Padurariu, M., A. Ciobica, et al. (2013). "The oxidative stress hypothesis in Alzheimer's disease." Psychiatria Danubina 25:401-409.

18. Reddy, P. H., M. Manczak, et al. (2010). "Amyloid-β and mitochondria in aging and Alzheimer's disease: implications for synaptic damage and cognitive decline." J Alzheimers Dis 20(Suppl 2):S499-S512.

19. Rowe, W. B., E. M. Blalock, et al. (2007). "Hippocampal expression analyses reveal selective association of immediately-early, neuroenergetic, and myelinogenic pathways with cognitive impairment in aged rats." J Neurosci 27:3098-3110.

20. Selkoe D. and R. Kopan. (2003). "Notch and Presenilin: regulated intramembrane proteolysis links development and degeneration." Annu Rev Neurosci 26:565‑597.

21. Spires-Jones, T. L. and B. T. Hyman. (2014). "The intersection of Amyloid beta and tau at synapses in Alzheimer's disease." Neuron 82:756-771.

22. Tang, K., L. S. Hynan, et al. (2006). "Platelet amyloid precursor protein processing: A bio-marker for Alzheimer's disease." J Neurol Sci 240:53-58.

23. van Praag, H., T. Shubert, et al. (2005). "Excercise enhances learning and hippocampal neurogenesis in aged mice." J Neurosci 25:8680-86.

24. van Praag, H., G. Kempermann, et al. (1999). "Running increases cell proliferation and neurogenesis in the adult mouse dentate gyrus." Nature Neuroscience 2:266-270.

25. Vassallo, N. and J. Herms. (2003). "Cellular prion protein function in copper homeostasis and redox signalling at the synapse." J Neurochem 86:538‑544.

26. 오상진. (2005). "인체노화." 탐구당.

27. 이명식. (2005). "파킨슨병." 아카데미아.

28. 장현갑 등. (2010). "치매예방과 뇌 장수법." 학지사.

# 9

## 암과 노화

인체는 다양한 조직과 장기를 포함하고 있는데, 이들은 다시 수백 종류의 세포들이 모여서 구성하게 된다. 세포가 수명을 다하거나 성장기에 더 많은 세포가 필요할 때는 세포분열을 통해 세포를 만들어냄으로써 우리의 몸의 기능을 유지한다. 세포들은 끊임없이 죽고 새로운 세포로 대체되는데 대체가 제대로 이루어지지 않으면 조직은 퇴화되어 못쓰게 되어 버린다. 반면에 대체가 너무 많이 일어나면 조직이 비정상적으로 확장하면서 암으로 발전할 가능성을 내포한다. 암이란 '조직의 필요성을 무시하고 자신만의 무제한적 증식을 통하여 정상 기능을 상실한 세포의 덩어리를 형성하고, 주위 조직을 침윤하고 다른 기관으로 전이하여 새로운 종양을 형성함으로써 궁극적으로 생명을 위협하는 질환군'을 총칭한다.

나이가 들수록 암 발병률이 급격하게 증가한다. 모든 암의 86%가 50대 또는 50대 이상의 인구에서 발생한다는 미국의 통계가 나와 있다. 그러면 노화하면서 암발생이 증가하는 이유는 무엇인가? 암유발 요인이 우리 몸에 수십 년 간 축적돼 오다가 끝내 암을 유발하고, 노화된 세포는 암세포로의 전이 확률을 더 높이기 때문이다.

암의 빈도는 노화할수록 증가한다

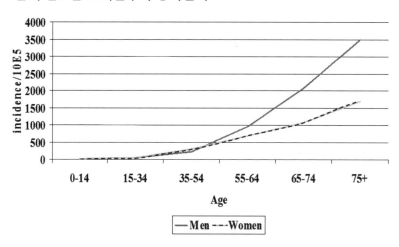

그림 9-1. 암의 빈도는 노화하면서 증가한다

## 1절. 암이란 무엇인가?

인체를 구성하는 수십조의 세포들은 언제 성장하고 분열하며 다른 세포들과 어떤 방식으로 뭉쳐서 조직과 장기를 만들어야 하는가에 대한 분명하고도 고유한 규칙들을 가지고 있다. 많은 세포들이 조화롭게 행동하면서 고도의 기능을 가진 인체를 구성하고 개체의 유익을 도모하며 살아간다. 그러나 이들 세포들은 어느 정도 자율성도 가지고 있으며 이런 자율성이 공익에 해가 될 경우는 그 자율성을 제한하도록 되어있는데, 간혹 세포의 변형을 통하여 공익을 무시하고 자신만의 장기를 만들려고 할 때가 있는데 이렇게 되면 극도의 혼란이 초래되는 것이며 이런 혼란 상태는 암을 의미한다. 암은 비정상적인 세포가 무제한 증식되어 몸 전체로 퍼지는 질병이다. 하나의 암을 구성하는 수많은 세포들은 단 하나의 세포가 변형됨으로써 복제와 분열을 거듭하여 만들어낸 세포들이다. 이들의 관심은 성장, 복제 그리고 끝없는 확장이다. 암은 다양한 조직과 기관에서 발생할 수 있는데 사람에서 발생할 수 있는 암이 100종류가 넘는다. 암은 발생한 장소와 세포 유형에 상관없이 두 가지 근본적인 특성을 공유하고 있다. 그 특성의 첫째는 세포의 무한 증식이고, 둘째는 이들 세포가 몸 전체로 퍼지는 능력을 가진다는 것이다.


## 1) 양성 및 악성 종양

의학적으로 종양의 정의는 조직의 자율적인 과잉성장이며, 개체에 의의가 없거나 이롭지 않을뿐더러 정상조직에 대하여 파괴적인 것이다. 종양을 의미하는 'neoplasia' (neo=new, plasia=growth)는 '새로운 성장(발육)'이라는 뜻이 된다. 쉽게 정리하자면 종양이란 우리 몸 속에서 새롭게 비정상적으로 자라는 세포의 덩어리라고 볼 수 있다. 습관적으로 'tumor'라는 말을 종양의 의미로서 더 많이 사용하고 있다. 종양은 다시 양성과 악성으로 나누는데, 양성종양(benign tumor)은 비교적 서서히 일정한 속도로 성장하며 주변의 조직으로 퍼지거나 침범하지 않는다. 일반적으로 신체기능에 큰 장애를 일으키지 않는다. 반면에 악성종양(malignant tumor)은 불규칙하고 빠르게 성장하며 정상적인 조직을 침윤하여 주변기관으로 퍼져나가(전이) 새로운 종양을 형성할 수 있다. 악성종양은 새로운 암의 씨앗이 되며 신체기능을 치명적으로 파괴한다. 악성종양을 '암(cancer)'이라고 부른다.

<표 9-1> 양성 종양과 악성 종양의 비교

| 특성 | 양성 종양 | 악성 종양 |
|---|---|---|
| 성장속도 | 일반적으로 느림 | 빨리 자람 |
| 성장형태 | 확대 팽창하면서 성장(단순히 커지기만 함) | 주위조직을 침윤하면서 성장 (주위로 침투) |
| 피막 | 피막이 있어 주위로의 침윤을 막음 | 피막이 없어서 주위조직으로 침윤이 잘되고 수술로 종양을 제거하기도 곤란 |
| 세포의 특성 | 분화가 잘되어 있고 세포가 성숙 | 분화가 잘 안되어 있고 세포가 미성숙 |
| 재발 | 수술로 제거하면 재발되지 않음 | 주위조직으로 퍼지는 성질이 있어서 수술 후 재발이 빈번함 |
| 전이 | 없음 | 흔함 |
| 종양의 영향 | 생명을 거의 위협하지 않으나 주요기관을 압박을 가하거나 폐쇄 시 문제가 됨(뇌, 척추, 혈관 등) | 적절히 치료하지 않으면 사망함 |
| 예후 | 좋음 | 진단 시기, 분화정도, 전이 상태에 따라 각기 다름 |

## 2) 암의 구분

다양한 종류의 암은 각기 다른 특징들을 가지고 행동한다. 같은 형태의 암이라고 하더라도 자라는 속도, 외형상의 차이, 전이되는 정도, 전이되는 장소, 다양한 치료법에 대한 반응에 있어서 차이를 나타낸다.

### (1) 장소에 따른 분류

암은 유래하는 장소에 따라 기본적으로 세 가지 부류로 나뉜다. 첫째, 몸의 내부와 외부를 덮는 층을 형성하는 상피세포(epithelial cell)에서 발생한 암을 암종(carcinoma)이라고 한다. 암종은 전체 암의 약 90% 정도를 차지한다. 둘째, 뼈, 연골, 혈관, 지방, 섬유조직, 근육과 같은 결합조직에서 발생하는 암을 육종(sarcoma)라고 한다. 육종은 전체 암의 약 1% 정도를 차지한다. 셋째, 나머지 암은 림프관과 혈액에서 유래하는 세포로부터 발생하는 암으로 림프종(lymphoma)과 백혈병(leukemia)이 있다. 림프종은 림프세포의 종양으로 주로 고형 상태의 조직 덩어리를 형성한다. 백혈병은 악성혈액세포들이 혈액에서 증식하는 혈액암이다.

암은 몸의 대부분의 조직 종류에서 발생할 수 있는데, 소화기, 호흡기 등 장기별로 암을 분류하는 방법이다. 암은 위, 식도, 폐, 자궁 이외에 유방, 직장, 대장, 후두, 이자(췌장), 혀, 피부, 갑상선, 신장, 방광, 전립선 등 인체의 거의 모든 장기에 발생하는데, 발생하는 부위의 이름을 붙여 암을 분류한다.

〈표 9-2〉 암 분류의 예

| 암의 종류 | | 장소 |
|---|---|---|
| 암종(carcinoma) | 위암 | 위 |
| | 폐암 | 폐 |
| | 피부암 | 피부 |
| | 전립선암 | 전립선 |
| | 유방암 | 유방 |
| | 갑상선암 | 갑상선 |
| | 대장암 | 대장 |
| | 식도암 | 식도 |
| 육종(sarcoma) | 골육종 | 뼈 |
| | 근육종 | 근육 |
| 혈액암(hematologic malignancy) | 림프종 | 림프기관 |
| | 백혈병 | 혈액 |

## (2) 조직형에 바탕을 둔 구분

발생하는 조직의 종류에 따른 분류이다. 편평상피에서 유래한 것은 편평상피암, 선(腺)에서 유래한 것은 선암종(adenoma, 'adeno'는 선을 의미함)이라고 하듯이 조직의 특징에 따라서 분류된다. 비록 암이 같은 조직 또는 기관에서 형성되었을지라도, 관련된 세포 유형에 따라 다른 이름의 암으로 불릴 수 있는 것이다. 예를 들면 폐암에서는 관련된 세포 유형에 따라서 편평세포암종, 소세포암종, 대세포암종, 선암종, 선편평선암종, 유암종, 기관지선암종으로 구분할 수 있는 것이다. 또 피부암의 경우에는 기저세포암종, 편평세포암종, 또는 흑색종일 수 있다. 이 정도의 복잡성은 다른 기관에도 볼 수 있는 것이며, 100여 개의 암이 서로 다른 질병처럼 행동할 수 있는 것이다.

## (3) 종양단계에 따른 구분

종양단계는 발견 시점에서 환자의 암이 얼마나 진행이 되었는지를 나타낸다. 종양단계는 종양이 얼마나 크게 자라고, 어느 정도 퍼졌는지를 시간에 따른 변화로 나타낸다. 가장 광범위하게 사용되는 종양 단계 시스템은 TNM 체계이다.

〈표 9-3〉 종양단계를 판단하는 TNM 체계

**T : 종양 크기**
　　T0 원발성 종양의 증거가 없음
　　T1-4 종양의 크기와 인접 조직의 침윤도

**N : 암세포가 림프절에 퍼졌는가? 여부를 판단**
　　N0 림프절에 질환의 증거가 없음
　　N1-4 림프절 침범의 상승 정도

**M : 전이 정도**
　　M0 전이의 증거가 없음
　　M1-4 전이 정도

TNM 체계 내에서 상세한 분류는 각 종류의 암에 따라 다르고 매우 개별화 되어 있다. 각종 암이 종류에 따라 TNM 명명에 따라 4병기 중 하나를 선택하게 되고 그것에 따라 예후에 대한 징조와 치료방법에 대한 계획을 세우게 된다.

## 3) 암세포의 특성

암의 원인이 무엇이 되었든 간에 암세포는 단일 정상 세포 또는 세포군이 돌연변이를 일으켜서 정상세포의 성질을 떠나 마음대로 자라고 퍼지는 비정상적인 세포의 질병이다. 이론적으로는 단일세포에서 증식하여 $1mm^3$($10^6 \sim 10^8$ 세포수)까지는 조직액으로부터 영양 공급과 산소공급으로 생존할 수 있으나, 이 이상 커지려면 혈관 및 림프관의 생성이 불가피하다. 이때부터는 구역 림프절이나 전신으로 전이를 일으켜 새로운 거점을 만들기도 한다. 암의 전형적인 특성으로 미분화성(undifferentiated), 전이성(metastasis), 자가증식능(autonomy), 클론성(clonality)을 들 수 있다.

**종양의 세포생물학적 특성**

- **미분화성 (Undifferentiated)**
  원래 계획된 세포의 기능을 가지지 못함
- **클론성 (Clonality)**
  유전적 동일한 세포가 분열해서 형성됨
- **자아증식능(Autonomy)**
  정상세포는 개체의 필요에 따라 제어를 받아 일정한 크기가 되면 더 이상 성장 없으나 암세포는 자기 스스로 증식을 자극
- **전이성 (Metastasis)**

그림 9-2. 암세포의 특성

### (1) 미분화성

미분화성은 세포분화가 완전히 이루어지지 않아 정상적 기능을 제대로 수행할 수 없는

세포가 무분별하게 복제하는 현상을 일컫는다.

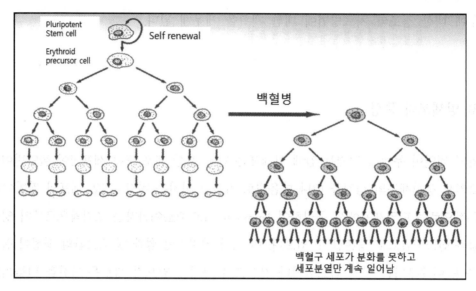

**그림 9-3. 암세포의 미분화성**

'분화'란 세포가 특별한 기능을 얻어 전문화되어 가는 과정인데, 암세포의 경우는 초기분화 단계에서 중지가 일어나고 세포분열만 지속한다. 결국 기능이 없는 세포 수만 많아지는 것이다.


## (2) 클론성

암은 하나의 잘못된 세포가 무한정으로 복제를 일으켜 동일한 유전적 성향을 가진 클론세포들로 구성된다. 즉, 암은 하나의 잘못된 세포로부터 시작하여 수십억에 달하는 암 덩어리를 구성하는 무수한 세포들을 만들어낸다.


## (3) 자가증식능

정상세포의 경우 일정한 횟수의 분열을 하면 세포노화가 일어나 증식을 멈추지만 암세포는 세포노화를 일으키는 기작에 문제가 생겨 계속적으로 분열을 하여 다층의 세포집단을 이루어 버린다. 즉, 스스로 세포를 자극함으로써 정상적인 조절을 받지 않고 계속 증식하게 되는데 이런 성질을 자가증식능이라 일컫는다.


## (4) 전이성

전이성은 암세포가 발생부위에서 다른 부위로 퍼지는 현상인데 암세포는 림프관과 혈관 또는 직접적인 접촉을 통해서 다른 기관으로 이동함으로써 신체의 여러 부위에 암이 발생하게 하는 성질을 말한다.


## 4) 암의 원인

인간의 몸은 부단한 분화와 증식으로 새로운 세포를 만들어 생명을 유지하는데 분화와 증식은 아주 정교한 조절을 받고 있으며 이러한 조절 기작이 어떠한 원인에 의하여 파괴되었을 경우 암이 발생할 수 있다. 암은 유전자들의 변형으로부터 야기되는 종합적인 병이다. 암의 발생원인은 내적요인과 외적인 요인으로 나누어 살펴볼 수 있다.


## (1) 생물체 외적인 요인

생활방식, 식생활, 환경처럼 인체에 미치는 외부 인자들이 암 발생에 중요한 역할을 하고 있다는 것이다. 엑스선이나 특정 화학물질은 암을 유발할 수 있다. 그리고 엑스선이나 특정 화학물질은 유전자에 돌연변이를 일으킬 수 있다. 즉 유전자의 돌연변이가 암의 발생을 일으킨다는 것이 밝혀졌고, 돌연변이원(mutagen)은 발암인자(carcinogen)라는 사실이 밝혀지게 되었다.

화학물질 : 화학물질이 암을 유발할 수 있다는 생각은 1775년으로 거슬러 올라간다. 어렸을 때 굴뚝청소부로 일했던 사람들의 음낭에 고환암이 높은 비율로 발생한다는 보고서에서 유래되었다. 이것은 특정한 화학매개체나 노출이 암의 발생과 밀접한 관계를 맺고 있다는 사실을 보여주는 첫 번째 좋은 예이다. 그리고 천연광물인 석면은 내화성의 특징을 가지고 있어 건축자재와 수많은 내화성 생산품을 만드는 데 사용이 되었는데 폐암의 발생과 밀접한 연관이 있음이 알려지게 되었다. 1850년대 초반부터는 담배를 피우면 폐암에 걸릴 위험이 높다는 사실이 관찰되었고, 흡연자 집단은 비흡연자 집단에 비해 20~30배까지 암발생률이 높았다. 또 에스트로겐과 같은 호르몬제제도 암을 초래할 수 있음이 알려졌다. 현재까지 밝혀진 화학적 발암물질들은 다음과 같은 몇 가지 유형에 속하는 것이 알려지게 되었다. 첫째로 수많은 벤젠고리가 융합되어 생긴 '다환방향족 탄화수소'가 있는데, 여기에는 벤조피렌이 대표적인 예이다. 둘째로 니트로소그룹($N=O$)을 가진 'N-니트로소화합물'이 있다. 육류의 보존처리에 사용되는 질산염과 아질산염은 자체적으로는 발암성을 지니지 않으나 위장에서 발암성의 니트로사민으로 전환될 수 있다. 셋째로 발암성 알킬화제(alkylating agent)는 자신이 가지는 메틸기 또는 에틸기를 다른 분자에 이환시키는 성질을 갖는다. 넷째로 발암성 천연물질은 미생물이나 식물에서 합성되는 다양한 종류의 암유발화합물이 여기에 속한다. 대표적으로 곰팡이가 만드는 아플라톡신이 여기에 속한다. 이외에도 카드뮴, 니켈, 크롬과 같은 무기물질도 발암성과 연관성이 알려진다. 화학물질 가운데는 직접적으로 암을 일으키는 경우도 있으나 일부 발암물질은 체내에 들어와 활성화된 이후에 발암물질로 전환되는 경우도 있는데, 이런 물질은 '발암전구체'라고 부른다. 발암전구체의 활성화는 주로 간에 있는 '시토크롬 P450 효소단백질군'의 작용에 의한다. 앞에서 설명한 여러 화학물질이 다양한 구조를 포함하고 있음에도 불구하고 공통된 특징을 가지고 있는데 그것은 친전자성(electrophilic) 분자라는 점이다. 친전자성 분자란 전자가 부족한 상태의 원자를 가진 불안정한 분자인데, DNA나 RNA, 단백질 등은 모두 전자를 제공할 수 있는 원자를 가지고 있어 이들과 쉽게 반응할 수 있다. 이렇게 반응하여 DNA 부가물(adduct)을 첨가하거나 한다면 DNA의 구조적 변형을 초래할 수 있고 이것을 통해 돌연변이가 초래될 수 있는 것이다.

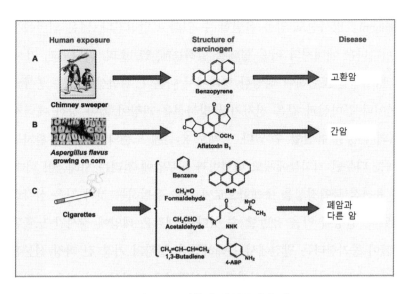

**그림 9-4. 화학적 발암물질의 예**

(A) 굴뚝 청소하는 사람은 굴뚝 속의 검댕에 존재하는 벤조피렌 성분에 노출되어 정상인보다 암발생률이 높다. (B) 가장 강력한 발암물질로 알려진 아플라톡신은 때때로 습기있는 상태에서 곡물이나 견과류를 보관할 때 곰팡이에 의하여 생성된다. 곰팡이가 만든 독소 아플라톡신을 섭취했을 때 간암의 발생을 초래할 수 있다. (C) 담배 성분 중에는 다환탄화수소인 벤조피렌, 그리고 다양한 발암성분 벤젠, 포름알데히드, 아세트알데히드, 부타디엔과 같은 화학물질들을 포함하고 있다. 흡연을 했을 때 이런 성분들이 폐 속 세포와 접촉을 하게 되고 이것이 폐암과 다른 암의 원인이 된다.

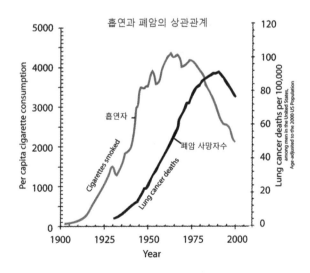

**그림 9-5. 흡연과 폐암의 상관관계**

1900년대 초부터 흡연자가 급격히 증가하였고 그로부터 30년 정도 뒤에 폐암으로 인한 사망자 수가 급히 증가하였다. 이것은 흡연이 폐암에 원인으로 작용했다는 근거로 사용될 수 있다.

방사선(radiation) : 방사선도 암을 유발할 수 있다고 알려진다. 넓은 의미에서 방사선은 공간을 떠돌아다니는 에너지의 어떤 형태를 말하는데, 열, 소리, 라디오파, 가시광선, 자외선, X-선, 핵 방사선을 포함하여 다양한 형태에서 나온다. 위험성이 없는 종류의 방사선도 있으나, X-선이나 감마선과 같은 전자기장 방사선은 파장이 짧아 강한 에너지를 가지고 있어서 DNA의 손상을 유발할 수 있다. 실제로 X-선에 노출되었던 여러 환자들뿐만 아니라 X-선 기계를 다루던 기사들에게도 백혈병과 피부암에 걸리는 사례들이 나타났다. 이러한 유형들은 유전적 불안정성을 초래함으로써 암을 유발하는 것과 같은 심각한 건강상의 위험과 관련된다. 일광이 암을 유발할 수 있다는 생각은 태양에 장시간 노출된 사람에서 피부암 발생률이 증가한다는 발견에서 유래하였다. 일광의 가장 긴 파장 성분은 태양으로부터 따뜻함을 느끼게 만드는 적외선이다. 가시광선은 적외선보다 짧은 파장이고 색깔을 볼 수 있게 하는 빛을 준다. 마지막으로 자외선(ultraviolet radiation)은 일광 중 가장 짧은 파장이고 신체 조직에 손상을 입힐 수 있는 가장 큰 에너지를 포함한다. 일광은 여러 가지 종류의 자외선을 방출하는데 파장이 감소하는 순서로 UVA, UVB, UVC로 분류된다. UVA는 자외선 가운데 가장 긴 파장과 가장 적은 에너지를 가지고 있다. UVA는 에너지가 낮기 때문에 해롭지 않다고 생각되기도 했었지만 장기간 노출될 때 피부 노화를 유발하고 피부암도 일으킬 수 있다고 여겨진다. UVC는 가장 짧은 파장과 가장 큰 에너지를 가지고 있으나 오존층에서 제거된다. 따라서 UVB가 지구에 도달하는 일광의 가장 높은 에너지 성분이지만 에너지 정도가 낮아서 몸속으로 깊숙이 침투하지는 못한다. UVB는 피부의 바깥층에 위치한 세포에 의해 흡수되어, 피부화상, 그을음, 피부암을 유발할 수 있다. 피부세포에 대한 UVB의 손상효과는 종종 긴 세월이 지나서야 암으로 나타나게 된다. UVB의 가장 짧은 파장(280nm)이 DNA의 염기들에 의해 흡수되고 화학결합을 바꿀 수 있는 에너지를 준다. 가장 공통적인 반응은 피리미딘 염기인 시토신(C)과 티민(T) 염기를 포함하는 자리에서 일어난다. 이런 피리미딘 염기가 2개가 나란히 인접하여 배열된 상태에서 자외선이 흡수되면 염기들 사이에 공유결합을 형성하게 해서 '피리미딘 이량체(pyrimidine dimer)'를 형성하게 한다.

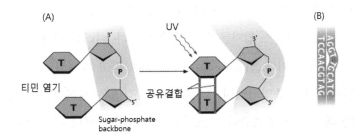

**그림 9-6. 피리미딘 이량체는 DNA에서 돌연변이를 초래한다**

(A) 자외선 조사는 DNA에 피리미딘 이량체를 형성하게 한다. (B) 피리미딘 이량체는 DNA 구조를 찌그러지게 만들어 새롭게 형성되는 DNA 가닥의 염기가 비정상적인 염기쌍과 쌍을 이루도록 만듦으로써 돌연변이를 초래할 수 있다.

**생물학적 원인** : 현재 세계적으로 약 15%의 암은 바이러스, 세균, 또는 기생충 등과 같은 감염성 인자(infectious agents)에 의해 생기는 것으로 추측된다. 하나의 예로 '헬리코박터 파일로리'라는 세균은 위에 감염하여 위암을 일으킨다는 다소 믿기 어려운 일이 사실로 증명되었다. 바이러스가 암을 유발할 수 있다는 것은 1900년대 초에 처음 제안되었는데, 1908년 엘러만(Ellerman)과 방(Bang)은 백혈병에 걸린 닭의 혈액을 여과해서 건강한 닭에 주사했을 때 암이 일어나는 것을 보고했다. 라우스(Rous)도 육종에 걸린 닭의 종양 추출물을 여과해서 다른 닭에 주사했을 때 암이 일어나는 것을 발견했다. 이것은 혈액과 종양추출물에 Rous Sarcoma Virus(RSV)라는 바이러스가 포함이 되어 있었기 때문인데, 이 바이러스는 감염된 세포 내에서 증식하면서 암을 형성했다. 세포에 감염한 바이러스가 세포를 죽이는 사건 대신에 세포의 증식과 성장을 돕는 것인데, 이것은 바이러스의 생존전략과도 관련이 있는 것이다. 바이러스가 암을 일으키는 정확한 기작을 알게 된 것은 그로부터 상당한 시간이 경과한 후의 일인데, 바이러스가 포함하고 있는 'src'라는 암유전자가 감염된 세포에서 스스로를 복제하도록 한다는 것을 알게 되었다. 1950년대 후반 아프리카에서 병원을 운영하고 있던 영국인 의사 버키트(Burkitt)에게 턱이 심하게 부풀어 오른 아프리카 아이들이 많이 찾아왔는데, 그 병은 림프성암(lymphoma)으로 진단이 되었고 나중에 '버키트림프종(Burkitt's lymphoma)'이라는 이름이 붙여졌다. 버키트림프종의 지리적 분포는 말라리아와 같은 모기에 의해 전파되는 감염지역과 일치하였는데, 이 때문에 림프종이 모기에 기인하는 감염성 병원체와 관련이 있을 것으로 예측을 하게 되었다. 이 아이디어에 관심을

가진 바이러스학자 엡스타인(Epstein)과 바(Barr) 박사는 버키트림프종에 걸린 환자들에서 분리된 종양세포에서 바이러스 입자를 찾아낼 수 있었다. 이러한 이유 때문에 이 바이러스 이름이 '엡스타인－바 바이러스(Epstein-Barr Virus, EBV)'라고 명명되었으며, EBV가 버키트 림프종을 유발하는 것이 증명되었다. 그런데 EBV 감염은 세계적으로 일반적으로 많이 일어나는 현상인데, 버키트림프종이 아프리카의 한정된 지역에서만 많이 일어나는 이유는 무엇인가? 버키트림프종에 대한 모기의 간접적 역할이 있기 때문이다. 모기는 말라리아를 옮기는 역할을 하고 말라리아는 면역력을 떨어뜨리며, 떨어진 면역력 때문에 EBV는 방해받지 않고 감염이 진행될 수 있다는 것이다. 즉 면역체계의 결핍이 EBV가 림프종을 일으키도록 돕는 역할을 한 것이다.

### (2) 생물체 내적인 요인

DNA 복제 실수에 의한 돌연변이 : DNA 복제 실수는 방사선이나 해로운 화학물질처럼 돌연변이를 유발한다. 가장 훌륭하게 일을 하는 세포의 경우에도 DNA를 복제할 때마다 100만분의 1의 확률로 실수가 일어날 수 있다. 수선효소(repair enzymes)가 이 실수를 고치지 못하면 분열 중인 세포는 그 후손에게 유전자 돌연변이를 물려주게 된다. 암세포는 세포의 유전자 중 일부에 이상이 발생하여 이들 유전자 산물인 단백질의 특성이 바뀌게 되고 그 결과로 세포성장 조절에 이상이 발생한다. 가장 해로운 돌연변이 가운데 하나는 DNA를 수선하는 단백질을 암호화하는 유전자에 돌연변이가 일어나는 것이다. DNA 수선을 하지 못하여 추가로 발생하는 돌연변이는 세포의 DNA에 축적되어 세포를 죽이거나 암으로 이어지게 된다. 예를 들어 DNA 회복의 결핍은 피부암의 일종인 색소성건피증(Xeroderma pigmentosum, XP)이라는 질병을 일으킨다. 다시 말해서 세포가 외적인 요인 또는 내적 요인에 의하여 세포주기 조절 유전자, 암유전자(oncogene), 종양억제유전자(tumor suppressor gene), DNA 수선(repair) 유전자 등에서 돌연변이가 발생하게 되고 이러한 돌연변이가 적절히 수선되지 못할 경우 암세포가 발생할 수 있다. 이 후 암세포는 빠른 증식으로 인한 다른 유전자의 돌연변이를 일으키게 되고 따라서 점점 악성의 암세포로 변하게 된다.

**호르몬** : 여성호르몬 중 에스트로겐과 프로게스테론은 유방암 세포를 증식시키는 인자라고 알려진다. 전립선암에서 전립선을 구성하는 세포의 증식은 안드로겐(테스토스테론이 그 한 예임)이라는 남성호르몬에 의존적이다. 따라서 안드로겐을 저해하면 전립선암을 예방할 수 있는데, 이와 같이 호르몬은 암의 원인이 되기도 하지만 암 치료와 예방에도 응용될 수 있다.

**면역학적 요인** : 앞에서 말라리아 감염으로 인한 면역기능 저하 때문에 EBV 감염이 버키트림프종으로 진행할 가능성이 증가한다고 언급하였다. 이와 같이 암세포가 생겨도 면역기능이 정상기능을 수행한다면 암세포를 제거할 수 있다. 따라서 암이 발생하기 위해서는 비정상적 면역기능이 병행되어야 가능할 것이다. B형 또는 C형 간염 바이러스의 경우 만성 간염을 초래하는데, 지속적인 감염은 면역세포에서 만성적인 염증조건을 전파하고 면역세포들은 종종 활성산소종 같은 돌연변이를 높이는 화학물질의 발생을 촉진한다. 또한 면역작용에 의해 파괴된 세포들을 대체하기 위해 감염된 조직의 세포들이 계속적으로 증식하도록 만든다. 이러한 세포증식은 DNA 손상이 있음직한 조건 하에서 일어나서 암유발돌연변이 가능성을 증가시킨다.

## 5) 암의 진행단계

### (1) 개시

인체의 세포 속에는 세포의 분열과 분화를 조절하는 유전자들이 있다. 인체 내부 또는 외부에서 오는 어떤 자극에 의해 이 유전자를 구성하는 DNA에 돌연변이가 일어나면 세포는 정상적 조절기구의 통제를 받지 않고 무제한으로 증식할 수 있게 된다. 이렇게 형질전환(transformed)이 일어난 세포가 암세포이며, 암의 기원은 비정상적으로 분열하는 하나의 세포로부터 시작된다. 그러나 체내에 암세포가 생겼다고 누구나 암에 걸리는 것은 아니다. 인체의 면역감시체계는 암세포를 찾아내고 임파구와 대식세포 등의 면역세포를 동원하여 제거함으로써 자연 발생한 암세포의 대부분을 파괴한다. 그러나 인체의 면역기능의 저하가 일어난 노인이나 환자의 경우 암세포가 이러한 감시기능을 피하여 살아남게 되면 그때부터 암세포는 성장이 일어난다.


### (2) 성장과 침윤

암세포는 계속 분열하여 비정상적인 조직을 증식한다. 이렇게 성장한 암 조직은 처음 발생한 부위의 주변조직을 파고 들어가며 증식하는데 이를 '침윤'이라고 한다. 암세포의 성장속도는 암의 종류에 따라 다르며 인체 내의 다른 요인들, 예를 들면, 호르몬의존성(호르몬에 반응하는 기관의 경우), 혈액공급의 적정(암의 진행성 성장을 촉진하는 혈액의 공급), 면역방어기전(개인의 면역능력에 따라 다름) 등에 의하여 영향을 받는다.


### (3) 전이

암세포는 세포막이 변질되어 세포와 세포 사이의 접착력이 약하므로 조직에서 잘 분리되는 특성이 있다. 암이 주변조직을 침윤하여 림프절 또는 혈관까지 이르게 되면, 분리된 암세포가 림프관이나 혈관을 타고 신체의 먼 기관에 정착하여 그곳에서 증식하기도 한다. 이것을 '전이(metastasis)'라 한다. 암세포의 침윤과 전이는 신체기능에 이상을 초래한다. 즉, 조직이 파괴되면 조직은 심한 기능장애를 나타내고 신경이 압박을 받으면 통증이 생기며 혈관이 파열되면 출혈이 일어난다. 우리 몸에는 암세포가 잘 퍼져나가는 조직이 있는데 이것은 암세포의 성질과 암이 처음에 발생한 장기의 해부학적 구조, 즉 림프관과 혈관의 주행과 관계가 깊다.

## 2절. 암과 유전

정확히 동일한 환경에서도 모든 사람들은 똑같은 확률로 암이 발생하지 않는데, 이것은 유전적 요인이 어떤 사람들을 다른 사람들보다 더 감수성이 있게 만들기 때문이다. 전체 암의 10% 정도는 유전적 배경과 관계가 있는 것으로 알려진다. 즉 어떤 이들은 암의 위험성을 증가시키는 유전자의 돌연변이를 부모로부터 물려받게 된다는 것이다.

### 1) 세포증식 억제와 관련된 유전자들

어떤 암이 유전적이라고 할 때 이것이 부모로부터 암을 물려받았다는 것을 의미하지는 않는다. 그러나 물려받을 수 있는 것은 암에 대한 높아진 감수성이다. 이와 같이 유전적 대물림으로 인해 생긴 암을 '가족성 암(familial cancer)' 또는 '유전성 암(hereditary cancer)'이라고 부르며, 반면에 유전적 대물림 경향을 나타내지 않는 다른 많은 암들은 '산발성 암(sporadic cancer)' 또는 '비유전성 암(nonhereditary cancer)'이라고 한다.

#### (1) 망막모세포종(retinoblastoma)

암과 유전과의 관계가 밝혀지게 된 것은 망막모세포종(retinoblastoma)의 연구 덕분이다. 망막모세포종은 눈에서 빛을 흡수하는 망막세포에서 발생하는 희귀한 암이다. 망막모세포종은 어린아이 2만 명당 한 명꼴로 나타나며, 6~7세까지만 발생한다. 19세기 중반 이전에는 이러한 암이 뇌에 이를 때까지 발견하기 어려웠기 때문에 망막모세포종은 항상 치명적이었다. 그러나 검안경의 발명과 의료기술의 발달로 지금은 90% 정도가 치료를 받으며 계속 성장하고 정상적인 가정을 꾸려 자손을 가지게 되었다. 이들이 가족을 형성했을 때 그 자녀들은 보통보다 높은 확률로 망막모세포종이 나타나는 것을 발견하게 되었다. 평상시 보통의 아이들의 경우 1/20,000의 확률로 망막모세포종이 발생할 확률이 낮지만,

망막모세포종 생존자 가계에서는 자녀들 가운데 50% 정도가 이 질병이 발생한다. 이런 경우를 가족성 망막모세포종(familial retinoblastoma)이라고 부르며, 전체 망막모세포종 가운데 약 40% 정도를 차지한다.

## (2) Two-Hit model

1971년 텍사스의 소아과 의사인 너드슨(Knudson)은 유전적 망막모세포종의 암발생 확률이 높은 것을 다음과 같이 설명했다. 그의 이론에 따르면, 망막모세포종이 발생하기 위해서는 두 번의 돌연변이가 있어야 한다. 보통 사람의 경우는 두 번의 돌연변이가 같은 유전자 자리에 두 번이 일어나야 망막모세포종이 발생하는데 비해, 가족성 망막모세포종에서는 이미 하나의 돌연변이를 생식세포 돌연변이(germline mutation)를 통해서 태어나면서부터 가지고 있기 때문에 한 번만 돌연변이가 일어나면 망막모세포종이 발생하게 된다. 산발성 망막모세포종의 경우는 대개 한쪽 눈에만 망막모세포종을 가지는데 반하여 가족성 망막모세포종의 경우는 양쪽 눈에 종양을 가지는 경우가 많다. 너드슨의 'two hit

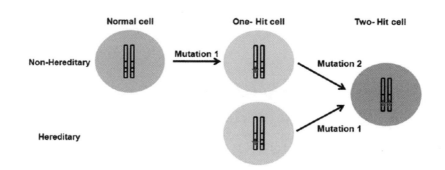

그림 9-7. Two-Hit model

사람의 세포는 망막모세포종에 관련된 유전자를 두 개씩 가지고 있는데, 이 유전자의 이름은 'Rb'라고 불린다. 각각의 Hit는 유전자를 망가뜨리는 돌연변이를 의미한다. 이 모델에 따르면 암이 일어나기 위해서는 두 개의 Rb 대립유전자가 모두에서 변이가 일어나야 한다(실제로 망막모세포종은 단일 유전자의 두 대립유전자가 손상되는 것이 매우 결정적인 역할을 하는, 상당히 드문 경우 가운데 하나이다). 보통 사람의 경우에는 수많은 유전자 가운데 Rb 유전자에 첫 번째 돌연변이가 발생해야 하고, 거기에다가 두 번째 돌연변이도 같은 자리에서 일어나야 한다. 이러한 경우는 현실적으로 드물게 발생한다. 유전성 암의 경우 하나의 Rb 유전자에 이미 손상을 가지고 있고 나머지 다른 하나의 Rb 대립유전자에 돌연변이가 일어날 확률은 비교적 높게 일어날 수 있다. 염색체 관찰 연구를 통하여 Rb 대립유전자는 13번 염색체에 존재함이 알려졌다.

model'은 망막모세포종 가계에서 왜 망막모세포종 발생률이 높은지를 설명해준다.


### (3) Rb 유전자는 세포증식의 억제자이다

1986년 Rb 유전자가 클로닝되었고 그 결과 Rb 유전자가 인간의 암 발생 과정에서 차지하는 총체적인 역할을 평가할 수 있게 되었는데 Rb 유전자의 정상적인 기능은 모든 세포에 있어서 세포증식을 가로막는 역할을 한다. 여러 종류의 암(예를 들면 방광암에서는 3분의 1, 유방암에서는 10분의 1)에서 Rb 유전자 기능이 소실된다는 사실이 밝혀지게 되었다. Rb와 같은 세포증식을 억제하는 유전자를 제거하는 것은 마치도 자동차에서 브레이크 페달에서 발을 떼는 것과 비슷하다. 즉, 그것은 세포가 제멋대로 증식하게 해준다. Rb 유전자는 세포주기의 제한점(restriction point) 통과 조절을 통하여 세포증식을 조절하는데 중요한 역할을 하는 Rb 단백질을 암호화하는 역할을 한다. 세포주기를 통한 진행 여부를 조절하는 Rb 단백질의 역할은 왜 망막모세포종이 오직 어린이에서만 관찰되는지의 이해를 돕는다. 유아가 5~6세에 도달하면, 망막은 충분히 형성되고 대부분 망막세포가 세포주기에서 이탈하여 분열이 영구적으로 멈춘다. 일단 그렇게 되면, 이 세포들은 더 이상 억제되지 않는 증식을 하는 것이 쉽지 않은데, 이것은 세포주기가 영구적으로 멈춰버렸기 때문이다. Rb와 같이 유전자 소실이 암으로의 진행을 여는 것과 같은 기능을 하는 유전자를 '종양억제유전자(tumor suppressor gene)'라고 부른다.


## 2) DNA 수선과 유전적 안정성에 관여하는 유전자

DNA 수선과 염색체 안정성에 관련된 유전자들은 모든 유전자에 영향을 미칠 수 있다. 앞에서 언급한 Rb 유전자의 경우는 이 유전자 손상이 암으로 가는 문을 직접 여는 효과를 내기 때문에 '문지기(gatekeeper)'라는 용어를 쓴다. 반면 DNA 유지 및 수선에 관련된 유전자들은 유전체의 안정성을 유지하는 '관리인(caretaker)'으로 간주된다.

## (1) 색소성 건피증은 피부암에 대하여 높은 감수성을 나타낸다

DNA 수선과 암에 대한 감수성과의 관계는 색소성 건피증(xeroderma pigmentosum)에 관한 연구로 밝혀지게 되었다. 색소성 건피증을 지닌 환자는 일광에 포함된 자외선에 대하여 매우 민감한 반응을 보이며 짧은 시간 일광에 노출되는 것으로도 여러 가지 피부암을 일으키기에 충분하다. 색소성 건피증은 각각 부모로부터 하나씩 물려받은 동일 유전자의 두 돌연변이 사본이 있어야 한다. 병을 유발하기 위해서는 동일유전자의 두 돌연변이 사본을 반드시 물려받아야하기 때문에 색소성 건피증은 열성(recessive)으로 유전되는 경향을 보인다.

## (2) 색소성 건피증은 절제수선(excision repair)의 유전적 결함에 의해서 발생한다

태양광선에 포함된 자외선에 의해서 피부세포의 DNA에서는 피리미딘 이량체 (pyrimidine dimer)가 생성되는데, 이 DNA 손상을 복구하는 데 열 개 정도의 유전자가 관여한다. 피부세포에서 피리미딘 이량체의 제거는 세포시스템이 가지는 절제수선(excision repair)을 통해 일어난다. 색소성 건피증의 환자에서는 절제수선을 수행할 수 없다는 연구 결과가 1960년대 말에 보고되었다. 7종류의 $XP$ 유전자 돌연변이가 절제수선에 영향을 미침으로써 색소성 건피증을 유발할 수 있다는 사실이 부가적 연구를 통해 드러났다. $XPA$에서 $XPG$까지 지정된 이 7개 유전자 각각은 절제수선 경로의 서로 다른 단계와 연관 효소들을 암호화한다. $XPV$라고 지정된 8번째 유전자는 상이한 형태의 색소성 건피증을 만들어내는데, 이것은 절제수선 경로가 영향을 받지 않는데도 사람들이 햇빛으로 유도된 암에 대한 증가된 민감성을 물려받는다. $XPV$의 돌연변이는 DNA 중합효소 eta($\eta$)의 작용에 영향을 주는데, 이 특별한 형태의 중합효소는 'translesion 중합효소'라고 부른다. 이 효소는 피리미딘 이량체가 있는 부위에 DNA 복제가 일어날 수 있도록 하여, 적절한 염기를 끼워넣는다. 따라서 절제수선의 유전적 결함처럼 DNA polymerase $\eta$의 결함은 피리미딘 이량체를 수선하는 세포의 능력을 방해한다. 색소성 건피증 환자들은 정상인

보다 2000배나 높은 피부암 발생률을 보인다. 게다가 피부암이 발생하는 연령이 보통의 경우는 60세 이상인 반면, 색소성 건피증 환자의 경우는 8세이다.


### (3) *BRCA1*과 *BRCA2* 유전자 돌연변이는 암의 위험과 연관된다

전체 유방암 환자의 10% 정도가 *BRCA1* 유전자 또는 *BRCA2* 유전자 가운데 하나가 유전적으로 돌연변이 된 것과 관계있다. *BRCA1* 또는 *BRCA2* 유전자가 처음 발견되었을 때 그들이 세포증식의 조절에 중요한 역할을 하는 것으로 생각했다. 그러나 이 유전자들에 의해 생긴 단백질들이 DNA 손상 특히 이중가닥의 파손을 수선하는 것과 관련이 있다는 것이 이후의 연구에 의해 밝혀졌다. *BRCA1* 또는 *BRCA2*와 연관된 돌연변이들이 비유전성 암에서는 거의 보이지 않는데, 그 이유는 아마 그들이 세포증식을 직접 조절하지 않는 '관리인(caretaker)' 유전자라서 단지 암의 발생에 간접적인 영향을 주기 때문일 것으로 생각된다.


### (4) DNA 수선의 유전적 결함은 모세혈관확장성 운동실조증(ataxia telangiectasia, AT)의 기초가 된다

DNA 수선의 유전적 결함은 여러 가지 암의 위험을 높일 뿐 아니라 다양한 증세에도 관여한다. 이 가운데 대표적으로 *ATM*(ataxia telangiectasia mutated)유전자의 결함은 '모세혈관확장성 운동실조증'을 일으킨다. 보통 1~3세에 일어나는 모세혈관확장성 운동실조증인 아이들에서 보이는 첫 번째 이상은 천천히 걸을 수 없는 현상이며, 이는 뇌의 근육기능 조절과 균형을 지배하는 소뇌의 퇴행성으로부터 발생한다. 다른 증세로는 비정상적인 안구 움직임, 분명치 않은 발음, 성장부진 등이 있으며, 이런 증상들과 더불어 암의 위험성이 40% 이상 높아진다. *ATM* 유전자라고 불리는 원인유전자가 이 증후군을 발생시키기 위해서는 부모 각각으로부터 하나씩, 2개의 변이된 *ATM* 유전자를 물려받아만

하는 열성 유전 방식의 유전경향을 나타낸다. *ATM* 유전자는 온전한 DNA가 공격을 받게 되면 보호적인 반응으로써 유도되는 복잡한 세포신호전달 네트워크인 DNA 손상반응(DNA damage response, DDR)에 관여하는 ATM 단백질을 암호화한다. ATM은 DNA 손상, 특히 이중나선 파손의 발생 감지와 적절한 일련의 단계적인 반응의 활성화 모두에 중심적인 역할을 한다.

## 3절. 암유전자(oncogene)

유전자의 돌연변이로 인하여 암이 발생할 수 있는데, 돌연변이의 영향을 받는 유전자를 두 부류로 나눌 수 있다. 첫째는 암유전자(oncogene)로서, 이 유전자가 존재할 경우 통제되지 않는 세포의 증식과 암이 유발될 수 있다. 둘째는 종양억제유전자(tumor suppressor gene)로서, 이 유전자가 불활성화가 일어날 경우 세포증식이 통제되지 못하여 암이 발생할 수 있다.

## 1) 세포의 암유전자는 어떻게 만들어지는가?

세포 내의 암유전자는 두 가지 방식으로 생성될 수 있는데, 첫 번째 메커니즘은 종양바이러스가 암유전자를 가지고 세포를 감염하는 것이다. 또 다른 경우로는 정상 세포의 유전자를 암유전자로 전환하는 일련의 메커니즘으로서 흔히 세포가 발암물질에 노출됨으로써 일어난다.

### (1) 원형암유전자(proto-oncogene)에서 만들어지는 암유전자(oncogene)

세포의 정상 유전자 가운데 암유전자로 전환될 수 있는 유전자를 '원형암유전자'라고 한다. 원형암유전자는 세포의 분열과 성장을 조절하는 필수적인 정상 유전자이다. 원형암유전자에 돌연변이가 생기면 암유전자로 전환되어 암을 유발할 수 있게 된다. 원형암유전자에 일어나는 돌연변이를 통해서, 전에 없던 능력을 부여받게 되어 새롭게 암을 일으키는 능력을 보유하게 되기 때문에 이런 돌연변이를 '기능획득(gain-of-function) 돌연변이'라고 부른다. 원형암유전자가 암유전자로 변환되면 명백히 비정상적인 기능을 하는 단백질을 생산하여 암을 유도한다. 1980년대 초 와인버그(Weinberg)는 사람의 방광암(bladder cancer)에서 DNA를 분리한 뒤, 생쥐의 세포에 유전자를 도입하는 실험을 하였다. 암세포의 DNA를 도입한 생쥐의 세포들 중 일부에서는 증식이 일어났고, 증식이 일어난 세포를 다른 생쥐에 도입했을 때 암이 발생하였다. 반면에 인간의 정상세포로부터 추출한 DNA를 도입한 생쥐의 정상세포는 암세포로 전환되지 않았다. 이것을 통해서 정상 DNA에는 없는 유전자가 방광암 세포의 DNA에는 존재하며, 방광암 세포 DNA 가운데는 암을 일으킬 수 있는 유전정보가 존재한다고 결론을 내릴 수 있었다. 이렇게 해서 찾아낸 것이 *ras* 암유전자(Ras라는 이름은 'rat sarcoma'에서 유래)이다. *ras* 암유전자는 정상세포의 원형암유전자(proto-oncogene)가 변형된 형태이다. *ras* 원형암유전자는 정상적인 세포증식 경로를 조절하는 단백질을 생산한다. 일부 RNA 종양바이러스는 이렇게 변형된 암유전자를 자신의 유전자에 포함시켜 감염하는 세포 속으로 가지고 들어가는데, 이런 유전자를 바이러스성 암유전자(viral oncogene, v-*onc*)라고 한다. 바이러스의 감염이 일어나지 않은 세포에서도 세포의 원형암유전자의 돌연변이로 인해 암유전자로 변할 수 있는데 이를 세포성 암유전자(cellular oncogene, c-*onc*)라고 부른다. 인간의 세포성 암유전자의 첫 번째 사례인 *ras* 암유전자 발견에 이어, 다른 인체 암조직에서 분리한 DNA를 이용한 형질전환 실험을 통하여 수십 종의 암유전자가 추가로 발견되었다.

(2) 점돌연변이(point mutation)는 정상 원형암유전자를 악성 암유전자로 전환할 수 있다

그렇다면 *ras* 원형암유전자와 *ras* 암유전자는 무엇이 어떻게 다른가? 두 유전자를 가지고 염기서열 결정을 하였을 때 두 유전자 모두 다 5,000염기 길이 정도 되었기 때문에,

DNA의 결손이나 재배열에 의한 돌연변이는 아니라는 것을 알 수 있었다. 두 유전자의 염기서열을 결정 후 비교했을 때 단지 하나의 뉴클레오티드에서 차이가 있었다. 정상의 *ras* 원형암유전자의 경우 GCC GGC GGT 였던 반면에, 암유전자의 해당 염기서열은 GCC GTC GGT이다. 즉 하나의 뉴클레오티드 염기가 G에서 T로 변화되면 원형암유전자 (proto-oncogene)가 암유전자(oncogene)로 변하게 된 것이다. 정상의 *ras* 원형암유전자는 12번 코돈이 GGC로 글리신(glycine)을 코딩하지만 방광암에서 발견한 *ras* 유전자는 점돌연변이가 일어나 GTC로 바뀌어 발린(valine)을 코딩한다. 이와 같이 Ras 단백질의 한 아미노산의 변화가 일어난 곳은 GTP와 GDP가 결합하는 장소로 아미노산의 변화로 말미암아 GTP와 결합한 Ras-GTP 복합체가 Ras-GDP 복합체보다 양적인 증가가 초래되어 활성화된다. Ras-GTP는 세포분열을 지시하는 신호를 지속적으로 보내 비정상적인 세포분열을 촉진한다.

### (3) 유전자 증폭은 원형암유전자를 암유전자로 전환할 수 있다

암유전자가 만들어지는 두 번째 기작은 유전자의 증폭(gene amplification)이 관여하며, 이에 의해 동일한 유전자의 여러 사본이 형성되고 발현이 누그러질 줄 모르는 높은 수준으로 일어난다. 증폭된 DNA를 가진 염색체 영역은 종종 특이하고 비정상적인 외형을 가지며, 이러한 구조는 종종 광학현미경으로도 관찰 가능하다. 그 하나의 예로 이중 미세염색체(double minute, DM)가 있는데, 전형적인 염색체보다 훨씬 작고 종종 구형의 짝을 지은 구조를 나타내며, 이 안에는 유전자 사본 수십 또는 수백 개를 포함한다. 그리고 유전자 사본은 활발히 발현되어 증폭된 유전자가 생산하는 단백질 총량은 유전자가 증폭이 되지 않은 경우보다 훨씬 높은 수준이다. 그렇지만 증폭 유전자 각 사본의 염기서열을 비교했을 때 둘 다 정상이었다. 따라서 유전자 증폭은 정상적인 단백질을 만들어내지만 만들어지는 단백질의 양은 엄청 큰 차이가 존재하는 것이다. *myc* 유전자 경우 유전자 증폭이 암을 일으키는 대표적인 예에 속하며, 유방암, 난소암, 자궁경부암, 폐암, 식도암 등의 다양한 암에서 *myc* 유전자 증폭이 관찰된다.

## (4) 염색체의 전좌가 원형암유전자를 암유전자로 전환할 수 있다

염색체의 전좌(translocation)는 염색체의 일부가 다른 염색체로 이동하는 것을 말한다. 예를 들어 필라델피아 염색체(Philadelphia chromosome)는 염색체 22번의 비정상형으로 만성 골수성백혈병(chronic myelogenous leukemia, CML)의 90%와 관련되어 있다. 염색체 9번과 22번의 말단 부근에서 DNA 절단이 일어나고 두 염색체 상호 간에 교환이 일어남으로써 필라델피아 염색체가 만들어진다. 9번 염색체 말단 부근에 *ABL* 유전자가 있고, BCR 유전자는 22번 염색체의 q arm 부분에 있다. 전좌가 일어나는 동안 9번의 *ABL*과 22번의 BCR 부위에서 절단이 일어나고 두 부분은 교환이 일어난다. 전좌의 결과로 서로 다른 2개의 유전자에서 유래한 서열을 지닌 유전자가 함께 접합된다. *BCR-ABL* 유전자는 암유전자처럼 행동하고 암의 진행에 관여하는 비정상적 융합단백질(fusion protein)을 만들어낸다. 암의 발생에 염색체의 전좌가 관여하는 경우는 만성 골수성 백혈병(chronic myelogenous leukemia, CML), 버키트 림프종(Burkitt's lymphoma, BL), 급성 골수성 백혈병(acute myelogenous leukemia, AML) 등에서 볼 수 있다.

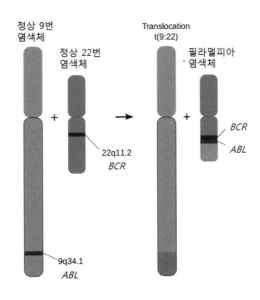

그림 9-8. 필라델피아 염색체를 초래하는 염색체 전좌(translocation)

### (5) 삽입돌연변이가 원형암유전자를 암유전자로 전환할 수 있다

어떤 바이러스는 자신의 암유전자(oncogene)를 가지고 다니지는 않으나 숙주세포의 원형암유전자(proto-oncogene)를 암유전자로 전환할 수 있다. 레트로바이러스의 양쪽 끝에는 강력한 프로모터 역할을 할 수 있는 LTR을 지니고 있는데, RNA 종양바이러스가 세포 DNA의 중간에 끼어들어가고 그 근처에 원형암유전자가 있다면 원형암유전자의 과발현이 일어나 암의 발생에 기여할 수 있게 된다.

## 2) 암유전자가 생산한 단백질

지금까지 100개 이상의 암유전자(oncogene)가 발견되었고, 이들이 생산하는 단백질이 growth factor receptor(성장인자수용체), protein kinase(단백질키나제), transcription factor(전사인자) 등 다양한 범주의 단백질을 암호화한다. 이러한 다양성에도 불구하고 이들은 모두 세포증식과 생존에 관련된 세포 내 신호전달기작에 관련되어 있다는 공통점이 있다. 이런 경로에 관여하는 단백질을 비정상형으로 생산하거나 또는 과량으로 생산함으로써, 정상 단백질과는 달리 신호전달회로를 계속해서 활성화하여 외부의 성장 자극 신호가 없더라도 계속해서 세포를 증식시킨다.

### (1) 암유전자(oncogene)는 대개 세포증식을 자극하는 신호전달경로와 관련이 있다

보통 세포는 적절한 성장인자가 자극해야 자라고 분열하며, 성장인자는 표적세포에서 수십 개의 분자가 관련된 신호경로를 활성화함으로써 증식이 일어나게 한다. 이런 신호경로에 참여하는 단백질의 유전정보를 암호화하는 암유전자들은 정상적인 단백질이 아니라 변형된 단백질을 생산하거나, 정상 단백질이라도 과량 생산을 하게 촉진한다. 이 두 사건의 결과는 세포증식이 적절히 이루어지는 것이 아니라 비정상적으로 그리고 제멋대로 일어남으로써 암이 발생하게 된다. 대부분의 세포에서는 여러 네트워크가 복잡하게 얽혀 있는 신호전달 경로의 조절을 통해 세포증식이 조절되는데, 이러한 복잡성에도 불구하고 몇 가지 공통점을 가지고 있다. 일반적으로 세포표면 밖에 위치한 수용체에 성장인자가 결합하게 되면 수용체의 활성화를 유도한다. 그러면 활성화된 수용체는 핵을 포함한 세포의 다양한 구획에 정보를 전달하는 일련의 분자들을 자극한다. 핵에 도달한 신호전달분자 중 일부는 세포증식을 자극하거나 세포생존을 촉진하는 유전자 발현의 변화를 일으킨다. 이런 신호전달 경로 가운데 대표적인 예는 Ras-MAPK 경로가 있다.

## (2) 어떤 암유전자는 성장인자를 생산한다

Ras-MAPK 경로의 첫 단계는 성장인자(growth factor)가 표적세포에 결합하는 것을 포함한다. 성장인자가 결여한 배지로 세포를 배양하면 세포주기 진행이 G1 말기에서 멈춘다. 여기에 성장인자를 첨가하면 세포주기가 다시 시작된다. 이러한 성장인자 중의 하나는 혈소판 유도 성장인자(platelet-derived growth factor, PDGF)로서, 결합조직 세포의 증식을 촉진하는 혈소판이 생산한 단백질이다. 다른 하나는 상피세포 성장인자(epidermal growth factor, EGF)로서, 정상 조직에 널리 분포되어 있고, 주로 상피 기원의 다양한 세포 종류에 작용한다. 성장인자의 정상 기능은 배아 발달, 조직 재생, 상처 회복 같은 과정에 필수적인 세포증식을 자극하는 것이다. 예로 혈소판이 조직 상처 부위에 축적되고 PDGF를 방출하는바, 이는 상처 치료 및 회복에 중요하다. 혈청에는 성장인자들, 특히 PDGF가 들어 있으며, EGF나 인슐린 유사성장인자(insulin-like growth factor)를 비롯한 다른 성장인자들이 PDGF와 힘을 합쳐 성장을 유도할 수 있다. 만약 세포 스스로가 자신의 세포 증식에 필요한 성장인자를 생산할 수 있다면 어떨까? 이런 상황에서는 세포는 증식하여 더 많은 세포를 만들고 그러면 같은 세포의 증식을 계속 자극하는 성장인자가 더 많이 생산될 것이다. 이와 같은 경우에 해당하는 암유전자가 v-sis가 있는데, 이것은 원숭이에서 육종을 유발하는 원숭이 육종바이러스(simian sarcoma virus)의 유전자이다. v-sis는 돌연변이형의 PDGF를 만드는데, 원숭이 세포가 이 바이러스에 감염되면 바이러스가 가지고 있는 v-sis

에 의해 돌연변이형 PDGF가 만들어지고 이것은 세포의 증식을 자극하게 된다. 결과적으로 v-*sis* 암유전자가 생산하는 PDGF는 감염세포가 지속적으로 무한 증식하도록 만든다.


### (3) 어떤 암유전자는 수용체 단백질을 만든다

Ras-MAPK 경로의 다음 단계는 성장인자로부터 세포 내부로 신호를 전달하는 기능을 하는 세포막 수용체(receptor)가 관여한다. 성장인자 수용체는 대체로 세포막 투과단백질인데, 수용체의 한 쪽 끝은 세포 밖으로 노출되어 있고 다른 한 쪽 끝은 세포질에 있다. 세포 밖에는 성장인자와 결합하는 도메인을 가지고 있으며, 세포질 쪽 말단은 대개 단백질 키나제(protein kinase)로서 작용하여 신호를 내부로 전달하게 된다. 단백질키나제(protein kinase)는 단백질을 인산화시키는 효소로서, Ras-MAPK 경로에 관련된 수용체는, 표적단백질의 타이로신(tyrosine)을 인산화시키기 때문에 '수용체 tyrosine kinase'라고 부른다. 성장인자로 작용하는 리간드가 세포 밖 수용체 부위에 결합하면, 세포질 안쪽으로 뻗은 수용체 타이로신 키나제 부위의 활성화가 일어난다. EGF의 경우 리간드가 수용체에 결합하면 EGF 수용체는 이량체(dimer)를 이루고 자신의 수용체 말단을 인산화 한다. 이러한 과정을 일컬어 '자가인산화(autophosphorylation)'라고 한다. 몇몇 암유전자의 경우 수용체 타이로신 키나제를 만드는 유전정보를 가지는데, 성장인자가 없어도 늘 활성 상태에 있는 돌연변이 수용체를 생산한다. 한 예로 조류적혈구모세포성 백혈병 바이러스(avian erythroblastic leukemia virus)에서 발견된 v-*erbB* 암유전자를 들 수 있다. v-*erbB*에 대한 원형암유전자는 EGFR인데, EGFR의 경우 N-말단에 EGF와 결합하는 부위가 있지만 v-*erbB*가 만드는 수용체는 EGF가 결합하는 부위가 결손(deletion)되어 있어서 EGF와 결합하지 않아도 지속적으로 세포분열신호를 보낼 수 있다. 이 경우 성장인자가 없어도 타이로신 키나제 활성을 통하여 영구적으로 Ras-MAPK 경로를 자극하고 과도한 세포증식을 유발할 수 있다.


### (4) 어떤 암유전자는 세포막의 G 단백질을 생산한다

성장인자가 그것의 수용체에 결합하여 이를 활성화시키면, 이어서 여러 가지 다른 신호 경로가 가동되게 된다. Ras-MAPK의 경우, 자가인산화를 통하여 인산화된 타이로신 잔기들은 신호연계단백질의 결합부위로 작용한다. 접합단백질은 세포막 내부 표면에 연결된 G 단백질로 신호를 전달한다. G 단백질(Ras 단백질은 G 단백질의 일종이다)이라고 이름이 붙은 이유는 2개의 작은 뉴클레오티드인 GTP와 GDP가 그 활성을 조절하기 때문이다. G 단백질은 분자스위치로 작용하며 이것이 GTP에 결합하는지, 또는 GDP에 결합하는지에 따라서 각각 '켜짐' 또는 '꺼짐' 상태가 된다. Ras 단백질이 활성화되기 위해서는 반드시 GDP를 방출하고 GTP와 결합해야 한다. 이를 위해서는 GEF라는 다른 단백질의 도움이 필요하다. 인간세포에는 밀접하게 연관된 세 가지 *Ras* 원형암유전자(H-*ras*, K-*ras*, N-*ras*)가 있는데, 이들 각각은 점돌연변이를 통해서 암유전자가 된다. Ras 암단백질은 하나의 잘못된 아미노산이 끼어들어가 있어서 GTP를 GDP로 분해하는 대신 GTP가 결합한 채 존재하기 때문에 영구적으로 활성인 상태를 유지한다. 즉, Ras 단백질이 지속적으로 Ras-MAPK 경로를 향해 세포증식을 자극하는 신호를 보낸다.


## (5) 어떤 암유전자는 전사인자를 생산한다

세포 밖에서 성장인자의 자극으로 시작된 신호는 결국 DNA의 유전자 발현을 변화시키는 전사인자(transcription factor)의 변화를 유도한다. 전사인자의 활성화는 세포증식과 생존을 조절하는 신호전달경로의 공통된 특성이다. 전사인자를 생산하는 다양한 종류의 암유전자가 있는데, 이들 가운데는 *myc, fos, jun, myb, ets, erbA* 등이 대표적이다. 이 외에도 다른 종류의 전사인자를 지정하는 다양한 암유전자들이 인체의 암에서 보고되고 있다. Ras-MAPK 경로의 경우, 활성화된 MAP kinase는 핵 안으로 들어가 Jun과 Ets 단백질 계열의 단백질을 포함하는 몇 가지 서로 다른 전사인자들을 인산화시킨다. 이들 활성화된 전사인자는 Myc, Fos, Jun 등의 또 다른 전사인자들을 만들어내는 초기유전자들의 전사를 자극하고, 이들은 다시 일련의 후기유전자들의 전사를 활성화한다. 이들 후기유전자 중의 하나는 E2F 전사인자를 만드는 유전정보를 담고 있는데, E2F는 세포주기의 S기로 진입하는데 필요한 유전자의 전사를 활성화한다.

## 4절. 종양억제유전자(tumor suppressor gene)

앞에서 원형암유전자가 암유전자로 변하는 돌연변이는 원형암유전자에 없던 새로운 기능을 암유전자가 획득하기 때문에 '기능획득(gain-of-function) 돌연변이'라고 하였다. 종양 억제유전자(tumor suppressor gene)는 암유전자와는 달리 '기능상실(loss-of-function) 돌연변이' 가 암을 유발한다.

### 1) 세포증식과 세포사멸에서의 기능

종양억제유전자는 세포증식을 억제하고 세포사멸을 촉진하여, 종양억제유전자의 기능에 손상이 있거나 불활성화가 일어나면 암을 촉진할 수 있다.

#### (1) 세포융합 실험은 종양억제유전자의 존재에 대한 증거를 제시했다

세포의 어떤 유전자의 상실이 암을 일으킬 수 있다는 것을 증명한 실험은 세포융합(cell fusion)을 이용한 실험이었다. 센다이(Sendai) 바이러스라 불리는 특정 종류의 바이러스는 세포막의 변형을 일으켜 세포융합을 촉진하는 특성이 있다. 이러한 특성을 이용하면 암세 포와 정상 세포를 융합한 혼성세포(hybrid cell)를 만들 수 있다. 암세포와 정상세포를 융합 하여 만든 혼성세포는 암세포가 가진 암유전자 때문에 암세포처럼 제멋대로 증식할 것이 라 예측할 수 있는데, 실제로 혼성세포에서 그런 일은 일어나지 않았고 오히려 암이 사라 졌다. 1960년대 발견된 이런 현상은 정상세포가 종양을 억제할 수 있는 유전자를 가지고 있으며 혼성세포는 세포증식에 관한 정상적인 조절을 복구할 수 있다는 증거를 제공했다.

이 혼성세포를 장기간 배양하게 되면 혼성세포는 종종 원래의 암세포처럼 통제받지 않는 악성 상태로 돌아가는데, 이 경우 특정 염색체의 손실을 수반한다. 이 손실된 염색체가 종양을 억제하는 유전자를 가지고 있음을 시사하며, 이런 관찰로부터 이 소실된 유전자를 '종양억제유전자(tumor suppressor gene)'라는 이름을 붙이게 되었다.

## (2) 지금까지 수십 가지 종양억제유전자가 확인되었다

세포융합 실험을 통해 종양억제유전자 존재에 대한 초기 증거를 얻었지만 이와 같은 유전자를 확인하는 일은 간단한 일이 아니었다. 그렇다면 어떻게 종양억제유전자 존재를 확인할 수 있었을까? 첫 번째 방법으로 종양억제유전자 결손이 몇 가지 유전성 암증후군을 초래한다는 사실에 근거했다. 암 경향성이 높은 가족의 구성원은 종종 한쪽 부모로부터 결함이 있는 종양억제유전자를 물려받으며, 종양억제유전자 한쪽에서 돌연변이가 일어나면 암을 유발할 수 있기 때문에 그들은 암에 걸릴 위험이 크다. 이 가족구성원의 세포를 현미경으로 살펴보면 때때로 형태학적으로 염색체 결함을 지니고 있음이 확인되었다. 예를 들어 가족성 망막모세포종(familial retinoblastoma) 환자들은 13번 염색체의 한쪽 특정 부위의 일부 단편이 소실되었음을 보여주고 있는데, 이것은 그들의 암세포뿐만 아니라 모든 체세포에서 나타난다. 13번 염색체의 정상 형태와 결손 돌연변이를 비교하여 처음으로 찾아낸 종양억제유전자가 $Rb$ 종양억제유전자이다. 종양억제유전자의 소실은 유전성 암에서만 나타나는 현상은 아니다. 이들 유전자는 특정 표적조직에서 발생하는 무작위적 돌연변이로 인해 한 쌍의 유전자가 동시에 불활성화될 확률은 매우 낮다. 특정 유전자가 돌연변이가 일어날 확률은 100만 분의 1($1/10^6$)이고 이것이 같은 자리에서 두 번 일어날 확률은 $1/10^{12}$이 된다. 실제로 이것은 매우 낮은 확률이며, '이형접합성의 소실(loss of heterozygosity, LOH)'이라는 현상에 의하여 기능장애 확률은 상승할 수 있다. 정상 유전자 하나와 비정상 유전자 하나가 존재하는 초기 상태를 '이형질성(heterozygosity) 상태'라고 부르기 때문에 이와 같은 이름이 붙었다. LOH는 우리가 예상하는 것보다 더 빈번하게 일어날 수 있다. 개별 유전자의 돌연변이가 100만 분의 1($1/10^6$)이라하면 LOH는 $1/10^3$의 확률로 나타나며 수백 개의 다른 유전자를 포함하는 넓은 DNA 구역을 포함하여 일어난다. LOH는 몇 가지 방법으로 일어날 수 있는데 그 중의 하나를 설명하면 다음과 같다. 유사분열성 비분리(mitotic nondisjunction)라는 현상이 있는데, 유사분열 시 한 쌍의 염색체가 분리에 실패하여 하나의 딸세포에 모두 들어가고 다른 딸세포는 염색체를 받지 못한다. 후자의 딸세포는 잃어버린 염색체에 존재하는 어떤 유전자에 대해서도 더 이상 이형질성 (hetrozygosity)이 아니다. 유전학자들은 암세포에서 이형접합성의 소실(LOH)를 보이는 염색체 구역을 찾아내기 위해 수천 번 연구를 했다. 이런 연구는 유전성 암증후군(hereditary cancer syndrome)과 관련한 염색체 결손에 관한 연구와 더불어 수십 개의 종양억제유전자 발견이 가능하도록 했다. 종양억제유전자의 발견과 함께 두 가지의 의문점이 생겨나게 되었다. 과연 종양억제유전자의 정상적 기능은 무엇이고, 그들의 기능장애가 어떻게 암을 일으키는가?

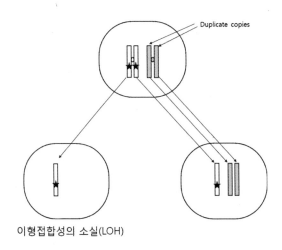

이형접합성의 소실(LOH)

그림 9-9. 이형접합성의 소실(loss of heterozygosity, LOH)

유사분열 시 비분리현상에 의하여 염색체 분리가 실패하여 하나의 딸세포에 모두 들어가고 다른 딸세포는 염색체를 받지 못한다.

## (3) Rb 단백질은 세포주기의 G1에서 S기로의 진행을 저해한다

종양억제유전자 가운데 최초로 발견된 유전자는 *Rb* 유전자이다. *Rb* 유전자가 만들어내는 Rb 단백질(또는 간단히 Rb)은 성장인자가 없는 상태에서 세포증식을 억제한다. Rb는 보통 제한점(restriction point)에서 세포주기를 멈추게 함으로써 그 기능을 발휘한다. 그러나 적절한 성장인자에 노출된 세포에서는 신호전달 경로를 통하여 Rb의 인산화를 촉진하는 Cdk-cyclin 복합체가 형성된다. Rb의 인산화가 일어나면 더 이상 세포증식 억제효과를 나타내지 못하고 세포는 제한점을 지나 세포주기의 S기로 진입한다. 전사인자 E2F는 세포주기의 G1기에서 S기로 진행하는데 필요한 유전자들의 전사를 촉진한다. Rb의 정상적인 기능은 성장인자 부재 시 세포주기를 중지시키는 것이므로, Rb의 불활성화가 일어나면 과도하게 세포증식을 유도할 수 있게 된다. 특정 종양바이러스 경우에도 Rb의 불활성화를 유도할 수 있다. 인간유두종바이러스(human papilloma virus, HPV)는 Rb와 결합하는 E7이라는 암단백질(oncoprotein)을 가지고 있어서 Rb와 E7이 결합했을 때 Rb의 불활성화가 일어나 무분별한 세포분열을 초래할 수 있다.

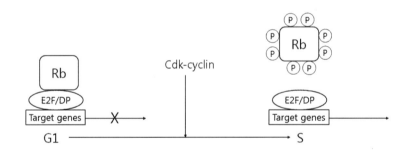

**그림 9-10. 세포주기 조절에서 Rb 단백질의 역할**

G1기에서 E2F와 Rb는 결합하여 G1기에서 S기로 진입하는 것을 막는다. 성장인자의 존재 하에서 Cdk-cyclin 복합체는 Rb를 인산화시키고 Rb는 E2F와 분리되게 된다. 자유의 몸이 된 E2F는 S기로 진입하는데 필요한 유전자 발현을 촉진하게 된다.

## (4) p53 단백질은 세포의 DNA가 손상받은 후에 세포의 증식을 막는다

*p53* 유전자는 p53 단백질을 생산한다. *p53* 유전자의 돌연변이는 다양한 암에서 가장 많이 돌연변이가 일어나는 종류이다. p53 단백질은 종종 '유전체의 보호자(guardian of genome)'라고 불리는데 이것은 p53이 DNA 손상으로부터 발생할 수 있는 치명적인 효과로부터 세포를 보호하는 역할을 하기 때문이다. 자외선이나 화학물질 등의 돌연변이원에 의하여 DNA가 손상을 받게 되면 DNA 손상은 ATM 키나제(ATM kinase)를 활성화하고, 활성화된 ATM 키나제는 p53 단백질을 인산화한다. 본래 Mdm2는 p53을 인지하여 작은 단백질의 일종인 유비퀴틴을 붙여서 분해한다. 그러나 p53 단백질이 인산화되면 Mdm2는 더 이상 p53에 유비퀴틴을 붙일 수 없기 때문에 p53을 분해할 수 없으며, p53 단백질이 세포 내에 신속하게 증가하며, 고농도로 축적된 p53이 두 가지의 중심반응, 즉 세포주기 정지(cell cycle arrest) 또는 세포사멸(apoptosis)을 촉진한다. 두 가지 반응 모두 p53이 특정 유전자를 활성화시키는 능력을 통해서 일어난다. 그 표적 유전자 중의 하나는 CDK(사이클론 의존성 키나제) inhibitor로 알려진 p21인데 이 단백질은 Cdk-cyclin 복합체 활성을 차단한다. 보통 p21이 Rb를 인산화시키는 Cdk-cyclin 복합체를 저해하면 제한점에서 세포주기로 진입하지 못하고 DNA 손상을 수선할 수 있는 시간을 제공하게 된다. 동시에 p53은 DNA를 수선하는 효소의 생산을 촉진한다. 만약 받은 손상이 너무 커서 회복이 불가능하다고 판단이 될 경우는 세포사멸에 관한 유전자를 활성화시켜 아폽토시스를 진행한다. 이 경로의 핵심적인 단백질인 Puma(p53 upregulated modulator of apoptosis)는 보통 아폽토시스를 억제하는 Bcl2 단백질에 결합하고 그것을 불활성화시켜 세포자살을 촉진한다. 이와 같이 p53은 DNA가 손상을 받았을 때 세포주기를 정지시키거나 또는 세포자살을 일으킴으로써 유전적으로 변형된 세포가 증식하거나 자손 세포에 DNA 손상이 전달되는 것을 막아준다. 따라서 *p53* 유전자에 돌연변이가 일어나면 손상된 DNA를 가진 세포가 증식하고 복제되도록 허용하기 때문에 암 발생 위험성을 증가시킨다. 예를 들어 한쪽 부모에게서 *p53* 돌연변이를 물려받은 사람은 다른 하나의 *p53* 유전자에 돌연변이가 일어나면 완전히 p53 기능이 상실되기 때문에 암으로 발전할 위험성이 증가한다. 이것은 가족성 암 증후군을 설명하는 것이 가능하다. 그렇지만 암환자에서 일어나는 대부분의 *p53* 돌연변이는

유전 때문이 아니고 다른 위해인자(자외선, 담배 흡연 등)에 노출되었을 때 일어난다. 또한 p53 단백질 기능 상실을 가져오는 것은 *p53* 유전자 돌연변이 만이 아니고, 특정 바이러스 단백질이 p53 단백질을 표적으로 삼는 경우도 있다. 예를 들어 사람 유두종바이러스 (human papilloma virus, HPV)가 발현하는 E6 단백질은 p53 단백질과 결합하여 p53 단백질을 불활성화시킨다. HPV의 E7 단백질은 Rb 단백질과 결합하여 이를 무력화시킨다. 결국 인간 유두종바이러스가 암을 일으키는 능력은 *Rb*와 *p53* 종양억제 유전자가 생산한 단백질의 작용을 차단하는 능력과 연관되어 있다.

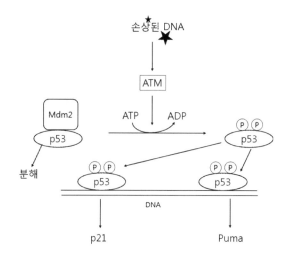

**그림 9-11. DNA 손상에 반응하는 p53 단백질의 역할**

손상된 DNA가 발견되면 ATM은 p53 단백질을 인산화시킨다. 평상시 p53 단백질은 Mdm2에 의하여 유비퀴틴이 첨가되어 파괴되지만 인산화된 p53 단백질은 파괴하지 못한다. 인산화된 p53 단백질은 세포 내에서 축적되며, 세포주기 정지를 일으키는 p21과 세포사멸을 촉진하는 Puma 등을 유도한다.

(5) 한 개의 유전자가 2개(p16과 ARF)의 암억제단백질을 생산한다

*CDKN2A* 유전자는 서로 다른 두 개의 종양억제유전자를 지정하는 다소 흔치 않는 성질을 보인다. p16과 ARF 두 단백질은 세포 내 신호전달과정 중에 두 가지, 즉 Rb 경로와 p53 경로에 각각 독립적으로 작용한다. 어떻게 해서 하나의 유전자로부터 다른 역할을 하는 두 종양억제유전자 단백질을 생산할 수 있을까? 유전자 코드는 한 번에

3개의 염기를 읽기 때문에 하나 또는 두 개의 뉴클레오티드를 건너 시작점을 바꾸면 염기서열에 담긴 메시지가 완전히 달라질 수 있다. 예를 들어 AAAGGGCCC라는 염기서열은 첫 번째, 두 번째, 세 번째 염기부터 각각 시작하여 세 가지 서로 다른 해독틀(reading frame)로 읽힐 수 있다. *CDKN2A* 유전자가 생산하는 두 가지 단백질 중 첫 번째는 p16 단백질로서, 보통 Rb 단백질을 인산화하는 Cdk-cyclin 복합체의 활성을 억제하는 Cdk 억제자이다. *p16INK4a* 유전자의 기능이 상실되어 Rb의 인산화가 일어나면 G1 말기의 제한점에서 세포주기를 억제하지 못하기 때문에 암을 일으킬 수 있고, 따라서 *p16INK4a* 유전자는 종양억제유전자로 작용한다. *CDKN2A* 유전자가 생산하는 두 번째 단백질은 대안 해독틀(Alternative reading frame, ARF) 단백질이다. 동일한 유전자로부터 만들어지는 단백질이지만 p16과 ARF는 서열상 유사성이 없는 완전히 다른 단백질이다. p16이 CDK의 억제자인 반면, ARF는 Mdm2와 결합하여 Mdm2 단백질을 분해시킨다. Mdm2는 보통 p53을 표적으로 유비퀴틴을 붙여 파괴시키는 유비퀴틴 결합효소(ubiquitin ligase)이다. ARF는 Mdm2 분해를 촉진함으로써 p53의 안정성과 축적을 용이하게 하며 종양억제유전자로 작용한다. 만약 ARF의 기능상실 돌연변이가 일어나면 p53은 세포 내에서 축적되지 못하여 결과적으로 세포주기를 차단하거나 세포사멸을 시키는 p53의 기능은 발휘되지 못한다. 그러므로 *CDKN2A* 유전자는 두 가지의 독립적인 단백질, 즉 p16과 ARF를 통하여 암 발생을 억제하는 역할을 한다. 이것은 Rb 신호전달과정에 작용하는 p16 단백질과 p53 신호전달과정에 필요한 ARF 단백질을 통해서 가능하다. *CDKN2A*의 기능상실 돌연변이는 인간의 유방, 폐, 췌장, 방광, 자궁경부암, 식도암 등 모든 암의 15~30% 정도에서 관찰된다. 이런 경우 *CDKN2A* 유전자 결손으로 p16과 ARF 단백질 모두가 존재하지 않는 것이 일반적이다.

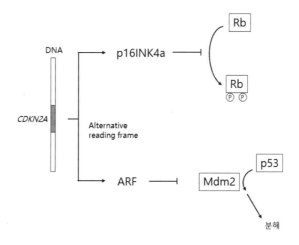

**그림 9-12.** *CDKN2A* 유전자 발현

*CDKN2A* 유전자가 생산하는 두 개의 암억제단백질, p16INK4a와 ARF 단백질. *CDKN2A* 유전자는 염색체 9번에 위치하고 있다.

## 2) DNA 수선 및 유전체 안정성에서의 기능

종양억제유전자는 다양한 신호전달과정에 관여하지만, 지금까지 논의한 유전자들은 공통적으로 기본적인 특징을 공유한다. 그들은 정상적으로 세포증식과 성장을 억제하는 단백질을 생산한다. 그러므로 이런 유전자들의 기능상실 돌연변이는 반대작용으로서 세포증식과 생존을 증가시킨다. 두 번째 부류의 종양억제유전자들은 DNA 수선과 염색체의 원상유지에 영향을 미침으로써 작용한다. DNA 수선과 유지에 작용하는 유전자들의 불활성화는 모든 유전자의 돌연변이 확률을 간접적으로 증가시킴으로써 작용하는데, 이렇게 함으로서 세포증식에 직접 영향을 미치는 다른 유전자들의 변이 가능성을 상승시킨다. 앞에서 'gatekeeper(문지기)'와 'caretaker(관리인)'로서 종양억제유전자의 두 분과를 설명했는데, 세포증식과 생존에 직접 영향을 미치는 유전자의 손실은 직접 종양 생성의 문을 여는 것과 같은 효과를 주는 것으로 '문지기(gatekeeper)'라는 호칭이 적당하다고 할 수 있다. 이에 반해 DNA 유지와 수선에 관여하는 분과는 유전체의 원형을 보존하는 데 도움을 주고 이것이 돌연변이가 일어나면 다른 유전자의 돌연변이를 유발하여 암 발생을 유도하기 때문에 '관리인(caretaker)'이라는 호칭이 적절할 것이다.


## (1) 절제와 부정합(mismatch)을 수선하는데 관련된 유전자는 지역적 DNA 오류가 생기는 것을 막아준다

암세포는 정상보다 수백 또는 수천 배의 비율로 돌연변이를 축적한다. 이런 상태를 일컬어 '유전적 불안정성(genetic instability)'이라고 하는데, 그 자체가 세포증식을 직접 일으키지는 않는다. 유전적으로 불안정한 세포에서 발생하는 돌연변이의 대부분은 해로운 돌연변이로서 세포 생존을 위협한다. 돌연변이 확률이 증가하는 것은 세포증식과 생존을 조절하는 정상적인 감시체계에서의 돌연변이의 발생 가능성을 높여 준다. 돌연변이의 증가는 세포로 하여금 추가적인 형질을 획득함으로써 암의 진행을 촉진할 수 있다. 예를 들자면 더욱 빠른 성장률, 침윤의 증가, 혈류에서의 생존력, 면역에 대한 저항, 다른 장기에서의 성장력, 약에 대한 내성, 세포사멸로부터의 도피 등을 들 수 있는데 이런 성질들은 점차 암을 더 공격적으로 만든다. 유전적 불안정성은 몇몇 다른 형태로 발생한다. 가장 간단한 유형은 세포가 하나 또는 몇 개의 뉴클레오티드를 포함한 지역적 오류를 수정하는데 이용하는 DNA 수선 메커니즘(DNA repair mechanism)에 결함이 있을 때 발생한다. 이런 국소적 오류는 전형적으로 DNA 손상 물질에 노출되거나 또는 DNA 복제 중에 발생하는 염기 짝짓기의 실수로 인해 발생한다. 절제수선(excision repair)은 DNA 손상물질에 노출되어 생긴 비정상적인 염기를 복구할 수 있다. 그리고 mismatch repair(부정합 수선)는 DNA 복제중에 우연히 발생할 수 있는 짝을 잘못지은 염기를 수정하는 데 사용한다. 수선메커니즘에 필요한 유전자의 돌연변이를 물려받은 사람은 암의 위험이 증가한다. 예를 들어 절제수선유전자(excision repair gene)의 선천적인 돌연변이는 매우 높은 피부암 위험을 보이는 색소성 건피증(xeroderma pigmentosum)을 유발한다는 것이 밝혀졌다. 부정합 수선에 관여하는 단백질을 만드는 유전자에 돌연변이를 물려받은 것은 높은 결장암 위험성과 연관된 비용종성 대장암(hereditary nonpolyposis colon cancer, HNPCC)의 원인이 된다. 절제수선유전자는 열성 한 쌍이 있어야 암 위험성이 유전되지만 부정합수선유전자는 하나의 열성 유전자만 있어도 암 위험성이 유전된다. 이런 차이점이 있는 이유는 두 경우에서 유전적 불안정성을 이루는데 몇 단계를 거쳤는지에 기인한다. 절제 또는 부정합 수선에 필요한 유전자의 선천적 돌연변이는 특정 유전성 암의 위험성을 급격히 증가시키지만 대부분의 비유전성암에서는 이 두 가지 부류의 유전자 돌연변이의 비중이 상대적으로 작다.

## (2) *BRCA1*과 *BRCA2* 유전자가 생산한 단백질은 이중나선 DNA 절단 수선을 돕는다

암세포에서 나타나는 또 하나의 유전적 불안정성은 염색체의 구조와 수의 비정상적인 경향과도 관련이 있다. *BRCA1*과 *BRCA2* 유전자 같은 종양억제유전자의 결함으로 인해 염색체 불안정성(chromosomal instability)이 발생한다. 처음에는 *BRCA1*과 *BRCA2* 유전자가 직접적으로 세포증식에 관여할 것으로 추측했었으나, 추가연구에서 이들 유전자가 생산하는 단백질이 DNA 손상의 인지 및 수선을 수행하는 경로에 관여한다는 것이 밝혀졌다. 2종의 *BRCA* 유전자는 서로 유사성이 거의 없는 핵에 분포하는 거대 단백질의 생합성을 담당한다. 각각의 BRCA 단백질이 결여된 세포에서는 염색체 절단과 염색체 전좌와 같은 많은 수의 비정상적인 염색체들이 확인되었다. 이런 비정상적 염색체의 원인으로는 세포가 DNA 이중가닥 절단을 수선하는 과정에 두 BRCA 단백질이 관여하는 것으로 나타나고 있다. 단일가닥 절단에 비해 이중가닥 절단을 수선하는 일은 더욱 어렵다. 단일 가닥 수선은 남은 한 가닥이 연결되어 있어 수선의 주형으로 계속 사용할 수 있다. 반면에 이중가닥의 절단은 완전히 두 조각으로 절단된 것이다. 연결할 두 조각을 확인하는 문제와 어떤 뉴클레오티드도 손실되지 않게 끊어진 부위를 재결합시켜야 하는 문제에 봉착한다. 이중가닥 절단을 수선하는 두 가지 방법으로 비상동성말단결합과 상동성재조합이 있다. 상동성 재조합은 오류발생이 적다. 그 까닭은 절단된 염색체의 DNA를 수선할 때에 절단되지 않은 상동염색체의 DNA를 주형으로 사용하기 때문이다. 상동성 재조합으로 이중가닥 절단을 수선하는 것은 복잡한 과정으로서 BRCA1과 BRCA2를 포함한 여러 단백질의 참여가 필요하다. DNA 손상을 감지하고 이에 반응하는 ATM 키나제가 p53 단백질의 인산화를 촉진할 뿐 아니라 ATM 키나제는 세포주기조절과 DNA 수선에 관련된 여러 단백질들을 인산화하고 활성화시킨다. 이들 단백질 중에는 이중가닥 절단 수선에 필요한 BRCA1과 기타분자들이 포함된다. BRCA1과 BRCA2 단백질의 역할이 완벽히 밝혀지지 않았지만 둘 다 이중가닥 수선의 효율성을 위해 필요하다. BRCA2는 상동성 재조합에 의한 수선과정에서 가닥 침투를 수행하는 주요한 단백질인 Rad51에 단단히 결합하여 그 활성을 조절한다. BRCA1은 Rad50 exonuclease 복합체와 Rad51 수선복합체 모두와 결합한다. ATM은 DNA 손상에 반응하여 BRCA1을 인산화한다고 알려져 있는데, 이것은 BRCA1이 이중가닥 절단을 수선하는 경로 활성화 초기에 기능한다는 의미이다. BRCA1과 BRCA2가 결핍되어있는 세포는 이중가닥 DNA 절단을 일으키는 발암물질에 민감하다. 그런 세포에서는 비상동성 말단결합과 같이 오류를 일으키기 쉬운 메커니즘 만이 이중가닥 절단을 수선할 수 있는데, 그로인해 절단되거나 재배열 또는 전좌된 염색체를 만든다. 그 결과 발생한 염색체 불안정성은 BRCA1과 BRCA2 돌연변이를 물려받은 여성들에게서 나타나는 암 위험성에 중요한 영향을 미치는 것으로 생각된다.


## 5절. 노화하면서 암이 증가하는 이유

인체를 구성하는 수십조의 세포들은 성장하고 분열하며 다른 세포들과 상호조절을 통하여 세포 수의 균형을 유지한다. 어떤 원인으로 세포가 손상을 받는 경우, 수선을 받아 회복하여 정상세포의 기능을 회복하거나 회복이 안 된 경우 스스로 죽게 된다. 그러나 여러 가지 이유로 인해 이러한 증식과 억제가 조절이 되지 않는 상황이 발생할 수 있는데, 이렇게 되면 과다하게 증식이 일어나고 주위 장기에 침입하여 정상조직을 파괴하는 상황이 발생된다.


### 1) 암은 유전자의 변화가 축적되어 발생한다

암은 한 번의 사건으로 일어나기 보다는 오랫동안 여러 단계를 거치는 복잡한 과정을 통하여 유전자 변화가 축적될 때 발생하기가 쉽다. 대장암의 경우를 예를 들어보면 대장암은 10대 보다 70대에서 1,000배 이상 많이 발생하는 것으로 나타난다. 만약 암이 한 번의 사건에 의해서 일어난다고 가정하면, 그 사건은 나이에 관계없이 동등해야 하며, 10대의 어느 하루에 일어날 확률이 70대의 어느 하루에 사건이 일어날 확률보다 낮을 이유는 없을 것이다. 그렇다면 암의 발생률이 나이가 증가하면서 일직선으로 상승하느냐 하면 그것도 아니다. 예를 들어 20대의 암발생률은 10대의 암발생률의 두 배이고, 70대의 암발생률은 10대 암발생률의 일곱 배 높은 것은 아니다. 실제로는 출생 후 40대 까지는 완만하게 수평적 모양의 그래프를 그리지만 50대 이후로는 기울기가 가파르게 상승한다. 이것은 하나의 암이 발생하기 위해서 4~6개 정도의 유전자 변이가 축적되는 것이 필요하고, 인생의 전반부인 10대에서 40대 사이에는 이러한 선결조건이 갖추어지지 않아 암발생률이 완만한 낮은 상태로 유지된다. 50~60대 이후로는 이런 유전자 변이의 축적으로 암 발생에 대한 충분조건이 충족되어 암 발생은 빠르게 증가하게 된다. 흡연과 폐암 발생과의 관계에서도 흡연 시작한 시점으로부터 폐암의 발생까지는 30~40년 정도 이후에야 임상적으로 진단 가능한 악성 종양이 나타나는 것이다. 정상적인 세포 내에는 암의 발생을 막는 여러 장벽이 세워져있고 암이 발생하기 위해서는 이러한 다단계의 장벽을 뛰어넘어야 하는 것이다.


## 2) 중장년 이후의 염증성의 미세환경이 암을 촉진할 수 있다

보편적 노화의 생화학적 현상이 아직도 완전히 밝혀진 것은 아니지만 만성염증은 암의 근원이 된다. 최근에 드러난 연구의 증가로 암은 염증 및 노화와 긴밀한 상관관계가 있다는 것이 밝혀지고 있다. 염증은 본래 우리 몸에 외부로부터의 유해인자(병원체나 독소)가 들어오면 이에 대하여 생체를 방어하는 선천성 방어기작에 속한다. 여기에는 여러 종류의 염증세포, 염증성 사이토카인 및 중재자(mediator)들이 관여한다. 유아기와 유년기 등 인생의 초반기에는 병원체의 감염에 의해 급성염증(acute inflammation)이 흔히 일어나 외부로부터 들어오는 병원체에 대항하여 우리 몸을 보호하는 역할을 하며 염증은 곧 진정된다.

〈표 9-4〉 급성염증과 만성염증의 비교

| 급성 염증 | 만성염증 |
| --- | --- |
| 염증 반응 물질이 한 곳에 과도하게 생성 | 염증반응 물질이 전신에 산발적으로 소소하게 생성 |
| 염증부위가 붓고 열나고 붉어짐 | 염증부위에 증상 없음 |

인생의 후반기로 들어가면서 염증이 오랫동안 지속되거나 동일한 부위에 반복적으로 발생할 경우 외부적으로 드러나지 않는 미세한 만성염증이 우리 몸의 여러 곳에 발생하게 된다. 만성염증은 우리도 모르는 사이에 매일 우리 몸을 갉아먹다가 그 만성염증에 관여하는 물질들이 세포들을 변형시키고 유전자 변이를 촉진하는 현상이 나타난다. 나이가 들면서 점점 노화된 세포의 수가 증가하며 '노화세포의 분비활성(SASP, senescence-associated secretory phenotype)'은 세포 주위의 미세환경을 염증성으로 전환한다. 따라서 나이가 들면서 조직과 세포의 미세환경이 암이 일어나기 쉬운 환경으로 변해가는 것이다.

## 3) 노화세포는 유전자 복구시스템도 약화되며 이것은 암을 촉진할 수 있다

사람의 유전자는 세포 내외의 여러 요인에 의하여 손상이 일어날 수 있다. 정상세포는 이러한 요인들로부터 유전체 완전성(genome integrity)을 유지하기 위해 다양한 수선기작을 포함하고 있어서 복구가 일어나 암으로 발전하지 않는다. 그러나 세포 내에서 유전자 손상과 복구 사이에 불균형이 발생하면 돌연변이가 급격하게 증가해 통제불능의 세포분열이 일어나 암을 유발할 수 있다. 그러므로 모든 세포는 과도한 유전자 손상이 일어나면 자살 프로그램을 작동시켜 암으로 진행하는 것을 막을 수 있다. 유전자 복구 시스템과 자살프로그램은 서로 협동하면서 신체의 건강과 균형을 유지한다. 즉, 유전자가 손상이 되면 즉각 유전자 복구 시스템이 작동하여 원래의 상태로 되돌린다. 하지만 유전자 손상의 정도가 커 복구할 수 있는 범위를 벗어나면 돌연변이가 발생하는데, 그 순간 돌연변이는 자살프로그램에 의하여 파괴된다. 자살프로그램은 유전자에 의해 제어되는 능동적 세포

죽음을 의미한다. 인체가 40세가 넘어서서 세포분열 능력이 떨어지기 시작하면 유전자 복구시스템을 유지하는 단백질도 잘 만들어지지 않아 암 발생률이 급격히 상승하게 된다.


## 4) 노화에 따른 면역기능의 변화가 암을 촉진할 수 있다

노화하면서 유전자 발현의 변화와 전사인자들의 변화가 초래되며 흉선의 퇴축이 일어난다. 흉선의 퇴축으로 B 세포와 T 세포의 비율이 변화하며, 골수에서는 조혈모세포의 기능이 저하한다. 활성산소종의 발생은 증가하고, 프로테아좀의 기능이 점차로 감소하면서 단백질 항상성에 영향을 미치고, 이러한 요인들은 T 세포, B 세포, 항원제시세포(APC) 등에서 기능의 변화를 초래한다. 노화하면서 증가한 신체 각 부분의 만성염증은 장기의 노화를 촉진하여 'inflamm-aging(염증노화)'을 초래한다. 이에 따라 초래된 면역노화는 암을 촉진한다.


## 6절. 한국인의 암

## 1) 주요 암 발생 현황

2013년 국가 암 등록 통계를 보면 우리나라 국민에게 발생한 암 가운데 가장 많이 발생한 암은 갑상선암으로 나타났으며 위암과 대장암이 그 뒤를 이었다. 2013년 기준으로 남자는 위, 대장, 폐, 간, 전립선 순으로 암이 발생했고, 여자는 갑상선, 유방, 대장, 위, 폐 순이었다. 2013년 새로 암에 걸린 환자는 22만 5343명으로 1999년 이후로 처음으로 감소했다. 암 발생률은 10만 명 당 311.5명으로 전년(2012년; 319.5명)보다 줄어 2년 연속 감소한 것으로 나타났다.

<表 9-5> 2013년 우리나라 주요 암환자수 및 발생분율

(자료 : 보건복지부·국립암센터 2013년 국가 암 등록 통계)

| 순위 | 전체(남자 및 여자 합) | | | 남자 | | | 여자 | | |
|---|---|---|---|---|---|---|---|---|---|
| | 암종 | 발생자수 | 분율 | 암종 | 발생자수 | 분율 | 암종 | 발생자수 | 분율 |
| | 모든 암 | 225,343 | 100 | 모든 암 | 113,744 | 100 | 모든 암 | 111,599 | 100 |
| | 갑상선 제외 | 182,802 | | 갑상선 제외 | 105,290 | | 갑상선 제외 | 77,512 | |
| 1 | 갑상선 | 42,541 | 18.9 | 위 | 20,266 | 17.8 | 갑상선 | 34,087 | 30.5 |
| 2 | 위 | 30,184 | 13.4 | 대장 | 16,593 | 14.6 | 유방 | 17,231 | 15.4 |
| 3 | 대장 | 27,618 | 12.3 | 폐 | 16,171 | 14.2 | 대장 | 11,025 | 9.9 |
| 4 | 폐 | 23,177 | 10.3 | 간 | 12,105 | 10.6 | 위 | 9,918 | 8.9 |
| 5 | 유방 | 17,292 | 7.7 | 전립선 | 9,515 | 8.4 | 폐 | 7,006 | 6.3 |
| 6 | 간 | 16,192 | 7.2 | 갑상선 | 8,454 | 7.4 | 간 | 4,087 | 3.7 |
| 7 | 전립선 | 9,515 | 4.2 | 방광 | 3,025 | 2.7 | 자궁경부 | 3,633 | 3.3 |
| 8 | 췌장 | 5,511 | 2.4 | 신장 | 2,992 | 2.6 | 담낭 및 기타담도 | 2,576 | 2.3 |
| 9 | 담낭 및 기타담도 | 5,283 | 2.3 | 췌장 | 2,982 | 2.6 | 췌장 | 2,529 | 2.3 |
| 10 | 비호지킨 림프종 | 4,828 | 2.1 | 담낭 및기타담도 | 2,707 | 2.4 | 난소 | 2,236 | 2.0 |

하지만 남녀별로 구분해 보면 뚜렷한 차이를 보였는데 남성의 경우 전통적으로 많이 발생한다고 알려진 위암과 대장암이 가장 많았고 최근 발생 건수가 급증하고 있는 폐암이

그 뒤를 이었다. 반면 여성은 갑상선암이 압도적으로 많았고 유방암과 대장암이 그 뒤를 이었다. 유방암은 전 세계 여성에게서 흔히 발생하는 암이다. 특히 서구에서 더 흔하기 때문에 선진국형 암이라고도 불린다. 우리나라도 식생활, 생활방식 등이 서구화되면서 여성 8명 중 1명꼴로 유방암에 걸린다. 출산율의 저하, 모유수유의 감소, 초경연령의 변화, 식이습관의 변화도 유방암 증가의 원인이다. 유방암 수술을 받은 사람의 비율을 비교하면 40대가 가장 많고, 그 뒤로 50대, 60대, 70대, 30대 순의 비율로 나타난다.

2013년을 기준으로 하여 한국인의 암 발생률은 10만 명 당 445.7명이었다. 그리고 한국인이 기대수명인 81세까지 생존할 때 암에 걸릴 확률은 36.6%이다. 남자는 기대수명인 78세를 기준으로 보면 5명 중 2명에서 암이 발생하고 여자는 기대수명인 85세를 기준으로 보면 3명 중 1명에서 암이 발생하는 것으로 추정된다.

연령표준화를 한 남자의 한국, 일본, 미국 암 관련 통계에서 인구 10만 명당 한국인과 일본인은 위암발생이 가장 많고 미국은 전립선암이 가장 많다. 대장암의 경우에는 한국과 미국의 대장암 발생 역전 현상이 발생했다. 1988년 미국 백인 남성은 인구 10만 명당 68명꼴로 걸렸다. 1988년 당시 한국 남성은 10만 명당 27명이 대장암에 걸렸다. 그러던 것이 미국인은 28.5명(2012년 추정치)으로 감소하고 한국인은 45.6명(2013년)으로 발생률이 증가하였다. 약 25년 동안 한국인 대장암 발생률은 매우 늘어났고, 미국인은 줄어든 결과이다. 한국인은 미국과 일본에 비해 간암 발생도 높은 편이다.

〈표 9-6〉 2013년 우리나라 남자와 여자의 기대수명과 암에 걸릴 확률

|  | 기대수명(세) | 기대수명 때까지 암에 걸릴 확률(%) |
| --- | --- | --- |
| 전체 | 81 | 36.6 |
| 남자 | 78 | 38.3 |
| 여자 | 85 | 35 |

<표 9-7> 연령표준화를 한 남자의 한국, 일본, 미국의 암 관련 통계

| 순위 | 한국(2013) | | 2012년도 추정치 | | | |
|---|---|---|---|---|---|---|
| | | | 일본 | | 미국 | |
| | 모든 암 | 311.6 | 모든 암 | 260.4 | 모든 암 | 347.0 |
| | 갑상선 제외 | 287.6 | 갑상선 제외 | 258.2 | 갑상선 제외 | 340.6 |
| 1 | 위 | 55.3 | 위 | 45.7 | 전립선 | 98.2 |
| 2 | 대장 | 45.6 | 대장 | 42.1 | 폐 | 44.2 |
| 3 | 폐 | 44.2 | 폐 | 38.8 | 대장 | 28.5 |
| 4 | 간 | 32.8 | 전립선 | 30.4 | 방광 | 19.6 |
| 5 | 전립선 | 26.2 | 간 | 14.6 | 피부의 악성흑색종 | 16.8 |
| 6 | 갑상선 | 24 | 식도 | 11.1 | 신장 | 15.9 |
| 7 | 방광 | 8.3 | 췌장 | 10.6 | 비호지킨림프종 | 14.7 |
| 8 | 신장 | 8.3 | 방광 | 9.8 | 백혈병 | 10.3 |
| 9 | 췌장 | 8.2 | 비호지킨림프종 | 7.9 | 간 | 9.8 |
| 10 | 비호지킨림프종 | 8.0 | 신장 | 7.8 | 췌장 | 8.6 |

연령표준화를 한 여자의 한국, 일본, 미국의 암 관련 통계에서 여자의 경우 한국인은 갑상선암이 압도적으로 많다. 일본과 미국은 유방암 발생이 가장 많다.

<表 9-8> 연령표준화를 한 여자의 한국, 일본, 미국 암 관련 통계

| 순위 | 한국 | | 2012년도 추정치 | | | |
|---|---|---|---|---|---|---|
| | | | 일본 | | 미국 | |
| | 모든 암 | 277.2 | 모든 암 | 185.7 | 모든 암 | 297.4 |
| | 갑상선 제외 | 180.6 | 갑상선 제외 | 179.2 | 갑상선 제외 | 277.4 |
| 1 | 갑상선 | 96.6 | 유방 | 51.5 | 유방 | 92.9 |
| 2 | 유방 | 45.7 | 대장 | 23.5 | 폐 | 33.7 |
| 3 | 대장 | 24.4 | 위 | 16.5 | 대장 | 22.0 |
| 4 | 위 | 22.4 | 폐 | 12.9 | 갑상선 | 20.0 |
| 5 | 폐 | 14.9 | 자궁경부 | 10.9 | 자궁체부 | 19.5 |
| 6 | 자궁경구 | 9.5 | 자궁체부 | 10.6 | 악성흑색종 | 12.6 |
| 7 | 간 | 9.0 | 난소 | 8.4 | 비호지킨 림프종 | 10.2 |
| 8 | 난소 | 6.0 | 췌장 | 6.7 | 신장 | 8.5 |
| 9 | 자궁체부 | 5.8 | 갑상선 | 6.5 | 난소 | 8.0 |
| 10 | 비호지킨림프종 | 5.6 | 비호지킨림프종 | 5.9 | 백혈병 | 7.1 |

## 2) 암 사망률 현황

암 발생률이 2012년에 이어 2013년에 322.3건에서 311.6건(10만 명 당)으로 감소했다. 이러한 이유로는 조기 검진 증가, 식생활습관 개선 등의 이유에서 찾을 수 있겠다. 암 사망률 경계대상 1호는 폐암이다. 통계청 사망원인 분석에 의하면 지난 해(2016년) 폐암으로 1만 7440명이 숨졌다. 인구 10만 명 당 사망률(2014년)로 환산하면 34.4명으로 암 가운데 최고 사망률을 기록하고 있다. 폐암에 의한 사망률은 1998년 간암을 제친 후로 16년 째 1위를 고수하고 있다. 폐암 발생의 남녀 차이도 확연하다. 남성에서는 줄고 있는

데 반하여 여성에서는 증가하고 있다. 이것은 남성에서는 흡연률이 감소하고 여성은 간접흡연과 요리할 때 발생하는 유해가스 때문으로 해석된다.

〈표 9-9〉 한국인의 암에 의한 사망률 현황

| 순위 | (단위: 명, 인구 10만 명 당) | | | |
|---|---|---|---|---|
| | 남자 | | 여자 | |
| 1 | 폐 | 50.4 | 폐 | 18.3 |
| 2 | 간 | 34.0 | 대장 | 14.2 |
| 3 | 위 | 22.7 | 위 | 12.4 |
| 4 | 대장 | 18.9 | 간 | 11.6 |
| 5 | 췌장 | 10.8 | 췌장 | 9.3 |
| 6 | 전립선 | 6.6 | 유방 | 8.9 |
| 7 | 식도 | 5.5 | 난소 | 4.0 |
| 8 | 방광 | 4.0 | 자궁경부 | 3.8 |
| 9 | 백혈병 | 3.6 | 백혈병 | 3.0 |
| 10 | 비호지킨림프종 | 3.6 | 비호지킨림프종 | 2.7 |

## 3) 암 사망률 30년간 변동 추이

폐암은 1983년 10만 명당 5.9건이던 사망건수가 2014년 10만 명당 34.4건으로 급속히 증가하였다. 대장암, 췌장암, 유방암의 경우는 1983년 10만 명당 발생 건수가 1건, 1.7건이던 것이 2014년에는 16.5건, 10.1건, 4.5건으로 각각 증가하였다. 위암의 경우는 1983년 10만 명당 30.4건 이던 것이 2014년에는 17.6건으로 줄어들었다. 대장암, 췌장암, 유방암은 선진국형 암으로서 식생활과 여러 여건의 서구화가 진행하면서 나타난 것으로 추정된

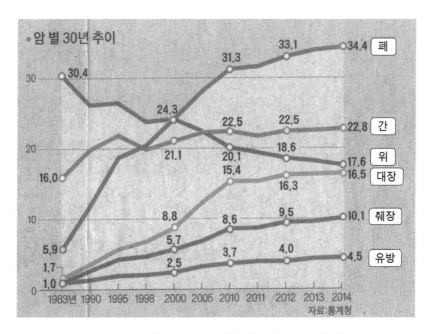

그림 9-13. 한국인 암에 의한 사망률(30년간 추이)

대장암이 상승세이고 위암은 감소세로서 2016년에는 대장암이 위암을 앞지를 것으로 예상이 된다. 단위는 10만 명당 발생 환자수
를 나타낸다. 위암의 감소 일등공신은 식습관의 변화이다. 위암의 원인으로 알려진 소금 섭취량과 헬리코박터 감염률이 떨어진
게 가장 큰 원인이다. (2015년 12월 25일자 중앙일보 신문기사에서 발췌함)

다. 간암은 2002년도 까지는 증가하다 이후에는 10만 명당 22건 정도를 유지하고 있다.


## 4) 암 생존률

국내 암환자 10명 중 7명은 암 진단을 받고도 5년간 생존한다. 암환자가 5년 생존하면
완치까지는 아니더라도 완치에 가깝게 치료된 것으로 간주된다. 보건복지부와 국립암센
터가 발표한 '2013년 암 등록 통계'에 따르면 2009~2013년 기간 암환자의 5년 생존율은
69.4%로 나타났다. 5년 생존율이 특히 높은 갑상선암을 제외하면 62%였다. 5년 생존율은
해당기간동안 암이 생긴 환자의 5년간 실제 생존율을 같은 연령, 성별 일반인의 5년
기대생존율과 비교한 수치이다. 100%면 암환자의 생존율이 일반인과 같다는 뜻이다.

암환자의 5년 생존율은 갈수록 상승하고 있다. 1996~2000년 기간엔 44%, 2001~2005년엔 53.7%, 2006~2010년엔 64.1%였다. 검진기술이 나아진데다 조기검진이 일반화된 덕분이다.

〈표 9-10〉 주요 암의 5년 생존율

| 암종 | 발생년도 | | | | |
|---|---|---|---|---|---|
| | 1993-1995 | 1996-2000 | 2001-2005 | 2006-2010 | 2009-2013 |
| 모든 암 | 41.2 | 44.0 | 53.7 | 64.1 | 69.4 |
| 위 | 42.8 | 46.6 | 57.7 | 67.0 | 73.1 |
| 대장 | 54.8 | 58.0 | 66.6 | 72.6 | 75.6 |
| 폐 | 11.3 | 12.7 | 16.2 | 19.7 | 23.5 |
| 간 | 10.7 | 13.2 | 20.1 | 26.7 | 31.4 |
| 췌장 | 9.4 | 7.6 | 8.0 | 8.0 | 9.4 |

암환자의 생존율은 암이 얼마나 진행된 상태에서 발견됐느냐에 따라 달라졌다. 암이 다른 장기에 번지기 전 일찍 발견해 치료에 들어간 경우 생존율이 가장 높게 나왔다. 암의 진행 단계는 암이 발생한 장기에만 머무르는 단계(국한), 주변 장기나 조직에만 퍼진 경우(국소 진행), 멀리 떨어진 다른 부위로 전이된 단계(원격 전이)로 나뉜다. 국한 단계인 경우(전이가 안된 경우) 암 생존률은 유방암(97.9%), 위암(95.5%), 대장암(95.3%) 등 90%가 넘을 만큼 치료 성적이 좋았다. 하지만 같은 암이라도 원격 전이 단계면 유방암(36.8%), 위암(5.8%), 대장암(19%) 등 생존율이 확 떨어졌다. 국한 단계에서 발견했을 때 생존율이 가장 높은 암은 갑상선암과 전립선암이었다. 둘 다 100.6%였다. 100%가 넘는 것은 일반인보다 더 오래 산다는 의미이다. 암 진단 뒤 병원에 추적 관찰을 하고 건강에 신경을 쓰기 때문으로 추정된다.

# 참고문헌

1. Elinav, E., R. Nowarski, et al. (2013). "Inflammation-induced cancer: crosstalk between tumours, immune cells and microorganims." Nature Reviews Cancer 13:759-771.

2. Haigis, M. C. and B. A. Yankner. (2010). "The aging stress response." Mol Cell 40(2):333-44.

3. Karin, M. and F. R. Greten. (2005). "NF-κB in cancer: From innocent bystander to major culprit." Nature Reviews 2:301-310.

4. Pikarsky, E., R. M. Porat, et al. (2004). "NF-κB functions as a tumour promoter in inflammation-associated cancer." Nature 431:461-466.

5. Ross, R. (1999). "Atherosclerosis-An inflammatory disease." N Engl J Med 340:115-126.

6. Stix, G. (2007). "A malignant flame." Scientific American July 2007:60-67.

7. Viennois, E., F. Chen, et al. (2013). "NF-κB pathway in colitis-associated cancers." Transl Gastrointest Cancer 2(1):21-29.

8. Kleinsmith, L. N. (2006). "Principles of Cancer Biology." Pearson Benjamin Cummings.

9. Starr, C., Taggart, R. et al. (2013). "Biology: The unity and diversity of life." Brooks/Cole.

10. 강해묵. (2012). "생명의 원리." 라이프사이언스.

11. 미생물·면역분과학회. (2011). "최신면역학." 라이프사이언스.

12. 이길재. (2012). "생명과학: 이론과 응용." 라이프사이언스.

13. 전진석 등. (2007). "생명과학." 지코사이언스.

14. 오상진. (2015). "노화의 생물학." 탐구당.

15. 강해묵. (2010). "생명과학: 개념과 탐구." 라이프사이언스.

16. 홍영남. (2009). "생명과학: 역동적인 자연과학." 라이프사이언스.

17. 서영준·나혜경. (2008). "종양생물학의 원리." 라이프사이언스.

18. 조혜성·안성민. (2005). "세포의 반란." 사이언스북스.

19. 중앙일보 2015년 12월 23일자 기사, '치료율 높아진 한국인 암'

20. 중앙일보, 2015년 12월 25일자 기사, '신성식의 레츠 고 9988'

21. 암 등록 통계(2013), 국립암센터

22. 조선일보, 2011년 11월 15일 기사, '미국 암 줄었다'

# 찾아보기

**오상진**

서울대 미생물학과 졸업(1988 석사, 박사), 미국 프린스턴대학 분자생물학과 포스트닥(1988-1991), 미국 뉴욕 마운트 사이나이 의과대학 방문교수(2001-2002), 전남대학교 생명과학기술학부 교수(현재) 저서로 인체노화(탐구당, 2005), 알기쉬운 바이러스(탐구당, 2006), 일반 미생물학(전남대학교출판부, 2012), 노화의 생물학(탐구당, 2015) 등이 있다.

**임욱빈**

이학박사(서울대학교) 전남대학교 명예교수(자연과학대학 생명과학기술학부) 저서로 인체생리학(공저, 탐구당), 21C 생명과학(공저, 인터비젼)과 번역서로 Vander's 인체생리학(공역, 라이프사이언스), 인체생물학(공역, 센게이지러닝코리아) 등이 있다.

## 노화생리학

**초판 1쇄 발행** / 2018년 1월 17일

**지 은 이**  오상진 · 임욱빈
**펴 낸 이**  홍정수
**펴 낸 곳**  탐구당
    등록 / 1950년 11월 1일 서울 제01-00993호
    주소 / 서울특별시 용산구 한강대로62 나길 6
    대표전화 / 02-3785-2211
    팩시밀리 / 02-3785-2272
    홈페이지 / www.tamgudang.co.kr
    전자우편 / tamgudang@paran.com

**값**  25,000원

**ISBN**  978-89-6499-036-0  93470

이 도서의 국립중앙도서관 출판예정도서목록(CIP)은 서지정보유통지원시스템 홈페이지(http://seoji. nl.go.kr)와 국가자료공동목록시스템(http://www.nl.go.kr/kolisnet)에서 이용하실 수 있습니다.(CIP 제어번호: CIP2018001879)